# 碳中和发展与绿色建筑

高延继　王　桓　主编

中国建材工业出版社

**图书在版编目（CIP）数据**

碳中和发展与绿色建筑/高延继，王桓主编．--北京：中国建材工业出版社，2022.9
ISBN 978-7-5160-3548-1

Ⅰ.①碳… Ⅱ.①高… ②王… Ⅲ.①生态建筑一建筑设计 Ⅳ.①TU201.5

中国版本图书馆 CIP 数据核字（2022）第 139412 号

**内容简介**

碳中和是涉及全人类的事情，需要全社会的参与。碳中和已深入影响到人们生产生活的方方面面，加强对碳中和的认知和审视，是社会各界在产业经济转型升级大背景下的客观需求。建筑业是实现碳中和目标的关键领域，绿色建筑是建筑业的未来，也是大势所趋。

本书摘编了碳中和与绿色建筑的有关术语，总结了国内外碳中和的发展历程，梳理了作者在国外参观考察和学术交流期间了解的一些发达国家的节能环保做法，并对如何开展种植绿化建筑、建筑节能效能以及被动式建筑进行了解读，以帮助读者对碳中和以及绿色建筑相关内容加深理解。

本书可供环保行业、绿色建筑行业从业人员阅读借鉴。

**碳中和发展与绿色建筑**

Tanzhonghe Fazhan yu Lüse Jianzhu

高延继　王　桓　主编

出版发行：中国建材工业出版社
地　　址：北京市海淀区三里河路 11 号
邮　　编：100831
经　　销：全国各地新华书店
印　　刷：北京印刷集团有限责任公司
开　　本：787mm×1092mm　1/16
印　　张：18.25
字　　数：435 千字
版　　次：2022 年 9 月第 1 版
印　　次：2022 年 9 月第 1 次
**定　　价：98.00 元**

本社网址：www.jccbs.com，微信公众号：zgjcgycbs

# 编 委 会


**主　编**

高延继　王　桓

**参编人员**

陈土兴　杨　飞　王　蔚　高山流水

陈　峰　周　虎　杜桂林

**参编单位**

山西工程科技职业大学

# 主要作者简介

高延继：高级工程师，1977—1997 年任职于原山西省建工局技术处，从事新技术推广与标准化工作；1997—2006 年任职于中国建筑设计研究院（中国建筑标准设计研究院）；2007—2018 年任职于中国建筑科学研究院；现被聘请为山西工程科技职业大学客座教授。

作为资深绿色建筑专家，从事绿色建筑工作 40 多年；1979—1983 年参与编制国家工程技术规范《屋面工程施工及验收规范》（GBJ 207—1983），首次在规范中编入了“种植屋面”“架空板屋面”“蓄水屋面”，是这三项内容编制的主执笔人；40 多年来，对国内外的建筑种植绿化工作进行多方面调研、考察学习及归纳总结。

作为资深标准化专家，从事标准化工作 40 多年；1979—1983 年参与编制国家标准《屋面工程施工及验收规范》（GBJ 207—1983）；《地下防水工程施工及验收规范》（GBJ 208—1983）；参编的《屋面工程技术规范》（GB 50207—1994）荣获建设部科技进步二等奖；在建设部曾经推广的十项新技术中以《钢筋气压焊工艺》荣获山西省科技进步三等奖；多次荣获行业、地方（省级）标准化先进工作者称号，也多次荣获行业的标准化优秀论文奖；多次连任中国工程建设标准化协会常务理事、学术委员；主编了近 10 部国家、行业的相关标准，参编的相关标准数量众多。

作为资深工程建设防水专家，从事建筑工程防水工作超过 50 年；1969 年 8 月开始参与工程建设的防水工作，1979 年开始参加国家及行业有关建设工程标准的编制工作，1990 年参与创建中国工程建设标准化协会防水专业委员会，并在绝大多数时间主持防水专业委员会的工作，主编多部《工程建设防水技术文集》，创编内部刊物《工程防水通讯》和《工程防水与维修加固》，担任国内公开发行的建筑防水刊物编委等；在国内公开刊物上发表论文 50 余篇，在有关国际国内学术交流会上做过数次主题发言。

作者联系电话：13601371696；邮箱：13601371696@126. com。

# 主要作者简介

王桓：高级工程师，就职于建筑材料工业技术监督研究中心，长期从事建筑材料行业标准化综合研究、绿色建筑材料及工程应用研究、碳排放和碳中和技术及标准化研究；现任全国建材行业环境友好与有益健康建筑材料标准化技术委员会专家委员、全国标准样品技术委员会（SAC/TC118）委员、全国颜色标准化技术委员会（SAC/TC120）副秘书长兼委员。

曾作为项目负责人和主要研究人员承担国家科技部科研院所项目2项（编号JG-98-31、编号2009EG132270），负责或主编制定国家标准12项（已完成8项，在研4项），负责或主编制定并完成建材行业标准24项，负责主持研制国家标准样品项目11项，获得国家专利3项、建材行业标准创新奖1项，多次获得标准化先进个人称号；在国家级刊物发表论文9篇，出版国家标准8本，建材行业标准24本，团体标准2本，校准规范标准7本；作为国家标准化管理委员会标准化技术领域内行业专家，参与审查国家标准和行业标准合计200多项，为建筑和建材行业标准化发展做出了积极贡献。

# 序　　言

据我所知，目前国内大多数人缺乏对碳中和的了解。碳中和是涉及全人类的事情，需要全社会的参与，但目前尚缺少碳中和普及教育的书籍。基于此，本人试图填补碳中和普及教育的空缺，并结合对绿色建筑发展的思索，讲清碳中和与绿色建筑的来龙去脉。只有找到事物发展的源头，才能够搞清楚事物发展的脉络和走向。为此，本人撰写了《碳中和发展与绿色建筑》一书。

1. 本书试图讲清楚碳中和的意义。

因为人类不当的生产生活方式给人类自身带来了严重危害，所以，世界各国达成共识——1995年联合国制定了《联合国气候变化框架公约》。《联合国气候变化框架公约》又是《联合国保护臭氧层维也纳公约》（1985年签署，1988年开始实施。我国于1989年9月11日正式加入该公约，并自1989年12月10日起生效。）的延续与发展。本书概述了我国对碳达峰、碳中和的政策规定与相关的目标规定要求，同时也简述了国际上有关国家的碳中和发展情况。

2. 本书摘编了碳中和与绿色建筑的有关术语，以便读者加深对碳中和以及绿色建筑相关内容的理解。

包括我自己，2000年看《2050中国能源和碳排放报告》，许多内容看不太懂，其中很重要的原因是对相关基本术语的内涵不了解。因此，非常有必要列出相关的术语定义，以便于理解。本书摘编术语定义34条。

3. 本书对比国内外碳中和的发展，并重点关注我国碳中和技术的发展情况。

本书的对比基调是按比尔·盖茨所列五个方面的二氧化碳当量排放设定的。而我所看到国内出版的书籍资料以及相关专家的报告基本上都是讲二氧化碳量的排放，极少讲到给植物施肥和饲养牲畜的二氧化碳排放，而这方面占二氧化碳当量总排放的19%，国内研究似乎有所欠缺。比尔·盖茨花了超过10年的时间调研了气候变化的成因和影响。在物理学、化学、生物学、工程学、政治学和经济学等领域专家的支持下，他专注于探索温室气体排放的新技术。比尔·盖茨说："在直接空气捕获技术方面，我可能是这个世界上投资最多的人。"因此，本人认为比尔·盖茨所界定的范围应该是合理的、可信的。

当然，世界各国大小不等，发展也是不均衡的，自然、经济发展的侧重点也有所不同，能源发展和需求也有所不同，能源生产和消耗的碳中和的侧重点也会有所不同，因此碳中和的截止时间也是不同的。从整体上讲，在此方面，只有中国与美国有可比性。

数字信息技术将成为碳中和的倍增器。5G在推广拓展，且随着世界发达国家对6G研发的推进，数字信息技术将会更有力地促进碳中和的发展。中国在6G研发方面也处在了世界领先地位，申报的专利数量为世界第一。

4. 通过国外考察、参观、学术交流探求更好的碳中和做法，其中，发达国家有关碳中和、节能环保的一些做法值得我们借鉴。

5. 本书对如何开展建筑种植绿化以及绿色建筑的定义进行阐述。

(1) 借助碳中和的东风，加强种植绿化建筑的推广。种植绿化建筑是真正的绿色建筑，是具有碳捕获、碳汇功能的建筑，其自身可以消纳二氧化碳，并且改善小气候环境，需要大力推广。而"传统"的绿色建筑是没有碳捕获功能的，只可能是减少二氧化碳的排量。

(2) 本书介绍了我们是如何筹备和准备种植绿化规范的编制工作的，包括国内外工程调研、资料收集及参编人员的组织工作（专业、地域、年龄等）等因素的考虑，并且借鉴了本人以往的工作经验。

(3) 本书给出了绿色建筑的定义。什么是绿色建筑？绿色建筑包括两方面的内容：一是种植的绿色建筑，例如，种植绿色屋面、种植绿色墙体、种植绿色桥梁等；二是环保、节能、提高效率的建筑。我国应在有条件地区加强建筑的立体绿化，将混凝土"森林"变为绿色森林，使城市成为森林公园。此外，拓展屋面的绿色空间，种植蔬果花卉；对大城市建筑地下室的地面平台进行园林绿化，提供活动空间，用以休闲锻炼；大型公共建筑的室内同样需要进行种植绿化，净化、美化室内环境，愉悦心情。

什么是绿色标准？标准具有先进性与实用性。对于新技术来讲需要尽快转化为标准。技术先进，标准才能先进。而传统技艺体现的是实用性，如非物质文化遗产，以及古代建筑的继承需要传统技艺和传统的标准做法。对于传统的标准是"做而不废"，而对于新技术，尤其是现代信息技术可能是"瞬间标准"（一次性标准）。

6. 本书对建筑节能效能以及被动式建筑作了介绍。

在建筑节能的工艺、材料、施工方面，我们与发达国家存在差距。此外，在节能的理念上同样存在差异。发达国家在 2010 年年初开始推进"被动式建筑"，其建筑墙体的保温层厚度可达 150～330mm，与我国节能 75％不能同日而语。国内有的限制性做法，如取消外墙贴面砖的做法，恰恰是有的发达国家还在重点推行的做法，这是由于采用了不同的技术工艺。

7. 本书对关于 3D 打印建筑发展展开思考。

3D 打印技术方兴未艾。这是基于古代建筑、现代建筑的发展现状和趋势，以及多年来看到和了解到的相关 3D 技术、3D 打印建筑状况给出的判断。了解建筑类型技术的发展，才能够理解 3D 打印建筑的前景。建筑是综合技术艺术的体现，3D 打印建筑在满足建筑综合技术艺术发展要求上还存在一定差距，无法替代现有（包括古代）工程的建筑技术艺术。3D 打印的核心或者说目的就是替代作用。

8. 本书对碳中和、绿色建筑、节能环保等有关做法提出建议。

所提的建议有政策方面的，也有具体可实施的内容，是本人几十年工作体会与思考及国内外考察调研的结晶。本人也认识到数字经济、智能技术对建筑发展的影响。同时，也特别提到了战争对碳中和所产生的负面影响。

9. 附录的作用和必要性。

附录包括《联合国气候变化框架公约》《国务院关于印发 2030 年前碳达峰行动方案的通知》《国务院关于印发"十四五"数字经济发展规划的通知》《温室气体-第 1 部分：组织层面上温室气体排放与清除量化及报告规范》（ISO 14064-1：2018）《国家能源局科学技术部关于印发〈"十四五"能源领域科技创新规划〉的通知》，以及《住房和城乡建设部关于印发〈“十四五”建筑节能与绿色建筑发展规划〉的通知》。查阅附录，便于读者全面了解、理解碳中和的发展和政策规定要求。

从本书介绍的内容可以看到，我国碳中和技术在许多领域方面是处于世界领先地位的，尤其是三大关键技术：

第一，直接利用二氧化碳转化生产淀粉的技术，中科院天津生物研究所在世界上发明、首创的这项技术，对我国以及世界粮食生产具有战略意义。作为碳水化合物的转化生产技术，可以与碳捕获技术结合起来，同时又可以减少碳足迹，它们相得益彰。

第二，核聚变—人造太阳的技术，我国处于世界领先地位。专家最新预计 2035 年建造可控核聚变的电厂，达到实用目标。这是最令人欣喜的。

第三，海浪发电技术，我国也同样处于世界领先地位，将早于核聚变能达到实施目标，可以填补中国核聚变能实施前的空缺。

以上三项技术都是可再生的清洁能源技术，对此我们有无限的期待，我们完全可以相信国家在 2060 年前达到碳中和的目标！

在 2030 年前，最迟在 2035 年前，我国极有可能会作为联合国气候变化大会主办国在国内召开一次大会，届时我国会像 2008 年在北京举办奥运会、2022 年举办冬奥会一样，惊艳世界！

哲学有句名言：“你以为，你以为的，就是你以为的吗?”我以为的肯定有局限性，错误之处请读者不吝赐教。我们努力践行知识产权，但若还有无心之过，敬请责问。

高延继

2022年8月18日

于北京

# 目　录

# 第一章 碳中和的目的和意义

## 第一节 联合国关于气候变化的应对措施

气候变化需要全球各国通力合作，全球气候变暖问题需要各国联合一同面对。为应对全球变暖问题，联合国自 1995 年起，在全球各地召开多次气候变化大会。2015 年第 21 届联合国气候变化大会上启动的“创新使命”《巴黎协定》中，对 2020 年后全球应对气候变化的行动作出了相应的安排，明确了将升温控制在 2℃乃至努力控制在 1.5℃的目标。现在已经有 197 个国家共同签署了《联合国气候变化框架公约》。

《联合国气候变化框架公约》是《联合国保护臭氧层维也纳公约》的延续与发展。《联合国保护臭氧层维也纳公约》作为全球性国际公约，其主要宗旨是要保护人类健康，免受由臭氧层的变化所引起的不利影响。1985 年 3 月 18—22 日，根据联合国决议，36 个国家在维也纳举行了保护臭氧层全权代表会议。会议通过了《联合国保护臭氧层维也纳公约》，向各国开放签字。该公约自 1988 年 9 月 22 日起生效。危害大气层的三大元凶是温室效应、臭氧层破坏、酸雨污染，这都与气候变化有关。

在因新冠肺炎疫情延期一年后，第 26 届联合国气候变化大会（COP26）2021 年 10 月 31 日在英国苏格兰城市格拉斯哥开幕，会期延期一天到 11 月 13 日（原定会议 11 月 12 日结束）。

《联合国气候变化框架公约》秘书处执行秘书埃斯皮诺萨表示，尽管疫情影响仍然存在，但 2021 年以来由于极端天气事件造成惨痛的生命和财产损失清晰表明了召开 COP26 的重要性。

“我们应该实现的目标是将全球升温控制在 1.5℃以内，然而全球升温程度目前正在朝着 2.7℃发展。”埃斯皮诺萨说，“人类显然已处在气候紧急状态中，亟须应对这一危机，并帮助最脆弱的人群应对。”“要想成功实现这一切，现在必须有更大的雄心。”

2021 年 11 月 1 日和 2 日两天，超过 100 个国家的领导人出席 COP26 期间举行的世界领导人峰会，就气候议题阐述各自主张。

2021 年 11 月 1 日国家主席习近平向第 26 届《联合国气候变化框架公约》缔约方大会世界领导人峰会发表书面致辞。

习近平指出，当前气候变化不利影响日益显现，全球行动紧迫性持续上升。如何应对气候变化、推动世界经济复苏，是我们面临的时代课题。习近平提出三点建议：

第一，维护多边共识。应对气候变化等全球性挑战，多边主义是良方。《联合国气候变化框架公约》及其《巴黎协定》，是国际社会合作应对气候变化的基本法律遵循。各方应该在已有共识基础上，增强互信，加强合作，确保格拉斯哥大会取得成功。

第二，聚焦务实行动。行动，愿景才能变为现实。各方应该重信守诺，制定切实可行的目标和愿景，并根据国情尽己所能，推动应对气候变化举措落地实施。发达国家不仅自己要做得更多，还要为发展中国家做得更好提供支持。

第三，加速绿色转型。要以科技创新为驱动，推进能源资源、产业结构、消费结构转型升级，推动经济社会绿色发展，探索发展和保护相协同的新路径。

习近平强调，中国秉持人与自然生命共同体理念，坚持走生态优先、绿色低碳发展道路，加快构建绿色低碳循环发展的经济体系，持续推动产业结构调整，坚决遏制高耗能、高排放项目盲目发展，加快推进能源绿色低碳转型，大力发展可再生能源，规划建设大型风电光伏基地项目。近期，中国发布了《完整准确全面贯彻新发展理念做好碳达峰碳中和工作的意见》和《2030年前碳达峰行动方案》，还将陆续发布能源、工业、建筑、交通等重点领域和煤炭、电力、钢铁、水泥等重点行业的实施方案，出台科技、碳汇、财政税收、金融等保证措施，形成碳达峰、碳中和“1+N”政策体系，明确时间表、路线图、施工图。

习近平指出，中国古人讲，“以实则治”。中方期待各方强化行动，携手应对气候变化挑战，合力保护人类共同的地球家园。

碳排放其实不只是二氧化碳排放，而是指温室气体排放。1997年于日本京都召开的《联合国气候变化框架公约》第三次缔约方会议中所通过的《京都议定书》，针对六种温室气体进行削减，包括二氧化碳（$CO_2$）、甲烷（$CH_4$）、氧化亚氮（$N_2O$，一氧化二氮）、氢氟碳化物（HFCs）、全氟碳化物（PFCs）及六氟化硫（$SF_6$），其中二氧化碳占比最高。

美国EPA（环保署）官网称，2019年美国80%的温室气体排放是二氧化碳，还有10%是甲烷，其余10%为其他气体。

所谓碳中和、零碳排放，也就是近零碳排放，人类要做到绝对零排放是不可能的，但是可以通过将化石能源改成新能源发电、植树造林、碳回收技术等节能减排的方式做到吸收的二氧化碳和排放的二氧化碳抵消，达到相对的“零排放”。

温室气体越多，地球表面温度的升幅越大。一旦进入大气层，温室气体就会留存很长时间，今天排放到大气层中的二氧化碳，一万年后仍会存留大约20%。温室气体长期存留在大气中，即便现在实现了零碳排放的目标，地球还将处于暖化状态。

## 第二节　气候变化对社会的影响

地球能量是需要平衡的。地球接收174PW（拍瓦）的能量，意味着地球每秒钟接收174万亿J的能量，约30%的能量反射回太空。地表和大气层共吸收122PW，约为入射能的70%（其中，地表吸收89PW，约为入射能的50%；大气吸收33PW，约为入射能的20%）。也就是说，入射能用于地表增温和加热大气，地表和大气发射红外辐射。因此，总的来说，该系统是平衡的，但是当温室气体浓度增加时，该平衡被打破。

地球变暖与温室气体排放之间存在什么关系？二氧化碳是最常见的温室气体，也是最主要的温室气体，还有其他的温室气体，比如一氧化二氮和甲烷等。为简便起见，现在形成共识，使用单一的度量单位，也就是“二氧化碳当量”，来表述所有不同温室气体（缩写代号$CO_2e$）。二氧化碳当量不是一个完美的度量标准，从根本上来讲，真正重要的是温室气体的排放量致使升高的温度及其对人类社会的影响。

在前工业化时代，也就是在18世纪中期以前，地球上的碳循环大体处在平衡的状态——植物和其他生物吸收的二氧化碳的碳量同排放到大气中的二氧化碳量基本相当。

相比于前工业化时代，全球平均气温已经因为人类行为升高了至少1℃。如果我们不着力减少排放，那么到21世纪中期，全球平均气温可能会上升1.5～3℃，到21世纪末将上升4～8℃。

全球气温升高将增加强风暴的产生，对于建筑等基础设施带来破坏。2017年的飓风“玛利亚”致使波多黎各的基础设施建设倒退了至少20年。而且强风暴何时、何地产生，产生的强度、破坏程度，尚难知晓。

2021年12月10日夜间，美国中部六个州遭遇至少30场龙卷风袭击，已造成80多人死亡。遭龙卷风袭击的六个州是阿肯色州、密西西比州、伊利诺伊州、肯塔基州、田纳西州和密苏里州。肯塔基州州长安迪·贝希尔11日在新闻发布会上说，该州一家生产蜡烛的工厂遭彻底摧毁。龙卷风发生时，这家工厂内有约110名工人，目前死亡人数为79人，最终死亡人数可能超过100人，肯塔基州已进入紧急状态。据美国电力跟踪网站数据，此次龙卷风袭击，造成其中四个州33万多户用户断电。美国国家气象局在10日发布龙卷风预警时表示，预计至少有2500万人口将受到此次龙卷风袭击的影响，此次龙卷风是美国历史上影响最大的龙卷风。

全球气候变暖意味着山火的发生会更加频繁，更具破坏性。与20世纪70年代相比，现在美国加利福尼亚发生火灾的频率增长4倍。究其原因，主要是山火季的持续时间越来越长，森林中易燃的枯木干柴越来越多。美国政府表示，其中一半的增长归咎于气候变化。到21世纪中叶，山火给美国造成的损失将会是现在的两倍。

额外的热量造成的后果还有海平面上升，其中的原因是极地冰的融化和海水升温后的膨胀。全球海平面整体的平均上升幅度听起来不是很大——到2100年可能会比现在高几英寸（1in＝0.03m），但对某些地方来说，涨潮的影响会非常显著。孟加拉国就是一个典型的例子。作为贫困国家，孟加拉国在脱贫的道路上取得了良好的进展。但是，这个国家经常遭受恶劣气候的困扰：在孟加拉湾有长达几百英里（1mi＝1.6km）的海岸线，大部分国土位于地势低洼、易发洪水的河流三角洲，每年都会遭到强降雨。在气旋、风暴潮和河流洪水的冲击下，孟加拉国20％～30％的国土经常被淹没，在淹没地区，农作物绝收，居民家破人亡。气候变化使得当地人生活难上加难。类似的情况各个国家都有不同程度的存在。

额外的热量和导致额外热量产生的二氧化碳还会对动植物产生影响。联合国政府间气候变化专门委员会引用的一项研究指出，全球升温2℃会让脊椎动物的地域分布范围缩小8％，植物地域范围缩小16％，昆虫地域范围缩小18％。

额外的热量对于人类可食用的动物，以及能够为我们提供奶产品的动物来说也会产生副作用，降低其生产能力，甚至缩短它们的寿命。对于海产品来讲，由于海水变暖了，也是由于洋流出现了分叉，各海域氧气含量不一，导致鱼类和其他海洋生物被迫迁移到不同的海域，否则就会灭绝。如果温度上升2℃，珊瑚礁可能完全消失，这相当于破坏了10多亿人的一个主要海产品来源。

气候变化造成要么不下雨，要么就是倾盆大雨。从1.5℃到2.0℃之间的数值似乎差值不大，但通过气象科学家对两个数值进行模拟实验后得出的结果差异影响很大。在很多方面，全球升温1.5℃和升温2.0℃所造成的影响不是33％的差别，而是接近100％。与升温1.5℃相比，升温2.0℃的情况下，受到清洁水缺乏影响的人口数量将翻一番，在热带地区，玉米将减产50％。

气候变化所引发的所有效应，每一种都是非常糟糕的，而同时引发的效应往往又是叠加的，这样的伤害必然加剧。

到21世纪中叶，全球升温预计的死亡率是每10万人中约有14人死亡。到21世纪末，如果温室气体排放增长量继续维持在高水平，那么每年10万人中，由于气候变化可能会额外造成75人死亡。最近的模型表明，2030年气候变化造成的损失可能占到美国每年国内生产总值（GDP）的0.85%～1.5%。

全球一年的碳排放量为510亿t（有的资讯甚至报道为591亿t或400亿t）。由于新冠肺炎疫情2020年相比2019年全球的碳排放量下降了5%，如果按510亿t计算，为484.5亿t，减少了25.5亿t的碳排放量。由于新冠肺炎疫情人类减少了活动，反而致使其他生物得到了发展。这是一个很有意思的降幅，如果我们每年都以这样的幅度降低温室气体的排放量，那么这个世界将变得非常美好。但我们做不到，虽然碳排放量下降了，但对人类自身的生产生活带来了困境。由此看到全球人类求得与自然和谐的发展进步是复杂的，需要科学研究使其得到改善。

2021年11月5日联合国能源过渡委员会公布的一项最新分析显示，如果在第26届联合国气候变化大会结束时，各国做出的承诺能够全部兑现，全球将减少9Gt（千兆吨）二氧化碳排放。为了将升温维持在1.5℃以内，到2030年，二氧化碳年排放量需要进一步减少22Gt。因此，还剩下的约13Gt目标提醒着我们，在应对气候变化的问题上，前路还很漫长。

## 第三节 国内外气候变化概况

2021年8月初政府间气候专门委员会（IPCC）再次评估了全球的气候之后，发表了让全世界都轰动的《2021年的气候变化》一文。

联合国综合了最新评估显示的数据，自从2010年到现在为止，地球表面温度和100年前的情况相比，竟然提高了1.09℃，具体来看，陆地比100年前要提高了1.59℃，而海洋0.88℃的升高幅度相比而言并不是太大。一言以蔽之，现在整个地球的温度已经比以前提高了大概有1.09℃。

1.09℃到底意味着什么呢？有很多并不了解气候方面的人可能会认为，1.09℃其实并不能说明什么，因为近几年气候异常已经逐渐引起重视，得到控制了。可是真正了解的人，其实心里都明白，虽然整个幅度看起来是非常微小的1℃甚至都不到2℃，可是这只是一个平均水平，如果说分开来看各个国家的涨幅，结果可能就比较令人震惊。

根据现在科学家手中掌握的数据来看，如果说全球温度提高了2℃，那么温带地区基本上每个国家都要升高3.4℃，而极圈以内的地区升高幅度也会达到6℃。其实从2015年开始，虽然跟100年前相比，温度仅仅是这升温1℃引起的灾难，大家也都是有目共睹的。这种平均温度的上升，首先引起的就是对于海平面而言的灾难性的后果，同时看到的是北极圈内部的许多冰盖开始慢慢融化。

据有关卫星云图显示，冰盖的面积竟然只有1452万$km^2$，这个降低的数值是千年以来都没有的记录。

然后就是明显的降雨异常问题。夏天的时候，非洲的许多国家都遭受严重干旱，亚马孙流域也出现了百年未遇的大旱灾。

2021年10月29日中央电视台4套“今日亚洲”报道，2020年是亚洲历史上最热的一年，造成至少5000人丧生。

然而，2021年雨水又在中国肆虐。中国长江流域现在几乎同一个时间段里发生重大洪涝灾害，附近的降水量甚至可以高达730mm，比起往年同期的降水量，竟然高出了16%。根据中央气象台消息，2021年7月20日16—17时，郑州1h降雨量达到201.9mm。根据河南省的消息，2021年7月18日18时至21日0时，郑州全市普降大暴雨、特大暴雨，累计平均降水量449mm。最大降雨量点——郑州市荥阳环翠峪雨量达到551mm。

据中国气象局消息，2021年10月2日20时至10月7日8时，山西省平均降水量达到119.5mm，太原市平均降水量为185.6mm（太原年平均降水量为430mm），全省有18个县（市区）降水量超过200mm，有51个县（市区）降水在100～200mm，累计降水量最大为285.2mm。

对比来看，在本次强降水过程中，山西全省共59个国家气象观测站日降水量突破建站以来同期历史极值，63个国家气象观测站过程累计降水量超过同期历史极值。微信文博山西报道“雨还在下，山西的古建筑在雨中颤抖”。山西之所以能够留存大量的古代建筑，是由于山西的气候普遍干燥、雨水少。据不完全统计，此次大雨已经造成山西全省至少16项国家以及省级文物保护单位的古代建筑遭到破坏。“地上文物看山西”，山西是全国古建筑遗存最多的省份，而且古建筑时代序列完整，品类众多、形制齐全。山西的全国重点文物保护单位531处，位居全国第一。其中古建筑有421处，约占79%。山西古建筑以木结构遗存最负盛名，尤其是元朝以前的木结构建筑的数量冠绝全国，享有“中国古代建筑宝库”美誉。据统计，山西现有元代以前木结构古建筑遗存495座，约占全国580座的85%。其中唐代的全国仅存3座，全部在山西；五代的全国5座，山西4座，占80%；宋辽金时期全国183座，其中山西150座，约占82%；元代的全国389座，山西338座，约占87%。

河南、山西各项降雨量指标都超过了历史水平，给人员、财产造成重大损失，这与气候变化受洋流气温的上升影响有很大关系。

到了中伏天的时候，美国也有许多城市气温飙升到了54℃，这个温度让美国当时也十分措手不及。全球温度升高，中国是很难独善其身的。对于中国南海地区来说，近几年的海平面上升约0.09m，而我国的沿海城市，又大多是重要的经济中心和通商口岸。因此，这种情况对于我国经济发展极为不利。

气候变化对海岸带的影响。过去百年全球海平面上升100～200mm，上升速率为1～2mm/a。中国沿海海平面近50年来，总体呈上升趋势，平均上升速率约为2.5mm/a，略高于全球海平面上升速率。各海区上升速率也有差异，东海3.1mm/a，黄海、南海和渤海分别为2.6mm/a、2.3mm/a、2.1mm/a，长江三角洲和珠江三角洲沿海分别为3.1mm/a、1.7mm/a（国家海洋局，2004年）。

根据对海平面上升、沿海低地的高程、海岸防护建筑物等级、风暴潮强度等多种因素的综合评估，我国海岸带可分为八个主要脆弱区。我国脆弱期的面积占沿海省市面积的9%，占全国面积的1.5%。这是我国海平面上升影响研究必须关注的重点地区。在八个脆弱区中新老黄河三角洲（华北平原）、苏北平原和长江三角洲、珠江三角洲是三个最重要的脆弱区。多年来我国沿海强热带风暴造成的经济损失占相应年份全国GDP的比例平均为0.25%，这一比例取决于海平面上升、海岸防护建筑物等级的变化以及海岸带综合管理的力度。海平面上升可使这一比例增大，提高海岸防护建筑物标准和加大海岸带综合管理力度会使灾害降低。

沿海受台风和风暴潮灾害影响的人口随着人口的自然增长和向沿海地区的迁移而增加，随着海岸防护建筑和预警系统的加强而减少。随着经济的发展，同样强度的强热带风暴所造成的经济损失要大大增加。

而在IPCC第六次评估之后发表的文章中也提到了，在从2022年开始往后10年的时间里，相比于1850—1900年这个时间段而言，上升的幅度可能会超过1.5℃，这个数字是十分惊人的，因为它可能意味着更多的自然灾害。

2021年10月，美国国防部副部长凯瑟琳·希克斯在接受彭博电台主持人乔·马蒂厄的采访时说："气候变化影响美军的战备状态，并为中国提供了可以利用的机会。气候变化和气候变化导致的极端天气影响着方方面面，包括我们可以在空中飞行训练的人数，海平面上升或干旱来临时使用军事设施的能力。"她说，气候变化可能影响军队的燃料补给线，甚至影响飞机"在空中盘旋"的能力。她提到近年来出动国民警卫队，以帮助应对美国各地的野火等威胁的频率激增，国防部正在努力减少因需要利用飞机、坦克和军事设施而购买燃料留下的碳足迹。她还说，使用微电网和电动汽车充电站将是解决方案的一部分。希克斯说正在制定2023年预算，以了解减少碳足迹"所需的成本"。

2022年3月18日，南极远程站记录了一次罕见的热浪侵袭。测试温度为－10.1℃！别看是－10.1℃，这样的气温对于极寒之地的南极大陆来说，恐怕只能用"汗流浃背"来形容了。跟同期的历史平均水平相比，这个气温要高出近40℃。由于地处内陆，这次融化事件应该不会影响南极冰川的稳定性。但是专家声称，如果这样类似的温度异常发生在南极的夏天，那么就很有可能在几天之内发生融化南极冰川的大事件。届时，全球遭受到的影响甚至会延续长达数个世纪之久。

异常气候和极端天气已经不是一次小概率的黑天鹅事件了。气候异常正在化身为灰犀牛，准备向这个支离破碎的世界随时发起又一次凶猛的冲击。

全球气候变化正处于关键的临界点上。这两年，越来越多的"百年一遇"和"千年一遇"不断刷新了人们的认知。

2021年，就在国内暴雨灾害发生的同时，德国等西欧国家也遭遇了千年一遇的大洪水，日本热海则因为连日降雨暴发泥石流，导致新干线一度中断。

2021年，美国中西部大旱，而这场大旱，并非仅仅是独立年份之中的偶然事件。科学家研究发现，这场大旱最早开始自2002年并延续至今，这是美国西部1200年以来最干旱的时期。2021年的时候，干旱状况尤为严重。其严重程度甚至超过了16世纪后期的大干旱时期。

2022年，美国国家海洋和大气管理局（NOAA）发布的展望和美国干旱数据监测显示，这种干旱趋势不但没有缓解的迹象，其影响范围反倒还有扩大的迹象。

2021年美国干旱区域以西部为主，2022年不仅仅是美国西部的干旱将会比2021年更加严重，而且干旱加重区域已经从西部蔓延至美国密西西比河流域以东和美国中部。

此外，一项发表在《科学进展》杂志上的研究发现，自从2000年以来，整个美国本土的火灾规模扩大了4倍，频率增加了3倍。火灾区域原先多集中于美国西部，现在已经逐渐蔓延至美国中南部地区。而这些区域，正是美国最为重要的小麦和棉花产区。

美国国家海洋和大气管理局（NOAA）的地图显示，2022年春天，近60%的美国大陆干旱持续的可能性超过50%。

一波棉花和小麦的涨价狂潮正在暗流涌动中，悄悄酝酿。粮食危机，伴随着气候变化以及战争可能真的要来了。

碳足迹、碳达峰、碳中和将会体现在方方面面，需制定好总体规划和安排并作出具体措施。

## 第四节　我国碳中和目标

2020年9月22日，中国政府在第75届联合国大会上提出："中国将提高国家自主贡献力量，采取更加有利的政策和措施，二氧化碳排放力争于2030年前达到峰值，努力争取2060年前实现碳中和。"根据《2050中国能源和碳排放报告》，当时遵循世界发达国家对于碳中和的发展设定为2050年达到"零碳"排放的目标。目前欧盟、美国、加拿大及日、韩的碳中和承诺时间都是2050年。现在中国结合当下的工农业、交通、能源等发展的实际状况，争取在2060年达到碳中和的目标，即便这样，达到目标也是非常艰巨的。

2021年3月5日在第十三届全国人民代表大会上，李克强总理作2021年国务院政府工作报告时指出，扎实做好碳达峰、碳中和各项工作，制定2030年前碳排放碳达峰行动方案，优化产业结构和能源结构。

"十三五"时期，为了倒逼发展方式转变、加快推进生态文明建设，根据党的十八届五中全会部署，在以往节能工作的基础上，我国建立了"能耗双控"制度，在全国设定能耗强度降低、能源消费总量目标，并将目标分解到各地区，严格进行考核。在"十三五"规划纲要中，这个指标细化为全国单位GDP能耗比2015年下降15%、2020年全国能源消费总量控制在50亿t标准煤以内。"十三五"期间，各地按既定计划完成了五年"能源双控"目标。

"十四五"计划进一步提出完善"能耗双控"制度，重点控制化石能源消费，2025年单位GDP能耗和碳排放比2020年分别降低13.5%、18%。为确保完成"十四五"节能约束性指标，推动实现碳达峰、碳中和目标，国家发展和改革委2021年9月印发了《完善能源消费强度和总量双控制度方案》（发改环资〔2021〕1310号，以下简称"方案"）。国家发展和改革委指出，"能耗双控"分解目标做出了相应的调整。一是进一步突出强度优先。结合以往能耗双控制度实践和各地区能耗实际水平，能耗强度高于全国平均水平的地区，将要承担比以往更高的目标要求；对能源利用效率较高、发展较快的地区适度倾斜。二是能耗强度指标创新实行双目标管理。从"十四五"开始，国家将向各省（区、市）分解能耗强度降低基本目标和激励目标两个指标。基本目标是地方必须确保完成的约束性指标，激励目标按一定幅度高于基本目标。同时"方案"规定地方在完成能耗强度降低激励目标的情况下，能源消费总量免于考核。我国能源强度约束制度已实施10多年，“能源双控”也已执行6年，“能源双控”目标明确，为碳排放、碳中和起到指导作用，取得了成效。根据“方案”的要求，要正确处理好发展与减排、整体和局部、短期和中长期、政府和市场、发展和安全的关系，确保碳达峰、碳中和的工作行稳致远。其一，紧扣目标分解任务；其二，坚持问题导向，深入开展重大问题研究；其三，抓好落实实施工作。实现碳达峰、碳中和的发展路径分为四个阶段，即2021—2030年为碳达峰期，为战略基础阶段；2030—2035年为平台期，为战略相持阶段；2035—2050年为碳排放下降期，为战略全面推进阶段；2050—2060年为碳中和期，为目标完成阶段。碳达峰、碳中和总体的实施措施为：一是优化产业结构；二是调整能源结构；三是节能提高能效；四是发展循环经济，推进循环改造，促进废物综合利用。

2021年10月12日在昆明召开的《生物多样性公约》第15次缔约方大会领导人峰会，习近平主席以视频方式出席并发表主旨讲话。他提到，生物多样性使地球充满生机，也是人类生存和发展的基础。保护生物多样性有助于维护地球家园，促进人类可持续发展。当人类友好保护自然时，自然的回报是慷慨的；当人类粗暴掠夺自然时，自然的惩罚也是无情的。我们要身怀对自然的敬畏之心，尊重自然、顺应自然、保护自然，构建人与自然和谐共生的地球家园。中国将率先出资15亿元人民币，成立昆明生物多样性基金，支持发展中国家生物多样性保护事业。为加强生物多样性保护，中国正加快构建以国家公园为主体的自然保护地体系，逐步把自然生态系统最重要、自然景观最独特、自然遗产最精华、生物多样性最富集的区域纳入国家公园体系。中国正式设立三江源大熊猫、东北虎豹、海南热带雨林、武夷山等第一批国家公园，保护面积达23万平方公里，涵盖近30％的陆域国家重点保护野生动物植物种类。为推动实现碳达峰、碳中和目标，中国将陆续发布重点领域和行业碳达峰实施方案和一系列支持保证措施，构建起碳达峰、碳中和“1＋N”政策体系。中国将持续推进产业结构和能源结构调整，大力发展可再生能源，在沙漠、戈壁、荒漠地区加快规划建设大型风电光伏基地项目，第一期装机容1亿千瓦的项目，已接近于有序开工。让我们携起手来，秉持生态文明理念，站在为子孙后代负责的高度，共同构建地球生命共同体，共同建设清洁美丽的世界！

2021年10月14—16日第二届联合国全球可持续交通大会以线上线下相结合方式在北京举行。俄罗斯总统普京、土库曼斯坦总统别尔德穆哈梅多夫、埃塞俄比亚总统萨赫勒·沃克、巴拿马总统科尔蒂索、荷兰首相吕特、联合国秘书长古特雷斯等应邀以视频方式发表致辞。171个国家的代表出席了开幕式。

2021年10月14日晚，国家主席习近平以视频方式出席第二届联合国全球可持续交通大会开幕式，并发表题为“与世界相交，与时代相通，在可持续发展道路上阔步前行”的主旨讲话。

习近平指出，交通是经济的脉络和文明的纽带。从古丝绸之路的驼铃帆影，到航海时代的劈波斩浪，再到现代交通网络的四通八达，交通推动经济融通、人文交流，使世界成了紧密相连的“地球村”。当前，百年变局和世纪疫情叠加，给世界经济发展和民生改善带来严重挑战。我们要顺应世界发展大势，推进全球交通合作，书写基础设施联通、贸易投资通畅、文明交融沟通的新篇章。

第一，坚持开放联动，推进互联互通。要推动建设开放型世界经济，不搞歧视性、排他性规则和体系，推动经济全球化朝着更加开放、包容、普惠、平衡、共赢的方向发展。要加强基础设施“硬联通”、制度规则“软联通”，促进陆、海、天、网“四维一体”互联互通。

第二，坚持共同发展，促进公平普惠。各国一起发展才是真发展，大家共同富裕才是真富裕。只有解决好发展不平衡问题，才能够为人类共同发展开辟更加广阔的前景。要发挥交通先行作用，加大对贫困地区交通投入，让贫困地区经济民生因路而兴。加强南北合作、南南合作，为最不发达国家、内陆发展中国家交通基础设施建设提供更多支持，促进共同繁荣。

第三，坚持创新驱动，增强发展动能。要大力发展智慧交通和智慧物流，推动大数据互联网、人工智能、区块链等新技术与交通行业深度融合，使人享其行、物畅其流。

第四，坚持生态优先，实现绿色低碳。建立绿色低碳发展的经济体系，促进经济社会发展全面绿色转型，才是实现可持续发展的长久之策。要加快形成绿色低碳交通运输方式，加强绿色基础设施建设，推广新能源、智能化、数字化、轻量化交通装备，鼓励引导绿色出行，让交通更加环保、出行更加低碳。

第五，坚持多边主义，完善全球治理。要践行共商共建共享的全球治理观，动员全球资源，应对全球挑战，促进全球发展。维护联合国权威和地位，围绕落实联合国2030年可持续发展议程，全面推进减贫、卫生、交通物流、基础设施建设等合作。

习近平指出，新中国成立以来，几代人逢山开路、遇水架桥，建成了交通大国，正在加快建设交通强国。我们坚持交通先行，建成了全球最大的高速铁路网、高速公路网、世界级港口群，航空航海通达全球。我们坚持创新引领，高铁、大飞机等装备制造实现重大突破，新能源汽车占全球总量一半以上，港珠澳大桥、北京大兴国际机场等超大型交通工程建设建成投运，交通成为中国现代化的开路先锋。我们坚持交通天下，已经成为全球海运连接度最高、货物贸易额最大的经济体。新冠肺炎疫情期间，中欧班列、远洋货轮昼夜穿梭，全力保障全球产业链供应链稳定，体现了中国担当。习近平宣布，中方将建立中国国际创新和知识中心，为全球交通发展贡献力量。

习近平强调，中国将继续高举真正的多边主义旗帜，坚持与世界相交，与时代相通，在实现自身发展的同时，为全球发展作出更大贡献。中国构建更高水平开放型经济新体制的方向不会变，促进贸易和投资自由化便利化的决心不会变。中国开放的大门只会越开越大，永远不会关上。中国将继续推进高质量共建“一带一路”，加强同各国基础设施互联互通，加快建设绿色丝绸之路和数字丝绸之路。

习近平最后强调，让我们携手走互联互通、互利共赢的人间正道，共同建设一个持久和平、普遍安全、共同繁荣、开放包容、清洁美丽的世界，推动构建人类命运共同体。

2021年10月20—22日金融街论坛年会在北京召开。论坛的主题为“经济韧性与金融作为”。国务院副总理刘鹤作书面致辞：我们坚持构建“双循环”新发展格局，深化供给侧结构性改革，有效实施宏观政策，国民经济稳定复苏。金融系统在增强经济发展韧性、提升服务高质量发展能力方面发挥着关键作用。刘鹤强调，中国是具有其强劲韧性的超大型经济体，在这种韧性支撑下，完全可以实现今年（2021年）经济发展目标。下一步金融系统要在党中央、国务院领导下，进一步主动担当作为，统筹做好五个方面的工作，其中第二方面是支持绿色低碳发展。通过创新性金融制度安排，引导和激励更多社会资本投入绿色低碳产业，支持煤的清洁高效利用与新能源的开发利用，保障我国能源安全，推动实现“双碳”目标。国家在各个领域方面协调强化“双碳”的发展。

2021年10月24日《国务院关于印发2030年前碳达峰行动方案的通知》（国发〔2021〕23号）（以下简称《方案》）围绕着贯彻落实党中央、国务院关于碳达峰、碳中和的重大战略决策，按照《中共中央国务院关于完整准确全面贯彻新发展理念做好碳达峰碳中和工作的意见》的工作要求，聚焦2030年前碳达峰目标，对推进碳达峰工作作出总体部署。

《方案》以习近平新时代中国特色社会主义思想为指导，全面贯彻党的十九大和十九届二中、三中、四中、五中全会精神，深入贯彻习近平生态文明思想，立足新发展阶段，完整、准确、全面贯彻新发展理念，构建新发展格局，坚持系统观念，处理好发展和减排、整体和局部、短期和中长期的关系，统筹稳增长和调结构，把碳达峰、碳中和纳入经济社会发展全局，有力有序有效做好碳达峰工作，加快实现生产生活方式绿色变革，推动经济社会发展建立在资源高效利用和绿色低碳发展的基础之上，确保如期实现2030年前碳达峰目标。

《方案》强调，坚持“总体部署、分类施策、系统推进、重点突破、双轮驱动、两手发力、稳妥有序、安全降碳的工作原则，强化顶层设计和各方统筹，加强政策的系统性、协同性，更好发挥政府作用，充分发挥市场机制作用，坚持先立后破，以保证国家能源安全和经济发展为底线，推动能源低碳转型平稳过渡，稳妥有序、循序渐进地推进碳达峰行动，确保安全降碳。《方案》提出了非化石能源消费比重、能源利用效率提升、二氧化碳排放强度降低等主要目标。

《方案》要求，将碳达峰贯穿于经济社会发展全过程和各方面，重点实施能源绿色低碳转型行动、节能降碳增效行动、工业领域碳达峰行动、城乡建设碳达峰行动、交通与运输绿色低碳行动、循环经济助力降碳行动、绿色低碳科技创新行动、碳汇能力巩固提升行动，绿色低碳全民行动、各地区梯次有序碳达峰行动“碳达峰十大行动”。并就开展国际合作和加强政策保障作出相应部署。

《方案》指出，要强化统筹协调，加强党中央对碳达峰、碳中和工作的集中统一领导，碳达峰碳中和工作领导小组对碳达峰相关工作进行整体部署和系统推进，领导小组办公室要加强统筹协调，督促将各项目标任务落实落细；要强化责任落实，着力抓好各项任务落实，确保政策到位、措施到位、成效到位；要严格监督考核，逐步建立系统完善的碳达峰、碳中和综合评价考核制度，加强监督考核结果应用，对碳达峰工作成效突出的地区、单位和个人按规定给予表彰奖励，对未完成目标任务的地区、部门依规依法实行通报批评和约谈问责。

能源是攸关国家安全和发展的重点领域。世界百年未有之大变局和中华民族伟大复兴的战略全局，要求加快推进能源革命，实现能源高质量发展。“碳达峰、碳中和”目标、经济逆全球化势头、传统产业数字化智能化转型等新形势、新动向、新要求为能源革命和高质量发展带来新的机遇和挑战。创新是引领能源发展的第一动力。科技决定能源未来，科技创造未来能源。加快推动能源技术革命，支撑引领能源高质量发展，并将能源技术及其关联产业培育成带动我国相关产业优化升级的新增长点，是贯彻落实“四个革命、一个合作”能源安全新战略的重要任务。

“十四五”是“两个一百年”奋斗目标的历史交汇期，是加快推进能源技术革命的关键时期。《“十四五”能源领域科技创新规划》（以下简称《规划》）是“十四五”我国推进能源技术革命的纲领性文件，与国家中长期科技规划以及“十四五”现代能源体系规划、科技创新规划、各专项规划有机衔接、相互配合，紧密围绕国家能源发展重大需求和能源技术革命重大趋势，规划部署重大科技创新任务。《规划》提出了2025年前能源科技创新的总体目标，围绕先进可再生能源、新型电力系统、安全高效核能、绿色高效化石能源开发利用、能源数字化智能化等方面，确定了相关集中攻关、示范试验和应用推广任务，制定了技术路线图，结合“十四五”能源发展和项目布局，部署了相关示范工程，有效承接示范应用任务，并明确了支持技术创新、示范试验和应用推广的政策措施。

**国务院办公厅等部委发布了四项通知：**

(1)《国务院办公厅关于印发“十四五”中医药发展规划的通知》（国办发〔2022〕5号，2022年3月3日）。

(2)《国家发展改革委国家能源局关于印发〈“十四五”现代能源体系规划〉的通知》（发改能源〔2022〕210号，2022年1月29日）。

(3)《住房和城乡建设部关于印发“十四五”住房和城乡建设科技发展规划的通知》（建标〔2022〕23号，2022年3月1日）。

(4)《住房和城乡建设部关于印发“十四五”建筑节能与绿色建筑发展规划的通知》（建标〔2022〕24号，2022年3月1日）。

**此外，国家政府网发布了其他各部委“十四五”发展规划：**

(1)《“十四五”全国农药产业发展规划》。

(2)《“十四五”建筑业发展规划》。

(3)《“十四五”医药工业发展规划》。

(4)《国务院关于印发“十四五”现代综合交通运输体系发展规划的通知》。

(5)《国家发展改革委关于印发〈“十四五”现代流通体系建设规划〉的通知》。

(6)《关于印发〈“十四五”生态环境监测规划〉的通知》。

(7)《“十四五”国家信息化规划》。

(8)《“十四五”全国农业机械化发展规划》。

(9)《三部委关于印发“十四五”原材料工业发展规划的通知》。

(10)《八部委关于印发〈“十四五”智能制造发展规划〉的通知》。

(11)《工业和信息化部等十部委关于印发〈“十四五”医疗装备产业发展规划〉的通知》。

(12)《十五部门关于印发〈“十四五”机器人产业发展规划〉的通知》。

(13)《国家铁路局关于印发〈“十四五”铁路科技创新规划〉的通知》。

(14)《农业农村部关于印发〈“十四五”全国畜牧兽医行业发展规划〉的通知》。

(15)《关于印发“十四五”促进中小企业发展规划的通知》。

(16)《国务院办公厅关于印发“十四五”冷链物流发展规划的通知》。

(17)《商务部关于印发〈“十四五”对外贸易高质量发展规划〉的通知》。

(18)《工业和信息化部关于印发“十四五”信息化和工业化深度融合发展规划的通知》。

(19)《工业和信息化部关于印发“十四五”软件和信息技术服务业发展规划的通知》。

(20)《工业和信息化部关于印发“十四五”大数据产业发展规划的通知》。

(21)《工业和信息化部关于印发〈“十四五”工业绿色发展规划〉的通知》。

(22)《交通运输部关于印发〈综合运输服务“十四五”发展规划〉的通知》。

(23)《工业和信息化部关于印发“十四五”信息通信行业发展规划的通知》。

(24)《交通运输部关于印发〈绿色交通“十四五”发展规划〉的通知

(25)《交通运输部国家标准化管理委员会国家铁路局中国民用航空局国家邮政局关于印发〈交通运输标准化“十四五”发展规划〉的通知》。

(26)《“十四五”国家药品安全及促进高质量发展规划》。

(27)《商务部等24部门关于印发〈“十四五”服务贸易发展规划〉的通知》。

(28)《国务院关于印发“十四五”国家知识产权保护和运用规划的通知》。

(29)《商务部中央网信办发展改革委关于印发〈“十四五”电子商务发展规划〉的通知》。

(30)《农业农村部国家发展改革委科技部自然资源部生态环境部国家林草局关于印发〈“十四五”全国农业绿色发展规划〉的通知》。

(31)《国家发展改革委关于印发“十四五”循环经济发展规划的通知》。

(32)《“十四五”林业草原保护发展规划纲要》。

## 第五节　国外碳中和经济发展目标

在碳中和的推进过程中，当前发展循环经济已经成为主要国家应对气候变化、实现《巴黎协定》目标的重要路径选择。截至2016年6月，《巴黎协定》由联合国178个国家共同签署，2016年11月起正式实施。欧盟颁布了新版循环经济行动计划，法国公布了循环路径线路图，德国将发展循环经济作为实现2045年温室气体零净排放的重要路径，日本提出了第四次循环型社会形成基本计划，沙特阿拉伯等国家提出了“碳循环经济”理念。

为应对气候变化背景下清洁低碳发展加速，新冠肺炎疫情冲击下天然气发展保持强劲韧性，欧盟、美国、日本、英国、加拿大、韩国和南非等国家或地区，纷纷提高温室气体减排承诺行动目标。欧盟2019年提出的“将2030年温室气体排放从原来的较1990年下降40%提高到下降55%，以及2050年实现气候中性的目标”已经在2021年通过立法进行确认。受新冠疫情影响，2020年欧盟能源消费产生的二氧化碳排放量同比减少10%。能源消费中煤炭消费下降最多，几乎所有成员国石油消费也出现下滑，但天然气消费在12个成员国逆势增长。美国2021年年初加入《巴黎协定》，政府宣布提高减排目标，承诺2030年温室气体排放量将较2005年减少50%～52%和不迟于2050年实现净零温室气体排放。美国2020年能源消费相关二氧化碳排放量同比下降11.6%。能源消费中煤炭消费下降19.1%，石油消费下降11.8%，天然气和核电消费下降幅度最小，分别只有2.3%和3%。2020年美国天然气发电量创造历史最高纪录，同比增加3%。美国电力行业2019年二氧化碳排放量较2005年下降32%，其中接近2/3的贡献来自天然气发电代替燃煤发电。

在2021年11月1日COP26的领导人峰会上，印度总理莫迪承诺印度将在2070年左右实现净零排放，并对印度的2030年目标做了细化；至2030年，可再生能源电力装机达到 500GW，可再生能源在总发电量中占比将达到 50%，较 2005 年水平降低 45%。

俄罗斯总理米舒斯京于 2021 年 11 月 1 日批准了《俄罗斯到 2050 年前实现温室气体低排放的社会经济发展战略》。该战略称，俄罗斯将在实现经济增长的同时达到温室气体低排放目标，即到 2050 年前温室气体净排放量在 2019 年该排放水平上减少 60%，同时比 1990 年排放水平减少 80%，并在 2060 年之前实现碳中和。

COP26 上还有许多国家承诺计划实现净零排放。尼泊尔宣布在 2045 年前实现净零排放；以色列宣布在 2050 年实现净零排放，并于 2025 年左右退出煤炭能源的使用；泰国、越南宣布在 2050 年左右实现净零排放；尼日利亚承诺在 2060 年左右实现碳中和。

英国智库 Ember 的统计显示，新的净零排放目标意味着，覆盖全球碳排放 84%的国家已经提出了碳中和目标。

美国亦提出一揽子减排计划，并重申动员 1000 亿美元帮助发展中国家减排。美国总统气候问题特使克里曾经提出“零碳电力、零排放汽车、零碳建筑、零废物制造”四个零的设想，“零废物制造”就是循环经济。国际社会已经形成了加速绿色低碳转型、发展循环经济的趋势。

此次 COP26 期间，东道国英国和美国等国家大力推动“将气温升幅限制 1.5℃之内”。

无论是从各国的主观意愿，还是从实际情况来看，按照目前的碳排放量趋势，控温 1.5℃的目标十分艰巨。联合国环境规划署（UNEP）于 2021 年 10 月 26 日发布的《排放差距报告 2021》称，按照目前世界各国的减排措施，至本世纪末，全球平均气温将上升 2.7℃。如果各国的碳中和承诺有效执行，至本世纪末，全球平均气温将上升 2.2℃，接近于《巴黎协定》提出的目标。

政府间气候变化专门委员会（IPCC）估计，要将全球平均气温升幅限制在 1.5℃内，则需要在 2030 年将二氧化碳排放量减少 45%；将升温限制在 2℃内，则需到 2030 年二氧化碳排放量减少 25%。

气候问题日益严峻，各国不断出台减排新举措。美国能源部启动多个减排项目，包括为碳捕集和封存项目提供 4500 万美元，助力天然气发电、水泥和钢铁生产等碳排放源脱碳；投资 3500 万美元开发减少石油、天然气和煤炭行业甲烷排放的技术；投入 1300 万美元开展 17 个减排项目，以降低联邦机构建筑的碳排放。美国还与欧盟委员会联合提出《全球甲烷减排承诺》，将开发甲烷排放量实时监测工具，从而精确量化甲烷减排量。英国商业、能源和工业战略部投入 5500 万英镑支持工业低碳替代燃料技术，包括将电锅炉、电窑炉和电熔炉等工业电器进行低碳化改造等。德国新一届政府计划加快绿色能源部署，并将煤炭淘汰期限从 2038 年提前至 2030 年，以实现其气候目标。日本新能源产业技术综合开发机构宣布在“碳循环、下一代火力发电等技术开发”框架下，投入 160 亿日元（约合 1.4 亿美元）支持二氧化碳资源化利用技术开发。

全球能源结构转型加速。美国拜登政府上台后大力发展清洁能源，促进能源结构转型，包括：更新“重建更好”预算框架，在未来 10 年内为清洁能源项目投入 5500 亿美元；设立 2030 年前部署 30GW、2050 年前部署 1.1 亿 kW 海上风电的目标；计划 2021—2024 年每年新增 30GW 太阳能，2025—2030 年每年新增 60GW，2035 年后每年新增 240GW，并使太阳能发电满足美国 40%的电力需求；对全国建筑进行节能改造以确保 2035 年减少美国建筑物 50%碳足迹等。此外，拜登政府还通过禁止在联邦土地进行新的石油及天然气钻探、实施严格的甲烷污染限制和设置机动车排放标准等限制化石能源开发。

欧盟委员会发布“Fit for 55”一揽子计划，修订欧洲《可再生能源指令》，明确指出欧洲能源转型的首要目标是2030年将可再生能源在欧盟能源消费中的占比从当前的32%提升至40%。英国商业、能源和工业战略部投入9200万英镑的公共资金，为储能、海上风能和生物质生产等创新绿色技术提供支持，助力英国能源系统向清洁、绿色转型。此外，英国还投资2.2亿英镑推动钢铁、制药和造纸等污染最严重的碳密集型行业向清洁低碳转型。日本经济产业省更新《2050碳中和绿色增长战略》，指出日本需大力加快能源和工业部门的结构转型，并确定海上风电、太阳能和氢能等产业的具体发展目标。

气候变化问题已经成为了人们不得不面对的重大挑战。可以美国为首的西方国家却把所有的责任一股脑推给了发展中国家，并将中国当作“反面典型”。英国等国还要求中国表明决心，并担忧中国在气候问题上无法实现承诺。德国媒体发文质问西方：中国在气候变化中到底应该负有多大的责任？

德媒指出，在西方媒体的渲染下，很多人都认为，中国对气候变化负巨大责任是理所应当的事情。可实际上并非如此，净排放量本身并不足以将气候变化的责任全都归咎于中国。有关数据显示，在2010年众多加勒比岛国和海湾国家的人均二氧化碳排放量排在前列，美国人均二氧化碳排放量超过16t，位列第14，而中国人均二氧化碳排放量为7.1t，还不到美国的一半，排在第48位。

（引自2021年11月2日《德国之声》）

要知道，中国可是一个有着14亿人口的大国，而美国人口也才3.3亿左右。中国是美国人口的4倍多，而美国人均二氧化碳排放量却是中国的2倍多。在这个数据的对比下，很显然美国才是应该对气候变化负巨大责任的国家。

而且，根据国际研究项目“全球碳预算”的估算，从1850年以来，人类排放的二氧化碳有40%仍然留在大气中。从历史上来看，中国属于很晚才开始大量排放二氧化碳的国家，反倒是那些进入第二次工业革命的欧美国家，才是气候问题上的始作俑者。

挪威科学家罗比·安德鲁就指出，西方国家对中国在气候变化问题上态度强硬，可它们需要考虑的一个问题是：“我们身边到底有多少东西贴着‘中国制造’的标签？”安德鲁表示，电热水壶、塑料椅子、便携式计算机、花盆等，这些产品都是来自中国，但使用者却是那些西方国家。那它们作为消费者也应该承担这些产品生产过程中的部分温室气体。

其实在早些时候，就有一些学者提议，将碳排放的责任分摊给生产者和消费者，而不是全都由生产者承担。而且，在“去碳”问题上，中国一直是全球的领导者，而且行动力要远远强于西方国家，可即便如此，中国仍然难逃被“嫌弃”的命运。

在过去的40年里，中国确实在发展中没能很好控制温室气体的排放，可如今中国已经成功控制住了人均温室气体量，而且比美国和加拿大还要少。

在过去的20年里，中国一直在低碳技术上投入大量资金。现在全世界80%的太阳能电池板都来自中国，而且全球风电机组制造商前10名，有7家是中国企业。中国如今已经开始逐步将燃油公交车换成电动公交车，累计数量多达40万辆。可其他国家甚至连1000辆电动公交车都没有。在销售电动汽车以及轻型电动卡车上，中国也是世界领先的。

2020年中国的风力和光伏发电量已经是世界其他国家的总和，而且高速电气化客运列车全球2/3在中国。中国为“去碳”做出的努力有目共睹。在气候变化问题上，中国是认真的，其他西方国家只会不断地制订计划，承诺将会实现这一目标。美媒清洁技术就直言，中国政府在气候问题上说得少做得多，和西方截然相反。而且目前中国已经让数亿人摆脱了贫穷，这说明西方国家拿气候问题和经济挂钩不过是为了满足一己私欲。

在COP26上，许多国家先后表态要实现自己制定的目标，但目前来看只有中国的承诺能让人信服，因为中国在气候问题上的明确行动规模已经超过了全球任何一个其他国家。

2021年11月10日，中国和美国在联合国气候变化大会期间发布《中美关于在21世纪20年代强化气候行动的格拉斯哥联合宣言》（简称《联合宣言》）。能链受邀参加本届联合国气候变化大会，并发表主题演讲。《联合宣言》表示，中美双方赞赏迄今为止开展的工作，承诺继续共同努力，并与各方一道，加强《巴黎协定》实施。双方同意建立“21世纪20年代强化气候行动工作组”，推动两国气候变化合作和多边进程。

为期两周的联合国第26届气候变化大会（COP26）于2021年11月13日晚上落幕，近200个国家达成一份名为“格拉斯哥气候公约”的联合公报。缔约方也批准了建立全球碳市场框架的规则。

原定12日闭幕的联合国气候变化大会在超时一天后达成最终协议。大会主席夏尔马在英国时间13日晚7时50分左右（北京时间14日凌晨3时50分）敲下槌子，宣布缔约方已通过这份旨在将全球变暖控制在1.5℃以内、实现世界免遭灾难性气候变化的协议。联合国秘书长古特雷斯认为，该文件反映了当今世界的利益、矛盾和政治意愿。古特雷斯说，现在是进入“紧急模式”、结束化石燃料补贴、逐步淘汰煤炭、为碳定价、保护弱势社区、并兑现1000亿美元的气候融资承诺的时候了。“我们在这次会议上没有实现这些目标。但我们为今后取得进展奠定了一些基础。”他说。

另外，缔约国也在本届气候变化大会上批准了一项有关《巴黎协定》中全球碳市场实施细则的内容，该条文涉及缔约国如何利用国际碳交易市场来减少各国碳排放，这是国际协定中最复杂、最难理解的概念之一。根据最新协议，国家之间的碳交易有了新的规则，一个国家的政府可通过资助另一个国家的温室气体减排项目来实现其排放目标。官员们预计这些规则将为国际碳交易市场奠定基础。《联合早报》指出，专家对大会达成的协议表示谨慎乐观，认为这些措施将维持《巴黎协定》的目标，即“致力于实现将全球平均气温上升幅度控制在低于工业化水平前2℃的水平，并努力将其控制在1.5℃的水平”。但是，环保人士也批评发达国家缺乏对发展中国家在资金上的承诺，并指出它们在帮助发展中国家脱碳和应对更多极端天气事件上的力度不足。

作为世界上最大的发展中国家，中国强化自主贡献目标，加快构建碳达峰、碳中和“1＋N”政策体系，积极探索低碳发展新模式，为推动全球气候治理、应对气候变化作出了实实在在的贡献，展现大国担当。中国气候变化事务特使解振华指出，在碳达峰时，发达国家人均排放比中国高得多，“我们既要压低峰值，又要缩短这个时间，这也是中国为应对气候变化做的努力”。

工业和信息化部2021年11月15日发布《“十四五”工业绿色发展规划》（简称《规划》）。《规划》是在总结分析“十三五”工业绿色发展成效，以及“十四五”我国工业发展面临的国内外形势的基础上，聚焦实现我国制造业高效、绿色、循环、低碳发展战略任务编制的。《规划》按照“目标导向、效率优先、创新驱动、市场主导、系统推进”的基本原则，紧扣工业和信息化部核心的职能，提出了“聚焦1个行动、构建2大体系、推动6个转型、实施8大工程”的整体工作安排。

“1个行动”，即实施工业领域碳达峰行动。这是“国家碳达峰十大行动”之一，是推动实现碳达峰、碳中和的重要举措。《规划》就工业领域碳达峰顶层设计，工业和重点行业碳达峰路线图、时间表，以及相关行业落实碳达峰主要任务，做了明确的规定。

“2大体系”即构建完善的绿色低碳技术体系、构建绿色制造支撑体系。通过构建和完善这两大体系，着力提升工业绿色发展的基础能力和后劲。一方面，积极推动新技术大规模快速应用和迭代升级，完善产业技术创新体系，加大前沿技术攻关力度，强化科技创新对工业绿色低碳转型的支撑作用。另一方面，着力健全绿色低碳标准体系，完善绿色评价和公共服务体系，强化绿色服务保障，从多维度、多领域提升绿色发展的基础能力。

“6个转型”，即产业结构高端化、能源消费低碳化、资源利用循环化、生产过程清洁化、产品供给绿色化、生产方式数字化。这些任务互为支撑、相互贯通，是多维、立体、系统推进工业绿色低碳转型的一系列重要举措。

“8大工程”，即为强化各项重点任务的落实落细，《规划》提出的要实施的工业碳达峰推进工程、重点区域绿色转型升级工程、工业节能与能效提升工程、资源高效利用促进工程、工业节水增效工程、重点行业清洁生产改造工程、绿色产品和节能环保装备供给工程、绿色低碳技术推广应用工程。

这四个方面系统体现了“十四五”推进工业绿色低碳转型和制造业高质量发展的总体部署安排。我们还将进一步细化具体的举措，并从财政、税收、金融等方面加大对工业绿色发展的精准支持，切实抓好各项任务落实。

（引自中华人民共和国工业和信息化部官网）

## 第六节　碳中和术语定义摘编

1. 碳中和

碳中和是节能减排术语。它是指企业、团体和个人测算在一定的时间内，直接或间接产生的温室气体排放总量，通过植树造林绿化、节能减排等形式，抵消产生二氧化碳当量排放，实现二氧化碳当量的“零排放”。

2. 碳达峰

碳达峰是指碳当量的排放达到的最大峰值。进入平台期后，开始转入下降阶段。

3. “双碳”

碳中和与碳达峰一起简称为“双碳”。

4. 二氧化碳当量（$CO_2e$）

二氧化碳当量是指用于比较不同温室气体排放的度量单位。其主要组成为：二氧化碳（$CO_2$）、甲烷（$CH_4$）、氧化亚氮（$N_2O$，一氧化二氮）、氢氟碳化物（HFCs）、全氟碳化物（PFCs）及六氟化硫（$SF_6$）。其中二氧化碳大约占80%，甲烷大约占10%，其他的大约占比合计为10%。

5. 二氧化碳量

二氧化碳量是指二氧化碳温室气体排放的度量单位。二氧化碳当量的计算是以二氧化碳为基数，其他气体排放的量折算为二氧化碳的量，也即二氧化碳当量。作为二氧化碳本身计算来讲既是二氧化碳量，也为二氧化碳当量。许多人混淆二氧化碳当量与二氧化碳量。

6. 碳足迹

碳足迹是指企业机构、活动、产品、工程建设或个人通过交通运输、食品生产和消费以及各类生产过程引起的温室气体的排放的集合。也可称为“碳链”。

7. 绿色溢价

绿色溢价是指非碳排放源中各碳排放领域获得的额外成本。就电力而言，这里的非碳排放源包括风能、太阳能、核能、装备有碳捕获设施的燃煤电厂和燃气电厂等。

8. 碳捕获与封存（carbon capture and storage，CCS）

在二氧化碳排入大气前把它吸收掉，称作“碳捕获与封存”。碳捕获是指通过化学反应汇集石化材料燃烧过程中产生的二氧化碳的技术；碳封存是指将发电厂、钢铁厂、化工厂等排放源产生的二氧化碳收集起来，并用各种方法储存以避免其排放到大气中的技术。以上内容有排放点碳捕获，还有直接空气碳捕获。相比于排放点碳捕获技术，直接空气碳捕获技术更为灵活，可以在任何地方使用，但面临的技术挑战远大于排放点碳捕获技术。

9. 碳捕集

碳捕集也称“碳捕获”。

10. 碳汇

碳汇是一种消除二氧化碳而不排放二氧化碳的方式。具体是指通过植树造林、植被恢复、建筑种植绿化等措施，吸收大气中的二氧化碳，从而减少温室气体在大气中的浓度的过程、活动或机制。植物的碳捕获是通过太阳光照射的热能直接吸纳进行转化，也只有植物可以将二氧化碳进行直接的转换，这种转换称为“碳汇”。

2003 年 12 月召开的《联合国气候变化框架公约》第九次缔约大会，将造林、再造林等林业活动纳入碳汇项目，制定了新的运作规则，为实施造林、再造林碳汇创造了有利条件。

2020 年 10 月 28 日，《自然》科学期刊上一个国际团队的研究报告刊示，中国西南地区和东北地区的“碳汇”，占中国整体陆地面积的 35％以上。

11. 能耗双控

能耗双控是指能源消费强度（也称单位 GDP 能耗，即能源在创造经济产值时的利用效率）和能源消费总量。

12. 温室气体

温室气体是指由二氧化碳（$CO_2$）、甲烷（$CH_4$）、氧化亚氮（也称一氧化二氮，$N_2O$）、氢氟碳化物（HFCs）、全氟碳化物（PFCs）及六氟化硫（$SF_6$）产生的热效应。它们的作用是截留太阳辐射热，使得地球表面变得更暖，从而加热室内外空气。这种温室气体使地球变得更温暖的影响称为“温室效应”。

国际标准《温室气体-第 1 部分：组织层面上温室气体排放与清除量化及报告规范》

（ISO 14064-1：2018）对温室气体术语的界定为："温室气体GHG：自然与人为产生的大气气体成分，可吸收与释放由地球表面、大气及云层释放的红外线辐射光谱范围内特定波长之辐射。"详细的温室气体的术语定义见附件D。

13. 排放二氧化碳的能源

排放二氧化碳的能源是指燃油发电、燃气发电和燃煤发电。

14. 不排放二氧化碳的能源

不排放二氧化碳的能源是指核能发电、水力发电、太阳能发电、风力发电、生物质发电、海洋能发电、城市废物发电等。

注：生物质燃烧仍然会释放二氧化碳。地球上的绿色植物吸收太阳光的能量，同化二氧化碳和水，制造有机物质并释放氧的过程即光合作用。光合作用是生命活动中极为重要的过程。植物经过光合作用吸收二氧化碳，燃烧时又放出二氧化碳，构成了地球上二氧化碳的小循环。因此，生物质燃烧会释放二氧化碳但不增加大气二氧化碳含量，这不同于化石燃料燃烧。

15. 清洁能源

清洁能源是指环保、排放少、污染程度小、无二氧化碳排放的能源，包括核能与再生能源。

16. 再生能源

再生能源是指不产生或极少产生环境污染、二氧化碳的，消耗后可得到补充循环的能源。包括水能（水体的动能、势能和压力等能量资源，包括河流水能、潮汐水能、波浪能、海流能等）、风能、太阳能、生物质能、地热能（包括地源和水源）、抽水蓄能、非再生的废物发电等。

17. 光伏（photovoltaic）

光伏是太阳能光伏发电系统（solar power system）的简称，是指一种利用太阳能电池半导体材料的光伏效应，将太阳光辐射能直接转换为电能的发电系统，有独立运行和并网运行两种方式。太阳能光伏发电系统分为两种，一种是集中式，如西北地区大型地面光伏发电系统；另外一种是分布式（以大于6MW为分界），如公共建筑以及厂房屋顶光伏发电系统，居住建筑屋顶光伏发电系统。

18. 风力发电

风力发电是指把风力的动能转为电能的一种发电形式。主要分为陆地风能发电和海上风能发电。风能是一种清洁的化害为利的可再生能源。

19. 核裂变

核裂变是指由重的原子核（主要是指铀核或钚核）分裂成两个或多个质量较小的原子的一种核反应形式。现在的核电站就是核裂变的产物，原子弹、核航母、核潜艇亦如此。

20. 核聚变—人造太阳

核聚变—人造太阳是指将温度升至超高温（超过1亿℃），采用强大的磁场进行约束、稳定控制形成电能。核聚变—人造太阳为可再生的清洁能源。

核聚变是指由质量小的原子，主要是氘，在一定条件下，即只有在极高的温度和压力下才能让核外电子摆脱原子核的束缚，让两个原子核能够互相吸引而碰撞到一起，发生原子核互相聚合作用，生成新的质量更重的原子核（如氦），中子虽然质量比较大，但是由于中子不带电，因此也能够在这个碰撞过程中逃离原子核的束缚而释放出来，大量电子和中子的释放所表现出来的就是巨大的能量释放。

太阳就是靠核聚变反应来给太阳系带来光和热的，其中心温度达到1500万℃，另外还有巨大的压力能使核聚变正常反应。而地球上没办法获得巨大的压力，只能通过提高温度来弥补，不过这样一来温度要达到上亿摄氏度才行。核聚变如此高的温度，没有一种固体物质能够承受，只能靠强大的磁场来约束。由此产生了磁约束核聚变。核聚变—人造太阳技术尚处在研发过程，是最值得期待的能源。

21. GW（吉瓦）

GW是英文giga Watt的缩写，常用来表示发电装机容量，是一种电功率单位。

GW（吉瓦）、MW（兆瓦）、kW（千瓦）中，W（瓦）是Watt（瓦特）的简称。其换算关系为：

1GW＝1000MW＝100万kW＝10亿W。

千瓦（kW）·时（h）＝1度电。发电量是以千瓦时表示的。

22. “1＋N”

其中“1”是指顶层设计指导意见，将在“双碳”目标“1＋N”政策体系中发挥统领作用；“N”是指各行业、各领域分别的政策措施，包括能源、工业、交通运输、农林、城乡建设等分领域分行业碳达峰实施方案，以及科技支撑、能源保障、碳汇能力、财政金融价格政策、标准计量体系、督查考核等保障方案。

23. 绿色建筑

绿色建筑是指能够达到节能减排目的的建筑物。具体是指在全寿命周期内，节约资源、保护环境、减少污染，为人类提供健康、适用、高效的使用空间，最大限度地实现人与自然和谐共生的高质量建筑。

绿色建筑实际上是在气候变暖、《联合国气候变化框架公约》缔约方大会（又称联合国气候变化大会）召开之后而提出的。真正的绿色建筑是建筑种植绿化工程（包括屋面及地下工程屋顶广场的种植绿化、立体墙面的绿化、建筑室内的绿化以及桥梁道路等依托于建筑主体的种植绿化工程）。真正的绿色建筑是具有碳汇功能的，自身具有消纳二氧化氮的作用。

24. 被动式建筑

被动式建筑主要是指不依赖于自身耗能的建筑设备，而完全通过建筑自身的空间形式、围护结构、建筑材料与构造的设计来实现建筑节能的方式。实际上有许多的被动式建筑降低了采用辅助设备的程度。由于地域条件的差异性，极少是完全不使用相关辅助设备的。被动式建筑也是在气候变暖、《联合国气候变化框架公约》缔约方大会召开之后，因探讨降低碳排量而提出的。

25. 生态学

生态学是指研究生物生存条件、生物及其群体与环境相互作用的过程及其规律的科学。其目的是指导人与生物圈（自然、资源与环境）的协调发展。

26. 气象

人类生活在由大气圈、生物圈、水土岩石圈组成的三圈物质空间中，其中大气圈

（又称地球大气）由环绕地球外圈的整个空气层组成，在地球大气中每时每刻都发生着风、云、雨、雪、雷电、旱涝、寒暑等各种各样的自然现象，这些现象统称为大气现象，简称为气象。

27. 气象学

气象学是指研究大气中各种现象（包括各种物理的、化学的以及人类活动对大气的影响）的成因和演变规律及如何利用这些规律为人类服务的科学。

28. 垃圾处理

垃圾处理是指对生产生活产生的废弃物的处理。垃圾处理包括填埋处理、焚烧处理、废固处理、垃圾发电处理。废固处理也称固废处理，也就是“固体废物处理”的简称，如尾矿处理以及废固材料的再利用处理等。

29. 碳排放权

碳排放权是指企业依法取得向大气排放温室气体的权利。由环保部门核定，企业会取得一定时期内排放温室气体的配额。当企业实际排放量超出配额时，超出部分需要花钱购买；当企业实际排放少于配额，结余部分可以结转使用或者对外出售，实现碳交易（碳排放权交易的简称）。

30. 碳交易

碳交易是指运用市场经济来促进环境保护的重要机制。允许企业在碳排放交易规定的排放总量不突破的前提下，用这些减少的碳排放量，使用或交易企业内部以及国内外的能源。通过碳排放减排补贴配额，达到减少温室气体碳排放的目的。

2021 年 7 月 15 日，上海环境能源交易所发布公告，根据国家总体安排，全国碳排放权交易于 7 月 16 日（星期五）开市。

2011 年，中国在北京、天津、上海、重庆、湖北、广东、深圳七个省、市开展了碳排放交易试点，由此拉开了碳交易市场的探索之路。截至 2021 年 3 月，碳交易试点地区碳市场覆盖钢铁、电力、水泥等 20 多个行业，近 3000 家重点排放企业，累计覆盖 4.4 亿 t 碳排放量，累计成交金额约 104.7 亿元。试点范围内，企业碳排放总量和强度实现“双降”，显示出碳市场以较低成本控制碳排放的效果。而鉴于全国碳市场排放量超过 40 亿 t，中国将成为全球覆盖温室气体排放量规模最大的碳市场。

31. 数字经济

数字经济是指一个经济系统，在这个系统中，数字技术被广泛使用并由此带来了整个经济环境和经济活动的根本变化。数字经济也是一个信息和商务活动都数字化的全新的社会政治和经济系统。作为经济学概念的数字经济是人类通过大数据（数字化的知识与信息）的识别-选择-过滤-存储-使用，引导、实现资源的快速优化配置与再生、实现经济高质量发展的经济形态。数字经济是以数字技术作为依托的，没有数字技术就不会有数字经济。数字经济的概念被越来越多的人士接受。数字经济的发展是同信息技术尤其是互联网技术的广泛应用分不开的，也是同传统经济的逐步数字化、网络化、智能化发展分不开的。

32. 数字技术（digital technology）

数字技术也称数字控制技术、数字信息技术。数字技术体现的是智能化。数字技术是一项与电子计算机（也包括智能手机）相伴相生的科学技术。它是指借助一定的设备将各种信息，包括图、文、声、像等，转化为电子计算机能识别的二进制数字“0”和“1”后进行运算、加工、存储、传送、传播、还原的技术。由于在运算、存储等环节中要借助计算机对信息进行编码、压缩、解码等，因此数字技术也称数码技术、计算机数字技术等。

33.《联合国气候变化框架公约》（*United Nations Framework Convention on Climate Change*，UNFCCC）

《联合国气候变化框架公约》是指联合国大会于 1992 年 5 月 9 日通过的一项公约。同年 6 月在巴西里约热内卢召开的有世界各国政府首脑参加的联合国环境与发展会议期间开放签署。自 1994 年 3 月 21 日起，该公约生效。此次会议上由 150 多个国家以及欧洲经济共同体共同签署。该公约由序言及 26 条正文组成，具有法律约束力，终极目标是将大气温室气体浓度维持在一个稳定的水平，在该水平上人类活动对气候系统的危险干扰不会发生。截至现在，加入该公约的缔约国共有 197 个。详细内容请参阅本书附录 A。

34.《2030 年前碳达峰行动方案》

《2030 年前碳达峰行动方案》是指 2021 年 10 月 24 日生效的《国务院关于印发 2030 年前碳达峰行动方案的通知》（国发〔2021〕23 号）的内容。详细内容请参阅本书附录 B。

# 第二章 碳中和的发展概述

# 第一节　全球碳排放量综述

根据全国人大常委会副委员长、中国科学院副院长丁仲礼院士在中国科学院学部第七届学术年会上的报告，目前全球每年排放的二氧化碳大约是 400 亿 t，其中 14％来自土地利用，86％来自化石燃料利用。排放出来的这些二氧化碳，大约 46％留在大气，23％被海洋吸收，31％被陆地吸收。图 2-1 所示为 2019 年我国能源消费比例。

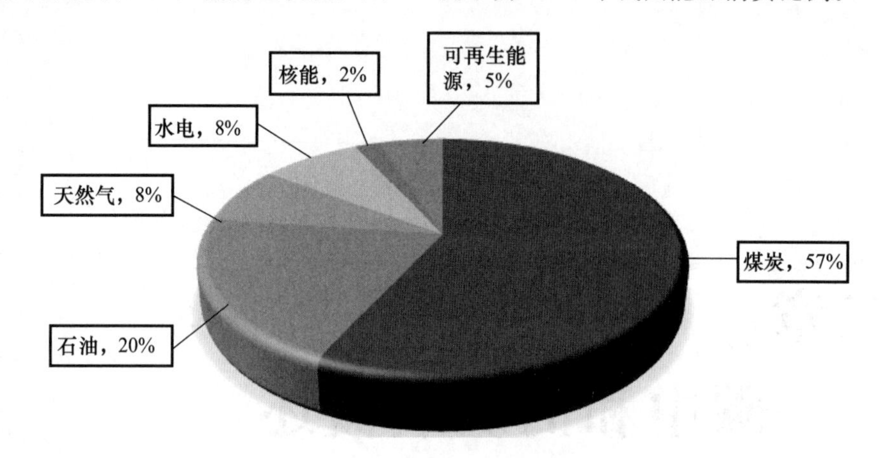


图 2-1　2019 年我国能源消费比例

注：2019 年我国能源总消费 48.6 亿 t 标准煤，能源利用总排放 98.26 亿 $tCO_2$。既然我们设定 2060 年能源利用排放 20 亿～25 亿 $tCO_2$，就需要以能源需求为依据，绘制出不同阶段能源结构调整路线图，以及实现这个路线图的技术组合和基础设施组合。

根据比尔·盖茨《气候经济与人类未来》综合各方面科学家和专家的意见，将当今全世界的碳排放量统计为 510 亿 t（为 2019 年的指标数据）。

美国 EPA（环保署）官网称，2019 年美国 80％的温室气体排放是二氧化碳，还有 10％是甲烷（$CH_4$），其余 10％为其他类型的总和。

中国人民大学宁南山对全世界的碳排放量设定为 591 亿 t 发表见解："《2020 年排放差距报告》里面的图示，其实从里面的数据可以解读出很多信息，2019 年全球碳排放是 591 亿 t，中国是最多的——接近 140 亿 t，美国 60 多亿 t，欧盟 27 国＋英国 40 多亿 t，印度 30 多亿 t，注意印度已经超过了俄罗斯和日本，正在接近欧洲（欧盟 27 国＋英国）的水平……" 据此，中国基础设施建设中大的体系建设已经基本完成，而这方面印度相差太远，因此，印度经济要快速发展，其碳中和压力比中国大得多。

中国工程院的院刊《中国工程科学》2021 年 6 月刊登《调整产业结构降低碳排放强度的国际比较及经验启示》一文。该文指出 2020 年中国的碳排放量达到 100 亿 t，为世界第一，并预计中国 2030 年碳达峰时碳排放量为 130 亿 t。此文选取英国、法国、德国、美国、加拿大、日本、韩国七个主要发达国家作为研究对象，还选取中国、印度两个主要发展中国家参与对比分析。这九个国家的 GDP 均进入世界前十位，2020 年 GDP 总量合计占世界的 65.8％，碳排放总量之和占世界的 61.3％。此文从五个方面对碳排放、碳达峰的情况做了比较：

（1）前言——世界与中国碳排放与碳中和的综述。

（2）主要国家碳排放总量的依次达峰模式。

（3）九个主要国家人均碳排放比较及变化特点。

①发达国家普遍高于发展国家。

②欧洲国家开始深度下降，北美国家进入下降阶段，亚洲国家仍在上升。

③发达国家存在“美加模式”“欧日模式”。

（4）主要国家碳排放强度变化及其内在产业结构根源。

①发达国家和发展中国家的碳排放强度均在下降。

②碳排放强度下降与产业结构调整的表现：“脱钩型”产业结构。

③产业结构调整与碳排放强度变化的关系——以美国为例：调整三次产业结构，调整行业结构，调整产品结构，实施产业转移，发展电子信息产业。

（5）国际经验总结与发展启示。

①调整产业结构，降低碳排放强度的国际经验。发展新兴产业、加大科技创新和引导产业结构调整；优化产品结构是产业结构调整的有效举措；产业转移是调整产业结构的重要途径；电子信息产业带动关联产业升级；降低制造业占比，是产业结构调整的双刃剑。

②我国调整产业结构、降低碳排放强度面临的挑战。工业化、城镇化进程尚未完成；高耗能行业规模总量大、能源消耗占比高；区域发展不平衡现象较为突出；科技创新基础有待加强。

③启示与建议。积极发展基于科技创新的新型产业；充分发挥数字经济在产业结构调整中的潜力；统筹协调国内外产业转移，优化产业空间布局。

中国大百科全书出版社2018年翻译出版的《DK大历史系列——科学历史百科全书》关于“认识气候变暖”的内容中提及，前联合国秘书长科菲·安南2009年讲到“全球变暖必须视为是对经济和安全的威胁”。1958年，美国科学家查尔斯·基林启动一项检测大气二氧化碳浓度的项目，与工业革命前的$280\times10^{-6}$相比，2010年的二氧化碳浓度已经达到$400\times10^{-6}$，其气体排量占比为：二氧化碳（化石燃料燃烧）占57%；二氧化碳（其他）占3%；二氧化碳（砍伐森林、生物发酵）占17%；甲烷占14%；一氧化二氮占8%；氟气体占1%。

比尔·盖茨《气候经济与人类未来》所讲的510亿t碳排放量明确指的是“二氧化碳当量的排放”，而丁仲礼院士讲的应该是二氧化碳的排量为400亿t［按美国EPA（环保署）官网］，2019年美国80%的温室气体排放是二氧化碳，还有10%是甲烷（$CH_4$），其余气体总和10%为其他的折算，二氧化碳当量为480亿t，这样推算基本上是合理的。《调整产业结构降低碳排放强度的国际比较及经验启示》一文指出，2020年中国的碳排放量达到100亿t，此文所讲的应该是比较客观的。

事实上，世界上最权威的机构给出的“全世界碳排放量”的数据都是相对的。涉及的领域太宽泛，可以说是无所不包，各国的差异性太大，因此，不可能是精确掌握，只能参照一个相对合理的数值。对比有关数字，笔者认为比尔·盖茨提供的数据相对是合理的，因为他花了10年多的时间调研气候变化的成因和影响，在物理、化学、生物、工程、政治、经济、金融等领域方面专家的支持下，专注于探索减少温室气体排放的新技术。他讲道："在直接空气捕获技术方面，我可能是这个世界上投资最多的人。"微软公司承诺到2030年实现碳中和甚至碳负数，并承诺将补偿微软公司自1970年成立以来的所有碳排放。

比尔·盖茨在《气候经济与人类未来》提及世界人口的数量将达到100亿。另外，还提出，到2060年，世界将增加2323亿$m^2$的建筑物，这相当于每个月再建一个纽约市，而且是40年不间断。可以肯定的是，其中很多建筑物现在将不会按照碳中和的节能标准设计，在建成后的几十年里，它们只能以低效的方式利用能源。因此，与其他领域相比，碳中和在建筑工程领域的实施可以说是难度最大的。而恰恰是中国建筑业目前对于碳中和缺乏相应的具体措施和认知的行业，目前尚未见到具体的政策措施。

丁仲礼院士的报告中提到："一个是到2035年，我们GDP比目前还会翻一番，2060年还需要再翻一番，达到人均4万美元，生活水平也要相应地同发展阶段相当，产业结构从目前的中低端发展到中高端。另外一个因素就是人口变动，少子、老龄化这些因素必须考虑进去，要建立一个预测的模型。但预测常常是有偏差的，2009年有部门预测2020年我国一次能源消费将达到44亿吨标准煤，但实际上2020年我国一次能源消费达到50亿吨标准煤。"

以比尔·盖茨对世界建筑发展情况的预判，对应中国的发展应该是有所差异的，中国大陆建造的高潮现在之后还有10年可以是个高点。桥梁隧道建设、水利水电工程建设、高铁高速公路建设等是有资源、区域区位限制的，这些10年之内整体的布局已经基本完成，包括住宅公共建筑置换周期都比较长，之后新增加、大量增加的内容将是有限度的，而对于房屋修建改造将会成为重点考虑的。

当今中国大陆社会经济发展是不均衡的，笔者认为：中国现在已经不是单纯的发展中国家，中国也可以自分为"三个世界"（中国是有"三个世界"的国家）：低收入阶层（按李克强总理在2020年5月记者会上所讲，有6亿人平均月收入1000元，也就是年收入1.2万元）、中产阶层（按《经济学人》杂志指出：中国的中产阶层2.25亿人，定义是"家庭年收入在1.15万到4.3万美元，即家庭收入8万到30万元人民币之间的群体"）、高收入阶层（30万元以上）之分。显然中产阶层8万元是太低了，高阶层收入30万元也是太低了。按银行2020年存款，超过100万元的有400多万人，根据有关资料年收入超过50万元的应该在2000万～3000万人，这可以说是高收入阶层。中国的科技发展、工程建设等许多方面已经超过发达国家了，但同时低端的农耕社会还有相当的比例。因此，中国本身就形成了"三个世界"的国家。由于收入的差异，科技的发展、经济运行将会有所不同，自然会影响绿色碳中和的实施，因此中国的碳中和不能一刀切。

## 第二节　世界温室气体排放各行业领域的占比

"中国过去习惯用生产法分出第一产业、第二产业和第三产业，其中中国第二产业的碳排放特别多，在电力行业中的占比接近70%，这在世界上也是少有的。这种划分方法与国际上是有差别的，导致不太好进行国际比较。欧美的碳排放第一大行业是电力，第二是交通运输，第三是建材（含建筑钢材与水泥）与保温。如果在电力、交通运输和居住行业下大工夫，就可以解决80%以上的碳排放问题。这种划分方法强调了人类居住的耗能和碳排放，人类居住需要建筑、城镇化、一部分基础设施及保温（供暖及制冷），这一目的之中的各项活动占了相当比例的温室气体排放，为此要特别重视。如果把与居住有关的相当一部分碳排放放在第二产业的生产活动里，就容易产生误解和误导。”中国至今未将农牧业内容纳入碳排放中。

笔者认为比尔·盖茨对各领域温室气体排放的划分相对是合理的，因此根据比尔·盖茨《气候经济与人类未来》将气体排放划分五个方面进行分析讨论。

## 一、生产和制造（水泥、钢铁、塑料）总排放量31%

### （一）水泥的发展应用

没有水泥就没有现代建筑，尤其是现代的水利水电工程，如当今世界第一发电量的中国三峡工程、世界发电量第二的中国白鹤滩水电站工程，以及类似的水利工程。水泥混凝土历史上到近代的生产，忽略了二氧化碳的影响，在可预知的年代水泥混凝土还会是建筑工程的主要材料，为了人类自身和谐社会发展的需要，须满足碳中和的要求。《混凝土——一部文化史》讲述了混凝土的文化意义，既传统又现代：传统是由于在许多方面还离不开手工操作，但作为现代建筑又不可或缺，混凝土的使用形态还处于不断的变化发展中。但《混凝土——一部文化史》并没有包括古罗马火山灰混凝土的应用，只是讲了现代混凝土的发展，因此对混凝土的全面发展讲述是不完整的，故有必要讲述一下古罗马火山灰水泥的历史意义和作用。古罗马火山灰水泥的应用历经500多年，作为其中的代表作之一的古罗马万神殿历经将近2000年（建于118—125年）依然完好无损，创造了建筑的奇迹。作为碳中和的发展要求，对水泥混凝土还需赋予新的科技文化含义。

1. 古罗马水泥及现代水泥的产生与应用

现代建筑中最重要的突破，除了钢铁之外，就是钢筋混凝土的广泛应用，如果没有现代水泥材料和技术的发明，根本不可能出现现代建筑。20世纪的建筑革命、20世纪现代设计的产生，都与钢筋混凝土的发明和使用有密不可分的关系。世界著名的日本建筑师畏研吾在其著作《自然的建筑》“话说20世纪”中讲道：“当大家被问到‘20世纪是怎样的时代’时，会怎样回答呢？我会毫不犹豫地说：‘是混凝土的时代。’”混凝土这种材料与20世纪这个时代，是如此匹配。不仅是匹配，混凝土材料还造就了20世纪的城市、国家和文化。至今，我们依然生活在它的成果之上。20世纪的主题是国际化和全球化。一项技术统治全球、世界一体化，是这个时代的中心议题。物流、通信、传媒等领域都实现了全球化，而在建筑、城市领域将全球化变为可能的，正是混凝土材料。

欧洲古罗马水泥（火山灰）混凝土技术的发展应用，其所起到的作用，许多从事混凝土材料应用研究的人员却鲜有知晓。在此将《世界古代70大奇迹——伟大建筑及其建造过程》中关于古罗马水泥（火山灰）混凝土工程应用的情况做一个介绍：

混凝土在欧洲古罗马时期曾经大规模使用过，当时古罗马人用火山喷发的火山灰混合石灰、砂子制成天然混凝土。它在输水隧道、浴场游泳池、古罗马的斗兽场、古罗马的万神殿等建筑上得到应用。但古罗马时期发生了三次大的疫情（165—180 年，251—266 年，542—750 年），致使这种材料和制作方法失传了。尤其是 251—266 年的瘟疫对火山灰技术遗失影响最大。此后长期以来，建筑材料仅仅局限在石头、木头、石灰这些自然材料的范围内。由于这些材料物理化学性质方面都具有相当的局限性，因此从客观上限制了建筑的发展。火山灰技术的遗失造成建筑技术的倒退，致使对防水要求高的水利工程、浴场游泳池工程不复存在，罗马万神殿这样大跨度的混凝土建筑不可能再产生。从中央电视台 2020 年 4 月 17 日报道的巴黎圣母院（1161—1345 年的哥特式建筑）的修复工程中看到，石头墙体砌筑的材料为白灰砂浆，由此也佐证了火山灰水泥材料技术的失传。

为了适应现代建筑技术的发展，1774 年，英国人在艾迪斯东这个地方采用石灰、黏土、砂子、铁渣混合，研制了现代初期的混凝土。1824 年英国人约瑟夫·阿斯帕丁（Joseph Aspdin），采用石灰石材料在波特兰岛研究出胶凝水泥，得名“波特兰水泥”。该项技术申报了专利，由此开启了现代混凝土、现代建筑技术的发展。

2. 古罗马水泥（火山灰）对欧洲古代建筑的影响

古罗马历经 1000 多年，创造了欧洲的辉煌历史，也创造了辉煌的世界古代建筑史。

古罗马时期的建筑可以说是欧洲古代建筑乃至于世界古代建筑同时期最辉煌的。其中一个最重要原因是古罗马水泥（火山灰）的发现与应用（火山灰的发现大约在公元前 3 世纪），古罗马水泥（火山灰）的开发应用在公元前 3 世纪—2 世纪，历经 500 多年。古罗马水泥（火山灰）的应用，使得建筑可以达到大跨度、大空间并保证和提高了防水功能，才使得建筑达到了大型化和多样化，且延长了寿命。古罗马时期最具代表性的建筑有：

（1）古罗马高架渠（古罗马水道）。公元前 312—226 年，建造了几十项高架渠工程，著名的有 10 多项，最长的达到了 91km，有的高架渠起拱多达三层。古罗马高架渠（古罗马水道）的建造历经 500 多年，肯定积累了相应的标准做法，但由于历史的磨难被淹没了。古罗马水道在马克思的《共产党宣言》中被称为世界建筑的三大奇迹（埃及金字塔、古罗马水道、哥特式建筑）之一。根据已知的资料可了解到虹吸式技术第一次在古罗马水道中得到应用（图 2-2 至图 2-5 及表 2-1）。

图 2-2　古罗马高架水道

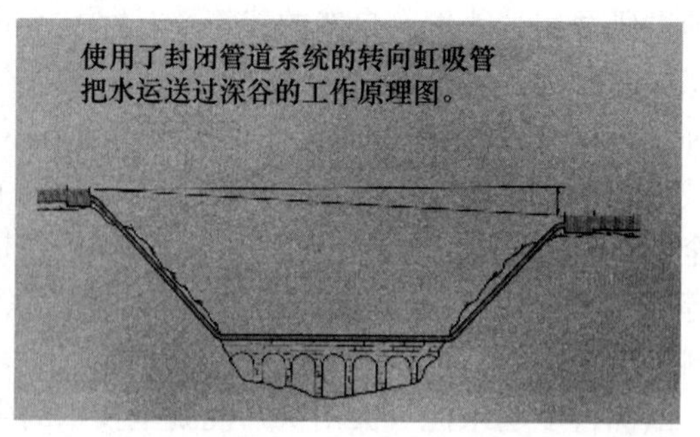


图 2-3　虹吸式排水系统

图 2-4　古罗马高架水道遗址

图 2-5　古罗马高架水道

**表 2-1　有关高架渠水道数据概述**

| 罗马高架渠 | 建造时间 | 估计流量（$m^3/s$） | 估计总长度（km） | 估计拱门长度（km） |
|---|---|---|---|---|
| 阿匹亚 | 前 312 年 | 75000 | 16 | 0.1 |
| 阿尼奥诺维图斯 | 前 272—前 269 年 | 180000 | 81 | — |
| 马西亚 | 前 14? —前 140 年 | 190000 | 91 | 10 |
| 铁普拉 | 前 125 年 | 17800 | 18 | 9 |
| 朱里亚 | 前 33 年 | 48000 | 22 | 10 |
| 维尔古 | 前 22—前 19 年 | 100000 | 21 | 1.2 |
| 阿尔西埃提娜 | 前 2 年 | 16000 | 33 | 0.5 |
| 克劳帝亚 | 38—52 年 | 185000 | 69 | 14 |
| 阿尼奥诺维斯 | 38—52 年 | 190000 | 87 | 11 |
| 特拉埃娜 | 109 年 | — | 35～60 | — |
| 亚历山大安娜 | 226 年 | — | 22 | 2.4 |

（2）古罗马科洛塞奥大竞技场（简称“古罗马竞技场”）。古罗马科洛塞奥大竞技场（图 2-6 至图 2-8）始建于 72 年，80 年落成。建筑概述见表 2-2。

**表 2-2　古罗马科洛塞奥大竞技场概述**

| 项目 | 数据 |
|---|---|
| 总体规格 | 156m×189m |
| 高度 | 52m |
| 竞技场规格 | 48m×83m |
| 内竞技场面积 | 3357$m^2$ |
| 外周长 | 545m |
| 每层拱门数量 | 180 座（三座拱门） |
| 估计可容纳人数 | 50000～80000 人 |

图 2-6　古罗马竞技场遗址

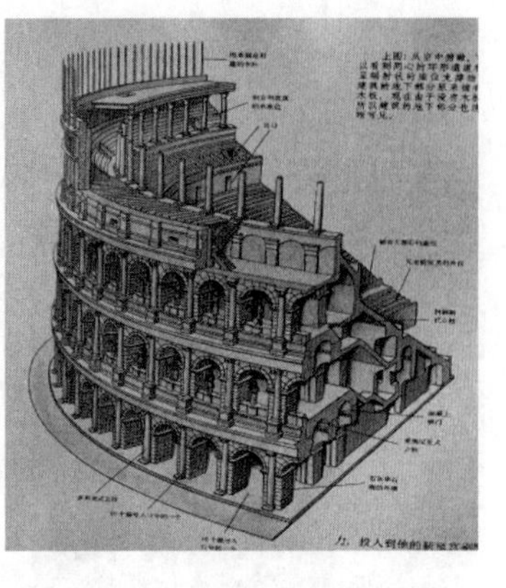

图 2-7　古罗马竞技场剖面图

图 2-8　古罗马竞技场效果

其中使用了 10 万 $m^3$ 的火山灰水泥。

现在我们已经看不到原有的巨大的遮阳篷，只剩下单薄的石灰石火山灰和混凝土的外壳，向世人展示着罗马的不朽。

（3）古罗马万神殿。古罗马万神殿建于 118—125 年。万神殿的结构与它的功能一样神秘莫测，尽管最近的研究有所进展，但关于穹隆如何建造或者为何至今犹存，仍未达成一致的意见。圆顶大厦 6m 厚的墙体拱壁以及圆顶都是用古罗马的优质混凝土建造，它的厚度由底部墙体 6m 减到顶部中心圆眼的 1.5m。与此同时，整个建筑越往上越轻的原因，在于建筑材料用料十分讲究。认真选取混凝土骨料的石子，底部建筑用 1750kg/$m^3$ 的混凝土，建筑的中部用石头砌筑，顶部用轻质混凝土，质量为 1350kg/$m^3$。通风道下部直径 1.48m（图 2-9 至图 2-11 及表 2-3）。

图 2-9　古罗马万神殿外部实景

图 2-10　古罗马万神殿内部实景

图 2-11　古罗马万神殿剖面图

**表 2-3　古罗马万神殿概述**

| 项目 | 数据 |
| --- | --- |
| 内径 | 44m |
| 墙壁厚度 | 6m |
| 从地面到圆眼高度 | 44m |
| 圆眼直径 | 8.8m |
| 门廊尺寸 | 34m×20m |
| 门廊立柱高度 | 14.2m |
| 花岗岩天井高度 | 11.8m |

古罗马万神殿是到目前为止世界上完整保留的、还在使用的、建造时间最早及使用时间最长的功能性建筑（埃及金字塔是现存建筑时间最长的，但金字塔不属于功能性建筑），历经将近2000年时间，至今结构构造未进行翻建、修建。得益于混凝土技术的应用，它具有坚固良好的建筑结构以及良好的防水功能。

（4）古罗马卡拉卡拉王大浴场。古罗马卡拉卡拉王大浴场建于211—217年（图2-12、图2-13、表2-4、表2-5）。

图 2-12　卡拉卡拉王大浴场遗图

图 2-13　拉卡拉王大浴场复原图

**表 2-4　古罗马卡拉卡拉王大浴场主要数据**

| 主要区域 | 尺寸 | 材料 | 用量 |
| --- | --- | --- | --- |
| 总体 | 412m×383m | 火山灰 | 341000$m^3$ |
| 内部区域 | 323m×323m | 生石灰 | 35000$m^3$ |
| 中心浴区 | 218m×112m | 泉华 | 341000$m^3$ |
| 游泳池 | 54m×23m | 用于地基的玄武岩 | 150000$m^3$ |
| 冷水浴室 | 59m×24m（高度41m） | 用于面板的石块 | 17500000块 |
| 高温浴室 | 直径35m（高度约44m） | 巨石 | 520000块 |
| 中心庭院 | 67m×29m | 中心浴区的大理石柱 | 252根 |
| — | — | 用于柱子和装饰的大理石 | 6300$m^3$ |

**表 2-5　古罗马卡拉卡拉王大浴场参与人数**

| 工程 | 参与人数 |
| --- | --- |
| 挖掘 | 5200 |
| 地基 | 9500 |
| 中心浴区 | 4500 |
| 装饰 | 1500 |

在 4 世纪的奥古都史，《安东尼诺斯·卡拉卡拉王的一生》中讲到：“他在罗马所有修建的工程中，最辉煌的是这座以他名字命名的浴场。建筑师宣称：浴室热水洗澡间的建筑是无法模仿的。因为据说整个天花板依托在房间上方的青铜或铜网上。跨度如此之大，就是最杰出的工程师都认为是无法做到的。”

古罗马火山灰是古罗马共和国时期和古罗马帝国前半阶段的产物。主要由于瘟疫致使火山灰技术遗失，不是中世纪战乱造成的。根据《瘟疫与人》一书的介绍，古罗马时期发生了三次大的疫情：165—180 年，251—266 年，542—750 年。251—266 年继 165—180 年之后，新一轮的瘟疫袭击了罗马。据记载，罗马城的死亡率甚至更高：在传染高峰期，一天内疫死人口高达 5000 人。尤其是又遭遇 542 年开始并断断续续持续到 750 年的重大瘟疫。罗马帝国受了三次瘟疫的肆虐，加之 5 世纪开始的中世纪（476—1453 年）战乱，造成火山灰技术的遗失，使得建筑材料工程技术产生倒退。许多有关欧洲建筑史的资料书籍介绍是由于战乱因素，如在《世界现代建筑史》中讲到：“现代建筑中最主要的突破，除了钢铁之外，就是钢筋混凝土的广泛使用，如果没有这个技术和材料的突破，根本不可能出现现代建筑”，“混凝土在西方古代曾经使用过，当时主要是罗马人用火山灰混合石灰、砂制成的天然混凝土，曾经在古代的一些建筑中使用。但是，由于中世纪时期对古代文明的破坏，这种制作方法也就失传了。长期以来，建筑材料仅仅局限在石头、木头、砖瓦这些自然条件的范围内，由于这些材料在可塑性、普遍性、物理和化学的性质方面都具有相当的局限性，因此也从客观上限制了建筑的发展”。而实际上最主要的是受到瘟疫的影响，尤其是 251—266 年第二次瘟疫的影响最大（这是笔者给出的最新判断）。从以上介绍建设工程项目的时间对比可以得出：

古罗马科洛塞奥大竞技场始建于 72 年，公元 80 年落成。

古罗马万神殿建于 118—125 年。

古罗马卡拉卡拉王大浴场建于 211—217 年。

古罗马水道（高架渠）最早建造的是公元前 312 年的阿匹亚水道，最晚的是 226 年的亚历山大里安娜水道。

这四类重大工程都是在 251—266 年的第二次大瘟疫发生之前建造的，而欧洲中世纪战乱始于 476 年，此前已经没有古罗马时期建造的大型工程了，由此可以证明火山灰水泥混凝土技术的遗失是由瘟疫造成的，第三次瘟疫加之欧洲中世纪的战乱加剧使得火山灰水泥技术不复存在。以上介绍的 11 项大型的古罗马水道及其他水道的总里程超过 400km，建设历经的时间跨度 500 多年，这期间应该有工程应用的总结（包括所制定的标准）。但由于瘟疫肆虐，大量的人员死亡，也必然致使掌握相关技术的人员死亡，造成火山灰水泥技术的遗失。遗失了火山灰水泥混凝土技术，像以上所讲的这些宏伟大型的工程以及有特殊防水要求的工程难以修复，更加难以建造，以至于产生工程建造技术的倒退。由此致使之后的欧洲古代建筑无大跨度、大规模的，特别是具有良好防水功能的建筑（如古罗马水道、卡拉卡拉王大浴场）无法建造了。因此可以说，以上所介绍的建筑都得益于古罗马火山灰水泥的使用，没有古罗马水泥就不可能也不会有上述工程的建造。

19世纪初产生了现代水泥混凝土，才促使现代建筑的发展。没有现代水泥混凝土，就不会有现代建筑，尤其不可能产生水电工程。在当今人类可预知的年代里，水泥混凝土将还会是主要的不可或缺的建筑材料。历史上水泥混凝土的生产应用，没有考虑二氧化碳排放对人类自身产生的负面影响。现在为了人类可持续发展，需要控制水泥生产产生的二氧化碳排放。但如何控制水泥生产过程中的二氧化碳排量和水泥混凝土使用过程的降碳减排，需要科学研究。现代混凝土技术得到了不断的发展，其中，符合碳中和发展要求的，当首推“堆石混凝土技术”。堆石混凝土技术是自密实混凝土技术的进一步深度的开发与发展，是由清华大学研发的，虽然开发时间只有15～16年的时间，但在中国得到了快速的应用与发展。此项技术还处于工程领域的拓展阶段。以下概述堆石混凝土技术应用发展现状。

水资源的有效管理与高效利用离不开水利工程设施的建设与江河湖泊的治理，新形势下水利工程的建设不仅要确保安全与经济，在节能环保方面更是提出了很高的要求。清华大学研究团队围绕着绿色建坝、安全建坝的核心思想，开创了混凝土自流充填堆石空隙新技术路线，发明堆石混凝土坝（rockfill concrete dam，RFCD）新坝型，这也是唯一由中国人发明并得到国际大坝委员会认可的新坝型。

研究团队依托国家“863”计划、国家重点实验室资助及企业合作课题，通过10余年深入研究，结合数十个大坝工程的应用实践，创造性地解决了核心工艺与配套施工技术、质量控制方法与标准、堆石混凝土坝新结构及其设计与分析方法等关键技术难题，建立了完整的堆石混凝土坝技术体系。堆石混凝土技术在降低水化热、取消简化温控和提升材料抗裂性能等方面取得了突破性进展，得到潘家铮、马洪琪等11名院士联名书面推荐：“堆石混凝土技术是一项具有自主知识产权的新型大体积混凝土解决方案，采用该技术能够大幅度减少工期，节省成本。……对国家经济建设和人民生活改善都很有意义。”该技术获得了国家发展和改革委、水利部、教育部等多个国家部委的鉴定与推广。与传统混凝土筑坝技术相比，堆石混凝土的单位能耗和$CO_2$排放均降低了50%以上，至2017年年底堆石混凝土工程减少的$CO_2$排放约50万t、减少能耗约8万t标准煤。该项目研究已获中国发明专利授权20项，日本发明专利授权1项，软件著作权授权12项，还有9项中国发明专利和1项日本发明专利实质审查。还在混凝土领域国际顶级期刊CCR等学术期刊上发表19篇SCI收录堆石混凝土坝相关学术论文，并获得了2017年国家技术发明二等奖和2016年教育部技术发明一等奖。

堆石混凝土坝已纳入国家行业标准体系：水利行业标准《胶结颗粒料筑坝技术导则》（SL 678—2014）、能源行业标准《堆石混凝土筑坝技术导则》（NB/T 10077—2018）、电力行业标准《水利水电工程堆石混凝土施工规范》（DL/T 5806—2020）等行业标准已颁布执行。至2021年年底，已建成堆石混凝土坝80余座，在建堆石混凝土坝40余座，云南松林水库百米级堆石混凝土坝（90m重力坝）正在建设，还有近百座堆石混凝土坝通过设计审查，即将开工建设。堆石混凝土新坝型也得到了国际坝工界的认可：国际大坝委员会技术公报 *ICOLD Bulletin on Rockfill Concrete Dam* 已通过审查即将颁布执行。

堆石混凝土技术还处在不断拓展之中。在堆石混凝土施工原理研究基础上，进一步发明了水下自护混凝土、自流控制灌浆等一系列衍生技术，推动堆石混凝土技术应用范围不断扩大，在近海工程、水陆基础以及江河治理等工程领域具有广阔的应用前景。

### （二）塑料发展简史

1862 年英国的亚历山大·帕克斯制造出最早的塑料——帕克新，用来制作纽扣。

1869 年美国发明家约翰·海厄特发明了一种相似的物质——赛璐珞。1889 年柯达公司用它制成了胶卷。

1894 年两个英国化学家发明了一种被称为纤维胶（人造丝）的合成材料——胶黏纤维。

1909 年美国化学家利奥·贝克兰发明首个完全合成的塑料——酚醛塑料（胶木）。它不像早期的塑料可以塑形，而且一旦制成就变得非常坚硬而且耐热。

1912 年发明的赛璐玢（玻璃纸），提供密封的包装，在食品包装上十分有用（包括糖果包装纸）。

1926 年美国化学家沃尔多·西蒙将 PVC 暴露在热源下经过一系列加工制成了乙烯基。它的应用范围很广，从鞋子到洗发水瓶。

1933 年英国化学家埃里克·福西特和雷金纳德·吉布森发明了实用的聚乙烯（polyethene，PE）。它坚实、柔软，并且易弯曲，是现在使用最广泛的塑料。如塑料大棚的薄膜以及硬质成型的制品。

1935 年美国化学家华莱士·卡罗瑟斯发明了尼龙。它有许多用途，最常见的是用来生产长袜以及尼龙牙刷。

1936 年苯乙烯是土耳其风香树树脂中的油性物质。1936 年德国 IG 法本公司用其制成了聚氯乙烯（polyvinyl chloride，PVC）。它可以大量用作建筑保温材料。

1937 年聚四氟乙烯或称特氟龙（poly tetra fluoroethylene，PTFE），由美国化学家罗伊·普伦吉特发明。它可以制作特氟龙煎锅，防止粘锅。此外可以制作成为膜结构的膜材，已在大型公共建筑得到了大量的应用。

1954 年发明了聚丙烯（polypropylene，PP），这种塑料可以抵抗许多溶剂和酸的腐蚀。广泛应用于医疗化学物质的包装瓶上。其副产品无规聚丙烯（atactic polypropylene，APP）可用于建筑材料，如防水卷材。

1966 年美国化学家斯蒂芬妮·科沃勒克从液体烃中制成耐热纤维。将该纤维编制成为凯夫拉材料，可以制成防弹凯夫拉。

1991 年日本的饭岛澄男把碳分子卷进纳米管里，制得更加坚实轻便的碳纳米管增强聚合物材料。

今天，已经有成千上万种合成塑料，每种都有其自己的特性和用途。许多仍基于碳氢化合物（石油或天然气），最近几十年碳纤维和其他材料被加进来以制造超轻超强的材料，比如凯夫拉和碳纳米管增强聚合物（carbon nanotube reinforced polymer，CNRP）。

塑料因为耐用和结实而被广泛应用，但不能被生物降解。它们可以在自然界中存在很长时间。海洋里大量淘汰的塑料（可能有上亿 t），正在破坏海洋生态环境。减少塑料的使用和尽可能回收废弃塑料是非常重要的。不是所有的塑料都能回收利用，需要用能量加热这些塑料从而重组它们，所以回收率很低。塑料回收的数量远远落后于生产的新塑料。从统计数据看，1960—2010 年塑料的生产量从几十万 t 到 3000 万 t，而 1960—1980 年回收的塑料微乎其微，到 2010 年回收的塑料也仅仅为大约 300 万 t。也就是说，回收率只有大约 10%。

据中国塑料协会统计，我国每天使用塑料袋约 30 亿个。截止到 2019 年塑料袋每年使用量超过了 400 万 t，外卖和快递正在加剧这一问题。据统计，中国快递塑料包装每年消耗量约为 180 万 t，外卖塑料包装约为 50 万 t。

为了缓解塑料对人类健康的危害，越来越多的国家和政府开始推行禁塑的法令。各大知名品牌也纷纷响应号召，禁用一次塑料制品，以及使用环保可降解的包装代替。北京发布《北京市塑料污染治理行动计划（2020—2025 年）》，到 2020 年年底，商场、超市、药店、书店等零售业门店（含配送服务）禁止使用不可降解塑料袋等。

禁用塑料是为了保护人类健康。在水资源保护领域，2021 年 3 月“两会”期间有代表提交《关于加快不锈钢管在生活饮水系统应用的建议》。据此，另一项法令推行尤为值得我们响应。它的出台对于人类健康饮水起着极为重要的影响，这就是住房城乡建设部发文通知，入户自来水管道优先使用不锈钢水管。不锈钢水管在安全性和环保性领域，效果明显。首先，它不会析出任何有害物质，长期浸泡在水中也不会滋生细菌和水垢，保证了水质纯净，其次，耐用性能好，适用于各种水质环境，不易老化，使用年限可长达百年。此外，它还是 100%的绿色材料，对地球环境无危害。

健康的水、干净的空气，是我们赖以生存的关键。使用不锈钢水管，在保障我们自己饮用健康水的同时，还守护着地球生态的安全。

2020 年世界水泥总产量约为 41 亿 t，其中，中国水泥产量 23.5 亿 t，约占世界水泥产量的 57.3%。在 21 世纪的前 16 年里（2001—2016 年，21 世纪初始至今是中国的建筑高潮期），中国的混凝土用量 258 亿 t，超过了美国 20 世纪 100 年（1901—2000 年，这期间是美国建筑的高潮期）的混凝土产量 41 亿 t。

根据世界钢铁协会的统计报道，2020 年世界粗钢产量 18.78 亿 t，中国达到 10.65 亿 t，占全球粗钢产量的比重为 56.7%。

随着世界人口的增加和人们生活水平的改善，预计 2050 年以后每年将达到 28 亿 t 粗钢。如果我们找不到新的冶炼方法，每生产 1t 钢会产生 1.8 亿 t 二氧化碳。那么到 21 世纪中叶，仅炼钢这一领域，每年将释放超过 50 亿 t 二氧化碳。中国虽是世界第一产钢大国，但在总体冶炼技术上与发达国家存在差距，耗能超过发达国家。

生产 1t 塑料、钢、水泥的二氧化碳排量以及绿色溢价见表 2-6。

**表 2-6　生产 1t 塑料、钢、水泥的二氧化碳排量以及绿色溢价**

| 材料 | 每 t 平均价格（美元） | 每 t 生产 $CO_2$ 排放量（t） | 采用碳捕获技术后每 t 价格（美元） | 绿色溢价（%） |
|---|---|---|---|---|
| 塑料（乙烯） | 1000 | 1.3 | 1087～1155 | 9～15 |
| 钢 | 750 | 1.8 | 871～964 | 16～29 |
| 水泥 | 125 | 1 | 219～300 | 75～100 |

注：以上价格参考美国的数据。

据《科技日报》报道，中国石化2021年11月17日宣布，其重点攻关项目“轻质原油裂解制乙烯技术开发及工业应用”在旗下天津石化工业试验成功，可直接将原油转化为乙烯、丙烯等化学品（“油转化”），实现了原油蒸汽裂解技术的国内首次工业化应用，化学品收率近50%，并大幅缩短生产流程、降低生产成本、减少二氧化碳排放。

中国石化介绍，此次实现工业化应用的原油蒸汽裂解技术是“油转化”的路线之一，它“跳过”传统原油精炼过程，将原油直接转化为乙烯、丙烯等化学品，相当于麦子省去了磨成面粉的中间环节直接做成面包。这将大大缩短生产流程、降低生产成本，同时大幅降低能耗和碳排放。目前，全球仅埃克森美孚、中国石化成功实现了该技术的工业化应用。

该技术由中国石化组织旗下北京化工研究院、工程建设有限公司完成研发及工程化，在天津石化开展工业实验。目前已申请中国发明专利45项、国际发明专利1项。经测算，应用该技术每加工100万t原油，可产出化学品近50万t，其中乙烯、丙烯、轻芳烃和氢气等高价值产品近40万t，整体技术达到国际先进水平，经济价值巨大。

据悉，乙烯被誉为“石化工业之母”，是衡量一个国家石油化工发展水平的重要标志。而通常乙烯所需的原料，需经炼油厂的原油精炼加工过程，生产流程长，且原油中仅有30%左右用于生产化工原料。

2021年4月，中国石化所属石油化工科学研究院自主研发的原油催化裂解技术——另一条“油转化”技术路线，在扬州实现了全球首次工业化应用，使我国成为世界原油催化裂解技术领跑者。与此次原油蒸汽裂解技术相同，其生产的化学品产量也为50%左右。而上述两种技术结合，有望把原油生产的化学品总量提高到70%以上，将成为未来“油转化”经济可行的技术路线。

中国石化副总工程师王子宗透露，下一步，中国石化准备在新疆塔河炼化开展百万吨原油蒸汽裂解制乙烯成套技术开发和工程设计，建成“油转化”工业示范装置。

## 二、电力生产与存储（电力）总排放量27%

### （一）我国水力发电概况

自2014年年底以来，中国水电装机容量和发电量稳居世界第一，水电资源为我国第二大能源的主体。截止到2020年，中国水力发电量为1.35亿kW·h，水电装机容量3.7亿千瓦（2021年6月28日白鹤滩水电站投入运营，仅此就增加1600万kW，使得装机总容量达到3.86亿kW），全球占比超过34%。

目前，全球前12大水电站，有5座在中国，分别是三峡、白鹤滩、溪洛渡、乌东德、向家坝（第一、二、四名均为中国）。全球服役的70万kW以上机组有127台，中国就占104台，其中100万kW16台机组为中国独有。

2021年6月28日，在建规模全球第一、单机容量世界第一（只有中国能够制造的100万kW的机组）、装机规模全球第二大水电站（第一大水电站为中国的三峡水电站）——金沙江白鹤滩水电站首批机组正式发电。电站投产后，每年可节约标准煤约1968万t，减少二氧化碳排放5160万t、二氧化硫17万t，节能减排碳中和效果显著。

国家能源局发言人介绍，2021年1—6月，全国规模以上水电发电量4826.7亿kW·h，同比增长1.4%。全国新增水电并网容量769万kW（此时尚未包括6月28日投入运营的白鹤滩水电站的1600万kW），重大水电工程也取得积极进展。

国家统计局数据显示，截至2020年12月（1个月）中国水利发电量为764.1亿kW·h，同比增长11.3%。2020年全年中国累计水力发电量达到了12140.3亿kW·h，累计增长5.3%，占全国总发电量的16.37%。

随着我国2000—2020年"全国十二大水电能源基地"建设的进展和投产，2020年后，我国水利开发的主战场继金沙江、澜沧江、怒江上游以及雅鲁藏布江中下游地区后，将逐渐转向藏东南地区，并启动具有战略意义的"藏电外送"工程。这是一项更加宏伟艰巨、技术复杂和意义重大的水电建设任务。

据2004年全国水力资源复查资料，我国西藏地区水能资源储量巨大，令世界瞩目。西藏全区水能资源理论蕴藏量2.055亿kW，约占全国水能资源理论蕴藏量的1/3，居全国首位，主要集中分布在藏东南地区，其中仅雅鲁藏布江大拐弯一处，可开发的水能资源装机容量达3800万kW，约占全国水能资源经济可开发4亿kW的10%。拟建的墨脱水电站装机容量达到6000万kW，将是三峡水电站的两倍多，其为世界顶级的水电站。

藏东南地区水能资源的开发，将具有巨大的经济效益。例如，仅墨脱水电站建设开发一项，由于其移民数量和淹没损失都很小，初步估算其发电效益，年发电量2000亿kW·h，与2000年全国水电总发电量2043亿kW·h相当。它可替代替8000万t标准煤或4000万t石油的能量。其数量相当于我国年进口石油7100万t的56%。由于水电能源是不消耗燃料的廉价可再生绿色能源，其还有巨大的生态环境保护效益，减少二氧化碳排放，有利于保证我国在2020—2030年实现碳达峰的承诺。

进入21世纪，世界上不断出现为争夺石油能源的战争，世界能源供应紧张，油价不断飙升，国际能源供应分配格局潜藏着巨大的危机和风险，使各国普遍感到了调整能源战略的紧迫性。美国、欧盟（英国）、日本、瑞士等许多国家制定了为摆脱对石油能源的过分依赖，着眼未来20年、50年甚至100年以后的能源安全和发展的政策，积极研究开发可再生能源，以争取国家发展的战略主动权。

水电能源是世界上技术成熟、可大量使用的可再生能源。经济发达国家的水电能源资源已基本上开发完毕。在新世纪，水电将是我国可再生能源发展的重要内容之一，它将担负全国30%～40%的能源供应任务。

此外，世界大型水利水电工程承接的项目中国占70%，其他国家全部加起来为30%，中国对世界水利水电工程的贡献巨大。

**（二）我国火力发电概况**

国家统计局数据显示，截至2020年12月（1个月）中国火力发电量为5646.7亿kW·h，同比增长9.2%。2020年全年中国累计火力发电量达到52798.7亿kW·h，累计增长1.2%。

中国是世界发电量最大国家，美国是世界第二大发电量国家，而中国发电量为美国发电量的1.7～1.8倍。中国2020年发电量比2019年增加了3.4%，中国发电总量占世界总量的29%。世界化石燃料发电仍然占主导地位，其中以燃煤发电为主，其次是燃气发电，而燃油发电份额很小。2020 年非再生能源发电占全球发电总量的 71.4%，比 2019 年减少了 1.7%。而再生能源发电上升到 1.7%。数据显示，目前我国能源消耗还是以煤炭为主，2020 年我国煤炭消费占能源消费总量的比重为 56.8%。天然气、水电、核电、风电等清洁能源消费量占能源消费总量的 24.3%，同比上升 1.0%，合计不到煤炭消费总量的一半。

中国有世界上最先进的特高压输变电技术。2016 年 1 月 11 日，准东—皖南（新疆昌吉—安徽宣城）正负 1100kV 特高压直流输电工程开工建设。这是世界上电压等级最高、输送容量最大、输送距离最远、技术水平最先进的特高压输电工程。使用 1000kV 及以上的电压等级输送电能。中国有世界上最大的特高压输电网络。特高压输电是在超高压输电的基础上发展的，其目的仍是继续提高输电能力，实现大功率的中远距离输电，以及实现远距离的电力系统互联，建成联合电力系统。特高压输电具有明显的经济效益。据估计，一条 1150kV 输电线路的输电能力可代替 5～6 条 500kV 线路，或 3 条 750kV 线路；可减少铁塔用材 1/3，节约导线 1/2，节省包括变电所内的电网造价 10%～15%。1150kV 特高压线路走廊约仅为同等输送能力的 500kV 线路所需走廊的 1/4，这将为人口稠密、土地宝贵或走廊困难的国家和地区带来重大的经济和社会效益。

中国煤炭资源主要在西部，对于火电厂可以采用特高压输变电技术直接往东南部输送电力，而不需要再在东南地区建设火力发电厂，减少碳足迹。例如，山西大同的煤炭通过大秦铁路到秦皇岛，再在秦皇岛海运到东南沿海，中间还需要汽车多次转运到发电厂。如果在原产地建立发电厂，通过特高压输变电技术直接送到东南沿海城市，减少中间环节、提高效率、减少浪费、缩短时间，也便于原产地的碳捕获，将有利于碳中和的实施。

### （三）我国太阳能发电概况

笔者 2001 年第一次见到国外太阳能光伏发电设置于房屋建筑的全屋顶面上，自主发电供电，当时感到很是新奇。但历经短短 20 年，中国的太阳能发电技术、发电量均处于世界领先地位。

中国国家能源局（NEA）表示，中国到 2021 年将太阳能和风力发电从 2020 年的 9.7%提高到占全国电力消费总量的 11%左右。国家主席习近平宣布，到 2030 年将非化石燃料在一次能源消费中的比重提高到 25%左右（风能、太阳能发电的装机容量将达到 12 万亿 kW 以上），这是他在 2030 年前使中国碳达峰值的部分承诺。国家能源局在规划草案中，在未来五年中，太阳能和风能发电需要逐年增长，到 2025 年要达到总用电量的 16.5%。

中国投资 1.51 亿美元，建成世界上最大的浮动太阳能发电站，2018 年 5 月投入使用。该项目位于安徽淮南市，整个场地大概有 121 个足球场那么大，一共有 165000 块电池板，整机容量 40MW 的发电量，可以满足 1.5 万户家庭一年的用电量。与燃煤发电相比，节省了 16400t 煤炭，减少了 1239t 二氧化硫和 49000t 二氧化碳排放，同时解决了采煤留下的塌陷区问题。

在第 26 届联合国气候变化大会期间，中国外交部发言人汪文斌讲道："中国每天新增林地面积 1.2 万公顷，每天新增光伏发电 9 万千瓦时，目前正在建设 3000 万千瓦时风力光伏机组。"到 2030 年，中国单位国内生产总值二氧化碳排放将比 2005 年下降 65%以上，非化石能源占一次能源消费比重将达到 25%。

在光伏发展过程中要防止碳中和的“过度消费”。河南邓州市暂停全市范围内利用自己屋顶自行投资的屋顶光伏项目工作。目前全国已有超过 10 个县市暂停光伏项目备案。此轮整县推进屋顶光伏建设过程中，一些企业在利益的驱使下，出现抢跑心态，通过圈而不建、虚假宣传、无资质建设等扰乱市场秩序行为蚕食“蛋糕”。大量企业短时间内扎堆申报屋顶光伏，对电网冲击较大，使得电网容量和安全难以承载。

**（四）我国风能发电概况**

中国的风电技术、装备和项目开发全部领先世界。2020 年我国的风能发电累计装机容量为 2.81 亿 kW，2030 年至少达到 8 亿 kW（800GW），2060 年达到至少 30 亿 kW（3000GW）。2021 年 7 月 26 日在国家能源局新闻发布会上，相关发言人介绍我国风电的建设和运营情况。2021 年 1—6 月，全国风电发电量 3441.8 亿 kW·h，同比增长 44.6%。与此同时，2021 年 1—6 月，全国风电新增并网装机 1084 万 kW，其中东北所属的“三北”地区约占 41%。

甘肃酒泉千万千瓦级风力电场，是我国第一个千万千瓦级风电基地，也是目前世界上最大的风力发电基地。酒泉千万千瓦级风力电场是国家继西气东输、西油东输、西电东送和青藏铁路之后，西部大开发的又一标志性工程，被誉为“风电三峡”。

我国首个百万千瓦级海上风电场并网发电。

江苏凤城-梅里 500kV 线路长江大跨越工程，将是江苏境内第六条跨江高等级电力通道，将创造建设 385m 世界最高输电高塔的世界纪录。该工程可消纳来自苏北的风电、太阳能等清洁能源，为长三角“碳达峰、碳中和”提供支撑，对服务苏南负荷中心需要、服务长三角一体化战略具有重要意义。

**（五）我国核电概况**

2009 年 7 月科学出版社出版的《2050 中国能源和碳排放报告》中讲到，中国计划到 2030 年核电发展到第四代。世界单机容量最大的水轮发电机组目前为我国白鹤滩水电站的 100 万 kW 水轮机组，为我国自主制造，2021 年 6 月 28 日投入运营（总共 16 个机组，总发电量 1600 万 kW）。世界单机容量最大的火电机组也是我国制造，目前双轴机组的最大机组容量为 130 万 kW。

目前世界上单机容量最大的核电站机组位于广东江门的台山核电站 1、2 号机组。两台机组单机容量为 175 万 kW，是中法两国能源领域在华最大的合作项目。台山核电站一期工程使用的是引进的第三代核电 EPR（欧洲先进压水堆）技术，两台机组分别是全球首台和第二台建成投产的 EPR 核电机组。1 号机组于 2018 年 12 月 13 日建成投产，2 号机组于 2019 年 9 月 7 日建成投产。我国现在不到 10 年时间已经建成了世界最先进、单机容量最大的第三代核电站，2009 年提出的到 2030 年发展到第四代核电技术应该会提前实现的。

不过，德国宣布了一项惊人的政策：计划在 2022 年关闭最后几座核电站，德国也将因此成为西方工业国家里首个全面弃核的国家。最近报道德国关闭了两台核电机组，剩下的两台核电机组计划 2023 年关闭。据悉，德国的举措也将影响到欧洲的其他国家，瑞士、比利时、法国和西班牙同样也计划放弃或缩减核能。以法国为例，该国计划在 2035 年前，将核电站比例从 75%（71.6%）降到 50%。

当今美国、法国是世界核电站最多的国家，美国有大约20%的电力是由核电站提供的（美国有104座核电站，总装机容量为1.03亿kW。世界上核电站443座，美国占25.3%，是世界核电站最多的国家。美国核电站的数量1990年曾达到112座，为历史最高）。而在法国核电站的电力生产占比达到了71.6%（2018年法国全国总发电量5490亿kW·h，其中核电站3930亿kW·h，发电站59座），这个比例在世界各国中也是最高的（法国各类发电量及占比：核电3930亿kW·h占71.6%，水电680亿kW·h占12.4%，风电280亿kW·h占5.1%，火电390kW·h占7.1%，太阳能发电100亿kW·h占1.8%，生物发电100亿kW·h占1.8%）。

根据国际原子能机构（IAEA）公布的2019年全球核电站发展数据，32个国家有443台在运作的核电机组，总装机容量39240亿kW，中国、美国、法国三个国家的核电装机容量超过全世界的50%。核电是仅次于水电的世界第二大低碳电力。全世界在运营的核电机组（截止到2019年）生产了约10%的电力。相比之下，太阳能和风能总共为世界提供了7%左右的电力。

全球10大核能发电国家（装机容量）：①美国，98.2GW；②法国，63.1GW；③中国，48.73GW（根据中国核学会报道，2020年装机容量将达到51.03GW）；④日本，32GW；⑤俄罗斯，28.5GW；⑥韩国，23.2GW；⑦加拿大，13.6GW；⑧乌克兰，13.1GW；⑨英国，8.9GW；⑩瑞典，7.7GW。

截止到2020年中国有48个核电机组。据2019年1—12月统计，全国电站累计总发电量为71422.10亿kW·h（2020年全国累计总发电量达到7.42万亿度），其中，核电站累计发电量为3481.31亿kW·h，约占全国累计发电量的4.88%。与法国、美国相比，中国核电站总的来说数量和占比还是比较低的，中国在加快核电的建设，2020年在建核电机组数量，中国首次排在世界第一位，这方面具有推广前景。

据中国科学院院士李建刚院士介绍，中国在核聚变—人造太阳技术方面的发展居于世界领先地位，东方超环达到了1.2亿度/101秒、等离子1.6亿度/20秒的水平（甚至瞬间可以达到3～4亿度，5亿度/1000秒很快要实现），还要解决上亿度到负269度的结合。中国核聚变—人造太阳托卡马克7000万度已经达到1000秒，预计10～20年内可以完成工程应用试验，提前在2035年前建成核聚变电厂。核聚变还可以带来相关技术的进步，核聚变—人造太阳还可以制氢和海水淡化，以及提高医疗检测手段等。“人造太阳”将照亮能源革命，是最值得期待的。按中国科学院副院长张涛的介绍，中国核聚变—人造太阳技术的实际应用有望提前实现，世界核聚变的电站将会首先在中国建造。

核聚变对人类的发展来说是非常重要的，核聚变中产生的能量可以用于电能源，并且可以用于多个方面。但是在一般情况下，核聚变反应中使用的氢弹其实会引起爆炸，因此产生的能量不可以达到有效的控制，因此相对于这样的情况而言，核变堆才是更加安全的一种方式。

可控核聚变技术达成后，可以在未来实现多方面的能源使用，是一类更具有清洁性能的能源。

当前我国已在可控核聚变上取得了重大突破，完成了相关的放电实验且成功。此举之所以是一个重大突破，是因为该技术不仅在世界上属于一大难题，还是与量子计算机并列为一类的难题，而在这一领域，我国目前处于世界领先位置，我国已在这一方面掌握了核心技术。

此次完成放电实验的是“中国环流器二号 M”装置（图 2-14～图 2-21），它的出现又将使得我国在这之上的成就再进一步，这一装置可以在未来为我们真正掌握可控核聚变提供重要技术支撑，这使得我们人类距离人造太阳的想法又近了一步。目前想要完成这个目标还有 14 年的时间，极有可能在 2035 年真正实现，这样说来其实离我们已经非常近了。

图 2-14　“中国环流器二号 M 装置”部件

图 2-15　“中国环流器二号 M 装置”组件

图 2-16　“中国环流器二号 M 装置”转运部件

图 2-17　“中国环流器二号 M 装置”施工现场

图 2-18　“中国环流器二号 M 装置”局部安装

图 2-19　“中国环流器二号 M 装置”全景

图 2-20　“中国环流器二号 M 装置”标识

图 2-21　“中国环流器二号 M 装置”中心部件

现在像石油一类的石化能源有很高的使用价值，但是由于其不可再生的性能以及污染性极大的缺点，对于未来资源的使用不具备长久性。相比之下可控核聚变作为一种能源，既可以无止境地提取，又可以达到环保的目的，是最值得期待的未来能源。

可控核聚变被称作人造太阳，主要是因为它的原理与太阳内部的反应原理是一致的，并且在这一系列变化当中，不会产生任何的废料以及温室气体，所以只要做到对这一能量产生的方式进行合理有效的控制，就可以弥补能源在环境问题上的一大缺点。

与此同时，在这一能量转换的提取中，所使用的反应原料是氘原子和氚原子，而这一类原子在海水中的储量极大，并且比起其他的能源物质发挥效率更强，最重要的是其在反应过程中产生的是无放射性污染的物质，不会对环境造成污染。

所以，一旦核聚变能够达到和平利用，将会使能源短缺这一问题得到极大的改观，也使得人们生活水平逐步提高。在未来它也不仅仅是一项具备高清洁性能的能源，在国家各方面的事业发展中它所起的作用也是相当重要的。

在这一方面，我国在 1965 年时就成立了中国科学院西南物理研究所（中科院西南研究所），并且在成立之后就重点研究了关于核聚变的一系列问题，一直以来以更高起点、更高标准保持着我国在这方面的水平，并取得了独具特色的科技成果，为我国在这一科学研究领域做出了非常大的贡献。

在此后的 1984 年建成了我国的环流器一号装置。这是我国核聚变研究史上的一座重要里程碑。当时的这一装置，是我国在这一领域当中的第一座大科学装置，并且是由我国自主研发建造的。

更可喜的是，通过这一项目研究培养了大批的人才，积累了经验，为后续环流器二号装置的研发打下了一个良好的基础。

2020 年 12 月，中科院西南研究所更是建成了当下我国规模最大、参数最高且世界领先的磁约束可控核聚变实验研究装置——环流器二号 M。

这一装置是实现我国核聚变能开发事业跨越式发展的一个重要依托装置，它的正式建成就是一件十分令人震撼的事情，随后完成的首次放电更标志着我国已经对大型先进托卡马克装备相关的一系列技术有所掌握，由此将为我国核聚变堆的研发等打下良好的基础。

这也意味着我国非常有望在 2035 年实现这一技术的实用化、商业化，彼时将对人类能源提供可靠的保障。足够的清洁能源，为人类生活以及工业发展提供了发展基础，因此将会推动社会进一步的发展。核聚变—人造太阳这一科技的成功，必将确保中国碳中和 2060 年的目标实现，为世界的新能源发展作出巨大贡献。

中国国家领导人在出席第 76 届联合国大会视频会议时郑重宣布，为了大力支持发展中国家能源低碳发展，中国将不再在境外新建煤电项目。有数字显示，虽然全球有 70％以上的煤电企业中国参与投资兴建，但为了减弱气候变化的温度效应，加快碳中和的发展，未来将在电力“脱媒”的道路上继续坚定地走下去，全力以赴确保“双碳”目标的实现，为全球能源绿色低碳转型、减排节能作出贡献。

全球 40 多个国家在第 26 届联合国气候变化大会上达成协议，同意逐步淘汰煤炭火力发电。达成协议的国家中，规模较大的经济体将在 2030 年前淘汰煤电，规模较小的经济体将在 2040 年前淘汰煤电。自《巴黎协定》通过以来，过去六年中全球规划的新燃煤电厂数量下降了 76％，这相当于取消了超过 1000GW 的新燃煤电厂。

同时，主要国际银行承诺到 2021 年年底有效结束所有新的未减排煤电的国际公共融资，其中包括汇丰银行、富达国际和 Ethos 等主要国际银行。

国际核电站发展趋势。部分发达国家核电发展继续放缓，全球核电建设重心向发展中国家转移。近年来，核电在全球能源市场的份额持续回升。截至 2020 年 11 月，全球在运核电机组 442 台，总装机容量 3.92 亿 kW，满足了全球约 11％的电力需求。中国核电发展迅速，发电量从 2013 年的 105TW·h（太瓦时）增至 2020 年的 366TW·h，2021—2025 年每年将新增 6～8 台核电机组；俄罗斯计划在 2035 年前新建 10 台大型核电机组，将核能发电占比提高到 25％；印度计划到 2031 年将核电总装机容量从现有的 678 万 kW 增加到 2248 万 kW；波兰正在建设本国第一座核电站，后续还将再建 5 座核电站。在发展中国家持续发展核电的同时，部分发达国家调整其核电发展计划，放缓或放弃发展核电，如德国通过立法确定淘汰核电，2022 年年底将关闭国内所有核电站；比利时计划在 2025 年前逐步淘汰核能发电；西班牙计划在 2030 年前关闭国内所有核电站；瑞士明确不再批准新建核电站，对现有核电站不延期退役；美国一些小型、低效核电站受低成本天然气和可再生资源竞争的影响，宣布提前关闭。此外，韩国、瑞典、法国等国家也计划降低核电比例。

### （六）关于垃圾发电

中国在越南建世界第二大垃圾发电厂——中企承建的越南河内垃圾焚烧发电项目基本建成。河内垃圾焚烧发电项目位于越南河内市朔山区南山垃圾综合处理中心，总投资额预期万亿越南盾（约合 19.3 亿元人民币），装机容量为 90MW，占地面积 17.39 万 $m^2$，建成后将成为世界第二大垃圾焚烧发电厂。中国一冶集团有限公司作为项目 EPC 总承包，负责全部土建工程 、工艺系统安装和调试。

目前，河内市生活垃圾处理主要采用单一的填埋处理方式，不仅浪费土地资源、存在环境污染隐患，还浪费可转化为清洁能源的垃圾资源。

河内垃圾焚烧发电项目，被视为解决河内市生活垃圾难题的关键。据悉，项目共设计两座垃圾坑，垃圾坑深度约 40m，正式投产后每天可处理城市生活垃圾 4000t，占河内市生活垃圾总量的 50%～60%。项目建成后，将对推动河内首都绿色可持续发展、培养当地高技术人才、改善能源结构、促进就业产生积极影响。

中国一冶集团与中国天楹股份公司签署越南河内 4000t/d 生活垃圾焚烧发电厂项目 EPC 总承包合同。据悉，该工程为全球第二大生活垃圾焚烧发电厂项目。

项目总金额 19.72 亿元（人民币）。中国一冶集团工作内容包括设计、土建施工，主厂房、综合楼及宿舍楼、地磅房、污水处理站、升压站等。项目建成后，将有效改善越南河内市的环境卫生状况，为城市的绿色、可持续发展树立标杆。该项目是该国重要民生工程。

1. 全国最大的垃圾焚烧发电厂

据有关报道，广州黄埔福山区的中国最大垃圾发电厂一年可以焚烧 300 万 t 垃圾，发电 15 亿 kW・h。一期项目设计处理生活垃圾 4500t/d，已经于 2018 年投入运营；二期项目设计处理生活垃圾 4800t/d。当二期工程建设全部结束以后，这座超级垃圾焚烧发电厂每天可以处理 9300t 的垃圾，将成为国内处理量最大的垃圾焚烧发电厂，这也突破了垃圾发电厂的单项世界纪录。

目前运行日处理规模超 4000t 的垃圾焚烧发电厂如下：

（1）重庆百果园环保发电厂——重庆三峰环境集团股份有限公司。重庆百果园环保发电厂由重庆三峰环境集团股份有限公司以 BOT 模式独资建设，占地面积约 350 亩，配置 6 台 750t/d 的炉排焚烧炉和 3 台 35MW 汽轮发电机组。该项目于 2018 年 6 月并网发电，可处理重庆主城区及附近乡镇的生活垃圾 4500t/d，年处理规模 164 万 t，上网电量约 4.5 亿 kW・h，可满足约 40 万户城镇居民的用电需求。

（2）上海老港再生能源利用中心二期——上海环境集团股份有限公司。上海老港再生能源利用中心二期于 6 月 28 日正式投运，9 月 29 日正式移交运行。该项目总投资高达 36 亿元，拟建设 8 条日处理量 750t 的垃圾焚烧线，每天可处理生活垃圾 6000t，是目前国内单次投产规模最大的垃圾焚烧发电厂。

二期正式投运后，上海老港再生能源利用中心日焚烧处理垃圾总量超过 9000t，未来每年焚烧发电可达 9 亿 kW・h，成为全球规模最大的垃圾焚烧发电项目。

（3）深圳宝安区老虎坑垃圾焚烧发电厂——深圳市能源环保有限公司。深圳宝安区老虎坑垃圾焚烧发电厂三期项目顺利投产运行，日垃圾焚烧量达 3800t，整体竣工后，深圳宝安区老虎坑垃圾焚烧发电厂日处理垃圾总量 8000t，每天将发电 320 万 kW・h。

（4）深圳市东部垃圾焚烧发电厂——深圳市深能环保东部有限公司。此项目位于中国深圳市郊的山区，临近长深高速。Scht Hammer Lassen 建筑设计事务所驻上海办事处的负责人、建筑师克里斯·哈迪（Chris Hardie）称，该设施将采用垃圾焚烧发电领域最先进的技术。垃圾发电厂建成后，预计每天可以处理约 5000t 垃圾，约占 2000 万人口的深圳全年产生垃圾数量的 1/3。

（5）广州市第三资源热力电厂——广州环投福山环保能源有限公司。广州市第三资源热力电厂设计规模为日均处理城市生活垃圾 4500t，设置 6 台 750t/d 的机械炉排炉、6 台蒸发量为 73.5t/h 中温中压余热锅炉、4 台 25MW 抽凝式汽轮发电机组。

（6）郑州（东部）环保能源项目——郑州东兴环保能源有限公司。郑州（东部）环保能源项目是我国中部最大的垃圾焚烧发电项目，建成后将是国内第五大垃圾焚烧发电厂，项目占地约 232 亩，总投资约 21 亿元，设计处理垃圾 4200t/d，采用 6 条 700t/d 的机械炉排炉焚烧线，配套 3 台 30MW 汽轮发电机组，投产后年发电量近 4 亿 kW·h，供热能力约 160 万 $m^2$。

（7）长沙生活垃圾深度综合处理项目——浦湘生物能源股份有限公司。长沙生活垃圾深度综合处理项目采用国际领先的炉排式垃圾焚烧发电技术，设计规模日焚烧处理垃圾 5000t，最大日发电量近 200 万 kW·h。目前配置了 6 台 850t/d 三段式炉排垃圾焚烧炉和 4 套 25MW 汽轮发电机组。

（8）杭州临江环境能源工程项目——杭州临江环境能源有限公司。杭州临江环境能源工程项目配置 6 台日处理垃圾 870t 的机械炉排焚烧炉，日处理生活垃圾 5200t，并配置 6 台次高压余热锅炉、3 台 45MW 次高压凝汽式汽轮机及 3 台 50MW 汽轮发电机，采用“半干法＋干法＋活性炭吸附＋袋式除尘器＋湿法＋烟气再加热＋SCR”相组合的烟气净化工艺，处理后烟气排放控制严于最新国标和欧盟 2010 标准。

（9）东莞市横沥垃圾焚烧发电厂——粤丰环保电力有限公司。一期工程 2003 年经广东省发改委核准建设，设计垃圾处理能力为 1200t/d。2014 年经市政府批准一期工程进行技改增容建设，项目在原址进行，建设规模为日处理垃圾 1800t。

二期工程于 2009 年经广东省发改委核准建设，建设有 3 台套日处理 600t 的逆推式机械炉排炉，日处理量为 1800t/d。

三期项目新建 3 台套 600t/d 的机械炉排炉、2 台套 25MW 的汽轮发电机组，日处理量为 1800t/d。2017 年 4 月投入试运行后，该厂日处理生活垃圾 5400t。

（10）北京通州生活垃圾焚烧发电项目——绿色动力。北京通州生活垃圾焚烧发电项目一期投产后，垃圾日处理能力将达 2250t，年发电 2 亿 kW·h。二期工程计划 2018 年年底开工，一期、二期工程全部竣工后，项目垃圾日处理能力可达 4000t，将成为北京市处理量最大的垃圾焚烧发电项目。

类似于广州福山这样的大型垃圾焚烧发电站的继续增加，以及废弃物环保利用的效率进一步提升，将助力中国未来在 2060 年碳中和目标的实现。

2020 年 4 月 29 日中华人民共和国主席令（第 43 号）发布《中华人民共和国固体废物污染环境防治法》。

工业和信息化部、科学技术部、生态环境部 2022 年 1 月 13 日联合发布《关于印发环保装备制造业高质量发展行动计划（2022—2025 年）的通知》（工信部联节〔2021〕

237号)。其中指出，环保装备制造业是绿色环保产业的重要组成部分，为生态文明建设提供重要物质基础和技术保障。为贯彻落实《中华人民共和国国民经济和社会发展第十四个五年规划和2035年远景目标纲要》以及《"十四五"工业绿色发展规划》，全面推进环保装备制造业持续稳定健康发展，提高绿色低碳转型的保障能力，制订本行动计划。

2. 卡万塔垃圾焚烧发电

卡万塔（Covanta Holding Corporation，CVA），前身为Danielson Holding Corporation，始创于1960年，总部位于美国新泽西州。CVA为美国和加拿大的市政公用事业部门提供废物处理和能源服务，拥有并经营垃圾发电基础设施，从事其他废弃物处理及再生能源发电业务。当前，公司垃圾焚烧发电在运营规模上为全球第一。

公司自2004年起通过并购方式获得多个垃圾焚烧发电项目，在经历了金融危机的影响后，近些年来维持较稳定状态。截至2018年年底，公司经营或拥有44家工厂的所有权，每年总共处理大约2200万t固体废物，相当于美国产生的城市固体废物的9%（美国垃圾焚烧处置占比约12%，公司市值占有率65%以上），每年产生约1000万MW·h的绿色电力。此外，公司还设有16个废物转运站、20个物料处理设施、4个堆填区（主要用于处理灰）、1个金属处理设施及1个灰处理设施（现正兴建中）。2018年营业收入为18.68亿美元，净利润1.52亿美元，净利润最高时为2011年的2.19亿美元。2019年6月28日，公司市值为23.41亿美元。

2018年，美国运行的垃圾焚烧发电厂有75座，日处理能力总计达9.42万t，焚烧生活垃圾量2928万t，约占生活垃圾产生量的12%。

卡万塔参与了中国许多垃圾发电厂的项目，推动了中国的垃圾处理及垃圾发电技术的发展，使得中国垃圾发电正在走向世界的前列。

**（七）关于海潮波浪发电**

据有关报道，中国波浪发电技术有突破性发展，如果得以实施理论上可顶无数个三峡的发电量（图2-22和图2-23）。

图2-22　中国波浪发电站

图 2-23　风光波浪一体式发电平台

目前能源供应制约着全人类的发展。为了寻找廉价能源，人类开发出了各种技术。现在很多人把希望寄托在了可控核聚变身上，但这一技术的实现却还遥遥无期（前面已经介绍，中国的核聚变能的技术可在 2035 年达到实用）。据称，中国推出了一项创新技术，它就是波浪发电。据称这一技术可以利用海面上永不间断的波浪产生电能，可以像太阳能和风能一样产生源源不断的清洁能源，但又没有它们发电不稳定的缺点，可以一天 24h 源源不断地输出稳定清洁能源，这让全世界都很是兴奋。专家计算出如果能建设一套面积巨大的波浪能发电阵列，发电能力就顶得上无数个三峡，让全人类用电都不愁了，看来这次中国又创造了一项奇迹。波浪发电可以弥补核聚变—人造太阳达到实用前的能源空缺。

波浪发电其实并不是一项新颖的技术，它的理论早在 20 世纪就已经被提出。美、苏等国都曾对它进行过测试，但当时美、苏对它的评价并不高，因为当时波浪发电的效率太低，因此后来各国都把目光放在了风力发电和太阳能发电上。然而，中国经过不懈的努力，据称中国科研人员花费多年的时间试验了各种技术和材料，终于找到了一项先进技术，可以大幅提高波浪能的发电效率，用这一技术建造的一个小平台就可以输出上百千瓦级的能量，让全世界受到了震撼（图 2-24）。

图 2-24　波浪能多功能平台

要知道相比于风力和太阳能等方式，波浪发电存在一个显著优点，那就是它的输出很稳定，不会像风力和太阳能那样时强时弱。同时，波浪发电的可靠性很高，一个平台可以在海上连续工作很长时间不需要维护。此外，波浪发电还很容易和其他海洋设施结合使用，比如一座大型波浪发电平台上面同时可以建设风力发电和太阳能发电设施，甚至可以建设居民区、工厂生产生活设施，从而变身为一座海上城市。

因为拥有了先进技术，目前中国在波浪发电领域走在了世界前列。除了建设小型试验平台之外，中国还提出了建造大型波浪发电平台的设想计划，通过联合部署风力、太阳能和波浪能等发电设施，建造一座拥有兆瓦级发电能力的大型海上发电平台。相比于其他发电技术，这种大型海上发电平台不仅发电能力更加强大，同时对于部署环境几乎没有要求，不像其他发电设施那样需要复杂的配套设施，可以方便地部署在沿岸为附近的城市提供能量，非常适合大规模使用（图 2-25）。

图 2-25　大型海上发电平台想象图

虽然目前这种平台的发电能力还赶不上火电或核电，但因为方便部署，这种发电平台可以被大范围安装在海面上组成发电阵列，利用面积优势取得远超火电或核电的发电功率。有专家测算，如果进一步简化其结构，增强它的发电能力，人类可以轻松地在海面上部署十几万乃至数十万个这种发电平台，那时它能提供的总能量就相当于无数个三峡水电站的能量，期待未来可以真的建设大量波浪能发电平台，改善提高清洁能源的供应，从而有效地解决能源危机。

2020 年 *Elsevier* 期刊公布世界所有学科 10 万名科学家影响力总排名，中国科学院的王中林院士终身科学影响力排世界第五，2019 年年度影响力世界第一。王中林院士拥有美国、欧洲多个院士的头衔，为美国著名大学的终身教授，2009 年回国创建中国科学院北京纳米能源与系统研究所。如今，在王中林院士的带领下，中国在纳米研究领域已经是世界的领头羊。而他最受世界瞩目的研究是“蓝色能源梦”。他提出颠覆性海洋能采集方式，“利用海水发电，昼夜不停、不占陆地面积、不受天气影响，1%的海平面，就能够全世界用。这是真正的清洁能源，也就是‘蓝色能源’”。他研发了一种球形发动机，在幅面 $1km^2$ 的海水面上，每隔 100mm 放置一台，然后连成为三维网，理论上可持续发出 100 万 W 电，点亮无数盏电灯。

**（八）关于天然气的开发利用**

天然气是一次能源，是清洁低碳的化石能源，对世界以及中国的发展具有重要作用。

1. 天然气的用途

（1）天然气可用于发电，以天然气为燃料的燃气轮机电厂的废物排放量大大低于燃煤与燃油电厂，而且发电效率高、建设成本低、建设速度快。另外，燃气轮机启动、停止速度快，调峰能力强，耗水量少，占地小。

（2）天然气也可用作化工原料。以天然气为化工原料的化工生产装置投资省、能耗低、占地少、所需人员少、环保性好、运营成本低。

（3）天然气广泛应用于民用及商业燃气灶具、热水器、采暖及制冷，也可用于造纸、冶金、采石、陶瓷、玻璃等行业，还可用于废料焚烧及干燥处理。

（4）天然气汽车的一氧化碳、氮氢化合物与碳氢化合物排放水平都大大低于汽油、柴油发动机汽车，不积碳、不磨损，运营费用低，是一种环保型汽车。

2. 天然气数量

中国天然气的生产量居世界第四位（美国 2019 年的产量为 9209 亿 $m^3$，俄罗斯 2019 年的产量为 7400 亿 $m^3$，伊朗 2019 年的产量为 2508 亿 $m^3$，中国 2020 年的产量为 1925 亿 $m^3$）、

中国天然气消费量居世界第三位（美国 8320 亿 $m^3$，俄罗斯 4114 亿 $m^3$，中国 3280 亿 $m^3$）。

中国天然气进口量居世界第一位（1404 亿 $m^3$）。

世界天然气出口量的前三个国家为：俄罗斯（2300 亿 $m^3$），卡塔尔（1270 亿 $m^3$），美国（770 亿 $m^3$）。

3. 世界 10 大天然气储量国家排名

曾经，谁控制了石油，谁就控制了世界。未来，谁控制了天然气，谁才能控制世界。无数人都在预测，天然气会超越石油成为世界第一大能源。沙特、美国由于石油产量、储量巨大，轮番统治着世界。通过了解油气资源，就可以看出美国为什么控制中东、打压伊朗，它无非是为了通过资源、通过美元控制世界。世界 10 大天然气储量国，排在第一位的是伊朗，俄罗斯排在第二位，卡塔尔排在第三位。

（1）伊朗。天然气探明储量为 34 万亿 $m^3$，约合原油当量 2244 亿桶。提到对世界油气市场的操控，人们往往最先想到的是沙特、美国、俄罗斯。虽然知道伊朗的石油资源也非常丰富，但和沙特、美、俄三国比起来，似乎又略显逊色。

但若知道伊朗的天然气储量有多少，必定会对伊朗另眼相看。伊朗天然气探明储量 34 万亿 $m^3$（约合原油当量 2244 亿桶），占全球储量的 18.2%。其天然气油气当量储量远高于原油的储量（探明石油储量 1578 亿桶）。

按照探明油气当量总储量算，伊朗达到 3822 亿桶，比沙特高出近 19%（沙特为 3213 亿桶）。也就是说，其实伊朗才是中东真正的第一油气大国，而非沙特。

全世界第一大天然气田南帕尔斯气田很大一部分就位于伊朗境内（另一部分在卡塔尔）。国际能源署（IEA）数据显示，南帕尔斯气田估计储存有天然气 51 万亿 $m^3$、凝析油 500 亿桶。

一旦天然气登上世界第一大能源的宝座，以后你看伊朗的心情可能就会和今天看沙特一样。

（2）俄罗斯。天然气探明储量为 32.3 万亿 $m^3$，约合原油当量 2132 亿桶。

全球 10 大天然气田当中，有 5 个都位于俄罗斯，分别是 Urengoy、Shtokman、Yamburg、Zapolyarnoye、Bovanenko 气田。俄罗斯有相当一部分天然气储量都位于西伯利亚地区，西伯利亚地区的天然气储量占到俄罗斯总储量的 50%左右。

俄罗斯天然气工业股份有限公司（GAZPROM），是世界上天然气产量第一大公司。2016年，该公司天然气产量达到4215亿$m^3$（约合3.8亿t原油当量）。

由于天然气储量丰富，又毗邻中国，俄罗斯目前是中国重要的天然气进口国。中俄天然气管线东线已经完成修建，于2018年开始向中国输气。该管线建成后，最高每年向中国输送380亿$m^3$天然气（约合3400万t油当量）。

（3）卡塔尔。天然气探明储量为24.5万亿$m^3$，约合油当量1617亿桶。

卡塔尔国家虽小，但天然气却不少。卡塔尔的天然气储量远高于石油储量，曾经为全球最大的LNG出口国。2005年，卡塔尔暂停了开采该国最大天然气田——北方气田（该气田有一部分在伊朗，伊朗则称其为南帕尔斯气田）。

然而面对澳洲、美国液化天然气（LNG）产业的迅速崛起，卡塔尔在2017年计划重启对该气田的开采计划。

全球天然气市场竞争日趋激烈，有不少国家正加速在天然气领域布局，力图加强在这一领域的话语权，抢夺先机。

（4）土库曼斯坦。天然气探明储量为17.5万亿$m^3$，约合油当量1155亿桶。

土库曼斯坦的石油储量并不出众，但该国的天然气储量却不容小觑。

17.5万亿$m^3$的天然气探明储量，换算成油当量1155亿桶，这比整个俄罗斯的探明石油储量（1024亿桶）还要高。

不得不提的是，中石油就是在土库曼斯坦投资的主要公司。土库曼斯坦是向中国供应天然气最多的国家，中国有近44%的进口天然气来源于土库曼斯坦。该国的天然气，是中国西气东输二线的重要气源。

（5）美国。天然气探明储量为10.4万亿$m^3$，约合油当量686亿桶。

尽管美国天然气储量不是第一，但美国的天然气产量却是第一。由于页岩革命的爆发，美国已经超越俄罗斯，成为了世界第一大天然气产量国。

2015年，美国天然气年产量达到7673亿$m^3$，约占世界总天然气产量的22%。美国有50%以上的天然气产量都来自页岩气。

2019年美国能源完成了自给，已经变成天然气净出口国，2020年的出口量为770亿$m^3$，居天然气出口量的第三位，而且价格便宜。因此，这是美国打压俄罗斯与欧洲“北溪二号”想介入其中的原因之一。

有数据显示，2017年2月，美国Henry Hub管道系统汇集点的天然气价格为2.82$/MMBtu，仅为日本到岸LNG价格的37.6%。

这是美国随着液化天然气产业的发展，全球天然气价格正在趋向一体化。美国在控制了石油之后，其无疑正在加强对天然气的控制。即便天然气取代石油成为世界第一大能源，在能源界，美国可能仍然是个霸主国家。

美国将成为世界第一大液化天然气出口国。美国能源信息署2021年12月公布的数据显示，2022年年底路易斯安那州Sabine Pass和Calcasieu Pass的液化天然气项目投入运营后，美国将总计有由44套装置组成的7个LNG生产设施，出口LNG液化能力为114亿$ft^3/d$，峰值液化能力为139亿$ft^3/d$，将超过澳大利亚（114亿$ft^3/d$）和卡塔尔（103亿$ft^3/d$），成为世界第一大液化天然气出口国。预计，2024年美国第八个液化天然气出口设施Golden Pass投入使用后，美国出口LNG液化能力将进一步提升到163

亿 ft³/d。此外，美国联邦能源管理委员会和美国能源部还批准了 10 个新建 LNG 项目，并批准卡梅隆、自由港和科珀斯克里斯蒂三个现有项目的产能扩建，这些项目的新增液化能力为 250 亿 ft³/d。美国 LNG 项目建设速度在全球 LNG 行业是前所未有的，预计将对美、欧、俄能源地缘政治和全球 LNG 市场带来影响。

（6）沙特。天然气探明储量为 8.3 万亿 m³，约合油当量 548 亿桶。

尽管在石油领域能够呼风唤雨，但在天然气领域，沙特大大逊色于伊朗、俄罗斯等国家。

沙特的天然气多为伴生气。沙特的第一大油田——加瓦尔油田，其天然气储量占到该国总天然气储量的 30%。

沙特也是世界第 8 大天然气产国，但沙特既不进口也不出口天然气。

（7）阿拉伯联合酋长国。天然气探明储量为 6.1 万亿 m³，约合油当量 403 亿桶。

令人意想不到的是，尽管阿联酋是世界天然气第 7 大储量国，但阿联酋却是一个天然气净进口国。阿联酋是全球第 10 大天然气消费国，但似乎不太在意开采本国天然气。其邻国卡塔尔天然气产量丰富，是阿联酋进口天然气主要国。

但令人费解的是，《金融时报》曾报道，阿联酋还舍近求远，计划从美国进口 LNG。待到天然气取代石油成为第一大能源那一天，想必阿联酋会改变这种做法。

（8）委内瑞拉。天然气探明储量为 5.6 万亿 m³，约合油当量 370 亿桶。

委内瑞拉石油储量世界第一，如此巨大的储量蕴藏的伴生天然气自然不在少数。

据悉，委内瑞拉 90%的天然气都以伴生气的形式存在。但委内瑞拉的石油多为稠油，所以开采出的天然气大部分回注到了地层当中，用以驱替原油，提高石油的产量。

（9）尼日利亚。天然气探明储量为 5.1 万亿 m³，约合油当量 337 亿桶。

尼日利亚既是非洲最大的石油储量国，也是非洲最大的天然气储量国。

但由于没有完善的天然气管道设施，该国开采石油过程中，相当一部分产出的伴生气都被烧掉了。据悉，2014 年尼日利亚有 12%的天然气都被放空燃烧。

（10）阿尔及利亚。天然气探明储量为 4.5 万亿 m³，约合油当量 297 亿桶。

阿尔及利亚是非洲最大的天然气产量国，2015 年生产天然气 830 亿 m³。

阿尔及利亚国内还拥有页岩气储量。2011 年，阿尔及利亚国家石油公司（简称阿国油）总经理曾称，阿国油计划在 20 年内至少投资 700 亿美元用于开发该国页岩气。

4. 我国天然气勘探开发重大进展

“天然气探明地质储量超千亿立方米！深海一号大气田全部投产。”中海油宣布，随着东区最后一口生产井成功开井，由全球首座 10 万 t 级深水半潜式生产储油平台承担开发的我国首个自营超深水大气田——“深海一号”大气田，继 6 月 25 日西区先期投产之后，实现全部投产，每年将向粤港澳大湾区和海南等地稳定供应深海天然气超 30 亿 m³。中国海油公司介绍，“深海一号”大气田距海南省三亚市 150km，于 2014 年被勘探发现，天然气探明地质储量超千亿 m³，最大水深超过 1500m，最大井深达 4000m 以上，是我国迄今为止自主发现的水深最深、勘探开发难度最大的海上超深水气田。

中国进一步对天然气资源进行勘探。中国对于天然气的勘探、开采、储存技术都居于世界先进水平。天然气的开发利用必将助力碳中和的实施。

2019 年 9 月 25 日，作为船舶建造的一个重要里程碑，全球首艘以液化天然气

(LNG)为动力的23000TEU大型集装箱船“达飞雅克萨德”号(CMA CGM JACQUES SAADE)在沪东造船(集团)有限公司长兴岛造船基地举行了隆重的下水仪式。同时,同一船型的23000TEU大型集装箱船CHAMPS ELYSEES号也于江南造船(集团)有限责任公司举行了隆重的下水仪式。

全球最大LNG动力23000TEU大型集装箱船共计9条,其中5条于沪东造船(集团)有限公司长兴岛造船基地建造,另外4条于江南造船(集团)有限责任公司建造,订单总额近100亿元人民币。该型集装箱船是中国从“造船大国”到“造船强国”转型升级的里程碑。该型船入级法国船级社(BV),总长400m,型宽61.3m,服务航速22节,载重量22万t,载箱量2.3万TEU,并可运载2200个40ft冷藏集装箱。该型船满足全球最严格排放限制区域的排放标准,船舶设计指数(EEDI)达到第三阶段标准。与同型燃油箱船相比,该型船单个航次二氧化碳排放量可减少20%,一氧化碳排放量减少80%,颗粒物排放量减少98%,真正体现了环保节能,符合碳中和的要求。

(引自2021年12月25日《科技日报》)

5.中国造船业2021年取得了辉煌的业绩

中国船舶工业行业协会于2022年1月16日公布2021年造船行业全年的运行数据。数据显示,2021年,造船业三大指标中国继续保持全球第一,实现了“十四五”的开门红。

在这份新出炉的成绩单上,造船完工量、新接订单量、手持订单量中国船舶企业分别占世界总量的50%左右,继续保持全球第一。

2021年,我国有6家船舶企业进入世界造船完工量、新接订单量和手持订单量10强。其中,我国最大的船舶企业中国船舶集团,2021年三大造船指标首次全面超越韩国现代重工,成为全球最大的造船集团,实现完工交付船舶206艘,占到全球市场份额的20.2%,实现新接订单合同金额1301.5亿元,创下自2008年以来的最新纪录。

6.18种主力船型中,我国有10种船型的新船订单量世界第一

船舶工业由于其船型复杂,反映其规模大小的计算单位有载重吨(DWT)、总吨(GT)等,而修正总吨更能体现船舶的技术含量和建造难度。以修正总吨(CGT)计算,中国船舶企业实现世界第一,说明中国造船工业在中高端船型方面的市场占有率进一步提升。梳理我国2021年的新船订单,发现18种主力船型中,我国有10种船型的新船订单量位居世界第一。

中国船舶沪东中华长兴造船基地的一号船坞投入使用。2021年,中国船舶集团手持近百艘大型集装箱船的订单,截至目前,16艘船已经进入生产建造阶段。

统计数据显示,2021年,我国造船业承接3219万DWT散货船,占全球总量的76.4%。承接了2738万DWT集装箱船,占世界总量的60.9%。除了优势船型,我国在高技术、高附加值船舶国际市场份额持续提升,尤其是双燃料船等重大绿色动力船舶有重大突破。

中国船舶工业行业协会提供的数据显示,2021年,我国以液化天然气为主的双燃料动力船舶占新船订单的比例,由2016年的2.5%逐步提高到目前的24.4%。在高端船型领域,我国承接化学品船、汽车运输船、海工辅助船和多用途船订单按DWT计占全球总量的比重均超过50%。

根据中国船舶工业协会发布的统计数据，2021 年，我国继续保持世界造船业大国的地位。

2021 年，中国造船产量为 3970 万 t，同比增长 3%；新增船舶订单为 6707 万 DWT，同比增长 131.8%。

根据船舶经纪公司 Clarksons 的数据，去年全球新造船量为 4573 万 CGT，其中中国占 2280 万 CGT，领先于竞争对手韩国（1735 万 CGT）。

截至 12 月底，中国造船企业的库存订单为 9584 万 DWT，同比增长 34.8%。

中国造船产量、新订单和存量订单占全球造船市场份额分别为 47.2%、53.8%和 47.6%，较 2020 年增长 4.1%、5%和 2.9%。

2021 年，6 家中国造船企业进入世界 10 大造船企业，进一步增强了中国在世界造船市场的竞争力。

2021 年，中国国有造船企业中船集团（CSSC）位居世界第一，共获得 2598.4 万 DWT 造船订单，总订单金额为 1301.5 亿元人民币，交付 206 艘船，现有订单量为 419.53 万 DWT，分别占全球市场份额的 21.5%、20.2%和 20.5%。

中船新接到的订单量比 2021 年的年度目标增加了一倍，创下了 2008 年以来的最高纪录。其中，75.2%的新订单为中高端船型。

7. 高端客滚船建造拉动内装产业发展

每一艘船舶都是一个系统工程，背后都连带了巨大的工业制造体系。2021 年，我国船企在高端客滚船建造领域取得优异成绩，多艘船舶交付欧美船东，直接拉动内装等产业的发展。

从中国船舶广船国际的造船码头看到，多艘大型豪华客滚船正在紧张调试和建造。2021 年，像这样的高端客滚船他们厂一共建造完工了 5 艘，产值占比达到约 40%。

高端客滚船是一种客货两用船。由于要满足大量乘客在船上居住和生活，因此，客滚船需要配套大量的客房以及各类娱乐设施，大到一扇窗，小到一个水龙头，几乎覆盖了整个船舶内装材料配套行业。

中国船舶工业行业协会的统计数据显示，2021 年，我国船企相继交付了出口至欧洲、非洲等国家的高端客滚船，所承建的客滚船运营航线实现了多个海域的全覆盖。

2021 年，我国造船企业承接了全球 72.7%的化学品船订单，而这一订单的大幅增加直接带动了对双相不锈钢的需求。中国宝武太钢集团技术中心不锈钢首席研究员李国平称：太钢双相不锈钢累计建造了近百艘化学品船，国内市场占有率 85%，特别是进入了以全球最大吨位不锈钢化学品船为标志的国际高端航运市场。2021 年，受完工交船量的直接影响，我国船舶配套行业实现利税同比增长 5.2%。据中国船舶工业行业协会预测，预计 2022 年，我国造船完工量将超过 4000 万 DWT，这将进一步带动钢铁有色、电子电气、通信导航等产业的发展。

世界造船业有三大皇冠明珠——航母、邮轮、LNG 船，中国是世界上唯一“三大皇冠明珠”都能够建造的国家。LNG 船建造上目前韩国还处于世界领先地位，邮轮建造上欧洲具有世界领先优势，航母建造上美国世界领先。但中国具有各种类型造船的全产业链配套材料技术，超越世界仅仅是时间问题，而且不会太长。中国第三艘航母的下水，预示着中国舰船的建造研发技术将要进入自由王国。数字信息技术，尤其是 6G 数字信息技术将会极大促进航海世界的发展，航海的无人驾驶将会形成常态。中国的港口建设世界领先，世界前10大港口，中国占7个，（其中前5位，中国占4个，而且，第一、第二大港口都属于中国），中国的港口与造船业的发展相得益彰。21世纪将是海洋主导的世纪，中国必将会引领海洋世纪的发展。

**（九）我国光伏的发展**

光伏将在中国以后的电力供应中扮演重要角色，估量中国光伏工业将以每年不低于40% 的速度增长；中国有特别好的太阳能资源，有足够的建筑屋顶和沙漠/荒漠资源，具有大规模发展光伏发电的条件。光伏建造规模中国现在处于世界绝对领先地位。2020年光伏装机量中国为252.93GW，美国为81.50GW，日本为71.2GW，德国为54.74GW。但从人均装机量来看，中国比美国、日本、德国都少，世界上人均装机量最多的是澳大利亚。日本、德国在加快光伏发电的发展，由此，德国2023年完全取消核电站。为此，中国光伏发电还需加快发展。中国光伏建造技术也处于世界先进水平，从高端的火星探测、月球取样到空间站都少不了太阳能光伏发电技术；高端光伏技术的发展，也必将会全面促进光伏技术的发展。

1. 世界光伏产业现状和发展预测

太阳能电池是利用材料的光生伏特效应直截了当地将太阳能变成电能的半导体器件，也称光伏电池。1954年，第一块有用的硅太阳电池（$\eta=6\%$）与第一座原子能发电站同时在美国产生，1959年太阳能电池进入空间应用，1973年能源危机后逐步转到地面应用。

光伏发电分为独立光伏发电系统和并网光伏发电系统。独立光伏发电系统包括边远地区的村庄供电系统，太阳能户用电源系统，通信信号电源、阴极保护、太阳能路灯等各种带有蓄电池的能够独立运行的光伏发电系统。

并网光伏发电系统是与电网相连并向电网馈送电力的光伏发电系统。目前从技术上能够实现的光伏发电系统并网的方式有：屋顶并网发电系统和沙漠电站系统。屋顶并网发电系统是利用现有建筑的屋顶有效面积，安装并网光伏发电系统，其规模一样在几kWp到几MWp不等。沙漠电站系统是在无人居住的沙漠地区开发建设的大规模并网光伏发电系统，其规模从10MWp到几GWp不等。

2. 中国光伏发电市场和产业现状

我国1958年开始研究太阳电池，1971年首次成功应用于我国发射的东方红二号卫星上。1973年开始将太阳能电池用于地面。我国的光伏工业在80年代尚处于雏形，太阳能电池的年产量一直徘徊在10kW以下，价格也特别昂贵。直到21世纪初我国才开始在住宅屋顶上采用光伏技术，而且是采用德国的技术。

由于受到价格和产量的限制，市场的发展特别缓慢。除了作为卫星电源，在地面上太阳能电池仅用于小功率电源系统，如航标灯、铁路信号系统、高山气象站的仪器用电、电围栏、黑光灯、直流日光灯等，功率一样在几瓦到几十瓦之间。在“六五”（1981—1985年）和“七五”（1986—1990年）期间，国家开始对光伏工业和光伏市场的发展给予支持，中央和地方政府在光伏领域投入了一定资金，使得我国十分微小的太阳能电池工业得到了巩固并在许多应用领域建立了示范工程，如微波中继站、部队通信系统、水闸和石油管道的阴极保护系统、农村载波系统、小型户用系统和村庄供电系统等。同时，在“七五”期间，国内先后从国外引进了多条太阳能电池生产线，除了一条1MW的非晶硅电池生产线外，其他全是单晶硅电池生产线，使得我国太阳能电池的生产能力猛增到4.5MWp/a，售价也由“七五”初期的80元/Wp下降到40元/Wp左右。

90年代以后，随着我国光伏产业初步形成和成本降低，应用领域开始向工业领域和农村电气化应用拓展，市场稳步扩大，并被列入国家和地方政府预算，如西藏“阳光预算”“光明工程”“西藏阿里光伏工程”、光纤通信电源、石油管道阴极保护、村村通广播电视、大规模推广农村户用光伏电源系统等。进入21世纪，特别是近3年的“送电到乡”工程，国家投资20亿元，安装20MW，解决了我国800个无电乡镇的用电问题，推动了我国光伏市场快速、大幅度增长。

与此同时，并网发电示范工程开始有较快发展，从5kW、10kW发展到100kW以上，2004年深圳世博园1MW并网发电工程成为我国光伏应用领域的亮点。截至2004年年底，我国光伏系统的总装机容量约达到65MW。

深圳、汕头、广州和浙江等地，大量出口太阳能庭院灯，年销售额达5亿元之多。庭院灯用的电池片通常进口，然后用胶封装，工艺简单。所用电池片每年达6MW之多，是太阳能电池应用的一个大户（这部分未入统计）。

可再生能源是可循环利用的清洁能源，是满足人类社会可持续发展需要的最终能源选择。目前，小水电、风电、太阳热水器和沼气等可再生能源技术基本都已成熟，生物质供气和发电技术也接近成熟，具有宽广的发展前景。估计今后20～30年内，可再生能源将逐步从微小地位走向能源主角，将对经济和社会发展做出重大贡献。我国可再生能源2020—2050年的发展预测见表2-7。

**表2-7 中国可再生能源发展预测（至2050年）**

| 公历年 | 2003 | 2010 | 2020 | 2030 | 2050 |
|---|---|---|---|---|---|
| 能源总量（亿吨标煤） | 16.8 | 20 | 30 | 40 | 60 |
| 小水电（万kW） | 3000 | 5000 | 7500 | 10000 | 20000 |
| 年发电量（亿kW·h） | 960 | 1600 | 2400 | 3200 | 6400 |
| 相当于（亿t标煤） | 0.34 | 0.56 | 0.84 | 1.12 | 2.24 |
| 风电（万kW） | 60.5 | 400 | 2000 | 5000 | 10000 |
| 年发电量（亿kW·h） | 12.7 | 84 | 420 | 1050 | 2100 |
| 相当于（亿t标煤） | 0.0044 | 0.03 | 0.15 | 0.37 | 0.74 |
| 生物质发电（万kW·h） | 200 | 1000 | 2000 | 5000 | 10000 |
| 年发电量（亿kW·h） | 100 | 500 | 1000 | 2500 | 5000 |
| 相当于（亿t标煤） | 0.036 | 0.08 | 0.20 | 0.24 | 0.80 |
| 光热（万$m^2$） | 5200 | 10000 | 27000 | 50000 | 100000 |
| 相当于（亿t标煤） | 0.062 | 0.12 | 0.32 | 0.6 | 1.2 |
| 光电（万kW） | 5.5 | 50 | 3000 | 4000 | 10000 |
| 年发电量（亿kW·h） | 0.55 | 7.5 | 390 | 540 | 1400 |
| 相当于（亿t标煤） | 0.0002 | 0.0027 | 0.14 | 0.19 | 0.49 |
| 其他（亿t标煤） | 0.027 | 0.087 | 1.00 | 2.60 | 4.78 |

续表

| 公历年 | 2003 | 2010 | 2020 | 2030 | 2050 |
|---|---|---|---|---|---|
| 合计（亿 t 标煤） | 0.504 | 1.0 | 3 | 6 | 12 |
| 可再生能源比例（%） | 3 | 5 | 10 | 15 | 20 |

注：按照 1kW·h=350g 标煤折算。

各种发电形式的年利用小时数比较见表 2-8。

**表 2-8　各种发电形式的年利用小时数比较**

| 发电形式 | 年有效利用小时数（小时） |
|---|---|
| 煤电 | 5000 |
| 核电 | 6000 |
| 气电 | 4000 |
| 大水电 | 3500 |
| 小水电 | 3000 |
| 生物质发电 | 5000 |
| 风电 | 2100 |
| 光电 | 并网 1300，离网 1100 |

注：引自李俊峰、顾树华等发布数据。

## 三、种植和养殖（植物、动物）总排放量 19%

食物类动物的饲养也是温室气体排放的主要来源之一（目前所看到、了解到的中国专家学者未将此内容作为单独的二氧化碳当量排放来考虑）。在美国专家讲的“农业、林业和其他土地利用”领域，它是排名第一的温室气体排放源。就农业而言，主要排放的温室气体并不是二氧化碳，而是甲烷和一氧化二氮；在一个世纪的时间跨度里，甲烷造成的温室气体效应是二氧化碳的 28 倍，一氧化二氮造成的温室效应是二氧化碳的 265 倍。每年合计起来，甲烷和一氧化二氮的排放当量相当于 70 多亿 t 的二氧化碳，占“农业、林业和其他土地利用”领域总排放量的 80%以上。

要养活 100 亿人，与食物相关的温室气体排放量将增加 2/3。

随着生活水平的不断提高，人们会摄入更多的卡路里（cal），肉类和奶类的生产需要我们种植更多的粮食。生产 1cal 的鸡肉需要 2cal 的食物，生产 1cal 的猪肉需要 3cal 的谷物，而生产 1cal 的牛肉则需要 6cal 的谷物。换言之，我们从肉类摄取的卡路里越多，需要种植的农作物就越多。

在全球范围内，肉牛和奶牛的养殖规模大约为 10 亿头。它们每年打嗝和排气所排放的甲烷，就所造成的温室效应而言，相当于 20 亿 t 二氧化碳，约占全球温室气体总排放量的 4%。

对于种植和养殖（植物、动物）生产所产生的温室气体效应二氧化碳当量的因素，中国目前所介绍的相关碳中和的二氧化碳排放统计报告中是没有单独列出的，这从认知角度上产生了差异。2021 年 11 月 9 日，第 26 届联合国温室气体排放框架协议大会 2021 年 11 月 8 日报道：减少甲烷排放量对于实现 1.5℃的目标至关重要。要达到这个目标，预计 2030 年需要将甲烷年排放量减少 40%。同样的分析发现，如果 COP26 第一周做出的承诺真的可以兑现，甲烷年排放量减少 40%的目标可以实现 1/3 。

根据 OECD-FAO Agriculural Outlook 2020 年对“世界各地的肉类消费趋势”报告，2000 年、2010 年、2020 年、2028 年的发展情况如下：

中国 2000 年为 6800 万 t，2028 年约为 9000 万 t。

美国 2000 年为 3500 万 t，2028 年约为 4500 万 t。

欧盟 2000 年为 3500 万 t，2028 年约为 4000 万 t。

巴西 2000 年为 1500 万 t，2028 年约为 2200 万 t。

墨西哥 2000 年为 500 万 t，2028 年约为 900 万 t。

注：2010 年、2020 年数据省略。

为了减少肉类生产方面投入的谷物，进而减少粮食作物的生产压力，同时减少肥料的使用，开始进行人造肉的生产。不过，人造肉有很高的绿色溢价，就牛肉糜替代品的价格比真正的牛肉糜高约 86%。但随着市场投放量的加大，价格可以降低。但人造肉相比真正的动物肉还存在口感上的差异。为此，现在有些国家相关的机构在研究“细胞培养肉”“培植肉”“清洁肉”等，但它们不是假的肉。无论是脂肪、肌肉还是肌腱，培植肉跟任何两条腿或四条腿的动物的肉是一样的。不同的是，培植肉是在实验室培植的，而不是在农场饲养的。这方面以色列最先研制成功。以色列初创公司 Aleph 农场宣布，已经成功“培植”出了世界上第一个“细胞生长的牛排”。据外媒报道，Aleph 农场是以色列的一个高科技实验室，科学家首先从活牛中无痛提取牛的几个细胞，然后用科技的手段，自然“生长”出一块牛肉，做出一块色、香、味俱佳的牛排。根据科学家的检测，这种无须吃草、吃饲料的牛，自然“克隆繁衍”形成的牛肉，切块后的外观、形状和质地，都和真牛排极为相似。为了验证这一款牛肉的感觉，以色列拉玛特甘市的巴黎得克萨斯餐厅的主厨 Amir llan 使用该款牛肉做了一道牛排，食用者品尝后的反映都非常好。

现在实验品的价格还比较高，不过要全面投入市场上，最快也要到 21 世纪 20 年代中期了，不过也为时不远了。

日本的研究人员成功制造出了 3D 打印“和牛肉”。这种人造肉的垂直切片与真实的和牛肉非常相像。由于“和牛肉”的肌内脂肪含量远高于其他肉类，因而有着类似大理石的纹理。为了制造更逼真的人造肉，大阪大学的研究人员先通过和牛的细胞切片图，拆分出“和牛肉”的纤维结构。然后采集所需要的基础细胞，并以此作为 3D 打印原料，打印出肌肉、脂肪和血管三种不同的纤维，最终拼装成牛肉。

现在制造出 $1cm^3$ 的和牛肉需要四周的时间，1g 的制造成本为 1 万日元，约合人民币 570 元。一旦加工过程完善并实现自动化，生产成本会大大降低，预计这种肉可以在五年内实现大规模量产。

据了解，日本和牛是当今世界公认的品质最优秀的良种肉牛之一，其以黑色为主毛色，在乳房和腹壁有白斑，因此肉大理石花纹明显，又称“雪花肉”。由于日本和牛的肉多汁细嫩、风味独特，肌肉脂肪中饱和脂肪酸含量很低，营养价值极高，因而在日本被视为“国宝”，在西欧市场其价格也极其昂贵。在一些高级餐厅，和牛肉 1kg 售价逾 400 美元，折合人民币约 2574 元。日本人造和牛肉与以色列的人造牛肉相比，以色列生产的规模效应更具社会化和大众化。

在欧洲、亚洲的工业地区及撒哈拉以南非洲地区，有超过20%的食物被直接扔掉任其腐烂，或以其他方式浪费，在美国，这个数字是40%。中国饭店和餐馆浪费也是惊人的，具体数字难以准确统计。废弃的食物在腐烂时会产生大量的甲烷，其所造成的温室效应相当每年排放33亿t二氧化碳。关于垃圾处理问题后文还将谈到。

为了控制食物浪费的情况，有关公司开发了相关的技术，采用延长水果和蔬菜的保质期的隐形涂层技术，减少浪费。还有一些公司开发了“智能垃圾桶”，利用图像识别技术追踪一个家庭或一家企业食物浪费的情况。它会根据有关情况生成一份报告，显示你扔了多少东西，并附有相应的价格和碳足迹。

2021年9月23日《科技日报》报道，中国科学家实现从二氧化碳到淀粉的全合成，为世界首创。

2021年9月23日，中国科学院召开2021年度的首场新闻发布会，介绍该院天津工业生物技术研究所在人工合成淀粉方面取得的重要进展。该所研究人员提出了一种颠覆性的淀粉制备方法，不依赖植物的光合作用，以二氧化碳、电解产生的氢气为原料，成功生产出淀粉，在国际上首次实现了二氧化碳到淀粉的从头合成，使得淀粉生产从传统农业种植模式向工业车间生产模式转变成为可能，取得原创性突破。相关研究成果在线发表于《科学》杂志。

论文的第一作者、中国科学院天津工业生物技术研究所副研究员蔡韬说：“这一人工途径的淀粉合成速率是种植玉米淀粉合成速率的8.5倍，向自然目标的现实迈进了一大步，为创建新功能的生物系统提供了新的科学基础。”在充足能量供给的条件下，按照目前的技术参数推算，理论上$1m^3$大小的生物反应器年产淀粉量相当于我国5亩地玉米种植的平均年产量。这一成果使得淀粉生产的传统农业种植模式向工业化车间生产模式转变成为可能，并为二氧化碳原料合成复杂分子开辟了新的技术路线。该成果为从二氧化碳到淀粉生产的工业车间制造打开了一扇窗，如果未来该系统过程成本能够降到与农业种植相比具有经济的可行性，将会节约90%以上的耕地和淡水资源，避免农药、化肥等对环境的负面影响，提高人类粮食安全水平，促进碳中和的生物经济发展，推动形成可持续的生物基社会。

但同时，中国科学院副院长、中国科学院院士周琪在发布会上强调，这项成果尚处在实验室阶段，与实际应用还有相当长的距离，后续还需尽快实现从“0到1”的概念突破到“1到10”和“10到100”的转换，最终真正成为解决人类发展所面临重大问题和需求的有效手段和工具。

此外，该成果也得到了国内外领域专家的高度评价。《科学》杂志新闻部执行主任梅根·菲兰认为，该研究成果将为我们未来通过工业制造、生物制造生产淀粉这种全球性重要物质提供新的技术路线；中科院院士赵国屏表示，这是一项具有“顶天立地”重大意义的科研成果；德国科学院院士曼弗雷德·雷兹称，本项工作将该领域的研究向前推进了一大步，同时将中国科学院天津工业生物技术研究所推向了国际顶尖水平。这是生物植物领域最高端、影响最广泛的吸纳利用二氧化碳的碳中和技术，期待其尽快达到实用目标。

（引自2021年9月23日《科技日报》）

随着中科院天津工业生物技术研究所马延和与团队的人工合成淀粉科研成果在国际

学术期刊《科学》上的发表，一夜之间全球开始热议“二氧化碳合成淀粉”，有人通俗地称之为“空气变馒头”。与此同时，“合成生物学”这一新兴概念也走进了大众视野。“理论上 1.5 克到 1.6 克二氧化碳可以产生 1 克的淀粉。”

（1）历时 6 年把二氧化碳变成淀粉。

6 年前，马延和与团队开始了这项研究。“中国是农业大国，粮食问题是头等大事。大家做了很多努力，希望提高农作物的生产效率。当时我们就想，有没有可能有一种颠覆的模式，代替农业种植提取淀粉，就像使用啤酒酵母做啤酒那样。一旦能实现效率肯定会大幅提升，还能节约土地。在对高密度二氧化碳的利用、粮食的快速响应保障上都会有非常大的作用。”马延和表示，这个科研项目最大的创新在于重新按照化学合成的原理，创造了一条生物合成的路径。

经过计算机算法挖掘和筛选，马延和与团队锁定了 30 条人工合成淀粉的可能路径，反复研究实验，6 年间经历了数百次失败，同时面对各种内外压力。

“没有文章，没有成果，没有产出，对团队来讲压力很大。”但他们得到了天津工业生物技术研究所的全力支持配合。“我们成立了一个特别的组织机制，考核不以文章、产出为指标。只看有没有真正在工作、思考解决问题。”

马延和也坦言，自己有过担心，如果再坚持两年还不成功，大家可能会信心不足，甚至怀疑自己。“大家可能会想，是不是自己哪个地方做错了，或者水平不够、理解不到位？”

2018 年 7 月，他们终于迎来第一次突破。“实际上科学的突破就是一个瞬间或积累到一定点的爆发，需要耐得住寂寞。”马延和认为，真正的科学家，就应该去瞄准那些具有挑战性的大课题，而不是做跟班式的研究，“别人在做，然后我们换个材料跟着做一遍，从科学进步本身上讲，它的作用有限，真正的科学家的精神还是应该追求本源、本质。”

（2）挑战农业种植提取。

“二氧化碳利用、粮食安全不只是中国的需求，也是全人类共同面临的问题，我们抛出去一个思路，相信全球聪明的科学家都会努力，这样也许能够带动人类的进步。”马延和指出，二氧化碳合成淀粉仅仅是“0 到 1”的实验结果，万里长征只走出了第一步。从二氧化碳到淀粉的工业车间制造，足以改变社会经济的格局与进程。

“目前是分阶段实施，首先考虑高附加值的淀粉，例如在材料、包装领域实现替代农业种植提取。进一步降低成本后，争取能和普通淀粉竞争。”马延和介绍称，如果生物合成淀粉所需的生物酶能与高温淀粉酶、糖化酶的成本一样，那么它的成本就可以忽略不计了，“应该说现在的挑战还是比较大。”

马延和也给出了他心中的时间表：“乐观预计，三年之内实现高附加值的直链淀粉工业化，五到六年能与普通淀粉有一定的竞争力，或者说做一些工程化的测试，希望在十年之内，能够真正形成和农业种植提取竞争的路线。”

（3）什么是“合成生物学”？

随着二氧化碳合成淀粉的成功，“合成生物学”这一新兴概念也走进了大众视野，“合成生物学”究竟是啥？马延和这样概括：“用数理化的知识和方法介入到生命科学的研究之中，用工程的理念来做生物体的功能或者结构的设计。”

合成生物学的应用前景被广泛关注。马延和认为，合成生物学在推动社会经济发展方面具有非常大的潜力，“比如说包括淀粉在内的食品以及一些营养化学品，都可以绕开种植，直接通过工厂化来实现。”马延和以牛奶为例，进一步阐述了合成生物学的应用场景。“以类似于啤酒厂的模式生产牛奶，现在美国已经开始商业化了，通过啤酒酵母来模拟牛奶蛋白中的组分，再把它合成出来，跟自然的牛奶没什么区别。”

目前在科学家的实验室中，二氧化碳合成的淀粉也可以继续合成“变身”为幽香四溢的玫瑰精油，糖尿病病人可食用、真正健康零热量的阿洛酮糖……淀粉可以合成为食品、药品、材料、能源。

合成生物学开启了“造物”时代，对人类的生活、消费方式而言是巨大的颠覆，这究竟是好是坏？

马延和认为，从人类发展、社会经济可持续的角度，需要一种新的生产模式。“理性来看，可以节约土地、保护生态，提高生产效率、降低生产成本。”他同时认为，“这些需要科学的约束、伦理的规范，也关系到科学家本身的职业道德问题，需要对自然界有敬畏之心。”

此外，采用现代化的农业生产的建设工程，可以提高效率、提高质量、降低农业总投入的成本。全国各地都大量采用地膜大棚覆盖生产蔬菜、瓜果、花卉，但中国大棚绝大多数是简易型的，塑料薄膜通常一年使用一次，产生的垃圾不利于环保，而且生产效率低下。而欧洲普遍都采用工厂化生产，尤其是荷兰，国土面积 41864km$^2$，人口仅有1726 万人，然而却成为了仅次于美国的世界第二大农业产品出口国，其花卉出口为世界第一。这得益于现代化的工厂化生产，工厂的建筑采用立体化生产，可以调节室内的温度、湿度，采用无土栽培技术，可以自动化生产。以色列的农业（果蔬）生产也早就实现了现代化。我国也有人在学习以色列的技术，建筑的屋顶（或者根据需要墙体也可）采用塑料透明材料板材，根据需要也可进行遮阳覆盖。一次性投资的建筑物可以使用 20～30 年，建造智能温室的体积越大，单位成本的造价就越低，而且更节约土地，降低全寿命周期的成本，提高生产效率。可以节能减排，有利于碳中和。虽然我国已掌握了植物工厂的核心技术，成为少数几个完全掌握植物工厂核心技术的国家之一，中国工厂立体化生产，现在已经可以达到 20 层，但尚未全面推广。中国需要考虑全面提升现代化农业生产的建设水平，在有条件的地区逐步升级改造大棚生产技术，改为工厂车间现代化生产方式的“植物工厂”。

北京宏福国际农业科技有限公司引进荷兰现代温室建造技术及智能化生产设备，建造了当时中国最大的 35 万 m$^2$ 的单体生产蔬菜的工厂，温度、湿度、光照，生产过程全部实现智能化控制，每平方米的产值达到 2000 元。近期拟将工厂建造规模扩展到 100 万 m$^2$。

发展生态农业，是人们对自然的遵循，也是对美好未来的憧憬。遵循自然之道的农业转变，也发生在种植业。中国是粮食大国，产粮的同时，每年也产生数十亿吨农作物秸秆，如果靠焚烧将造成大气污染。南京农业大学研究出秸秆和粪便相结合的有机肥新模式，让秸秆以一种全新的方式重回大地。我国也是养殖大国，一只鸡从破壳到出栏，将会产生 4kg 的粪便，而这里有上亿只鸡，它们产生的粪便总量将是一个惊人的数字。为了解决这一难题，建立发电厂通过燃烧鸡粪的方法来发电，每天处理鸡粪 800t，年发电 1.4 亿 kW·h，可以供 4 万户家庭使用。这里有近 5000 头牛，风干后的牛粪，是蚯蚓的最爱。蚯蚓是上好的鱼饵料，颇为畅销，这样既解决了污染，疏松了土壤，又带来了财富。生态循环实现，让绿水青山变成金山银山。为了让中国14亿人口吃上更有品质、更绿色的食物，中国还要加快农业现代化步伐，让农业更智慧。设施农业、高效农业、智慧农业正在全面改造今天的中国农业。通过卫星遥感图显示出的地块颜色差异，判断作物长势。大数据、云计算、人工智能等新一代信息技术的发展，让种植、施肥、收获每个环节变得越发精确，实现更加智慧、高效、绿色的农业。

植物工厂正在颠覆传统农业的季节性，摆脱自然的束缚，农业已经无处不在。2016年10月“神舟十一号”飞船在距离地面近400km的天宫二号空间实验室里，航天员景海鹏和陈冬也种起了蔬菜，中国人在太空中种菜，他们是第一次。然而，科研人员并不满足太空里的几棵小芽，中国进行了全球最长时间的一次太空舱人工生态系统密闭生存实验，八名志愿者要在150$m^2$的太空舱里展开365d的封闭实验。尹志豪已经在模拟太空舱封闭生活了180d，他和伙伴们完成了小麦收割；刘光辉正通过设备分解太空舱内所有的液体，用回收净化水来种菜、种小麦。60$m^2$的栽培区，为他们提供着每日粮食所需，模拟太空舱里刘光辉正在准备午餐，油菜、油麦菜、西红柿这些新鲜的蔬菜，都是他们在模拟太空舱里种出来的，现在模拟太空舱能种出的作物已经将近40种，而对未来的探索，并不会止步于此。从贫困到富足，中国历经半个多世纪的不懈探索，实现了粮安天下。

据了解，中国智能化农业蔬菜种植已经达到6000万亩，产值2000亿元。其中介绍了“神舟十二号”天宫空间站历经3个月搭载69个种类、上千件。中国自1987年开展航空育种，历经30多年搭载种子育种260多种，中国历年通过航空育种的种植面积已经达到4000万亩。中国空间站建造完成后，将加速促进农业科技的发展同时推动多领域科技的发展。

中国农业已经踏上了一次前所未有、影响深远的发展征途。海洋是获取优质蛋白的蓝色粮仓，由于过度捕捞，近海渔业资源急剧减少，海洋生态环境遭到破坏。为此，我国渔业资源养护修复力度持续加大，精心养护渔业资源，从而做到可持续发展。中国正在蓝色海洋中，努力打造出一片片的绿色空间。2019年全国已建成的海洋牧场233个，生态效益超过600亿元。

农业农村部发布的《2020年全国渔业经济统计公报》显示，2020年我国渔业经济总产值27543.47亿元，全年渔业生产总体平稳。渔业一、二、三产业产值比例为49.1：21.5：29.4，产业结构逐步调优。

2020年以来，我国水产品生产供给逐步恢复常态，绿色养殖方式蓬勃发展。2020年全国水产品总产量6549.02万t，比上年增长1.06%。其中，养殖产品与捕捞产品的产量比例提高至79.8：20.2。中国养殖水产品占世界养殖总产量的60%以上，也就是说中国近80%的水产品来自养殖，全球养殖水产品的60%来自中国。大水面生态养殖盐碱水、渔农综合利用等生态健康养殖模式进一步推广，中国已经从土地农业向“渔农业”发展。

浙江省湖州自古以来就是全国重要的丝绸产业生产基地之一。湖州市南浔的荻港村是有着千年历史的古村落，荻港人在池埂、池塘岸边种植桑树，以桑叶养蚕，以蚕沙（粪）作为鱼的饵料，用它喂养的鱼不仅营养丰富，还能消毒杀菌，塘泥又可以作为桑树的肥料，形成池埂种桑—桑叶养蚕—蚕沙喂鱼的生态闭环。当地人把这种模式叫桑基鱼塘。桑基鱼塘和其他农业生产方式相比，具有如下优点：①经济效益高。通过发挥生态系统中物质循环、能量流动转化和生物共生、相养规律作用，达到集约经营效果，符合最小投入获得最大产出的经济效益原则。②生态效益好。桑基鱼塘内部食物链中各个营养级的生物量比例适量，物质和能量输入输出相平衡，并促进动植物资源的循环利用，维持生态平衡。这种低耗、高效、零污染的桑基鱼塘绿色生态养殖模式，已被联合国教科文组织列入全球重要农业文化遗产，称其为“世间少有美景，良性循环典范”。生态文明的新时代，中国还需要同时在几千年农耕文明中寻找新灵感。

虽然香港的海洋面积占中国不足百分之一，不过却录得全国约四分之一的海洋物种。为了保护香港可贵的海洋生态，2012 年 12 月 31 日起，香港禁止拖网捕鱼，令海洋生物包括蟹类品种变得更为多样，从此，我们就听不到“海哭的声音”。

新品种小螃蟹登场。香港城市大学海洋污染国家重点实验室主任梁美仪教授领导的团队，2012—2018 年进行渔业资源调查，结果喜出“网”外。研究团队在多个调查地点的海床找到 108 个底栖蟹品种，其中有 16 个品种此前未在香港出现过，更有一种六足蟹（不包括一对蟹钳）是全球首次发现的品种，名为 Mariaplax exigua，蟹盖宽只有约 5mm，双眼退化，同类品种更是其他无脊椎类的共生物种，例如海参。

禁止使用拖网使海洋更健康。调查结果显示，拖网禁令实施 2 年多后，水质有所改善，对海洋栖息地的干扰减少，底栖物种平均上升 76%，数量增加 2.35 倍。

而底栖蟹是海洋生态的指标。部分蟹是“素食者”，只吃绿叶及泥土中的有机物等；有些蟹则会吃海洋生物尸体，担当清道夫的角色；一些蟹则是捕猎者，会吃其他生物；幼小蟹则是其他大型海洋生物的食物，可见蟹在自然界担当多样的角色。当时研究发现 10 多种香港首次记录的蟹，令香港水域的蟹增至 370 多种，可得知禁止拖网后香港水域海底生态得到改善。

人类需要海洋，但必须保护海洋。

梁美仪教授表示，此次研究记录了逾百种蟹类生物，需做大量鉴定，而根据推算，香港尚有约 500 种海洋生物有待发掘，需要更多的科学家一起努力，推动香港海洋领域的探索，发掘更多新记录。

香港城市大学海洋污染国家重点实验室自 2010 年成立以来，一直是海洋研究的领导者，为保护和管理海洋环境做出贡献。通过提供高素质的学科研究、教学、培训、咨询工作及专业服务，守护香港、南中国海及东南亚地区的海洋环境，守护地球的生态，为海洋出一份力。

## 四、交通运输（汽车、飞机、轮船）总排放量 16%

2021 年 8 月 26 日，首届“ESG 全球领导者峰会”隆重举行，主体为“聚焦 ESG 发展，共议低碳可持续新未来”（ESG 为环境、可持续发展和治理）。

中国现在几乎控制着所有的风能技术，也拥有迄今为止最大规模的太阳能、风能、绿色氢能、高铁或绿色公交车。深圳拥有的电动公交车比全世界除中国外其他国家的总和还要多。在氢能汽车技术上的应用，日本处于领先地位，中国也已经全面展开氢能的研究应用。德国政府到 2026 年将投资 2000 亿欧元发展氢技术和电动车桩网络。

在湖北省，一艘将搭载大量乘客在长江上航行的新型绿色游轮实现全电化，为世界首创。

2021 年 10 月 29 日中国首台氢燃料电池混合动力机车正式上线（图 2-26）。此次氢能机车上线开创了国内氢能机车上线试运行的先河，标志着我国轨道交通装备在新能源领域实现了由产品开发到实践应用的重大跨越。氢能机车项目由国家电投内蒙古公司、氢能公司和中车大同公司以战略合作的形式共同推动。该机车由中车大同公司研制，以国家电投氢能公司“氢腾”燃料电池为核心动力，通过央企间的强强联合，使得氢能机车制造从核心动力到主要零配件首次全部实现国产化。

图 2-26　中国首台氢燃料电池混合动力机车

根据公安部、智研咨询整理，智研咨询发布的《2021—2027 年中国汽车行业竞争格局分析及投资前景规划报告》数据显示：2021 年上半年中国机动车保有量达 3.84 亿辆，其中汽车保有量达到 2.92 亿辆、载客汽车的保有量为 2.52 亿辆。2021 年上半年新能源汽车保有量为 603 万辆，而其中纯电动汽车保有量达到 493 万辆，占新能源汽车保有量的 81.76%。根据中国汽车协会数据，2020 年 12 月，中国新能源汽车销量为 24.8 万辆，同比增长 49.5%；2020 年 1—12 月，累计销量为 136.7 万辆，同比增长 10.9%。不过新能源汽车与全部汽车的保有量之比还是很低的，只有将近 2.1%。由此离碳中和之路还很远。

大多数人忽视的是，2020 年，我国两轮电动车社会保有量已经突破了 3.5 亿辆，也就是说大约每 4 个人就拥有 1 辆。其中还不包括三轮、四轮电动车的数量（当然三轮、四轮电动车与两轮电动车数量相比是比较低的）。而中国每年近 28 亿次的出行，就有 10 亿次使用的是两轮电动车（不包括快递与外卖的业务）。中国电动两轮车目前产销量占全球比重超过了 90%，是全球最大的电动两轮车生产和消费国。新冠肺炎疫情致使快递和外卖快速发展，其中少不了电动两轮车、三轮车的作用。快递、外卖都是发展最快的行业之一。如今中国的快递行业年规模达到 8700 亿元，外卖行业年规模达到 6536 亿元，没有电动两轮车、三轮车是不可能实现的。快递和外卖可以说是电动两轮车、三轮车托起的，快递和外卖是智能手机和电动车结合的产业。快递带来了快捷与方便，以及降低了家庭和个人的消费成本，才促使了快递的发展。《人民日报》、专家建议：疫情期间，骑电动自行车出行更安全。中国电动车基础设施促进联盟最新数据显示，截至 2021 年 9 月，全国充电基础设施累计达 222.3 万台，同比增长 56.8%。我国已建成全球最大规模充电设施网络。当前需要解决的是电动两轮车的安全与储电技术水平的提高，电动车也面临着储电技术水平的提高，需要加快技术创新，降低储电成本，提高安全水平和效率。

2015年荷兰埃因霍温理工大学太阳能团队设计的汽车就曾经在世界太阳能挑战赛中获得了冠军，2019年推出了一辆家用车。2021年9月12日报道，该团队又推出了“车轮上的太阳能房车”，车顶配有一个8.8m$^2$的太阳能电池板，可为60kW·h的锂离子电池收集能量。在露营停车的时候，车顶两侧还能滑出两块额外的太阳能电池面板，车顶面积将扩大一倍，达到17.5m$^2$，使其电能量收集更快。据称，在晴朗的天气下，该车一天可以行驶730km，而在电池充满电后，夜间的续航里程也可以达到600km。房车的功能一应俱全。当然有些技术也处在不断完善之中。

2021年9月中下旬有关资讯报道，华为将与威马汽车合作，由威马提供汽车平台，华为提供智慧系统，中控区域配备华为平板，使汽车可以进行任意角度的旋转，从而制造生产出全自动轿车。采用新能源电池，不用一滴油，续航方面至少可以达到400km/次，如果是高配版本可以达到500km/次。此外，充电相对来说速度也比较快，从30%一直充到80%，需要40min。车型长、宽、高为4600mm×1850mm×1650mm，轴距方向2000mm。从数据上看，车内有足够大的空间。EX5的价格为13万元人民币，价格适中。

2021年10月，小鹏汽车CEO何小鹏正式公布了第六代飞行器的概念视频。根据介绍，小鹏第六代飞行器通过创新设计机臂、桨叶折叠系统及锁止机构，实现了飞行和路行的融合。路行状态长度4.98m，宽度为2.01m，展开桨叶后飞行状态长度为7.01m，宽度为12.2m，整体质量约为小鹏P7汽车的50%（小鹏P7约1.9t）。

出于安全考虑，小鹏第六代飞行器还配置了三冗余飞控系统、双冗余动力系统（电池电机电控），同时还放置了多个分布式的降落伞和雷击防护。

而飞行汽车起飞降落及飞行时，搭载的驾驶辅助系统和飞控系统会根据驾驶意图及周边环境的评估情况，辅助驾驶员安全实现起降及空中驾驶。

在飞行器的操作方面，为了更易操作，小鹏第六代飞行器上还将飞机和汽车的操控进行融合。具体来看，小鹏第六代飞行器在飞行过程中采用与方向盘解耦的单杆操作方式，路行时方向盘操作（前后、左右、转向，平面），飞行时单杆操作（空间立体的，8个自由度控制，前后、左右、上下以及Z轴旋转），同时飞控系统会辅助驾驶员执行驾驶意图，降低误操作影响。“我们期望把飞机+汽车+智能这三个技术逻辑一起放在飞行汽车上。但主要以汽车的工程逻辑体系来做飞行汽车。”何小鹏在“科技日”上表示，真正的飞行汽车应该安全且便宜，也可以从路行状态随时切换到飞行状态。何小鹏还表示，小鹏第六代飞行器的目标是2024年实现量产，销售价格控制在100万元人民币以内，并期待成为全球第一的低空载人飞行设备制造商。

2021年11月，韩国首尔，Volocopter2X空中出租车在演示活动中亮相，飞行速度200km/h。韩国国土交通部表示，为了缓解首尔的交通拥堵状况，计划最早在2025年年底实现“无人机出租车”的商业化。

从2018年世界首先开发试验“飞行汽车”以来，当前世界上中国、日本、美国、德国、瑞典、韩国等国家有300～400个企业在开发“飞行汽车”“飞行器”。但这涉及交通管制、政治经济管理的协调等问题，飞行汽车的投入运行将会改变现有的交通管理模式，以及安全管理的问题。“飞行汽车”采用的均为电能驱动，有利于绿色碳中和。

德国保时捷公司负责人曾表示，保时捷公司到2030年新能源电动车的比例将达到80%。Taycan作为保时捷重要的纯电动车型，2019年开始投放中国市场。动力方面，采用纯电力驱动的Taycan，搭载了两台永磁同步电机，最大功率超过600hp，0～100km/h加速时间为3.5s。续航里程方面，满电状态超过500km。另外，这款车采用了800V超快充电技术，只需15min，就可以充87.5kW·h电量，大约可以行驶400km。另外，该车还可以通过电磁感应进行无线充电。

工业和信息化部表示，挖掘内需潜力，启动公共领域车辆全面电动化城市试点，开展新能源汽车、绿色智能家电、绿色建材下乡活动。对智能网联汽车、冰雪装备等既有利于改善群众生活，又代表科技发展方向的产业，加大培育力度，支持规模化发展。

在第26届联合国气候变化大会上，比亚迪、奔驰等6家主要汽车制造商签署承诺：到2040年在全球范围内逐步停止燃油车的生产，加快新能源车的研发。新能源车的时代要来了。

根据中国汽车工业协会统计，2021年1—11月中国新能源汽车的产销量达到300万辆。

北京空气质量改善得益于新能源汽车的使用，北京公交车基本上采用了新能源，部分家用车也采用了新能源。此外，供电、供热采用了天然气；北京西北方向的张家口、东北方向的承德的绿化工程（承德塞罕坝人工林场是世界上最大的人工林场），抑制了沙尘暴的产生，使得北京的$PM_{2.5}$得到极大的降低。2005—2006年北京空气质量$PM_{2.5}$经常超过800甚至1000，致使美国人不相信中国的数据，在美国驻中国大使馆专门设立测试$PM_{2.5}$的检测设备。笔者曾于2000—2005年骑自行车上班，从东五环到西三环穿越，21km往返，一天一个马拉松。由于空气污染，尤其是汽车尾气的排放，笔者成为废气的吸尘器，造成了上呼吸道感染，患上咽炎，痰、鼻涕都是黑的，因此不再骑自行车了。现在北京空气质量得到极大的提高，根据笔者2021年1月13日记录的北京的空气质量$PM_{2.5}$达到15，是当天全国大中城市排名第一的最低的$PM_{2.5}$（当然有的小的地方不在统计之内，笔者2015年6月24日到威海的刘公岛，当天的$PM_{2.5}$达到6。三次去新加坡，观察到新加坡的$PM_{2.5}$经常保持在8～15）。医学上应该有所对比，$PM_{2.5}$对上呼吸道感染以及肺癌降低的影响。

2022年4月24日“战略前沿技术”发表任泽平的文章《中国经济的十大预言》，其中讲到：第六大预言，迎接新能源革命，中国有望弯道超车，开启新能源发展“黄金十五年”和万亿级赛道，引领第三次能源革命。历次能源革命均推动了工业革命，并塑造新的国际秩序。第一次能源革命，动力装置是蒸汽机，能源是煤炭，交通工具是火车，英国超过荷兰；第二次能源革命，动力装置是内燃机，能源是石油和天然气，能源载体是汽油和柴油，交通工具是汽车，美国超过英国；当前正处于第三次能源革命，动力装置是电池，能源从化石能源转向可再生能源，能源载体是电和氢，交通工具是新能源汽车。每一次能源革命均带来全球经济和治理秩序的改变，在第一次能源革命过程中，英国超过荷兰；在第二次能源革命时期，美国超过英国；正在进行的第三次能源革命，中国有望实现弯道超车。截至2021年，中国新能源汽车产销量已经连续七年位居全球第一，成为世界新能源汽车第一大国。中国新能源汽车市场渗透率正步入高增长快车道。自2021年起，新能源汽车全面进入市场驱动阶段，全年市场渗透率达13.4%，新能源汽车市场“黄金十五年”正在到来。根据当前政策目标以及汽车消费市场空间推算，预计到2035年，中国新能源汽车销量有6～8倍的成长空间，未来将是新能源汽车大发展的“黄金十五年”。

### （一）未来中国新能源汽车发展五大趋势

1. 渗透率将进入高增长快车道

从全球来看，预计到2025年，全球新能源汽车销量将达到1800万辆；到2030年，全球电动汽车销量预计在3000万辆规模以上。从国内来看，到2035年，我国新能源汽车销量粗略估计有6～8倍的成长空间。按照中国汽车工程学会牵头修订编制的《节能与新能源汽车技术路线图2.0》，我国新能源汽车总体渗透率规划到2025年为20%，2030年为40%，2035年为50%。

2. 国产自主品牌有望持续超越国外老牌车企

从销售数据来看，2021年，车企端的比亚迪、上汽通用五菱、特斯拉三家企业占据了近50%的市场份额，同时“蔚小理”等造车新势力表现亮眼，小鹏、蔚来、理想等国内品牌的销量排名分别为第7、第8和第10；车型端新能源车型销售几乎全是国内自主品牌，销量Top15车型中，除了特斯拉的Model 3和Model Y，其余均为国内自主品牌，并且这是近两年的常态。相对于国外车企，国内自主品牌在新能源汽车的销售上凭借其贴近国民的设计理念及黑科技实现快速增长，反而占据一定的先发优势。

3. 行业市场化加速，未来的增长点将在三、四线城市等非限行限购地区

从需求端看，中国新能源汽车行业加速市场化已经具有四方面特征，一、二线城市渗透率已基本保持稳定，未来的市场增长点在三、四线城市。从技术上看，BEV纯电动汽车受到消费者青睐，销售占据主导，市场占比维持在八成。分地区看，三线城市新能源汽车上险的占比超过一线城市，非限行限购地区购买意愿加强。分级别看，A00级和B级车销量增长明显，呈现两极化，低端代步和高端技术优势新能源汽车的消费前景广阔。分用户看，私人的新能源汽车购买量明显上升。

4. 国民对于新能源汽车的接纳度持续提升

目前中国新能源汽车可以较好地满足人们的日常出行，未来有望进一步代替燃油车。2020年中国用户购买新能源汽车的前10大原因分别为：一是认同新能源理念，节能环保（52%）；二是用车成本低（46.4%）；三是有税费减免和价格补贴（45.4%）；四是追求科技感和智能配置（43.9%）；五是尝试新鲜事物（33.8%）；六是有购车需求，但没有燃油车牌照（32.5%）；七是不限行（27.2%）；八是跟随潮流趋势（26.4%）；九是车内杂音小（24.8%）；十是其他（0.9%）。从主要用途来看，73.6%的消费者选择上下班代步；80%左右的用户经常在市区范围用车，跨省长途用车的用户仅为20%左右。

5. 汽车智能化将与电动化协同发展

汽车智能化发展，即“软件定义汽车”是这次新能源汽车革命的下半场。可以说，在新能源汽车发展前期，电动化激起了人们对汽车智能化的兴趣，带动了人们对于智能化的探索。在新能源汽车发展后期，车辆自身高度智能的辅助驾驶、影音娱乐等软件的嵌入将会给人们带来全新的驾驶体验，反过来继续促使电动车的全面替代，智能化与电动化必将协同发展，让汽车最终演变成一个移动智能终端。

截止到2020年年底，全国高速公路通车总里程达16万km，稳居世界第一。1988年10月31日，沪嘉高速公路建成通车，为中国内地最早一批投入使用的高速公路。此后，世界第一高的高速公路桥、世界最长的沙漠高速公路、世界最长跨海大桥均在中国建成通车。

2012年全国高速公路通车里程达9.6万km，跃居世界第一；2013—2020年新建成高速公路6.4万km；截止到2020年年底，全国高速通车总里程为16万km。

美国1937年开始建造高速公路，当中国高速公路1万km的时候，美国的高速公路已达9万km，美国如今高速公路里程将近11万km。中国高速公路总里程超过美国，但按人数所有的高速公路，美国高速公路人均占有量比率为3.34，中国则为1.14，中国人均高速公路占比还是低于美国的。

2016年世界第一高的高速公路桥——北盘江大桥建成通车。

2019年10月24日世界最长跨海大桥——港珠澳大桥建成通车。

2021年6月30日世界最长的沙漠高速公路——京新高速公路建成通车。

改革开放40余年，中国大陆建造了100万座桥梁，其中，80万座公路桥梁、20万座铁路桥梁。世界前100座最大型的桥梁，中国占到了80%。

国家发展和改革委联合中国交通运输部印发《加快推进高速公路电子不停车快捷收费应用服务实施方案》，提出发展目标：2019年12月底，高速公路收费站ETC全覆盖，货车实现不停车收费，不停车收费率达90%以上，所有人工收费车道支持移动支付等电子收费方式。

中国高速公路科技创新体现在道路设施和行车设备细节上，如在纳黔高速公路中，应用雾区行车诱导系统引导车辆在大雾天气下行车，既保证安全，又避免交通中断；建立ETC门架收费系统，提高收费站疏通效率；利用5G技术促进高速公路智能化发展。

日本高速公路均为收费公路，大约在20年前已经采用ETC收费。此外，日本的汽车（轿车）20年前租车业务已经做到异地还车，起到使用便捷、节能减排、提高效率等作用。

**（二）中国高速公路、高速铁路的快速发展，得益于隧道、桥梁技术的提升和发展**

中国高铁的运营里程达到了4万km。

由于我国地理条件的特殊性，高山高原规模高度世界第一，河流多但不均衡，中国国土面积960多万$km^2$，但将高原展开面积达到2300万$km^2$。我国是世界上隧道（洞）修建规模和难度最大的国家。在交通工程领域，随着我国铁路公路网不断向崇山峻岭、离岸深水区延伸，交通隧道总量和建设规模持续增加。截至2020年年底，我国已投入运营铁路隧道有16798座，总长19630km，其中10km以上的特长铁路隧道总长2811km；我国公路隧道有21316座，总长21999.3km，其中3km以上的特长公路隧道总长6235.5km。根据国家发展和改革委发布的《中长期铁路网规划》和《国家公路网规划》，到2030年我国将建成高速铁路4.5万km、高速公路21.8万km。在水利水电领域，随着重点水电工程和跨流域调水工程的建设规划，将建设一批埋深长大引水隧洞。例如，滇中引水隧洞输水干线总长664.24km，受水区包括35个县（市区），总面积3.69万$km^2$；规划的南水北调西线工程，隧洞全长720km，最长洞段长度达73km，最大埋深为1600m。我国在建和拟建的绝大多数交通隧道和水工深长隧洞，其长径比达到600～1000甚至更高。

辽宁大伙房输水工程由两期工程组成，一期工程是从辽宁东部的浑江干流，通过地下连续长 85.32km，开挖洞径 8.03m 的输水隧洞，向抚顺市大伙房水库进行跨流域调水；二期工程是将一期工程跨流域调入到大伙房水库的水经水库反调节后，再通过水库取水头部，29.1km、洞径 6.0m 的有压输水隧洞和下游 260 多 km 的输水管线向辽宁省中、南部七个城市输送生活及工业用水。工程于 2003 年 6 月开工，2009 年 4 月全线实现了贯通。这是世界上最大的隧洞输水工程。

工程的建设不仅是解决辽宁省水资源短缺的主要措施，而且事关辽宁老工业基地经济社会的发展、振兴，具有举足轻重的战略意义。输水工程的受水区占辽宁省 GDP 总产值 80%以上的抚顺、沈阳、辽阳、鞍山、营口、盘锦、大连七个城市，是辽宁省重要的工业及商品粮生产基地，也是全国重要的以钢铁、煤炭、石油化工、造船、电力、机械、建材为主体的重工业区，受益人口多达 1006 万人。2011 年开建的辽西北隧洞输水工程比大伙房输水工程规模大多倍，其中无压隧洞 130km，有压隧洞 100km，洞径达到 8.53m 的开挖直径，这是世界上最长的输水隧洞，2019 年已经投入使用。

此外，城市轨道交通的地铁隧道工程营业里程居世界领先地位，而且地铁的微信通信技术世界领先。2021 年 10 月交通运输部发布的《2021 年城市轨道交通运营数据速报》显示，截至 2021 年 9 月，全国 48 个城市开通运营城市轨道交通线路 249 条，运营里程 8069km。其中，2021 年北京地铁在建里程达到 291km，在建线路 15 条（段），北京地铁 2022 年预计新增 134.95km，总里程达到 859km，反超上海（截止到 2021 年 6 月，上海运营总里程为 772km），成为全国第一。重庆也预计新增地铁里程 123km，超越南京、深圳、武汉成为全国第五。除上述提及的城市外，其他进入前 10 名的城市还包括广州、成都、杭州和青岛。北京、上海地铁营运里程居世界第一、第二位。根据中国城市地铁建设发展趋势，在 10 年之内，中国有可能地铁运营里程排在前 8 位的城市都在中国大陆。地铁出行有利于环保节能、提高能源利用效率，有利于碳中和。

### （三）国际氢能发展继续加速，全球氢能热度持续上升，新方案和新项目将陆续落地

美国氢能公司 Nel Hydrogen US 与美国核电厂运营商 Exelon 将于 2022 年完成核电站制氢系统部署，该项目将配备挪威 Nel 氢气公司最新的 1.25MW 级 MC250 质子交换膜电解槽，用于验证核能制氢的经济可行性，并为未来大规模制氢提供模板。英国玻璃企业皮尔金顿测试并证明氢气生产浮法（片）玻璃的可行性，将于 2022 年继续验证氢气的安全性和经济性，并开展氢气规模生产玻璃试验。此外，英国将在“HyNet 工业燃料转换”框架下，对食品、饮料、电力和废物等领域开展大规模使用氢气的新项目。德国 Fraunhofer-Gesellschaft 公司开发了一种可实现氢气和天然气混合运输的新型膜技术，混合气体经过两次分离后可获得纯度高达 90%的氢气。该公司正在对该膜技术进行优化，以使氢气纯度进一步提高。法国可再生能源制氢项目开发商 Lhyfe 与 Chantiers de l’Atlantique 将于 2022 年建造并运行全球首个海上绿氢工厂。韩国贸易、工业和能源部旗下的氢能有轨电车项目将进入商用化和量产阶段，该氢能有轨电车车内搭载氢燃料电池，无须外部电力供应设施，成本相对低廉，有望成为替代地铁的交通工具。

美国能源部启动《能源地球计划》，以加快在未来 10 年内推出更丰富、更经济和更可靠的清洁能源解决方案；投入 5250 万美元改进电解水制氢设备，开展生物制氢研究、电化学制氢研究和燃料电池系统设计等共 31 个氢能项目。美国劳伦斯-利弗莫尔国家实

验室、太平洋西北国家实验室和国家能源技术实验室启动验证地质构造中大规模储氢可行性的新项目等。英国商业、能源与产业战略部发布《国家氢能战略》，提出通过 4 个发展阶段使其成为氢能领域全球领导者的愿景，包括到 2025 年拥有 1GW 的氢气生产能力，到 2030 年拥有 5GW 的氢气生产能力等。

美国能源部制订 95 亿美元清洁氢计划。据 Vinson & Elkins2022 年 2 月 17 日消息，美国能源部宣布了两项信息请求（RFI），以收集利益相关者关于两党基础设施法案中创建区域清洁氢中心、清洁氢电解计划，以及清洁氢制造和回收计划的反馈，并为这些计划的实施提供支持。根据两党基础设施法案的计划，美国将投资 80 亿美元用于创建区域清洁氢中心；投资 10 亿美元用于清洁氢电解计划，以降低清洁电力制氢成本；投资 5 亿美元用于清洁氢制造和回收计划，以支持相关设备的制造和打造本土供应链。美国能源部表示，清洁氢对于拜登政府到 2035 年实现 100％清洁电网和到 2050 年实现净零排放的目标至关重要，该笔投资将有助于加快美国清洁氢的进展、降低技术成本，并增加氢作为清洁能源载体的使用。

德国国家氢能委员会发布 2021—2025 年氢能行动计划，其中包含 80 项提案，为有效实施国家氢能战略提出具体行动建议。德国联邦经济部和交通部计划投资超过 80 亿欧元资助 62 个大型氢能项目。这些项目涵盖了从氢气生产运输到工业应用的整个氢能价值链。

俄罗斯政府内阁批准氢能发展草案，拟订了在俄罗斯打造新产业的目标、战略倡议和关键措施。根据草案，俄罗斯计划：到 2024 年，氢气潜在供应量达 20 万 t；到 2035 年，氢气出口量达每年 200 万～1200 万 t；到 2050 年，达到每年 1500 万～5000 万 t。

日本政府从绿色创新基金中拨款 3700 亿日元（约合 32.2 亿美元）用于在未来 10 年内加速氢能技术研发、促进氢能使用。日本新能源产业技术综合开发机构也宣布在“燃料电池大规模扩展应用产学研协同攻关项目”框架下投入 66.7 亿日元（约合 5793 万美元），以推进氢燃料电池研发。韩国发布《氢能领先国家愿景》，将打造覆盖生产、流通、应用的氢能生态环境，争取到 2030 年构建产能达 100 万 t 的清洁氢能生产体系，并将清洁氢能比重升至 50％。

此外，挪威国家石油公司 Equinor、法国液化空气公司等传统能源巨头，以及美国钢铁公司、西班牙钢铁公司 Arcelor Mittal、日本常石集团和日本川崎重工等其他行业的巨头也纷纷加大氢能投入，海上风能制氢、光伏制氢、氢能飞机、氢能船舶和氢能火车等项目数量呈爆发式增长。

## 五、制冷和采暖（供暖系统、冷却系统、制冷系统）总排放量 7％

制冷和采暖是建筑的内容之一，这里之所以有碳总排放量为 7％这样的低数值，是因为将建筑所用的水泥、钢材、塑料的耗能，纳入生产和制造的分类之中了。

美国西雅图的布利特中心是世界最佳绿色商业建筑之一。布利特中心是按冬暖夏凉的要求设计的，这样可以降低对暖气和冷气的需求。同时采用了相关的节能技术，在楼顶安装太阳能电池板，有时产生的能源比消耗的能源还要多 60％。即便如此，还需接入城市电网，因为在夜间和阴雨天，它仍需外部电力供应。

现在经常采用超密闭围护结构设计，尽量隔绝室内外的空气交换，同时使用高品质的保温隔热材料、三层玻璃和节能门等。现在已有许多国家推广“智能玻璃”窗户，这种玻璃会依照室温要求自动变色：室内温度高，它就会变暗；若室内温度低，它就会变亮。还有玻璃防辐射的玻璃贴膜和喷膜技术，可以降低室内的温度，也可以用于建筑物的玻璃，还可以用于汽车的玻璃。

从首次安装空调设备算起，到现在也不过100多年。全世界在用的空调设备有16亿台之多，但它们分布并不均匀。在美国等富裕国家，90%以上的家庭都装有空调设备，而在世界上最炎热的国家中，这个比率还不到10%。

随着人口的增加，生活水平的提高，频繁出现、形势日趋严峻的高温天气，世界将需要更多的空调设备。2007—2017年，中国国内增加了3.5亿台空调。如今，中国是世界上最大的空调市场。全球空调销量仅2018年一年就增加了15%，其中相当一部分增长来自升温明显的4个国家：巴西、印度、印度尼西亚、墨西哥。到2050年全世界的空调数量将会超过50亿台。

到2050年，全球制冷的电力需求将增加两倍。届时，全世界空调的用电量将相当于中国和印度现在用电量的总和。

根据有关资讯，2021年格力电器董事长董明珠宣布，格力团队将光伏发电和空调结合起来，有楼顶的用户，可以在楼顶或者阳台安装配套的光伏发电装置，然后连接空调，基本可做到零电费使用空调。2021年12月3日，由格力电器主导的光伏国际标准提案《光伏直驱电器控制器 第2部分：运行模式和显示》（IEC TS 63349—2）草案终稿（DTS）在IEC/TC 82获得高票通过，该标准定于2022年2月正式发布，这也意味着格力在光伏直驱电器行业竞争中占据未来主导权，以自主创新推动中国制造业高质量发展（图2-27）。

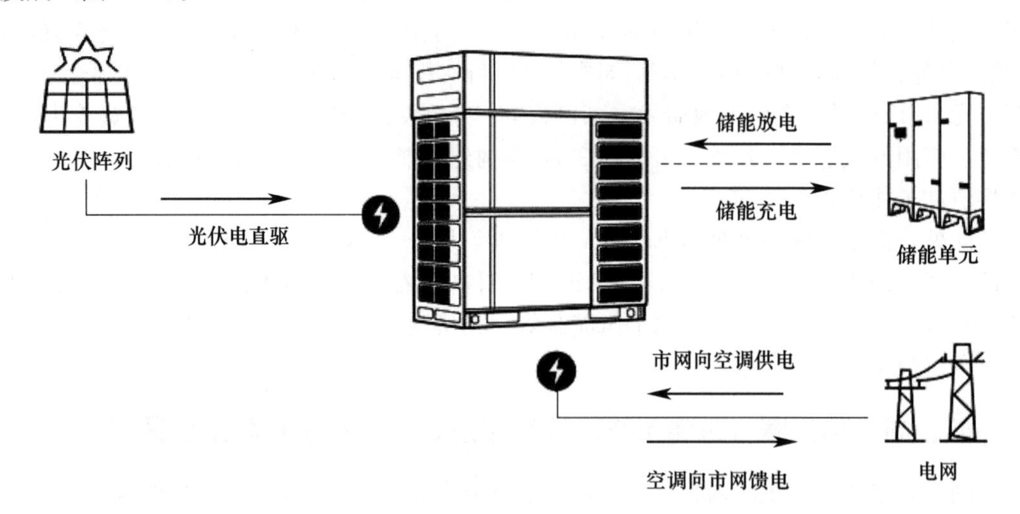


图2-27 坚持自主研发，格力率先布局光伏空调产业，推出“零碳源”空调

只有拥有核心技术、专利和强大竞争力的创新产品，企业才有资格主导国际标准的制定。一直以来，格力都坚持自主研发产品，以内生式增长为主要发展模式。“真正的好技术，就是闭门造出来的！”格力电器董事长董明珠在接受媒体采访时曾表示。

中国作为全球最大的空调生产国，中国的空调行业有义务为实现“双碳”目标贡献自己的力量。据悉，空调能耗在建筑能耗中占比超 50%，在全社会终端总能耗中占比超过 15%，由此可见，空调的低碳化是节能减排的关键所在。

为了推动空调行业的低碳化，空调龙头企业格力陆续研发出光伏空调、“零碳源”空调等革命性产品。早在 2012 年，格力电器董事长董明珠便提出研发“不用电费的空调”，2013 年格力光伏直驱技术问世，被鉴定为“国际领先”。随着技术升级，格力将光伏、储能及空调结合，成功研制出格力光伏（储）空调系统。为了响应国家“双碳”目标，减少碳排放，格力在光伏（储）空调系统的基础上进一步创新，研发出“零碳源”空调技术，2021 年 4 月该技术在全球制冷技术创新大奖赛中从 94 个国家的 2100 多个项目中脱颖而出，夺得最高奖。而“零碳源”空调则是在“光伏空调”基础上进行技术迭代升级的新产品。

格力“零碳源”空调从节流层面入手，创新并行梯级压缩制冷、充分利用自然冷源，将光伏与储能结合，让空调从“耗电大户”变为“低碳先锋”，可以实现空调碳排放减少 85.7%（数据来源于全球制冷技术创新大赛组委会）。格力“零碳源”空调系统能够满足各类公建、工厂、学校、商场、办公、酒店、冷库等不同类型建筑需求。目前，格力“零碳源”空调系统足迹遍布全球 30 个国家和地区，服务于国内外 8000 多项重大工程。例如，在我国环境恶劣的西藏，格力建设了“光伏小屋”，格力“零碳源”空调系统发、储、用一体，直流驱动，不仅实现超低温制热，还能满足照明等用电需求；在山西大同能源革命馆，格力“零碳源”空调系统实现了建筑全直流化应用，节能率达到 90%以上。此外，格力长沙基地园区因使用“零碳源”空调系统，还获评国家级“绿色工厂”。

国家正在大力推动创新链与产业链的有效嫁接，加速淘汰落后产能，从而形成高效、绿色、低碳、循环的制造业技术创新体系，打造高端化、高质化、高新化的产业发展模式。2021 年 12 月举行的 2021 年中央经济工作会议提出要坚持创新驱动发展，推动高质量发展，推动经济实现质的稳步提升和量的合理增长。

从技术层面看，空调企业对低碳技术、零碳技术等技术创新的需求会越来越大，这使得空调行业迎来一场巨大的技术变革、产业升级浪潮。在光伏直驱电器行业，格力以用户“零碳源”空调推动行业高质量发展，引领行业技术进步，彰显社会责任。

增强中国企业在国际竞争中的话语权，格力主导制定光伏直驱电器国际标准。作为中国制造业的标杆企业，格力一直以来都在积极参与国际标准的制定，致力于在国际化的竞争中发出中国声音。2021 年 12 月 3 日，由格力电器主导的《光伏直驱电器控制器第 2 部分：运行模式和显示》（IEC TS 63349—2）草案终稿（DTS）是光伏直驱电器行业的首份国际标准，在 IEC/TC 82 获得高票通过。

IEC/TC 82 太阳能光伏系统技术委员会是国际太阳能与光伏发电技术权威标准组织，格力主导的 IEC TS 63349—2 所属的 WG 6 工作组负责光伏太阳能系统平衡部件的标准化工作。本次 IEC TS 63349—2 的草案终稿投票共有 18 个成员国参与，17 个国家投赞成票，投票通过率 94.4%。

以标准引领产业技术升级，是实现中国经济迈向中高端的关键要素。中国企业主导国际标准的制定，对于调动中国技术创新各方力量，整合资源、共享信息具有重要意义。

据悉，建立光伏直驱电器国际标准由格力电器董事长董明珠提出并亲自牵头推动，把中国的自主创新技术写入国际标准，为全球零碳源的发展贡献中国智慧。标准正式发布后，将填补国际标准空白，为光伏直驱电器的设计、检测、认证提供依据。

无独有偶，格力主导的另一份国际标准提案 IEC 63349-1 也于 2020 年 10 月高票通过了立项阶段。该提案主要规定了光伏直驱电器控制器与电网的连接要求、光伏直驱电器控制器在控制光伏系统运行时各部件的协同合作要求、光伏直驱电器控制器在控制光伏系统实现各运行模式切换时的过渡时间限制和响应速率要求，以及光伏直驱电器控制器的能效要求等。

以上两项国际标准提案将进一步推动光伏技术与家用电器结合，助推光伏空调等光伏直驱电器在市场的应用与推广。

在经济全球化的今天，谁拥有国际标准的制定权，谁就掌握了全球市场的话语权和定价权。格力主导制定光伏直驱电器国际标准，能让中国企业牢牢占据全球光伏直驱电器市场竞争的桥头堡位置，引领产业未来发展方向。技术领先才能标准领先，只有掌握了先进的技术，才能有先进的标准，标准的先进体现的是技术的先进。只有加大技术的开发力度，才能引领标准，才能掌握标准的主动权。“得标准者得天下”是建立在技术领先的基础上的。“一流的企业做标准，二流的企业做品牌，三流的企业做产品”的提法已经不符合科技发展的事实了。一流企业只有做高端的技术产品，才能主导标准，这已经为无数事实所证明。德国的国家标准转化为欧标的数量是欧洲各国中最多的，这是因为许多技术德国处于领先地位。美国打压华为，是因为华为的技术领先；格力主导此项光伏标准，也是因为主导了此项技术。有技术才会拥有标准，不掌握先进技术如何做标准？中国现在的短板，恰恰是技术落后的原因，加大技术的研发力度，才能使中国由大国变为强国，才能立于不败之地，在国际标准的制定上才会有更多的话语权。

美国苹果新总部大厦占地面积 26 万 $m^2$，建筑面积 70.8 万 $m^2$（地上四层），可以容纳 12000 人，总建筑造价 50 亿美元。为纪念乔布斯，新建筑园区中的礼堂命名为乔布斯礼堂。可以容纳 1000 人的大礼堂将成为苹果产品的发布中心。礼堂最大的亮点是它的屋顶，它号称全球最大的无支撑结构的碳纤维材质屋顶，由 44 片扇形结构组成，其碳纤维材质的屋顶重达 80t。建筑园区中空地板可助力空气循环，综合建筑的楼顶太阳能面板每年可产生 1600 万 W 的电力，沼气燃料电池能够生产 400 万 W 的电力。这可满足苹果园区三个季度的主要工作时间用电。蒙特利县和第一太阳能公司将通过一个 1.3 亿 W 的太阳能项目满足其余能源的需要（用其中的一小部分太阳能）。据 2018 年的报道，苹果公司园区内的设施已经接近完工，绿化仍在继续之中。预计所有绿化完成后，苹果公司建筑园区内的树木将达到 9000 棵，其中包括苹果、杏、樱桃和柿子等果木品种以及常青类的树木。通过树木吸纳二氧化碳净化空气，改善小气候环境，达到碳中和的目的。

南京南站规划于 1986 年，地处南京南部新城的核心区；1991 年进入早期规划段；2008 年 1 月正式开工，北靠雨花台风景区，南临秦淮新河，西接牛首山；2008 年 8 月规划设计方案最终确定；2011 年 6 月 28 日南京南站及北广场正式投入使用，成为中国第一个通过垂直换乘实现真正零换乘的交通枢纽，其“垂直换乘”的设计理念被铁路系统全面推广和使用。截至 2019 年 12 月，南京南站占地面积约 70 万 $m^2$，总建筑面积 73 万 $m^2$，站房总建筑面积约 45.8 万 $m^2$，其中主站房面积达 38.7 万 $m^2$，是亚洲最大的火车站，总投资超过 300 亿元人民币。站房建筑秉承“古都新站”的设计理念，吸纳了大量中国古典建筑元素，如藻井、斗拱、窗花和木纹肌理等，同时中西合璧、兼收并蓄，将中国宫殿建筑的优势及特点充分发挥，体现了古都南京浓郁的风格和特有的气质。不仅如此，还有任何高铁站都没有的绝技，那就是在屋顶上有一个全球最大的太阳能发电机组，设置了 3 万块太阳能电池板，半年发电够 1 万户家庭用一个月，每年可节约逾 2000t 原煤，既节能又环保，刷新了诸多世界纪录。南京南站采用了太阳能发电，虽然面积不是太大，但创中国大型公共建筑采用太阳能发电的先河。以后中国高铁站、航站楼、会展中心这样占地面积大的大型公共建筑可以借鉴，大量采用太阳能发电。

阿联酋迪拜旋转塔（也称达·芬奇旋转塔）是由意大利非建筑师戴维·菲舍尔（Dayid Fisher）设计的一座位于迪拜的世界首个采用风力发电的大楼（另外还有太阳能发电，风力和太阳能发电可以满足自身的需要），也被称作“舞动的摩天大楼”。它包括办公区域、居民住宅以及豪华酒店。建筑旋转 6m/min，90min 转一圈。建筑高度 400m、80 层（这个数据目前有多个版本），采用的是装配式的建筑，主体结构在现场施工，其他部件在工厂加工，主体结构和部件均为金属结构，装配率 90%。原说 2020 年交付使用，现在情况不详，相关数据有待进一步确认。如果得以实施将是世界最高的装配式建筑和第一个采用风力发电的建筑。

2022 年北京冬奥会有 7 个场馆采用了“二氧化碳跨临界直冷制冰技术”。国家速滑馆拥有亚洲最大的全冰面设计，面积达到 1.2 万 $m^2$。值得关注的是，国家速滑馆采用二氧化碳跨临界直冷制冰系统，是全球首个采用二氧化碳跨临界直冷制冰技术的冬奥会速滑馆，也是奥运历史上首次大规模采用二氧化碳直冷制冰技术的建筑。二氧化碳直冷制冰技术，其 ODP（破坏臭氧层潜能）为 0，GWP（全球变暖潜能值）为 1，并且无异味、不可燃、不助燃，是可持续性最好的技术之一。与传统制冷系统相比，能效提高 20%以上。在全冰面模式下每年仅制冷部分就可节省 200 多万 kW·h 电，相当于约 120 万棵树实现的碳减排量，整体制冷系统的碳排放趋近于零。

二氧化碳跨临界直冷制冰技术还具有温度控制准确、冰面质量优、制冰速度快和效率高的特点。直接蒸发冷气是指制冷剂在冰场地下管道中直接蒸发，传热系数和制冷效率高，可将温度控制在一个固定值，可将温差控制在正负 0.5℃，使冰场各处温度基本保持一致，这对于周长 400m 的大道速度滑冰尤其重要。

在采用二氧化碳制冷技术之前，采用最多的是氟利昂制冷剂。随着科学的发展，人们逐渐认识到并越来越关注飘逸到大气层中的氟利昂对臭氧层的破坏作用。臭氧层是地球生命的保护层，它大约能把太阳辐射来的高能紫外线的 5%吸收掉，使地球上的生物免遭强紫外线的杀伤。科学家指出，地球大气中臭氧每减少 1%，就会增加 5%的皮肤癌和 2%的色素瘤疾患，并使农作物减产。如果没有臭氧层的保护，所有紫外线辐射全部落到地面的话，那么，地球上的林木将会被烤焦，飞禽走兽都将被杀死。

臭氧层的破坏是触目惊心的。近些年，在南极和北极上空都曾出现过巨大的季节性的臭氧“空洞”，空洞的面积相当于中国和美国国土面积之和。通过科学家观测，1969—1986 年，北纬 30°～60°地区上空臭氧浓度下降了 1.7%～3%，主要包括美国、欧洲、加拿大、日本、中国和苏联人口的稠密地区。近年来科学家还发现，臭氧层的损耗速度比预想的要快。

为拯救臭氧层，大量减少和停止使用氟利昂类物质，1985 年联合国通过了《保护臭氧层公约》，1987 年通过了《蒙特利尔议定书》。中国政府批准了《保护臭氧层公约》，并于 1991 年宣布加入《蒙特利尔议定书》。1992 年我国编制了《中国消耗臭氧层物质逐步淘汰国家方案》，对 7 种有关氟利昂进行控制。拟于 2010 年完全淘汰消耗臭氧层的物质。我国在 2010 年前，已经淘汰了对臭氧层有严重破坏力的制冷剂，有代表性的氟利昂是 R12。到 2030 年，我国还将淘汰对臭氧层有轻微破坏力的制冷剂，有代表性的是氟利昂 R22。2016 年，全世界 197 个国家签订的《蒙特利尔议定书基本修正案》要求发达国家到 2035 年，发展中国家到 2045 年，逐渐消减强温室效应的合成制冷剂的使用。

氟利昂在各行业中的运用比例为：制冷剂 31.1%，发泡剂 20%，喷雾剂 19.7%，清洗剂 14.6%，灭火剂 2%，其他 12.6%。

2022 年北京冬奥会的核心理念是，制订空气治理计划，促进低碳产业的发展以及推动冬季运动的普及，提高全民健康。中国采用的二氧化碳直冷制冰技术为世界碳中和起到了引领作用。

第十三届珠海航展上，航天科技集团表示，中国航天空间站的返回舱可居住容积为 13 $m^3$，而国际空间站返回舱的可居住容积为 9.2 $m^3$，然而两种返回舱的总质量都是 6t 左右。其中最主要的原因是中国采用了先进的保温隔热材料，月球返回再入地球大气层需经受超过上千摄氏度高温烧蚀，中国采用“轻质碳基微烧蚀材料”，此种材料只需 3～4mm 的厚度即可抵御第二宇宙速度再入条件下的热流烧蚀。而美国猎户座飞船返回舱还采用 50 年前的防热材料，则需要 10mm 以上的厚度（另有资料报道中国新一代载人飞船返回舱以 7t 的规模获得了 13$m^3$ 居住空间。而美国猎户座飞船返回舱在 8t 级规模条件下却只有 9$m^3$ 居住空间。造成这一悬殊差距的因素，是隔热材料、姿控动力、降落伞尺寸效应机制、部件小型化，跨代提升才能够实现）。中国航天防热材料的设计，已经超过了美国，处于世界领先地位。此外，美国的返回舱只能在海洋上着落，而中国的返回舱海洋、陆地均可着落，陆地着落可以快速实援回收。空间站和返回舱可以说是一种特殊的建筑形式，有些技术内容可以转化在地面建筑工程中应用。假设将中国返回舱的保温隔热材料（降低热工技术指标，降低费用）在通常的建筑上采用，将会大大提高建筑节能技术，有利于在建筑中实现碳中和。

在没有北斗气象卫星定位的情况下，我们通常是根据所设的气象站提供的气象数据，由于气象站点数量及位置的限制，往往不能代表某些具体部位的气候状况，而又不能时时提供气象数据。因为有了北斗气象卫星的气象手段，可以针对具体的位置通过时时判断降水（包括降雨、降雪）、温度、湿度、风速的影响，来控制有关建筑工程过程的质量，尤其是控制混凝土的工程质量。可对不同地区、不同季节、不同时间、不同建筑所处的位置，提供具体的气候状态，对工程进行个性化、针对性的管理，以提高保障水平。而不是全国规定统一的一个指标的标准要求，可以在混凝土工程实施的全过程进行有区别、针对性的管理。对混凝土的运输、浇筑、养护、拆模等进行时间上的差异化管理。

2021 年 10 月 12 日上午，在中国老挝昆万（昆明—万象）铁路曼木树隧道出口，随着我国自主研制的新型长轨牵引车，在北斗卫星自动巡航走行定位系统引导下，中国中铁施工人员将最后一组 500m 长钢轨缓缓放入接轨点精准落位，中老昆万铁路全线铺轨完成，向着开通运营目标迈出重要一步。北斗卫星在军事、经济等领域将发挥越来越重要的作用。根据中央电视台 2021 年 12 月 2 日的报道，12 月 3 日中老铁路已经开通运营；初期运营时速 160km，最终提速到时速 200km。

深中通道（深圳—中山）为双向八车道，沉管的规模、难度都大于港珠澳大桥。首先，深中通道在设计上比港珠澳大桥多出了两个车道，双向八车道的海底沉管隧道在世界上没有先例，而且单个管节的宽度由 37.95m 增加到了 46m，重量由 7.4 万 t 增加到了 8 万 t。在此之前，全世界没有一条船可以独立完成运装 8 万 t 沉管的重量。深中通道采用世界最大的沉管运输安装一体船，在沉管安装过程中，一体船的新型测控系统可根据北斗卫星信号，实时计算沉管的三维姿态，掌握沉管在海底的具体位置。在各系统的配合下，完成沉管达到严丝合缝的对接。最终测量数据显示：首端偏差值 3.4mm，尾端偏差值 9.8mm，远远优于设计要求的 50mm 的误差值。在全球范围内，首次实现北斗卫星毫米级测控的安装精度。

深中通道建设中首创的自航式沉管运输安装一体化船作业方式标志着海底沉管隧道施工技术正式进入智能化时代，也将世界跨海通道施工技术提升到新高度。

各国政府减排政策影响下，减排应用场景将取得新突破。为应对气候变化，各国不断出台减排政策，使得越来越多的企业投入减排领域，推动新减排应用产生。美国 SOM 公司正在设计新型减碳建筑。该建筑整合了最小化材料、碳捕集和生物材料等技术，每年可从自身管道和空气中吸收约 1000t 二氧化碳。美国 Summit Carbon Solutions 和 Navigator 公司计划修建一个涵盖艾奥瓦州 66 个县的二氧化碳运输管道，从而降低该区域煤炭、乙醇和化肥等行业的碳足迹。英国首个 Allam-Fetvedt 循环燃气发电项目完成了前端工程设计，2025 年建成后将具备 300MW 的能源供应能力以及 80 万 t 的碳捕集能力。丹麦马士基物流公司订购 8 艘使用碳中和甲醇燃料的船舶，预计将于 2024 年年初将该船舶投入使用。瑞士苏黎世联邦理工学院开发出太阳能燃料系统，实现了从环境空气中捕集水和二氧化碳到运输燃料的全过程合成。挪威钢铁生产商 Hybrit 交付了全球首单不使用煤生产的“绿钢”产品，计划于 2026 年全面实现无化石能源“绿钢”的商业化和规模化生产。

欧盟投资超过 1.1 亿欧元支持 11 个成员国的环境和气候项目。据欧盟官网 2021 年 2 月 17 日消息，欧盟投资超过 1.1 亿欧元支持塞浦路斯、捷克、丹麦、爱沙尼亚、芬兰、法国、拉脱维亚、立陶宛、荷兰、波兰和斯洛文尼亚 11 个成员国的环境和气候 LIFE 计划项目。这些项目是在征集 2020 年的提案后选定的，旨在帮助成员国从新冠肺炎疫情大流行中实现绿色复苏，支持欧洲绿色协议“到 2050 年使欧盟气候中和及零污染”的目标，具体包括自然保护、清洁空气、废物管理、减缓气候变化、适应气候变化等六个领域。它们是实现欧洲绿色协议、欧盟 2030 年生物多样性战略和欧盟循环经济行动计划关键目标的行动示例。

## 第三节　数字信息技术发展将成为碳中和的倍增器

### 一、6G 数字信息技术发展的意义

中国科学家创造的最新 6G 速度让国民感到惊喜：紫金山实验室联合东南大学、鹏城实验室、复旦大学和中国移动等团队，在国家重点研发计划 6G 专项等项目支持下，搭建了国内领先的光子太赫兹实验环境，首次实现单波长净速率为 103.125Gbps、双波长净速率为 206.25Gbps 的太赫兹实时无线传输，通信速率较 5G 提升 10～20 倍，创造出目前公开报道的太赫兹实时无线通信的最高传输纪录。

第一代移动通信技术始于 20 世纪 80 年代，从 1G 时代发展到目前的 5G 时代，移动通信基本每隔 10 年就要升级一代。而每当新一代移动通信开始商用时，更新一代移动通信的研究就已开始启动，因为它需要大约 10 年时间才能商用。

我国 5G 商用元年是 2019 年，工信部发布 4 张 5G 牌照，标志着 5G 商用的开始。同样也是在 2019 年，科技部等相关部委召开 6G 技术研发工作启动会，宣布成立了国家 6G 技术研发推进工作组、国家 6G 技术研发总体专家组。中国的 5G 商用和 6G 技术研发同年启动，符合移动通信技术发展规律。

太赫兹无线通信被公认为 6G 移动通信系统的核心组成部分，此次打破世界纪录的成果，正是中国 6G 研发提前布局的阶段性成果。它是实验室成果，商用还需假以时日。业内人士预测，6G 将在 2030 年前后实现商用。网友们不必担心自己手中的 5G 手机“瞬间不香了”。

从技术积累看中国 6G 研发具有优势。目前，各国在 6G 专利方面竞争异常激烈。日本 2021 年 9 月份发布过一项调查报告，在通信技术、量子技术、基站和人工智能等 9 个 6G 核心技术领域，按国家和地区分析了已注册和正在申请的约 2 万件专利。结果显示：全球 6G 专利申请量占比，中国高达 40.3%排名第一，美国以 35.2%排名第二，日本以 9.9%排名第三。

制定通信技术的国际标准，是通信技术产业的主要战略目标和竞争焦点。纵览从 1G 到 5G 的移动通信史，每次信息通信技术变革都伴随着技术标准之争。而专利申请量多的国家，往往在制定行业标准方面有更大发言权。中国目前在国际 6G 研发中表现优秀，这为下一个 10 年的行业竞争打下基础。

从市场潜力看，6G 应用前景广阔。对于个人手机来说，很多人认为目前的 4G 就已经够用，但 5G、6G 的应用远远超出个人手机。5G 技术在远程医疗、军事等领域应用已有精彩表现，并不像某些网友认为的那样“不实用”。6G 的应用将比 5G 更宽广。

6G 网络将是一个地面无线与卫星通信集成的全链接世界，意味着更高的接入速率、更低的接入时延、更快的运动速度和更广的通信覆盖。6G 不仅仅是简单的网络容量和传输速率的突破，更是为了缩小数字鸿沟，实现万物互联这个“终极目标”，还将满足未来的全息通信、元宇宙等新型应用需求。

中国6G的发展已经走在前列，必将会获得美好的未来。预计6G在2030年碳达峰时开始布局，虽难以得到全面实施，但将会是碳中和发展的倍增器。

（引自2022年1月9日《经济日报》）

## 二、2021全球数字经济大会信息

由北京市政府与国家发展和改革委员会、工业和信息化部、商务部、国家互联网信息办公室共同主办的2021全球数字经济大会，于8月2—3日举行，主题是“创新引领数据驱动——建设全球数字经济标杆城市”，大会将围绕数字经济的发展趋势和数字化转型对各领域的重大影响，突出国际化视角、前沿性技术、广泛性参与，积极推动跨学科、跨行业、跨区域的全球数字经济交流合作（图2-28）。

大会主要聚焦四个方面：

一是推动全球数字经济发展的交流互鉴。大会坚持全球视野、国际标准、超前谋划，采取线上线下（49.700，0.32，0.65%）相结合的方式，设置以会、论、赛为主体的“1+3+N”内容设计，包括一个开幕式和主论坛，三大特色活动——数字经济体验周、全球数字经济创新大赛和“数字首邑之夜”企业家座谈会，以及20余场平行论坛和成果发布会，将邀请国内外数字经济领域政、产、学、研重量级嘉宾，深入探讨数字经济新道路、数字技术新理论、数字治理新规则，宣示数字经济发展的中国声音，助力完善全球数字领域的规则标准。

图2-28　全球数字经济大会

二是发布数字经济标杆城市的北京方案。大会开幕式及主论坛于2021年8月2日下午举行，重磅发布了《北京市关于加快建设全球数字经济标杆城市的实施方案》《全球数字经济标杆城市北京宣言》和《全球数字经济白皮书》，着眼统筹发展和安全，进一步凝聚数字经济发展共识，共商数字经济发展的目标和路径，为打造数字经济发展的“北京标杆”建言献策。大会设置了“一主三分”的会场布局，选取北京自贸区三大片区典型代表，其中，主会场设在朝阳国家会议中心，分会场设在海淀区和大兴区。在西藏拉萨同步设分会场，致力于通过数字赋能，推动缩小数字鸿沟，促进东西协同发展。

三是促进数字技术可知可感、触手可及。大会主论坛设置“互动式、体验式”的精品展，集中展示数字经济在技术创新、融合应用、城市治理等方面的最新成果。同时，推出精彩纷呈、全民参与的三大特色活动。数字经济体验周于大会前一周举办，通过数字技术大体验、数字场景开放日、网红打卡地探访、数字生活消费体验等活动，让数字化走入百姓生活。全球数字经济创新大赛重点设置数字贸易、数字文化、生命健康、智能制造等赛道，招募全球青年精英在数字经济领域大胆探索、竞技拼搏。“数字首邑之夜”企业家交流会引入中国“数字经济百人会”，打造数字经济企业合作交流、政企对话高端平台。

四是打造数字经济领域政策制定、技术前沿、产业动态、应用范式的全球风向标。20余场平行论坛突出“前瞻性、国际化、专业化”，聚焦实现2030年“数字孪生”“智能泛在”经济社会数字化发展愿景，兼顾技术供给和产业赋能两大方面，紧扣数据资源、现代信息网络和信息通信技术三大数字经济要素，突出北京“两区”建设、国际科创中心建设、国际消费中心城市建设、京津冀协同发展等主题，发布各领域最新政策、技术成果、示范案例、行业标准等权威信息，助力构筑数字经济全产业链的良好生态。

（引自2021年8月2日央视新闻）

## 三、北京数字经济信息的发展规划及前景

2021全球数字经济大会发布的《北京市关于加快建设全球数字经济标杆城市的实施方案》披露，北京将通过5～10年的持续努力，打造引领全球数字经济发展的“六个高地”，到2030年，建设成为全球数字经济标杆城市。

### （一）2025年跻身国际先进行列

北京拥有以百度、字节跳动、寒武纪、旷视为代表的人工智能企业约1500家，约占全国人工智能企业总量28%。包括人工智能在内的北京数字经济2020年增加值1.44万亿元，占地区生产总值比重达40%。

中国互联网协会公布，2021年中国互联网百强企业城市分布为：北京34家，上海16家，广州9家，深圳6家，杭州5家，厦门5家，其他15个城市加起来25家。北京具有绝对优势。

“北京要打造中国数字经济发展‘北京样板’、全球数字经济发展‘北京标杆’，建设全球数字经济标杆城市。”北京市经信局相关负责人介绍，最新发布的建设方案提出，北京将打造引领全球数字经济发展的“六个高地”：城市数字智能转型示范高地、国际数据要素配置枢纽高地、新兴数字产业孵化引领高地、全球数字技术创新策源高地、数字治理中国方案服务高地、数字经济对外合作开放高地。

到2022年，北京的数字经济基础设施和支撑体系将更加完善，国内标杆地位进一步得到巩固；到2025年，数据驱动的高质量发展模式基本建立，进入国际先进数字经济城市行列；到2030年，全面实现数字赋能超大城市治理，数字经济增加值占地区生产总值比重持续提升，建设成为全球数字经济标杆城市。

按照计划，到“十四五”末，北京市将完成1000km智能网联道路建设，成为道路智联的领先城市。

### （二）5G网络全覆盖，6G网络超前布局

数字经济与市民生活息息相关。根据方案，北京市将建设数字城市“生命线”，全

面推进水、电、气、热等表具智能化改造，建设高感知密度的智慧楼宇、智慧小区。在医疗方面，将构建健康管理、疾病诊疗、康复保健、养老服务一体贯通的新型健康服务体系；推动研发生产智能医学影像设备、手术机器人、康复机器人、AI 辅助诊断系统等智能医疗设备，推动可穿戴设备和诊疗设备普及化应用。

在网络基础设施方面，北京市将加快推进双千兆计划，实现千兆入户和 5G 网络全覆盖，建成新一代数字集群专网、高可靠低时延车联网、工业互联网、卫星互联网等。记者同时获悉，北京超前布局领先一代的数字技术创新中就包括超前布局 6G 网络，加快突破太赫兹通信、智能超表面、6G 无线网络架构和信道模型与仿真等技术，协同开展 6G 相关的高端芯片、核心器件、仿真验证平台等攻关研制。

数字技术也将赋能制造产业。相关负责人说，北京市将支持制造业企业智能化转型提升，探索支撑数字链驱动业务链的新型服务；支持京津冀区域合作搭建工业、金融、会展等云平台，打造京津冀数字共同体；实施“新智造 100”等高精尖制造业企业能力升级的引领性工程，建设一批全球智能制造标杆工厂。

**（三）北京将成为全球数字经济重要引擎**

“北京将成为全球数字经济重要引擎”，在 2021 全球数字经济大会主论坛上，小米集团创始人董事长兼 CEO 雷军、清华大学公共管理学院院长江小涓频频点赞北京的数字经济发展和创新环境。

小米集团创始人董事长兼 CEO 雷军讲道：“北京有完整的创新生态优势。在信息通信技术领域，北京的独角兽数量居全球城市之首，仅人工智能企业数在全国占比就高达 28%。”他认为，数字经济被认为是面向未来的生产力革命，不仅因为数字技术和数字要素的创新优势改变了人们的生产和消费，更因其帮助企业显著地降本增效，带来直观效益。

**（四）量子信息助推数字技术经济**

量子信息—量子力学＋信息科学。“量子信息跟可控核聚变、人工智能并列，属于改变世界的战略性科技。量子信息是极少数的中国处于领跑地位的大的科技领域之一”

现在看我国的科技新闻，可以看到大量的科技成果。但具体分析就会发现，其中大部分是在追赶，都是别人已经做了某件事，如今我们也做到了。这就是所谓“me too（我也行）”型的研究。这当然也是有意义的，但光靠这种追赶型的成果不可能成为领先者。我国只有少数的研究成果是领跑的，即率先做到某件事。然而在量子信息领域却有所不同。中国在这个领域的领跑都是在主干道上，是所有人都想做到的，而不是加一堆限定词实现的。例如，中国 2016 年发射的“墨子号”是全球第一颗实现星地之间量子保密通信的卫星，而且至今仍然是唯一的一颗。再如，中国 2021 年 10 月“九章”的升级版“九章二号”成功构建，再次刷新国际光量子操纵的技术水平，其处理特定问题比目前最快的超级计算机快亿亿亿倍。加上 2021 年 10 月中国科大发布的超导量子计算机“祖冲之二号”，标志着我国已经成为世界上唯一一个在超导和光量子两个方面，达到了“量子优越性”里程碑的国家。由此，照亮了量子应用更广阔的前程。

量子信息不仅仅可以助推数字技术经济，同时推进不同领域的跨越发展与进步。

2017 年 9 月 29 日，世界第一条量子保密通信骨干网“京沪干线”开通。

量子钟—目前，卫星上的原子钟精度可以达到10负13次方的量级，精度相当于每一百万年差一秒，这是热原子钟的精度。不久的将来，中国会把冷原子钟送到天上；由于温度降低，热运动干扰的减少，精度可提高到10的负16次方，即每10亿年差一秒。如果在地面上，冷原子钟精度会更高，可达到每一千亿年差一秒，宇宙从诞生到现在也不过138亿年！

量子雷达—可以探测隐身飞机等隐身物体。

隔墙观物—采用量子信息的“非视域成像”或称之为“非视距成像”技术，可以探测墙后面的物体，国外的探测距离1米左右，而潘建伟院士团队研究的探测距离达到了创世界纪录的1.43千米，提高了三个数量级。

零磁场核磁共振—现在医院采用的核磁共振成像技术，如果身体中有心脏支架等金属物是不能做核磁共振的，而采用量子信息技术的探查手段有金属物是不受影响的。

国家对量子信息是非常重视的。2020年10月16日，中共中央政治局就量子科学研究和应用前景举行集体学习。

有关量子信息方面的内容，请查阅中国科学技术大学袁岚峰博士的《量子信息简话-给所有人的新科技革命读本》，此书可以说是量子信息极好的科普读本。

## 四、大力推动我国数字经济健康发展

习近平总书记在主持中共中央政治局第三十四次集体学习时强调，要站在统筹中华民族伟大复兴战略全局和世界百年未有之大变局的高度，统筹国内国际两个大局、发展安全两件大事，充分发挥海量数据和丰富应用场景优势，促进数字技术与实体经济深度融合，赋能传统产业转型升级，催生新产业、新业态、新模式，不断做强、做优、做大我国数字经济。我们要深刻领会、准确把握，有力有效抓好贯彻落实，大力推动我国数字经济健康发展。

### （一）发展数字经济意义重大

推动数字经济健康发展，是以习近平同志为核心的党中央，聚焦我国社会主要矛盾变化，推动实现高质量发展和建设社会主义现代化强国作出的重大战略决策，意义重大而深远。发展数字经济是构建新发展格局的重要支撑。构建新发展格局是顺应大国发展规律、把握未来发展主动权的战略性布局和先手棋。数字经济是畅通经济循环、激活发展动能、增强经济韧性的重要支撑。数据已经成为重要生产力和关键生产要素，深入渗透到生产、分配、交换和消费的各个环节，引领劳动力、资本、土地、技术、管理等要素网络化共享、集约化整合、协作化开发和高效化利用，打通资源要素流动堵点，大大提高经济社会各领域资源配置效率。数字生产力快速发展，引领生产主体、生产对象、生产工具和生产方式变革调整，驱动实体经济体系重构、范式迁移，提升供给质量和供给效率，实现高水平供需动态平衡，提升经济发展整体效能。数字经济助力增强经济韧性，推动社会组织方式向平台化、生态化转型，打破产业和组织边界，提升企业间协同水平，增强产业链、供应链对外部环境的适应能力。在逆全球化叠加疫情冲击的双重影响下，数字经济呈现逆势增长态势，保障经济社会健康平稳。发展数字经济是建设现代化经济体系的重要引擎。建设现代化经济体系离不开大数据的发展和应用。数字经济具有高创新性、强渗透性、广覆盖性，能够有力引领建设现代化经济体系，推动经济高质量发展。新一代信息技术创新活跃，大数据、物联网、人工智能等数字经济核心产业创新能力强、成长潜力大、综合效益好，推动经济发展动力从主要依靠资源和低成本劳动力等要素投入转向创新驱动。数字技术正在颠覆传统经济运行模式，5G、人工智能、区块链等新技术赋能千行百业，推动农业、能源、建筑、服务业等传统领域数字化发展，引领产业高端化、智能化。数字政府、智慧城市、数字乡村建设推动公共服务和治理方式变革，随着“一网通办”“一网统管”不断深化，公共服务更加便捷，营商环境持续优化，推动构建统一开放、竞争有序的市场环境。数字经济对经济社会的引领作用日益凸显。中国科学院的液冷计算节点，可将数据中心能效比 PUE 降至 1.1 以下，比传统风冷技术节电 20%。

发展数字经济是构筑国家竞争新优势的必然选择。当今世界，正在经历一场更大范围、更深层次的科技革命和产业变革。互联网、大数据、人工智能等现代信息技术不断取得突破，数字经济蓬勃发展，各国利益更加紧密相连。数字经济引领新一轮科技革命和产业变革，正在成为重组全球要素资源、重塑全球经济结构、改变全球竞争格局的关键力量，为世界经济发展增添了新动能。世界各国高度重视数字经济，纷纷加强战略制定、加大研发投入、推动产业数字化转型，促进创新增长和数字经济发展。我国拥有推动数字经济发展的坚实基础，拥有超大规模市场优势和完备产业体系优势，网民数量世界第一，数据资源规模庞大，产业数字化转型场景丰富，人民日益增长的美好生活需要还将催生更大规模、更加多元的内需市场。

没有数字信息技术就不会有快递行业的产生与发展，也不会有“共享单车”服务的产生。数字信息技术的进一步提高，将从辅助作用，变成经济、社会生活的主导作用，数字技术将引领科技、社会的全面发展。

**（二）我国数字经济发展较快、成效显著**

党的十八大以来，我国深入实施网络强国战略和国家大数据战略，建设数字中国、智慧社会，加快推进数字产业化和产业数字化，数字经济发展取得显著成效。2020 年，我国数字经济核心产业增加值占国内生产总值比重达到 7.8%，数字经济对经济社会的引领带动作用日益凸显。根据《“十四五”数字经济发展规划》，我国数字产业化部分的增加值占 GDP 比重将由 2020 年的 7.8%提升至 10.0%，因此年增长率要达到 GDP 增长速度的 2.1 倍。这个速度高于“十三五”时期数字产业化部分实际增长速度，不过从当前数字技术发展趋势、数字技术产业化的趋势和我国的发展条件看，经过努力可望达到。发展规划并未对产业数字化部分的增长做出具体规定，如果产业数字化部分的增长速度也 2 倍于 GDP 增长速度（过去 10 年明显超过 2 倍），到 2025 年，数字产业化和产业数字化两部分产出合计将超过 GDP 总量的 50%，对经济增长的贡献超过 1/3，数字经济将成为国民经济总量的半壁江山和增量的主要贡献来源。

数字经济发展规模全球领先。我国数字经济发展规模连续多年居世界第二位，信息通信基础设施、数字消费、数字产业等快速发展。数字基础设施全球领先，在“宽带中国”战略等重大政策推动下，高速宽带网络建设实现跨越式发展，建成全球最大的光纤网络。截至 2021 年 11 月，已开通 5G 基站 139.6 万个，占全球 5G 基站总数超过 70%，5G 终端用户达 4.97 亿。我国信息通信技术正在实现从“跟跑”“并跑”向“领跑”转变。数字消费市场规模全球第一，我国网民规模连续 13 年位居世界第一，2021 年 6 月已达10.11亿，庞大的网民规模奠定了超大规模市场优势。“十三五”期间，我国电子商务交易额年均增速达11.6%，连续8年成为全球规模最大的网络零售市场。2021年1—6月，全国网上零售额达61133亿元，其中实物商品网上零售额50263亿元。数字产业快速壮大，在创新驱动发展战略引领下，我国数字技术创新成果不断涌现，带动了数字产业持续迭代、快速增长。近6年来，我国全球创新指数排名从第29位跃升至第12位。“十三五”期间，全国软件和信息技术服务业营业收入从4.28万亿元增长到8.16万亿元，年均增速13.8%，远高于年均国内生产总值增速。我国制造企业在加快数字化改造，通过智能化工厂生产，提升生产效率。

数字技术赋能实体经济提质增效。数字技术与实体经济深度融合，提升全要素生产率，推动制造业、服务业、农业全方位、全角度、全链条转型升级。制造业数字化转型持续深化，企业“上云用数赋智”水平不断提升。截至2021年10月，规模以上工业企业关键工序数控化率、经营管理数字化普及率和数字化研发设计工具普及率分别达到54.6%、69.8%、74.2%，具备行业、区域影响力的工业互联网平台超过100家，工业设备连接数超过7600万台，有力推动制造业降本增效。服务业数字化水平显著提高，数字技术的广泛应用推动新业态、新模式蓬勃发展。电子商务、移动支付规模全球领先，网约车、网上外卖、远程医疗等市场规模不断扩大，截至2021年6月，用户规模分别达3.97亿、4.69亿、2.39亿，持续助力扩大内需。农业数字化转型稳步推进，数字技术在农业生产经营活动的渗透率不断提升，农业生产领域的物联网、大数据、人工智能应用比率超过8%，产品溯源、智能灌溉、智能温室、精准施肥等智慧农业新模式得到广泛推广，大幅提高了农业自动化水平和生产效率。

数字经济拓展经济增长新空间。数字经济在稳投资、促消费和稳外贸等方面发挥了重要作用，展现出推动经济增长的强大动力。数字经济拉动投资增长，5G等信息基础设施建设进程加快，累计有效带动数字产业领域投资近千亿元。截至2021年6月，电子信息制造业固定资产投资同比增长28.3%，增速比上年同期提高18.9个百分点，比同期工业投资高12.1个百分点。新型消费扩展消费新空间，农村电商激活下沉市场，“十三五”期间，农村网络零售额从0.35万亿元增至1.8万亿元，年均增速38.75%。电子商务满足消费者个性化需求，带动长尾市场。智能化产品驱动消费升级，扫地机器人、智能手机、智能手表、智能音箱等智能产品销量全球领先。数字贸易培育出口新优势，拓展了国际贸易的深度和广度。2021年1—6月，我国跨境电商进出口8867亿元，同比增长28.6%。按照联合国贸发会议统计口径测算，2020年我国可数字化交付的服务贸易占服务贸易总额比重达44.5%，成为稳外贸的重要抓手。

数字抗疫发挥举足轻重的作用。新冠肺炎疫情暴发以来，数字技术、数字经济在支持抗击疫情、复工复产、稳定就业方面发挥了重要作用。数字战“疫”成效显著，各级政府和有关企业借助数字技术进行疫情防控。截至2021年年底，全国“健康码”互通互认，基本实现“一码通行”，国家政务服务平台累计提供跨地区健康码状态信息查询使用量650亿余次，助力人员有序流动。数字化转型促进经济全面恢复，“无接触配送”“智能取餐柜”等服务有力保障了居民生活需求，在线问诊、直播教学、数字文娱等线上服务有效减少人员流动，降低了疫情传播风险。远程办公、云签约、云招标、云面试等服务助力“停工不停产”，增强产业链、供应链韧性。新业态、新模式助力稳定和扩大就业，线上招聘使高校毕业生就业工作稳步推进，“共享员工”、灵活用工等方式创造新就业岗位。电子商务从业人员规模超过 6000 万，电子商务新业态、新模式创造了大量新职业、新岗位，成为就业“蓄水池”。

数字化公共服务水平不断提升。数字政府、数字惠民服务、数字乡村建设成效显著，推动公共服务更加普惠均等，让数字经济发展成果更多更公平地惠及全体人民，不断增强人民群众的获得感、幸福感、安全感。数字政府效能不断增强，“互联网＋政务服务”深入推进，全国一体化政务服务平台基本建成，联通 31 个省（区、市）及新疆生产建设兵团和 46 个国务院部门。“一网通办”“异地可办”“跨省通办”渐成趋势，截至 2020 年年底，省级行政许可事项实现网上受理和“最多跑一次”的比例达到 82.13%，全国一半以上行政许可事项平均承诺时限压缩超过 40%，群众办事更加便捷高效。数字惠民服务推动满足人民美好生活需要，民生服务领域数字化建设取得显著成效。截至 2020 年年底，全国中小学（含教学点）互联网接入率达 100%，国家医保信息平台建成运行，医保电子凭证用户量达到 3.76 亿，累计支付 7218.4 万笔。截至 2021 年 9 月，全国已有 104 家网站和互联网应用初步完成适老化改造，推动提升数字经济可及性和包容性，助力消除“数字鸿沟”。数字乡村助力乡村振兴。我国现有行政村已全面实现“村村通宽带”，超过 99%实现光纤和 4G 双覆盖。乡村新业态蓬勃发展，“互联网＋”农产品出村进城带动农民增收，乡村旅游智慧化水平大幅提升，乡村治理数字化助力强村善治，促进农业高质高效、乡村宜居宜业、农民富裕富足。

数字经济国际合作持续深化。我国持续深化与“一带一路”沿线国家和地区数字经济合作，积极参与国际数字治理规则制定，数字经济国际合作取得良好成效。中国主动贡献“中国智慧”。2015 年第二届世界互联网大会期间，习近平总书记高瞻远瞩，着眼于世界前途命运的共同关切，秉持全人类发展福祉的普遍道义，提出“构建网络空间命运共同体”，得到国际社会积极响应和广泛认同。积极提出“中国倡议”，联合有关国家发起《全球数据安全倡议》《“一带一路”数字经济国际合作倡议》等，主动申请加入《全面与进步跨太平洋伙伴关系协定》（CPTPP）和《数字经济伙伴关系协定》（DEPA），与世界各国共同构建和平、安全、开放、合作的网络空间。推动共享“中国红利”，深入推进“数字丝绸之路”建设合作，主办“一带一路”国际合作高峰论坛等国际会议，为世界搭建全球数字经济交流合作的平台。杭州、深圳等城市已与国外城市建立了点对点合作机制，中国电商平台助力全球中小企业开拓中国市场，让数字经济红利更好造福世界各国人民。

**（三）不断做强、做优、做大我国数字经济**

当前，百年变局加速演进，国际力量对比深刻调整，我国经济发展面临需求收缩、供给冲击、预期转弱三重压力，对加快推动数字经济发展提出新的更高要求。必须以实现高水平自立自强为战略支撑，以数字技术与实体经济深度融合为主线，以数字红利惠及更广大人民群众为根本目的，完善数字经济治理体系，筑牢数字安全屏障，构建数字合作格局，不断做强、做优、做大我国数字经济。

集中力量推进关键核心技术攻关，加快实现高水平自立自强。加快突破数字关键核心技术，是推动数字经济健康发展的根基。要强化数字技术基础研发，瞄准战略性、前瞻性领域，加大基础理论研究和关键技术攻关力度，增强关键技术创新能力。构建开放、协同、创新体系，推动行业企业、平台企业和数字技术服务企业联合创新。推进创新资源共建共享，支持具有自主核心技术的开源社区、开源平台、开源项目发展，促进创新模式开放化演进。推进数字技术成果转化，以数字技术与各领域融合应用为导向，优化创新成果快速转化机制，加快创新技术工程化和产业化。

适度超前部署新型基础设施建设，夯实数字经济发展基础。新型基础设施是新技术、新产业、新业态、新模式全面发展的必要物质基础和关键支撑。要完善信息基础设施建设，推进光纤网络扩容提速、5G商用部署和规模应用，构建一体化大数据中心体系，抓紧在全国建设10个左右数据中心集群，加快打造全球覆盖、高效运行的通信、导航、遥感民用空间基础设施体系。全面发展融合基础设施，加速传统基础设施数字化改造，重点在工业、交通、能源、民生、环境等方面开展建设，逐步形成网络化、智能化、服务化、协同化的融合基础设施。前瞻布局创新基础设施，超前布局科学研究设施，提升技术开发设施，建设创新创业服务设施，支撑实现高水平科技自立自强，建设协同、先进、开放、高效的创新基础设施体系。

深入推进传统产业数字化转型，加快数字技术和实体经济深度融合。加快推进传统产业升级是建设现代化产业体系的重要内容，是提升数字生产力、激活发展新动能、建设现代化经济体系的有效抓手。要全面深化大、中、小企业数字化改造升级，鼓励企业打造一体化数字平台，提升企业内部和产业链上下游协同效率。实施中小企业数字化赋能专项行动，支持中小企业由点及面向全业务流程数字化转型延伸拓展。推进重点产业全方位、全链条数字化转型，大力发展产业互联网平台，提升产业集群化、生态化发展水平，鼓励智慧订单农业、供应链金融、服务型制造、商贸物流等一、二、三产业融通发展新模式，促进时空数据赋能数字化转型。培育数字化转型的支撑服务生态，推动市场化服务与公共服务双轮驱动，建设数字化转型促进中心，衔接集聚各类资源条件，打造区域产业数字化转型创新综合体。

大力推动数字产业创新发展，打造具有国际竞争力的产业体系。数字产业的质量和规模是数字经济核心竞争力的集中体现。要推进数字产业基础高级化，持续提升产业规模，瞄准重点数字产业，提升基础软硬件、核心电子元器件、关键基础材料和生产装备的供给水平和生产能力，强化关键产品自给保障能力。加快数字产业链现代化，实施产业链强链补链行动，加强面向多元化应用场景的技术融合和产品创新，提升产业链关键环节竞争力，完善重点产业供应链体系。培育新业态、新模式，促进平台企业规范、健康、持续发展，深化共享经济在生活服务领域的应用，加快优化智能化产品和服务运营，发展智慧销售、无人配送、智能制造、反向定制等智能经济。

有效提升数字经济治理水平，促进数字经济规范有序发展。数字经济治理体系是推进数字经济持续健康发展的有力保障。要进一步健全数字经济治理政策法规体系，完善协同监管制度规则，强化反垄断和防止资本无序扩张，建立健全适应数字经济发展的市场监管、宏观调控、政策法规体系。健全完善协同监管机制，强化跨部门、跨层级、跨区域协同监管，实现事前、事中、事后全链条、全领域监管。探索建立适应平台经济特点的监管机制，保护平台经济参与者合法权益。充分调动社会各界积极参与，开展社会监督、媒体监督、公众监督，畅通多元主体诉求表达、权益保障的渠道，及时化解矛盾纠纷，维护公众利益和社会稳定。

持续增强数字化公共服务效能，提高人民群众满意度。数字政府和数字社会建设是提升人民群众的获得感、幸福感、安全感的重要保障。要推动政务信息化共建共用，持续提高“互联网＋政务服务”效能，加快推进政务服务标准化、规范化、便利化，实现利企便民高频服务“一网通办”。加快社会服务优化升级，推进文化教育、医疗健康等领域公共服务资源数字化供给和网络化服务，强化就业、养老、托育等重点民生领域社会服务供需对接，提升服务资源配置效率和共享水平。统筹推进智慧城市和数字乡村融合发展，分级分类推进新型智慧城市建设，推进城乡要素双向自由流动，形成以城带乡、共建共享的数字城乡融合发展格局。数字技术与医疗、农业、能源、建筑、服务业等紧密结合，正在推动传统产业日益高端化、智能化。

积极参与数字经济国际合作，构建网络空间命运共同体。全球数字技术和产业发展深度交融，积极参与数字经济国际合作是促进高水平开放的重要路径。要主动参与国际数字经济议题谈判，开展双多边数字治理合作，维护和完善多边数字经济治理机制，广泛凝聚发展共识，及时提出中国方案，发出中国声音。加快贸易数字化发展，促进贸易主体转型和贸易方式变革，完善数字贸易政策，积极引进优质外资企业和创业团队。大力发展跨境电商，打造跨境电商产业链和生态圈。务实推进数字经济交流合作，推动“数字丝绸之路”走深走实，高质量开展智慧城市、电子商务、移动支付等领域合作，创造更多利益契合点、合作增长点、共赢新亮点，让数字经济合作成果惠及各国人民。

全面筑牢数字安全屏障，提高防范和抵御安全风险能力。没有网络安全就没有国家安全，就没有经济社会稳定运行，广大人民群众利益也难以得到保障。要增强网络安全防护能力，强化网络安全技术措施同步规划、同步建设、同步使用要求，增强网络安全防护能力。健全网络安全应急事件预警通报机制，提升网络安全态势感知、威胁发现、协同处置等能力。提升数据安全防护水平，加强政务数据安全保护和个人信息保护，建立完善数据分类分级保护制度，健全数据安全治理体系。提升产业链、供应链韧性，建立健全各行业领域安全管理规则、制度和工作机制，强化安全态势监测预警和安全风险综合研判，强化重点产业领域风险防范和联合化解，保障产业链、供应链安全。

（引自国家发展和改革委官网）

## 五、《“十四五”数字经济发展规划》发布：加大 6G 技术研发支持力度

2022 年 1 月 12 日国务院公布了《“十四五”数字经济发展规划》（以下简称《规划》）。《规划》明确了数字经济发展主要指标：到 2025 年，IPv6 活跃用户数达到 8 亿户；千兆宽带用户数达到 6000 万户；软件和信息技术服务业规模达到 14 万亿元；工业互联网平台应用普及率达到 45%；全国网上零售额达到 17 万亿元；电子商务交易规模达到 46 万亿元；在线政务服务实名用户规模达到 8 亿。

《规划》部署了优化升级数字基础设施、充分发挥数据要素作用、大力推进产业数字化转型、加快推动数字产业化、持续提升公共服务数字化水平、健全完善数字经济治理体系、着力强化数字经济安全体系、有效拓展数字经济国际合作八方面重点任务。

在优化升级数字基础设施方面，《规划》提出，有序推进骨干网扩容，协同推进千

兆光纤网络和5G网络基础设施建设，推动5G商用部署和规模应用，前瞻布局第六代移动通信（6G）网络技术储备，加大6G技术研发支持力度，积极参与推动6G国际标准化工作。

在大力推进产业数字化转型方面，《规划》提出，实施中小企业数字化赋能专项行动，支持中小企业从数字化转型需求迫切的环节入手，加快推进线上营销、远程协作、数字化办公、智能生产线等应用，由点及面向全业务、全流程数字化转型延伸拓展。鼓励和支持互联网平台、行业龙头企业等立足自身优势，开放数字化资源和能力，帮助传统企业和中小企业实现数字化转型。纵深推进工业数字化转型，加快推动研发设计、生产制造、经营管理、市场服务等全生命周期数字化转型，加快培育一批“专精特新”中小企业和制造业单项冠军企业。

《规划》还部署了11项重点工程，构成了推动数字经济发展各项任务落地推进的重要抓手。其中数字技术创新突破工程提出，补齐关键技术短板，优化和创新“揭榜挂帅”等组织方式，集中突破高端芯片、操作系统、工业软件、核心算法与框架等领域关键核心技术，加强通用处理器、云计算系统和软件关键技术一体化研发。

## 六、提前做好6G发展的预设

中国北斗卫星完成组网后，在5G的使用条件下，可以完成定位和具体到某一点位的气候状况（温度、湿度、风速、辐射等）预报。例如，你在某个公交站等车，你可以在手机上查询，这条线路上有几路公交车，每一路的车次号，每个车次行驶到你所在的公交站需多长时间。包括乘坐地铁，你可在手机上查询所设定的线路运行的情况，到了哪一站，还有多少站到达、多长时间。气候状况预报方面，你可在手机上查询所在位置的气候状况，如温度、湿度、风速、阳光辐射、$PM_{2.5}$等（而不是像北斗卫星组网前，了解的气象预报是城市整体的一个笼统数据）。

大型公共建筑的现场管理已经开始采用无人机进行辅助管理。如2019年投入使用的北京大兴国际机场（2019年9月25日通航，总建筑面积140万$m^2$）、2018年9月投入使用的深圳国际会展中心（建筑面积160万$m^2$，为世界最大的会展中心），都采用了无人机进行辅助管理，由于现场规模大，不采用无人机管理，管理人员难以对现场管理到位。

应用6G数字信息技术，并结合星链，将会得到进一步的技术、经济的提升作用。本人曾经考察过一个重点工程，高度超过500m，地下室的深度达到40m，由于处在市中心，混凝土泵车受堵车的影响，混凝土输送到施工现场时，有的混凝土已经开始产生初凝现象，因此浇筑的混凝土普遍产生裂缝，由此造成渗漏水现象。同样，考察某郊区一个高档别墅工程地下防水的情况，也是由于运输距离远，泵车混凝土输送到现场产生了初凝现象，致使地下室有一道内隔墙浇筑的混凝土如同豆腐渣。如果采用6G数字信息技术结合星链技术（6G是必须与星链结合的），可以跟踪从混凝土搅拌站开始，混凝土泵车运行，到现场混凝土浇筑以及养护的全过程，可以观测到全程的影像，每个阶段的时间点，还包括途中以及现场气候的变化情况，这样达到了全过程的可控，效率、质量得到完全的保障。

还有，中国超高压、特高压输电技术世界领先，但高压线路的巡检，还是由线路工高空（离地面几十米，甚至有的达到上百米的高度）人工巡检。如果采用6G数字信息技术，加智能机器人（到时候发展到智能的直升机，转换机器人），加线路的传感装置，进行巡检维护管理，不但可以提高效率质量，而且可以保证人员的安全。一个6G手机就可进行管理。

同样大型建设工程的施工现场管理，现在的无人机的辅助管理，若由6G数字信息技术加星链管理，将改变现场的管理模式。同样的无人机可以变为“变形金刚”，在超高层建筑，无人机飞临现场，变为智能机器人，进入现场进行管理。通过6G手机操控，对现场各个部位进行跟踪管理，提供现场的影像资料，进行精准管理，从而可以达到个性化的管理。

以上是对6G数字信息技术应用的预判内容。但许多还难以预判，数字信息技术的发展就是效率的提升和发展，向数字信息技术要效率、要质量，是现代社会发展的必由之路。数字信息技术的发展往往超出人们的想象，为此，我们必须做好迎接6G数字信息技术的到来，提前做好预设，进行衔接。6G数字信息技术的发展，必将成为碳中和进程的倍增器。

## 七、近期国家发布的有关数字化的政策规定

2021年7月13日，中国互联网协会发布了《中国互联网发展报告（2021）》报告显示，2020年数字经济市场规模已达39.2万亿元。

2021年8月2日，2021全球数字经济大会在北京开幕。会上，中国信息通信研究院发布的《全球数字经济白皮书》显示，2020年全球47个国家数字经济规模总量达到32.6万亿美元，同比名义增长3.0%，占GDP比重为43.7%。中国数字经济规模为5.4万亿美元，位居世界第二；同比增长9.6%，位居世界第一。

2021年9月1日起，《中华人民共和国数据安全法》施行，目的是规范跨境数据流动，规范数字经济，保护中国网民对保障自身数据安全的合理诉求。

2021年3月13日，《中华人民共和国国民经济和社会发展第十四个五年规划和2035年远景目标纲要》发布，对全国的经济和社会发展进行了全面的规划，共计19篇65章。其中，第五篇“加快数字化发展 建设数字中国”有4章，分别为：“第十五章 打造数字经济新优势”“第十六章 加快数字社会建设步伐”“第十七章 提高数字政府建设水平”“第十八章 营造良好数字生态”。

## 八、全球协同 推动6G从学术研究走向愿景落地

2022年3月23日未来移动通信论坛在第二届全球6G技术大会上发布了13本白皮书，以业界史无前例的力度，定义6G相关技术概念、指标及能力外延。

以6G为代表的下一代移动通信技术是各方关注焦点和研究热点，传统通信技术强国、全球领先的运营商和技术公司、相关研究机构都已加入6G研发的行列。

我国高度重视6G发展，《“十四五”规划纲要》明确提出“前瞻布局6G网络技术储备”。以2019年年底科技部牵头成立6G技术研发推进工作组和总体专家组为标志，我国6G技术研发工作正式启动。

科技部副部长相里斌在第二届全球6G技术大会开幕式致辞中表示，随着5G网络

规模化商用，全球针对6G研发的战略布局已全面展开，目前6G移动通信处于孕育的初期，愿景需求尚未确定，关键技术未形成产业界共识，相关研究正处在百家争鸣的阶段。

业内已有共识的是，未来3～5年将成为6G潜在关键技术的窗口期。

“创新是6G研究的基点。我们需要有不受外界左右的定力。”中国工程院院士、未来移动通信论坛理事长邬贺铨指出，6G已成为国家战略竞争的高地，我国重视6G的研究理所当然，但也要清醒认识到，不能因为竞争，不深入对6G的需求研究，不下决心做长期的颠覆性原创技术的研究。急于与国外抢进度，脱离市场需要，反而会带来战略上的被动。

相里斌说：“6G技术学术研究走向产业愿景需要一个过程，2022年是这个过程的关键一年。今天我们关于6G新概念、新技术、新构想的讨论关系到明天移动通信的面貌，从而又改变人类社会的面貌。”

邬贺铨说：“5G网络与应用的成功是6G研究的前提，需要从5G的应用挖掘市场，一些6G的技术也可以提前用5G来检验。”

由未来移动通信论坛和紫金山实验室主办的第二届全球6G技术大会，如同为全球打造了一个6G创新开放强磁场。在这里，近百位专家围绕6G毫米波与太赫兹技术、6G愿景与技术需求、6G频谱共享共存技术、6G网络架构及关键技术、6G无线覆盖扩展技术、6G无线空口传输技术、6G无线网络安全架构关键技术、天地融合智能组网技术、6G全场景按需服务关键技术等展开了深入讨论。

在第二届全球6G技术大会上，邬贺铨做了主旨演讲，阐述了对6G研究的10点思考：一是超宽带不是6G的亮点。二是元宇宙难成为6G的支点。三是超宽带与减碳之间要找平衡点。四是行业应用是6G研究的重点。五是人工智能在6G应用的落脚点。六是低频段挖潜应该是6G研究的着力点。七是星地融合的难点。八是空、天、地、海通信一体化是6G的一个卖点。九是低成本的智简网络是6G研究的痛点。十是创新是6G研究的基点。

## 九、元宇宙发展简析

元宇宙是伴随数字技术而产生的。追本溯源，元宇宙（Metaverse）一词最早由美国科幻小说家尼尔·斯蒂芬森在其1992年发表的作品《雪崩》一书中提出。在小说中，斯蒂芬森创造了一个不同于当时想象中的互联网——“Metaverse”，它是和社会紧密联系的三维数字空间，与现实世界平行，在现实世界中地理位置彼此隔绝的人们可以通过各自的“化身”进行交流娱乐。我们知道，第一代互联网基石万维网的上线时间是1991年8月，而在1992年的科幻作品中就出现元宇宙这一概念，无疑是无比超前和具有启示意义的。

元宇宙始于玩（游戏），是与数字技术伴生的，体现的是虚拟事物。

2021年，“元宇宙”一词频繁登上各大媒体头条，不断刷屏。2021年3月10日，著名游戏平台罗布乐思（Roblox）在纽交所上市，首日股价即大涨54%。2021年10月28日，脸书（Facebook）掌门人马克·扎克伯格宣布将公司改名为Meta，致力于建立元宇宙，认为其将是移动互联网的后继发展大势。在国内方面，VR领域的小鸟看看

(Pico）被字节跳动以90亿元人民币价格收购，拉开了各大互联网公司进军元宇宙的序幕。一时间，作为共享虚拟环境的元宇宙，成为人们竞相谈论的热门话题和炙手可热的投资焦点，使得2021年被称为“元宇宙元年”。

《元宇宙》一书提到：“物联网是现在，元宇宙是未来。未来十年将是元宇宙的黄金十年！2021年是元宇宙元年，我们已经来到了第三代互联网（Web3.0）即元宇宙的伟大变革时代。元宇宙是一个人人都会参与的数字新世界。未来，每个人的生活、娱乐、社交、工作都将在元宇宙中完成。我们将经历一次社会生活和经济活动向元宇宙的大迁徙。在元宇宙中，我们每个人都可以摆脱物理世界中的现实条件的约束，在全新的数字空间中成就更好的自我，真正实现自身价值的最大化。元宇宙时代，技术变革的大幕已经拉开，区块链创造数字化的资产，智能合约构建全新智能经济体系，人工智能成为全球数字网络的智慧大脑，5G网络、云计算、边缘计算，构建更加宏伟的数字新空间，物联网让物理世界向数字世界全面映射，AR实现数字世界与物理世界的实时叠加。”这里局限于“5G网络”，但科技的发展使得6G网络技术很快到来，6G的内涵将与5G大有不同，将元宇宙仅限于定位5G，发展走向差异将会大有不同。

《元宇宙》提出了元宇宙的六大趋势：

（1）数字经济与实体经济深度融合——元宇宙中产业全面升级，数字资产与实地物资孪生。

（2）数字成为核心资产——元宇宙中数字就是财富，数据权利被充分保护。

（3）经济社群崛起壮大——元宇宙中经济社群成为主流组织方式，数字贡献引发价值分配变革。

（4）重塑自我形象和身份体系——元宇宙中数字形象映射自我认知，数字身份大普及。

（5）数字文化大繁荣——元宇宙中数字文化成为主流文化，NFT成为数字文创的价值载体。

（6）数字金融实现全球普惠——元宇宙中DeF：加快金融服务数字化变革，可编程交易实现金融智慧化。

“元宇宙”提出的信息技术数字链，将产业链和生活链贯连在一起，形成了经济社会链。“元宇宙”是假借“宇宙”，是虚拟的，但作为实体经济的生产仅靠虚拟是难以完全实现的，这需要虚实结合。当前，元宇宙也没有清晰明确的概念，只能通过一系列约束给出一个模糊的范围。这也反映了元宇宙这一概念的现状——元宇宙是一个未来发展的方向，但是它应该是什么样子，当下还没人能给出一个明确的描述。

元宇宙会不会是下一个互联网潮流，是不是代表着未来发展方向呢？这很大程度上取决于元宇宙是否能带来社会生产力的极大提升和生产方式的改变。纵观科技发展史，具有重大历史意义乃至可以称为革命的技术发展，往往伴随着生产方式的改变。

元宇宙世界的诞生基于现实世界，所以元宇宙的出现与发展必然会深刻地反向作用于现实社会，这种影响将是政治、经济、文化等多方面的。政治方面，元宇宙中包含潜在的“国家安全”意义，网络外交的新思路也被进一步地发掘，元宇宙的发展将对世界各国的政治制度产生深远影响。经济方面，未来将会出现越来越多的以数字为载体的产品，数字经济不仅会影响现实社会中公众对虚拟资产的分配，也必然会促进传统经济的转型与变革，进而影响国家总体的经济格局。因此，也必然影响文化的诸多方面。

元宇宙强调数字空间、虚拟世界，但是并不是说它只是数字空间、虚拟世界，而是可以实现虚拟世界和现实世界、现实社会的交互，可以实现以虚强实，虚实结合。

2022年3月31日，元宇宙产业委员会共同主席郑纬民院士在第三届元宇宙产业论坛发表了题为“元宇宙创新应用全面启航 算力是基础”的演讲。郑纬民院士的演讲概述了：元宇宙不再是一种可能，而是切实可行的数字经济发展方向。因此元宇宙是一个驱动数字技术创新、赋能实体经济的重要新赛道，政府、科研单位、企业、个人都需要积极参与，推动元宇宙的快速发展。

宏观层面做好顶层设计，确立元宇宙的基本理念、主要目标；构建元宇宙的支撑技术，尤其是促进一些卡脖子的关键技术研发；确立元宇宙的相关标准，从国家标准到国际标准，以获得在国际科技领域的话语权，也避免浪费财力、物力、精力，提升研发效率，实现自动化、智能化互通互联操作；制定相关法律法规，在发展中规范，在规范中发展，促进元宇宙产业及产业元宇宙的健康发展。

在中观层面利用政策、资金支持元宇宙主要产品、基础设施的建设，形成元宇宙产业规模优势，结合城市元宇宙、产业元宇宙，多个行业、多个领域的发展需求实现元宇宙赋能，确立典型元宇宙场景，在城市服务、文化旅游、智能制造、促进创新、教育学习等方面有所突破，利用这些场景的显著效果，打造城市新名片、行业新标杆作为样板，示范推动元宇宙的广泛、深化、高水平发展。

在微观层面要实现各种数字工具间的互通互联，减少壁垒，实现有机集成，提高技术与行业的适配性，促进知识成果转化，真正推动产业项目和民生项目的发展，实现数字化技术、产品、方案的水平升级，构建出好案例、好企业、好产品，建立起大量的、多个细分领域的世界级品牌。

在宣传方面向大众开展元宇宙的科普工作，普及元宇宙的知识、技术、产品、平台，目前存在的风险、价值收益模式、相关的法律法规。进入元宇宙时代，需要提升大众的元宇宙意识、元宇宙思维，强化将事物、业务转化成数字化的基础能力，也包括对数据的算力、数据的多元可视化表达力。元宇宙不仅仅是生产力，也会促进社会关系的转变。

建立起数字中国、虚实结合的元宇宙中国，提高数字经济在国民经济中的比重，构建高质量发展、绿色发展、和平发展的人类命运共同体，进而引领全球元宇宙。

任何一次技术变革都不是一蹴而就的，元宇宙也不会某天突然出现在我们的生活中，其发展必然是一个循序渐进的过程。目前来看，元宇宙的发展趋势是不可阻挡的，而元宇宙真正能带给我们什么，目前还是一个未知数。作为元宇宙发展与变革的见证者，站在发展的角度理解前沿技术与思想，以批判的思维接纳新事物的出现，这或许是我们面对元宇宙以及未来更多新兴事物的正确态度。同时，我们也期待元宇宙能够真正地影响人类生产生活方式，为人类社会的进步提供助力。

需防止和避免许多人并不清楚元宇宙的概念的情况，在利益驱使下过度消费“元宇宙”。

# 第四节　关于二氧化碳当量的计量与管理

## 一、国际标准化组织 ISO 的有关规定

### （一）《2006 IPCC 国家温室气体清单指南》

《2006 IPCC 国家温室气体清单指南》（简称《IPCC 指南》）是属于国家层面的核算指南，可以针对国家、企业、项目等不同核算对象的温室气体排放量进行核算的标准和编制温室气体清单的指南。它是当前适用性比较广泛的标准，世界各国制定本国的温室气体核算体系大多都以《IPCC 指南》为准，它为各国制定减缓温室气体排放政策和应对气候变化行动有较大的贡献。

《IPCC 指南》由五卷组成，清单中涵盖二氧化碳、甲烷、氧化亚氮、氢氟烃、全氟碳等导致温室效应的气体。第一卷是对其他卷的综述，给出了总体的清单编制步骤，包括从初始的数据收集到最终的报告，并为每个步骤所需的质量要求提供了指导意见，属于一般性指导意见。第二卷至第五卷则属于详细指导，分别对应四个不同经济部门清单编制工作，包括能源、工业、农业土地利用、废弃物。第一卷与其他几卷形成交叉参照、互为补充的关系。

1.《IPCC 指南》制定机构

联合国政府间气候变化专门委员会（Intergovernmental Panel on Climate Change，IPCC），是由世界气象组织（World Meteorological Organization，WMO）和联合国环境规划署（United Nations Environment Programme，UNEP）共同组建成的政府间科学技术机构。该机构主要负责获取关于应对气候变化的各类科学和社会经济信息，包括气候变化的趋势和影响等。IPCC 在碳排放领域的研究成果主要集中在提出和构建碳排放量核算的范式与框架，公布全球气候变化的研究报告以及出版温室气体排放源的指导性清单并分别附带计算方法，这些研究成果影响广泛。

IPCC 国家温室气体清单特别工作组联合主席带领世界各国 250 多名专家组成温室气体清单编制指导小组，经两次专家评审后形成终稿，《IPCC 指南》自发布后沿用至今。IPCC 温室气体清单编制方法是《联合国气候变化框架公约》各缔约方指定采用的国家清单编制方法，目前已得到国际社会的广泛认可。

2.《IPCC 指南》适用对象

《IPCC 指南》主要面向国家和区域层面的温室气体清单编制工作，其中所采用的排放因子以及活动数据属于国家以及区域层面的数据。《IPCC 指南》的碳排放方法是分五个经济部门计算碳排放的方法，目标是为帮助《联合国气候变化框架公约》各缔约方履行汇报温室气体源的排放和汇的清除清单以及提交温室气体排放清单义务，使各国在编制温室气体排放清单时采用透明、可比较的方法，使之在进行计算时既不会高估也不会低估，并尽可能降低计算所产生的误差。

### （二）温室体系核算体系

温室气体核算体系（greenhouse gas protocol，GGP）并不是一个单一的核算体系，

是由一系列为企业、组织、项目等量化和报告温室气体排放情况服务的标准、指南和计算工具构成，这些标准、指南、工具相互独立又相辅相成，是企业、组织、项目等核算与报告温室气体排放量的基础，以帮助全球达到发展低碳经济的目的。温室体系核算体系中温室气体涵盖京都议定书中的六种温室气体，能为企业或者减排项目提供温室气体核算的标准化的方法，从而进一步降低核算成本，同时也为企业和组织参与自愿性或者强制性的碳减排项目提供基础数据以及核算方法。

1. 温室气体核算体系制定机构

作为全球最早开展温室气体排放核算标准研发的项目之一，温室气体核算体系由位于美国的环境非政府组织世界资源研究所（World Resources Institute，WRI）和涵盖170家国际公司以及位于日内瓦的世界可持续发展工商理事会（World Business Council for Sustainable Development，WBCSD）联合建立，即该体系是企业、非政府组织、政府以及其他组织等利益相关方合作的产物。该体系的诞生以改善人类社会生存方式、保护环境以满足世代所需为宗旨，协助不同的组织围绕气候、能源、粮食、森林、水、可持续城市目标在全球范围内开展可持续发展相关工作。

2. 温室气体核算体系适用对象

温室气体核算体系是针对企业、组织或者减排项目进行温室气体核算的方法体系。体系的组成中最主要的是以下三大标准：《温室气体核算体系：企业核算与报告标准(2011)》(下文称《企业标准》)、《温室气体核算体系：产品寿命周期核算与报告标准(2011)》(下文称《产品标准》)、《温室气体核算体系：企业价值链（范围三）核算与报告标准（2011)》(下文称《范围三标准》)。这三个标准主要针对的对象在细节上有一定的差异，见表 2-9。

**表 2-9　《企业标准》《范围三标准》和《产品标准》适用对象分析**

| 标准名称 | 《企业标准》 | 《范围三标准》 | 《产品标准》 |
|---|---|---|---|
| 适用对象 | （1）所有经济部门中的任何规模的企业<br>（2）属企业之外的组织和机构。包括公立的和私立的，例如，非政府组织、政府机构和大学（不用于核算目的时获取碳抵消量或碳信用额度的温室气体减排项目的减排量）<br>（3）相关政策的制定者和温室气体计划的设计者 | （1）所有经济部门中的任何规模的企业<br>（2）属企业之外的组织和机构。包括公立的和私立的，例如，非政府组织、政府机构、非营利组织、保证方和核查方以及大学 | 所有经济部门的企业和组织，了解其主要产品设计、制造、销售、购买的温室气体情况，或者帮助企业或组织使用的产品的温室气体清单 |

《范围三标准》是《企业标准》的相互补充，增进了企业在核算和报告其价值链间接排放时的完整性和一致性，因此这两个标准的适用对象一致。而《范围三标准》和《产品标准》都采用价值链或者全生命周期的方法进行温室气体核算。这三大主要标准有一定的联系与相互补充的关系。首先，《范围三标准》是以《企业标准》为基础，补充规范《企业标准》中划分的核算范围中第三范围的温室气体情况，两者属于补充关系。其次，《产品标准》是面向企业的单个产品来核算产品生命周期的温室气体排放，可识别所选产品的生命周期中的最佳减缓机会，是前两个标准中作为企业价值链的

核算角度上的补充核算标准，如图 2-29 所示。这三项标准共同提供了一个价值链温室气体核算的综合性方法，来进一步制定和选择产品层面和企业层面上的温室气体减排战略。

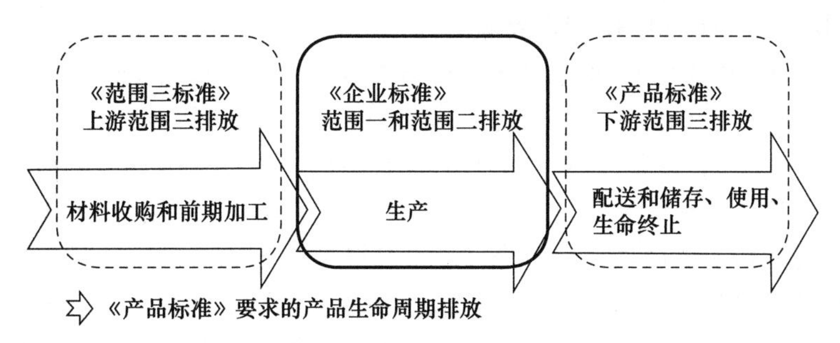


图 2-29　《企业标准》《范围三标准》和《产品标准》三者关系示意图

**（三）ISO 14064、ISO 14067**

ISO 14064、ISO 14067 属于非强制性标准，对于组织或者减排项目方而言，该标准的要求属于最低基本要求。采用该系列标准进行温室气体核算属于自愿性质，可以增加企业属于组织或者减排项目自身的要求，而且优先考虑满足自身要求。ISO 14064 是一个由三部分组成的温室气体管理国际标准，包括《ISO 14064-1：温室气体 第 1 部分：组织层次上对温室气体排放和清除的量化和报告的规范及指南》《ISO 14064-2：温室气体 第 2 部分：项目层次上对温室气体减排和清除增加的量化、监测和报告的规范及指南》《ISO 14064-3：温室气体 第 3 部分：温室气体声明审定与核查的规范及指南》。

ISO 14064 目的在于降低温室气体的排放，促进温室气体的计量、监控、报告和验证的标准化，提高温室气体报告结果的可信度与一致性。组织可通过使用该标准化的方法明确组织本身的减排责任和风险，以及助力组织对减排计划与行动的设计、研究和实施。而《ISO 14067：温室气体产品碳足迹量化和信息交流的要求和指南》是关于产品层面的标准，它由两部分组成，分别是产品碳足迹的量化和产品碳足迹的信息交流。编制该标准的目的是通过全生命周期评价的方法去量化一个产品在整个生命周期的温室气体排放量，并对结果进行标准化的信息交流。

ISO 14064 已在国外有着广泛的市场基础。如在美国的大部分州，企业可按照 ISO 14064 的指导，实施温室气体方案量化并报告企业的温室气体排放情况，方案包括气候行动储备（Climate Action Reserve）、美国气候注册办（The Climate Registry）、自愿碳减排交易标准（Voluntary Carbon Standard）等。而在欧美逐渐有部分企业按照该标准量化和报告温室气体排放量。相比之下，ISO 14064 标准的实践在我国大陆仍然处于起步阶段，目前只有我国台湾地区对该标准有较大的关注度。

1. ISO 14064、ISO 14067 制定机构

国际标准化组织（International Organization for Standardization，ISO）于 2006 年发布了 ISO 14064 系列标准，而 ISO 14067 标准则是由国际标准化组织负责制定环境管理系列标准的第 207 技术委员会下第 7 子委员会负责制定，并于 2013 年正式发布。国际标准化组织一直致力于协调世界范围内的标准化工作，制定和发布国际标准，开展有

关标准化课题的研究，促进国际标准化及相关活动的发展，扩大世界各国在知识、科学、技术和经济领域中的合作。这里所讲的 ISO 14064、ISO 14067 系列标准都是 ISO 14000 环境管理系列标准的重要组成部分。

2. ISO 14064、ISO 14067 适用对象

ISO 14064-1、ISO 14064-2 和 ISO 14064-3 这三个标准是相互统一的，适用的对象分别是组织、温室气体项目、审定员和核查员，所量化气体有六种，包括二氧化碳（$CO_2$）、甲烷（$CH_4$）、氧化亚氮（$N_2O$）、氢氟碳化物（HFCs）、全氟碳化物（PFCs）和六氟化硫（$SF_6$）。ISO 14064 三个标准之间具有关联性，其中 ISO 14064-1 与 ISO 14064-2 属于相互配套的两项标准，分别是针对组织设计和编制温室气体清单以及温室气体相关项目设计和实施的要求，主要在使用对象上有明显的区分。而 ISO 14064-3 是针对组织和项目的温室气体清单审定和核查过程作出统一的要求。三个标准之间具有紧密的联系，如图 2-30 所示。

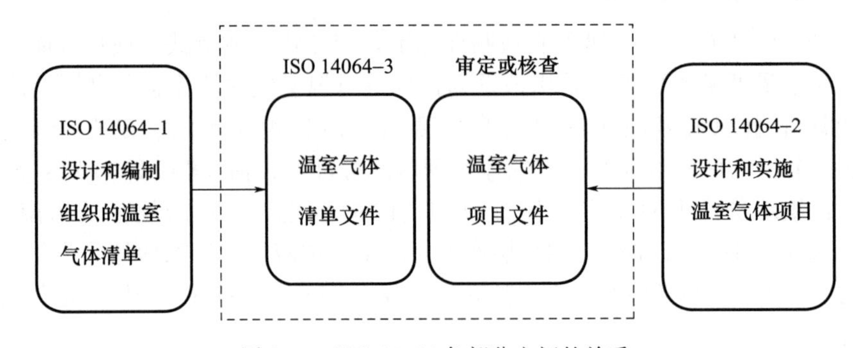


图 2-30　ISO 14064 各部分之间的关系

ISO 14064-1 对面向组织层次上温室气体清单的设计、制定、管理和报告的原则和要求起到详细的指导作用，主要内容包括确定温室气体排放边界、量化温室气体的排放和清除、温室气体清单的报告和质量管理，组织内部审核的要求以及企业管理温室气体情况的具体措施等方面的要求和指导。

ISO 14064-2 面向温室气体减排或清除项目进行温室气体管理工作的指导，包括确定项目监测基准线的确定、温室气体监测与量化的原则、项目绩效报告的要求以及帮助减排项目审定和核查。

ISO 14064-3 面向实际温室气体清单审定和核查的标准化过程工作的指导。它规定了审定的要求、程序，核查的策划、评价以及对组织或者相关项目温室气体声明评估等。组织或者第三方核算机构可以依据该标准进行温室气体报告核查及验证。

ISO 14067 标准为产品碳足迹的量化与交流提供详细的原则、要求以及指南，核算的主要对象是产品或者服务在全生命周期内温室气体排放量以及温室气体清除量。产品的种类可包括服务类、软件类、硬件类、加工材料或原材料。该标准也可以应用于部分产品碳足迹的量化与交流。该标准为政府或者组织提供基于全生命周期评价的清晰、一致的量化和交流产品碳排放情况的方法。

**（四）《PAS 2050：2008 商品和服务在生命周期内的温室气体排放评价规范》**

《PAS 2050：2008 商品和服务在生命周期内的温室气体排放评价规范》（下文简称

《PAS 2050 规范》）是全球首个生命周期评价方法的产品碳足迹方法标准，于 2008 年由英国标准协会发布。英国为完善碳足迹信息交流和传递机制，补充制定了以规范产品温室气体评价为目的的《商品温室气体排放和减排声明的践行条例》，并同时建立了由英国碳信托有限公司全资子公司碳标识公司负责提供碳足迹标识管理服务的碳标识管理制度，以帮助参与碳足迹项目的企业在其商品包装上标注企业温室气体减排量等数据。在英国，已经有 20 多家企业共约 80 种商品参与产品温室气体评价，此规范也被推广到英国之外的其他国家知名企业中使用，如百事、可口可乐等企业积极参加。在世界各国同类型碳足迹标签评价标准中，选择使用《PAS 2050 规范》的占了 1/3，是使用最多的碳足迹标准。ISO 14067 标准在一定程度上是以《PAS 2050 规范》为基础编制的，代表它已经较为成熟并得到国际的认可。规范的实施在一定程度上在企业温室气体减排、倡导居民低碳生活、改善环境等方面都带来了积极的作用。

1. 《PAS 2050 规范》制定机构

《PAS 2050 规范》主要是由英国标准协会（British Standard Institution，BSI）为指导评价产品或者服务在全生命周期内温室气体排放情况而编制的规范。PAS（publicly available specification 的简称）意思为该规范是公开给公众使用的规范，是一个严格遵循 BSI 规定程序制定的具有指导性质的公开标准规范。制定《PAS 2050 规范》是为了实现一种用于评估各种商品和服务在生命周期内温室气体排放的统一方法，满足社会各界进行温室气体管理的需求。

2. 《PAS 2050 规范》的适用对象

《PAS 2050 规范》在英国现行的标准体系中，比 ISO 国际标准、欧盟标准和英国标准的法律效力低，但比企业的管理手册效力高。《PAS 2050 规范》评价的对象不是企业本身，而是产品或者产品服务在整个生命周期内的温室气体排放量。该规范主要关注的是企业的产品在生命周期内产生的各种温室气体的排放情况。它与《IPCC 指南》的温室气体清单范围中的核算气体种类一致，同样是不考虑其他温室气体对环境影响以外的社会或经济影响等。它指出产品或服务在生命周期内的温室气体排放是指各种产品或服务在包括商品和服务的建立、改进、运输、储存、使用、供应、再利用或处置过程中产生的排放。《PAS 2050 规范》可用于评价以下三类对象的生命周期的温室气体排放，包括从组织到消费者终端的各类产品、从组织到组织的各类产品以及属于 B2C 或者 B2B 有形或者无形的商品服务。使用《PAS 2050 规范》的对象可以是生产产品或服务的机构，可以是使用商品和服务的消费者，适用面较广。一方面可规范企业或者是第三方机构评价企业内部各产品或服务的温室气体排放情况的行为，方便企业对低碳产品进行对比与择优。另一方面，消费者使用规范化的量化方法，能更好地评估产品或者服务的碳足迹情况，并在进行选择时能够更好地理解在产品全生命周期内的温室气体情况的相关评价报告，作出最优化的商品购买决策。

## 二、国内二氧化碳计量的有关规定

### （一）《省级温室气体清单编制指南（试行）》

中国根据《联合国气候变化框架公约》以及 ISO 国际标准的有关规定，为了进一步加强省级温室气体清单编制能力建设，国家发展改革委气候司组织多个单位的多位专家在编制国家温室气体清单工作的基础上，参考《IPCC 指南》相关核算方法理论，编制出《省级温室气体清单编制指南（试行）》（下文简称《省级指南》），《省级指南》于2011 年 3 月首次提出，并在广东、湖北、天津等七个省市进行试点编制。省级温室气体清单是对省级区域内一切活动排放和吸收的温室气体相关信息的汇总清单。《省级指南》主要用于指导编制省级温室气体清单，也逐步适用于区域层面的温室气体核算的指导工作，具有科学性、规范性和可操作性。

《省级指南》共包括七章内容（能源活动、工业生产过程、农业、土地利用变化和林业、废弃物处理、不确定性、质量保证和质量控制）、三个附录（附录一温室气体清单基本概念；附录二省级温室气体清单汇总表；附录三温室气体全球变暖潜势值）。与《IPCC 指南》一致，同样是按部门划分，分为能源活动、工业生产过程、农业、土地利用变化和林业及废弃物处理。不同部门的清单编制指南分布在第一至第五章，对碳排放计量工作提供指南。《省级指南》与《IPCC 指南》不同的是，还包括不确定性方法以及质量保证和控制的内容。

1.《省级指南》制定机构

我国政府层面组织的省级温室气体排放量化工作源于 2007 年地方应对气候变化方案编制。直至 2010 年，国家发展改革委正式发布文件要求启动审计清单编制工作。国家发展改革委气候司响应工作，组织国内多所著名高校以及多所著名研究所、研究中心等多位专家进行《省级温室气体清单编制指南（试行）》的编制工作，以更快地满足各地方制定清单编制工作方案的要求。

2.《省级指南》适用对象

《省级指南》与其他国际上的温室气体清单编制指南相比更适合我国在进行区域温室气体清单编制工作时使用。主要表现在《省级指南》对于温室气体核算所使用的碳排放因子与《IPCC 指南》中推荐的缺省排放因子不同。《省级指南》中给出的碳排放因子是针对我国国情进行修改的，更加符合我国能源消耗结构具体情况。即使是没有给出具体的碳排放因子时，《省级指南》也给出了计算碳排放因子所需的具体数值以及核算步骤，这些具体数值更符合我国国情。例如《省级指南》中的化石燃料碳氧化率具体针对不同部门给定，而《IPCC 指南》中的碳氧化率则全部统一视为完全燃烧的情况，不具针对性。因此，《省级指南》完全是针对我国具体国情而编制的清单指南。

**（二）行业温室气体清单编制指南（试行）**

2013 年，国家发展和改革委员会出台了首批 10 个行业的企业温室气体排放核算方法与报告指南，并开始试行，之后又于 2014 年年底以及 2015 年年中分别出台了第二批总共 4 个行业和第三批总共 10 个行业的企业温室气体排放核算方法与报告指南。历经两年多的时间，先后总共公布的 24 个行业的企业指南，凸显了国家为落实《“十二五”规划纲要》《“十二五”控制温室气体排放工作方案》中提出的建立温室气体统计核算制度，构建国家、地方、企业三级温室气体排放核算工作体系，实施重点企业直接报送温室气体排放数据制度，建立全国碳排放权交易市场等重点改革任务的决心。该系列指南主要供开展碳排放权交易、建立企业温室气体排放报告制度等相关工作参考使用。

1. 制定机构

该系列指南由国家发展和改革委员会委托国家应对气候变化战略研究与国际合作中

心共同编制。编制过程中经过了实地调研和深入研究，借鉴了全球范围内相关企业关于温室气体核算的优秀研究成果和已积累的报告经验，参考了《2006IPCC 国家温室气体清单指南》以及《省级温室气体清单编制指南（试行）》。该系列指南编制过程中也得到了国内其他行业组织的大力支持，目前正逐步推行。

2. 适用对象

该系列指南依据每个标准的不同，适用于不同行业的企业或者其他独立核算的法人组织，企业需要核算和报告在运营上有控制权的所有生产场所和设施产生的温室气体排放。该系列指南的行业分类依据是我国国民经济行业分类，每个行业指南中都给出相应的适用范围供核算企业参考，且针对国内具体行业的特点给出了温室气体核算注意事项说明，因此该系列指南更加适应我国国情，是专门针对国内行业企业的温室气体核算指南。

### （三）建筑工程领域所制定的《建筑碳排放计量标准》(CECS 374：2014)

《建筑碳排放计量标准》(CECS 374：2014)（下文简称《建筑计量标准》）由中国建筑设计研究院主编，住房和城乡建设部科技发展促进中心、北京市科学技术委员会等参编单位一同编制完成，于 2014 年 12 月 1 日开始施行，并在国家可持续发展试验区得到了应用和验证，为国家绿色建筑标识项目申报管理平台以及建设建筑样本数据库打下了基础。

《建筑计量标准》根据国际相关标准的规定，结合我国建筑碳排放的特点，采用全生命周期评价方法从清单统计的角度和建筑信息模型的角度计算碳排放量，规定了从材料生产、施工建造、运行维护、拆解和回收的全生命过程中计算碳排放量的计算方法和指导，并提供相应的计算公式和统计表格、常用能源热值以及常用能源碳排放因子供核算方使用。

《建筑计量标准》适用的对象是我国新建、改建、扩建建筑以及既有建筑的全生命周期各阶段的碳排放量，《京都议定书》除二氧化碳外的其他温室气体可以参考该标准计量，以二氧化碳当量表示最后的建筑碳足迹。该标准最大的特点是，结合我国目前建筑业的先进技术——建筑信息模型（BIM），提出基于 BIM 的建筑碳排放计量方法。在计量方法的选择上，核算方应该根据实际技术条件自行选择。总的建筑碳排放计量按照六个步骤进行，包括界定建筑物的范围和区域、界定建筑碳排放单元过程、采集碳排放单元过程的活动水平数据、采集碳排放单元过程的相关碳排放因子、计算建筑碳排放量、对外发布计量结果。

### （四）各行业所制定的温室气体排放试行核算方法与报告指南

第一部分：

(1)《中国发电企业温室气体排放核算方法与报告指南（试行)》。

(2)《中国电网企业温室气体排放核算方法与报告指南（试行)》。

(3)《中国钢铁生产企业温室气体排放核算方法与报告指南（试行)》。

(4)《中国化工生产企业温室气体排放核算方法与报告指南（试行)》。

(5)《中国电解铝生产企业温室气体排放核算方法与报告指南（试行)》。

(6)《中国镁冶炼企业温室气体排放核算方法与报告指南（试行)》。

(7)《中国平板玻璃生产企业温室气体排放核算方法与报告指南（试行)》。

(8)《中国水泥生产企业温室气体排放核算方法与报告指南（试行)》。

(9)《中国陶瓷生产企业温室气体排放核算方法与报告指南（试行)》。

(10)《中国民航企业温室气体排放核算方法与报告格式指南（试行)》。

第二部分：

(1)《中国石油和天然气生产企业温室气体排放核算方法与报告指南（试行)》。

(2)《中国石油化工企业温室气体排放核算方法与报告指南（试行)》。

(3)《中国独立焦化企业温室气体排放核算方法与报告指南（试行)》。

(4)《中国煤炭生产企业温室气体排放核算方法与报告指南（试行)》。

第三部分：

(1)《造纸和纸制品生产企业温室气体排放核算方法与报告指南（试行)》。

(2)《其他有色金属冶炼和压延加工业企业温室气体排放核算方法与报告指南（试行)》。

(3)《电子设备制造企业温室气体排放核算方法与报告指南（试行)》。

(4)《机械设备制造企业温室气体排放核算方法与报告指南（试行)》。

(5)《矿山企业温室气体排放核算方法与报告指南（试行)》。

(6)《食品、烟草及酒、饮料和精制茶企业温室气体排放核算方法与报告指南（试行)》。

(7)《公共建筑运营单位（企业）温室气体排放核算方法和报告指南（试行)》。

(8)《陆上交通运输企业温室气体排放核算方法与报告指南（试行)》。

(9)《氟化工企业温室气体排放核算方法与报告指南（试行)》。

(10)《工业其他行业企业温室气体排放核算方法与报告指南（试行)》。

第四部分：

(1)《公共建筑运营企业 温室气体排放核算方法和报告指南（试行)》。

(2)《企业温室气体排放报告核查指南（试行)》。

### (五) 区域城市核算方法

(1) 深圳市的《组织的温室气体排放量化和报告指南》(2018 年 11 月)。

(2)《上海市温室气体排放 核算与报告指南（试行)》。

(3)《北京市企业（单位）二氧化碳排放核算和报告指南（2017 版)》。

(4)《广东省市县（区）级温室气体清单编制指南（试行)》。

## 三、有关二氧化碳计量与实施的思索

### (一) 中国碳当量标准的编制依据

1. 国际标准的采纳

ISO 14064-1 及与之配套的标准为 ISO 14064-2 和 ISO 14064-3。

与其有关联的标准还有 ISO 14065、ISO 14066 和 ISO 14067。

以上 ISO 标准都于 2006 年制定，并于 2018 年第一次进行了修订。

2. 国家政策的引导

2009年7月科学出版社出版了《2050中国能源和碳排放报告》，这是当时中国对能源和碳排放最全面的政策性报告。其中讲到“节能、可再生能源和碳利用技术是应对气候变化挑战的重要手段。在总结中国实行节能优先战略20多年实践基础上，单位GDP能耗强度在2006—2010年的国家“十一五”发展规划中第一次作为限制性指标，中国在能源效率提高上第一次有了量化指标要求，这是一个创造（其实不然，国际ISO 14064已经于2006年下达）。这种量化指标，使得中国能源制度监管、政策制定和战略规划有了衡量和落实的标准”。实际上，此时中国只是提出了政策上的导向要求，许多具体实施标准尚未制定。例如，《建筑碳排放计量标准》是中国工程建设标准化协会《关于印发〈2010年第二批工程建设协会标准制订、修订计划〉的通知》（建标协字〔2010〕91号）的要求下达编制的。该标准编制于2014年完成，标准编号为CECS 374：2014，自2014年12月1日起实施。此标准编制多年，但在业界尚鲜为人知，具体实施也乏善可陈。

CECS 374以及之上所介绍的相关指南是借鉴ISO的有关标准，与此有关的ISO标准是2006年开始制定发布的，现在ISO的相关标准已经更新到2018年、2019年了，中国的相关标准应该跟进国际标准的步伐。

此外，中国2010年的时候关于能源和碳排放的政策开始是追随国际发达国家的步调，把碳排放定在2050年（2018年之前尚未推出碳达峰、碳中和这两个定义），所以才有了《2050中国能源和碳排放报告》，后来中国根据自己社会经济发展的实际确定碳达峰到2035年，碳中和的时间为2060年。

**（二）中国碳当量的标准存在的问题以及可实施度**

1. 根据地区差异碳中和的时间节点要有所区别

中国的地域辽阔，各地的自然环境条件和生产条件是有很大差别的。因此，笔者前面讲的中国本身就是分为“三个世界”，只是我们未按此划分而已，但事实是客观存在的。我们通常也讲中国的发达地区是珠三角、长三角、渤海湾，这些地区无论是生活水平、科技发展还是工业现代化生产，已经是事实的发达地区（比许多发达国家规模还大）了，与中国西部的落后地区有很大差别。在制定碳达峰、碳中和的时间节点上应该有所区别。但又不是说发达地区碳中和的时间就会缩短，落后地区碳中和的时间就会延后。事实是国际上许多发达国家将碳中和的时间大部分界定在2050年，但也有不发达国家定于2050年前达到碳中和。例如，梵蒂冈的碳中和现在就可以达到，当然这是特例，但也不是个例。因此，中国应该按地区差异对碳达峰、碳中和的时间节点有所区别，最终全面达到碳中和的整体要求。

2. 地区与行业碳当量标准的协调

地区标准如何与行业标准进行协调，以防止重复性管理和不到位管理？有的省、市、自治区没有碳中和具体的实施内容，如有的省市没有钢铁水泥生产，或没有火力、水力发电，没有风力发电等，那样的话各省市的碳排放和碳达峰、碳中和的内容、量值将有所不同。当有国家和行业标准，应按国家和行业标准执行；没有相应的国家或行业标准需要制定地方标准，有国家或行业标准也可根据实际情况完善和细化地方标准。

3. 碳当量标准制定的可实施度

“制定标准，实施标准，对标准的实施进行监督”，是对标准全过程管理的概述。首先制定的标准要有明确的指向和具体的要求，这样才便于和有利于实施，如果实施过程有良好的管理和操作水平，其结果判定是可以弱化的。这方面德国和日本有免检产品的实际范例。

还有，必须考虑标准的发展导向，提高标准化水平。中共中央、国务院 2021 年 10 月 10 日印发的《国家标准化发展纲要》中明确讲到："以科技创新提高标准水平。建立重大科技项目与标准化工作联动机制，将标准作为科技计划的重要产出，强化标准核心技术指标研究，重点支持基础通用、产业共性、新型产业和融合技术等领域标准研究。及时将先进适用科技创新成果融入标准，提升标准水平。"

建筑业的碳足迹是最为复杂的，基本上与其他行业的碳足迹都有交集，如何划分相关行业之间的碳足迹责任以及量化二氧化碳当量指标是需要下功夫进行研究的。

4. 缺少农、林、牧、渔的相关标准

从当前所了解的国家相关政策的规定，以及二氧化碳当量的划分看是缺少农、林、牧、渔的相关规定的，中国农、林、牧、渔在世界的占比是最大的，但缺乏相关的规定以及相关标准。

《省级温室气体清单编制指南（试行）》第三章"农业"分为六个部分：概述、稻田甲烷排放、省级农用地氧化亚氮排放量、动物肠道发酵甲烷排放、动物粪便管理和氧化亚氮排放、农业部门温室气体清单报告格式。第四章"土地利用变化和林业"分为四个部分：概述、森林和其他木质生物质生物量碳储量变化、森林转化温室气体排放、土地利用变化与林业清单报告格式。以上两章的内容对于农、林、牧、渔清单内容的讲述是很全面的。但在"行业所制定的温室气体排放试行核算方法与报告指南"中尚未得到体现，其中总的二氧化碳当量的数据作用也很少涉及。

# 第三章 发达国家节能降碳见闻

通过对日、欧、美、韩等发达国家的考察参观与交流，将所见到及想到的碳中和的节能环保做法与我国相应的情况进行对比思考。从2004年1月至2019年4月（原定2020年3月5日去日本，由于新冠肺炎疫情未出行）期间出行大约30个国家、50个国次（有的国家如日本、韩国各7次；欧洲多个国家，其中法国4次、德国3次；新加坡3次；美国2次；澳大利亚等），进行学术交流、参观考察与调研。以下主要对所到发达国家相关节能减排、绿色碳中和的一些做法进行对比分析与借鉴。

# 第一节　日本见闻概述

## 一、日本马桶盖的影响

关于抽水马桶盖的作用，国内前些年多有议论，2013年前后上海有许多人到日本东京采购智能马桶盖，但对此至今绝大多数人未看到事物的本质。日本抽水马桶盖有冲洗功能，有益于人身健康，以及可以减少妇科等病况，加温起到了舒适的作用。此外，更重要的一点是，由于采取了冲洗措施，卫生纸只起擦（洇）干的作用，从而减少卫生纸的使用量。由此，日本全国不论高档的宾馆还是乡村的卫生间，使用的卫生纸都是再生纸，节能环保作用明显，同时达到了全国的标准化。如果没有冲洗功能，卫生纸使用量要增加4～5倍。

1870年，英国陶瓷工匠泰福德设计出整体式陶瓷马桶，它的成本比金属马桶低，其有一条蛇形排水管，即S形管，或者说是下水道的存水弯，总是保存一些水，这些水起到隔离气味的作用，将管道内积存的臭气阻住。笔者于2017年11月3日在荷兰阿姆斯特丹见到了200多年前的陶瓷抽水马桶（经过翻修，但陶瓷部分为原件）。

光触媒技术智能抽水马桶是日本TOTO公司发明的（TOTO公司的前身为东洋株式会社，成立于1917年）。智能马桶为全新的清洁、舒适的卫生体验和人身健康做出了贡献。2010年，TOTO倡导全球绿色、环保、低碳生活。

需要说明一点，许多人尚不知道，卫生纸都是速溶的，不论是日本的还是中国的，只不过日本采用的是再生卫生纸，而中国采用的是原浆卫生纸（中国还在包装上特别注明为原浆纸）。此外，卫生纸与餐巾纸是有很大区别的，卫生指标有所不同，餐巾纸的卫生指标高于卫生纸，有的小餐馆用卫生纸当餐巾纸用是不恰当的。由于许多人不知道卫生纸是速溶的，将用后的卫生纸扔到纸篓里，而不是直接投放到抽水马桶中，带来了蚊蝇细菌，造成环境污染。

日本的抽水马桶盖所带来的碳足迹是非常有利于环保节能的，减少纸张对树木的消耗，纸张充分地再利用，是有利于碳中和的，而且起到了综合的效能，值得我们学习。

根据国家统计局2016年年末的第三次全国农业普查主要数据公报，使用冲水式卫生厕所的有8339万户，占36.2%；使用冲水式非卫生厕所的有721万户，占3.1%；使用卫生旱厕所的有2859万户，占12.4%；使用普通旱厕所的有10639万户，占46.2%；无厕所的有469万户，占2.1%。也就是说，有冲水式卫生厕所的家庭占农村总户数的比重为36.2%。假设到2018年年末，该数据提高到40%，则农村仍有约对应

3.4 亿人的家庭没有用上抽水/冲水马桶。“城镇存量房中 26%的住房无独立抽水/冲水卫生设施。”假设城镇按 20%的较高空置率计算，各城镇没有用上冲水式卫生厕所的人口为 1.7 亿（13.9 亿乘以 59%的城镇化率，再乘以 26%，乘以 80%）。抽水/冲水式马桶又可分为坐便器和蹲便器，农村大部分家庭用的是蹲便器，那是没有马桶盖的。因此还可以非常保守地估算，中国至少有 6 亿人口迄今还未使用带有马桶盖的坐便器。这是两年多前的预计数据，即便按发展到今日计算，应该还有不少于 5.8 亿人口未使用带有马桶盖的坐便器。

中国需要深化“厕所革命”和“智能马桶”的发展，这也是环境友好的充分体现。厕所的发展也体现了人类社会文明的进步。

2001 年 11 月 9 日，来自新加坡、芬兰、英国、美国、中国、印度、日本、韩国、澳大利亚和马来西亚等 30 多个国家的代表，在新加坡举行了第一届厕所峰会，一直难登大雅之堂的厕所问题，首次可以像贸易问题一样，登上高级别议事厅，并受到全世界的关注。

会议讨论了有关厕所的广泛议题，包括厕所设计、卫生、舒适，以及解决排泄物污染和发展中国家厕所缺乏等问题。决定从 2001 年起，每年世界厕所组织都会在不同的地方举行世界厕所峰会（World Toilet Summit），以提供一个联系、交流、共享信息和合作的平台。

第 67 届联合国大会 2013 年 7 月 24 日通过决议，将每年的 11 月 19 日设立为“世界厕所日”。该纪念日由世界厕所组织（WTO）于 2001 年提出，2013 年 7 月 24 日确立；主要是为了凸显穷人面对的环境卫生危机而设立，以推动安全饮用水和基本卫生设施的建设，倡导人人享有清洁、舒适及卫生的环境。希望通过全世界人民的努力，共同改善世界环境卫生问题。

2020 年，世界厕所日的主题是“可持续环境卫生与气候变化”。气候变暖、疫情病毒、人类健康、可持续发展这些问题都与厕所息息相关。2020 年世界厕所日的主题表明了“可持续环境卫生与气候变化”的重要性。

2021 年 11 月 19 日，世界厕所日提醒，上厕所玩手机容易传播疾病；冲马桶要盖马桶盖，否则马桶内的细菌在空气中停留，可能会沾在毛巾、牙刷上；卫生巾放在厕所，容易受潮变质，不拆封也有污染风险。

## 二、日本垃圾分类的做法

垃圾分类处理可以借鉴日本的做法。日本的垃圾分类是从每个家庭做起的（有垃圾分类手册指南），先在家里将垃圾进行分类，有的包装瓶盒需要清洗干净，根据不同垃圾进行分类打包，按时投放指定的地点。在指定地点、指定时间有垃圾车进行收集，日本的垃圾车用帆布全部覆盖，通常我们是看不出是垃圾车的，而且没有一点异味（由于在家里已经进行包装处理，不会产生污染流淌的现象），车辆擦拭得干干净净（日本的各种车辆都擦拭得干干净净，包括工程车辆）。

日本与中国饮食方式有所差别，厨余垃圾的残汤剩饭不像中国那么多。在酒店宾馆、饭店用餐采用的是分餐加食的做法，减少剩余的饭菜。此外，日本饭店、酒店的自助餐，无论男女老少，都是取多少、吃多少，都是吃得干干净净的。笔者所接触的朋友中，留学日本的博士、硕士研究生也养成节约的“光盘”习惯，包括中国的留学生和韩国的留学生。其中，一个韩国留学日本的博士，后来回韩国成为有相当建树的教授，我们经常有技术的交流交往。笔者曾经邀请他到中国进行学术交流活动，他儿子也一同前来，其间在宾馆用自助餐时，他吃得碗盘干净，然而他的儿子（也有二十五六岁）则浪费很多。看来，良好的习惯需要从小培养，形成全社会的共同认知。

此外，日本宾馆、酒店的自助餐，普遍在餐桌上每人的位置有一个餐桌垫，一面写有“即食”（说明正在有人用餐），另外一面为“食毕”（告知无人用餐），这样做有利于有序管理，此外，也防止管理人员误收没有食用完的餐食，造成浪费。最近（2021 年 9 月 3 日），笔者到北京希尔顿逸林酒店用自助餐，发现餐桌上采用了日本的类似做法，使用塑料的小牌（大约 10cm×8cm），一面标有蓝色字体的“空位，祝您用餐愉快”，另外一面标有红色字体的“用餐中、用餐完毕，请翻至蓝色面”，都用中英文标注。这是一个很好的做法。这个采用小塑料牌的做法，比日本的还要好，但很遗憾的是，大部分用餐人并不清楚其用意。

在一家日本餐馆（是华裔日籍人开的餐馆，生意兴隆，经常排队）用餐发现，当你食用面条时，餐馆会给你发一个一次性的无纺布兜兜（围着脖子到胸前，如同以前给小孩用的围嘴），防止嘬吸面条产生的汤汁溅到衣服上。为此，笔者特意试验过不用“兜兜”，证实汤汁会溅到衣服上，尤其是穿白色上衣时很明显。后来回到国内，当吃面条时，尽量离碗要近一些，防止外溅。日本服务的细心周到值得我们学习。

中国从北京的情况看，现在的垃圾回收的做法是不成熟的。我们应该分析研究日本的具体做法（也包括欧洲一些国家的做法），结合中国不同城市乡村的情况进行确有实效的试点开展推广。

中国目前出现的一种情况，是世界其他国家尚未全面出现的——快递产生大量的各种包装垃圾，而且大部分包装垃圾可以回收利用，尤其是大量的包装纸箱，纸张的再生利用价值很高，应该重点研究并采取针对性的措施。

## 三、建筑物保温节能的细节做法

日本公共建筑大堂的外（大）门都是双道门，有的没有中间的转门。进入大堂时双道门都是通过人体自然感应开关，而出大堂时里面的那道门是需要人操控按键才会开，而外道的门还是人体感应门，自动开合。此设置做法可以防止频繁自动开门，有利于建筑物的保温隔热，起到节能的作用。中国高档酒店、宾馆两旁的大门有全自动感应的，低档酒店宾馆也有手动的，而且酒店、宾馆的大门大都密封不好。

## 四、日本卫生间的一些做法

日本宾馆、酒店卫生间的洗浴水龙头的操作简便，冷热水的开关容易调节，而且位置设置合理，便于使用。

而中国的宾馆、酒店卫生间的洗浴水龙头五花八门、各式各样，经常出差入住宾馆、酒店的人都难以掌握。

此外，日本新干线列车（不止是新干线列车）的卫生间宽大，使用功能齐全、设施完善（图 3-1）。前面讲到，日本的列车车厢过道车门只在中间设置一小条玻璃，而且设有手工控制按键开关门（图 3-2）。

图 3-1　日本新干线列车卫生间

图 3-2　中日高铁过道车厢门对比

而中国的高铁卫生间空间狭小，普通的列车更是如此，商务座的卫生间要大一些，但也比日本新干线的卫生间狭小。同样，日本航空公司飞机的卫生间都比较宽大。而中国民航各个航空公司飞机的卫生间都比较狭小，包括公务舱、头等舱的卫生间。个子高大肥胖的人都难以周转，加之残疾人就更不方便了。为了增加几个座位，丧失了全部乘客使用的方便与舒适度。

曾经于 2013 年乘坐日本航空公司的波音 787 飞机（中国最早引进的波音 787 为 2014 年），日本波音 787 飞机的经济舱布局为 2-4-2，而中国各航空公司其后引进的波音 787-8、787-9 均为 3-3-3 布局。2-4-2 布局的过道送餐饮的小车与相向的人可以同时通过，而 3-3-3 布局只有找到空间才可通过。日本民航客机的座位有宽松布局的，也有紧密布局的，是根据不同的实际需要进行座舱座位布局的。据资料介绍，日本是唯一的国家空客 380 飞机采用全经济舱布局——800 座位布局（通常都是 555 座布局，包括经济舱、公务舱、头等舱，中国南方航空公司是中国唯一引进空客 380 飞机的，也同样是三舱布局）。此外，日本引进的波音 747 飞机同样有采用全经济舱布局 640 座位的（通常的波音 747-8 三舱布局的载客量为 467 人）。日本根据不同的需求进行座舱的安排，但卫生间的空间都是比较大的。

节能碳中和首先以人的需要为要义，以人为本，不能为了节能而节能，也不能简单地算经济账，应根据需要取舍，服务也可以出效益。

## 五、2020 年东京奥运会的环保理念

最近看的报道，是有关东京奥运会绿色环保措施的。为了贯彻绿色奥运的理念，这次奥运奖牌的制造材料全部来源于日本民间捐赠的手机和旧电器，其中手机有 620 万部，大致提炼出来了 32kg 金、3500kg 银和 2200kg 铜。这些材料全部用于奥运奖牌的制作。此外，运动员住宿的床是采用再生材料制作的木板床（虽然遭到许多人的诟病），也充分体现了环保的理念，减少碳排放，值得学习。据 2021 年 10 月中央电视台的报道，在韩国这种再生材料制作的木板床很受欢迎。

## 六、日本宾馆的优惠政策，减少环境污染的排放

日本许多宾馆为了节能减排，对于小件用品以及床单、被套、枕巾，如果连续住多天，第二天起不做置换，每天宾馆可以给住客 500 日元，鼓励住客节约使用。由此，对

住客、酒店、国家、社会都有利，减少消费、节约减排，起到促进环保的作用。

10多年前，北京的兆龙饭店实行不提供顾客牙刷、拖鞋等，给顾客带来不便，逼迫住客买酒店售货部的高价用品，没多久就实施不下去了。最近一两年，看到上海、北京一些酒店、宾馆房间里不备牙刷等小件物品，住客需要时在总服务台索取。这与日本的做法相比就显然缺乏感召作用了。

## 七、保温模板一体化的情况调查参观

2004年1月到日本舒适建筑技术开发有限公司（简称舒适公司）重点考察参观保温模板一体化技术应用（使用小颗粒发泡聚苯板的保温板作模板，内外保温模板各厚65mm，浇筑自密实混凝土，混凝土浇筑完成后，使保温板与墙板和楼板成为一体）的情况。先到舒适公司在枥木市的工厂，首先对工厂保温模板一体化技术应用模拟工程的试验情况进行参观考察。其间意外地发现他们的工厂也在生产整体装配式厕卫间并且包括洗衣间。在日本时所住宿的宾馆、酒店经常有采用整体装配式厕卫间的，但我们在枥木的生产工厂见到的比通常酒店、宾馆的要高档。酒店、宾馆的整体厕卫间一般没有洗衣服的空间，而枥木生产的装配式厕卫间包括可以放置洗衣机的位置，比通常酒店、宾馆的面积空间要大，而且在洗浴澡盆的上方镶嵌设置了小的彩色电视机。这种带有洗衣间的整体装配式厕卫间看来是供居民住宅用的。

之后又回到东京，参观了保温模板一体化工程应用的情况，包括刚完工的工程和正在施工的现场。参观的工程为单层的公共办公用房以及正在施工的二层住宅楼房的工程，墙体以及楼面现浇混凝土的厚度为200mm。外墙保温层之上的防水防护涂料采用聚合物彩色涂料，现场喷涂，厚度达到8mm（而中国的保温层上的防水涂料厚度仅为3mm），其一次使用年限达到30年没问题。此外，舒适公司对外墙面的保温层增加了排气通道，以防止室内气体排放产生结露降低热工效能，此做法当时正在申报日本的国家专利。

2004年日本舒适建筑技术开发有限公司为推广保温一体化技术与中方进行合作，在北京经济开发区建造了一栋二层楼房，采用了保温模板一体化技术，同时采用了自密实混凝土。工程完工后，对建筑热工物理的情况进行了全面的测试，测试结果绝好（具体内容见后文介绍）。

## 八、日本的建筑种植绿化情况

2004年1月在日本考察保温模板一体化技术的同时，还考察了日本的建筑种植绿化工程。之后又多次到日本对建筑种植绿化工程进行了参观考察和交流。

2004年考察参观了日本的建筑种植绿化工程，与日本著名的建筑种植绿化专家进行了交流，参观了一些由专家推荐的建筑种植绿化工程，包括屋顶、墙体、市政桥梁道路的绿化工程。

拟于2003年3月由笔者具体组织举办“全国第一届屋面种植绿化技术交流会”，由于当年“非典”疫情的影响推迟了一年。2004年1月到日本交流考察参观后，看到了日本有的墙体绿化采用了装配式的做法，其中立体建筑种植的一些做法独具特色：其一，作为建筑物西面墙体，单独设置隔热遮蔽的种植绿化墙体，采用预制金属构件，组建成为网格式墙体，根据绿化的需要选择适宜的植物（爬墙藤类）进行合理的布局，同时布置管道供水网络，管道供水时可以根据需要加添植物生长的营养液体，实行无土栽培；其二，大型公共交通枢纽的隔离栅栏墙体采用种植绿化的做法，在建筑坡道墙，采用钢骨架（有的是不锈钢骨架）上布设预制的花盆（通常都是长方形的），有土栽培，但也是利用管道来浇水和输送营养液。这是两种装配式种植绿化的做法。此外，在10多层建筑的混凝土外墙的每个窗户下设置一个大的花盆，种植花草果蔬。也有在建筑室内进行建筑种植绿化工程的。由此，笔者将原会议推迟一年后的名称改为“全国第一届建筑种植绿化学术技术交流会”，而不是原来拟订的“全国第一届屋面种植绿化技术交流会”，把原来仅针对屋面的绿化扩展到全面的建筑种植绿化。通过到日本交流、参观、考察，认知得到提高。当时我们国内尚无此类墙体绿化做法，只有爬墙藤的做法。在最近10多年所去的其他国家也未看到，在国内也未曾见到过，现在国内是否有了这种做法也未可知，没有了解到。

2009年7月对日本清水建设公司的研究所进行了拜访交流。清水建设公司为日本的五大建筑公司之一，下设的清水建设研究所有300余人。清水建设研究所在20世纪70年代就开始研究建筑环保和开展建筑的风洞试验工作了（中国建筑的风洞试验始于20世纪90年代的中后期，现在中国建筑的风洞试验已经处于世界先进水平了。中国超高声速的风洞技术已经处于世界领先水平，不过此项技术主要不是应用在建筑领域）。我们参观了解了清水建设研究所的抗震建筑、抗地震波水系的研究情况，建筑热工物理的研究情况，以及屋顶建筑小型园林种植绿化的情况等。屋顶建筑园林绿化采用了小型乔木、灌木、草坪以及水系小溪的做法。需要特别说明的是，有局部的屋面被相连的另外高层建筑遮挡，一年四季基本上难以得到直射的阳光，此处遮阴部位特意选择种植了“冬青草”，为其工作的细致感到赞叹。这样建筑的细微处理做法在日本还有很多，值得我们借鉴学习。此外，在一栋建筑的西山墙外，离开墙外逾1m，独立的用钢骨架做了个绿化墙体，种植攀缘植物，采用无土栽培技术，设置淋水管道，根据需要增加植物营养液。这样做起到了遮阳、隔热、装饰的效果，又不影响墙体的保温效能。而我国大部分的墙体绿化采用爬墙藤（如五叶锦）的做法，容易招蚊虫，且保温隔热效能差。不过，隔离式墙体绿化也是清水建设研究所作为试验对比的参照做法。

东京工业大学2009年前后，专门做了树木以及草和竹子等植物在屋顶防根穿刺的做法的试验研究。其中一个博士研究生做了树根生长张力影响的试验，用计算机长期监控树根生长张力变化的情况，当时我们参观时已经做了一年多的时间了；另外一个硕士研究生针对不同的小型树木、花草、竹子，采用不同防水层的做法进行系统长期的试验（也已经做了一年的时间）。这就为建筑种植绿化的基本要求做法提供了可资借鉴的依据，提供了定量和定性的标准做法的依据。2009年11月26日参加了由日本建筑学会材料施工委员会、防水工程运营委员会在日本建筑学会举办的第五届建筑防水技术交流会，会上提供了正式的日本建筑学会的汇编资料，其中，也对编制的《屋面绿化用材料新的耐根性评价方法》标准进行了介绍。

日本各类建筑形式，都做工程应用的系统性试验；中国缺乏相应实际工程通常应用试验研究的做法。

## 九、道路排水口水箅子的做法

日本道路的水箅子材质好，外观美观，采用不锈钢材料的居多，根据不同的位置区别设置防滑不防滑的水箅子，道路上有重载车辆通行的位置，水箅子的强度、厚度有所增加。同样，德国道路排水口水箅子的质量也非常好，有的水箅子采用铸钢的材料，厚度可达100mm，坦克行走都没有问题，同时可以保证其工程的耐久性。

中国大中城市道路排水口的水箅子，在质量上和外观形态上都存在差距，而由于材质的差异缩短了使用寿命，又产生了相关问题。中国看似降低了一次使用的价格，但全寿命使用周期的价格反而提高了。

## 十、采用保温隔热涂料翻修的建筑工程

2009年7月到日本进行交流和参观考察。其中，参观了日本西博德施公司在东京湾的一个码头库房金属结构的装配式建筑的维修工程。该建筑的屋面与墙体涂刷硅丙涂料防护保护层，涂层具有良好的保温隔热效果，可起到保温隔热、防水防护的作用，我们进到库房内明显感到凉爽。屋顶施工面积13000m²，墙体施工面积27000m²。屋顶金属板上喷涂1.5mm厚的硅丙涂料，墙体金属板上喷涂1.3mm厚的硅丙涂料。平均700元人民币/m²，40000m²合计2800万元人民币（在翻修工程中这样的价格于中国是不可想象的）。

2008年，日本西博德施公司也对日本投资在浙江桐乡建的一个化工厂的金属结构建筑的屋顶进行了维修，1.5mm厚的硅丙涂料，600元人民币/m²。

2008年上海浦东中日合资的汽车紧固件的厂房的屋面进行维修，屋顶厂房的楼板采用大型混凝土预制板，做找平层后喷涂3.8mm厚的硅丙涂料，400元人民币/m²，屋顶面积14000m²，合计560万元人民币（采用日本技术在中国合作生产的涂料）。

2006年，在中国建筑科学院的一个锅炉房的屋面上，对日本的硅丙涂料应用的热工性能做过测试，结论是其具有良好的隔热性能。

2019年6月调研考察了扬州一个汽车4S店的装配式金属结构板的屋面采用硅丙涂料（在中国生产）施工的情况（2018年完工）。由于金属彩板的基板太薄，大约只有0.5mm的厚度，加之涂料涂层厚度不到1mm，致使屋面板缝搭接部位产生变形，造成渗漏水，同时也达不到应有的保温隔热效果。材料的使用需要与结构基体配合，才能达到应有的效能。

目前普遍存在的问题是，为了降低工程应用造价成本，从而降低彩色压型钢板的厚度，由于满足不了基材的厚度要求，同时又降低了涂料的使用厚度，这对实际的防水工程质量、隔热性能以及耐久性都将造成影响。说的是用同等的材料，由于基本条件存在问题，又偷工减料，实际质量南辕北辙，应该引起重视。

此外，2008年北京国家大剧院的围护结构建筑（外部是台阶踏步加花池植物，下面为地下室是存放内部员工自行车的附属用房）出现渗漏水的情况，进行堵漏修复。对产生渗水的缝隙先进行剔凿并对表面原装饰涂料进行打磨处理。开始由中国的工人进行剔凿和打磨的操作，由于高度不够，需要利用“人字三脚梯”，采用榔头敲打錾子剔槽，之后进行打磨，由于在人字梯上操作很不安全，而且打磨时整个操作地带灰

尘飞扬，操作人员搞得灰头土脸，虽然戴着口罩，鼻孔还是吸满了粉尘，$PM_{2.5}$能够达到1000。后来由日方施工，日方采用角向打磨机，配置不同的齿轮叶片，缝隙小采用尖细的叶片，缝隙大采用圆凸状剔槽钢片，采用机电设备操作既提高了效率又保证了安全。此外，打磨机连通有吸尘器，这样打磨不会产生粉尘，$PM_{2.5}$可以降到100以下，有利于人身健康和环保。即便这样，日方为了防止少许的粉尘降落，在地面上还铺设了宽5～6m、长逾20m的纤维塑料布。“工欲善其事，必先利其器”，一个小小的改变，既提高了效率，保证了工程质量，提高了人身安全，又带来了环保的效能。绿色环保无处不在。

## 十一、2009年10月参观考察的日本积水住宅株式会社的样板房

日本积水住宅株式会社是日本的著名建筑公司，系日本最大的综合性企业之一——积水化学工业株式会社的下属企业。积水住宅株式会社以“为您提供关爱地球环境，并且能放心舒适地持续居住60年以上”的住宅理念，开展住宅建筑事业活动。“搭载太阳能发电系统住宅”“全电化住宅”“瓷砖外墙住宅”的销售份额在日本首屈一指。积水住宅作为日本顶级的住宅产业化开发商，至今已有50多年的历史，累计生产销售住宅超过211万套，是日本实行住宅产业化的先驱者。我们于2009年11月参观积水住宅的样板房示范展示基地的15幢样板房，以组合钢结构“积水海慕”、组合式木结构“积水TWO-U房屋”为主的建筑体系。这里有模拟不同地震等级的试验房屋，人可以进入房屋体验不同地震的实际感觉；还可以观察构件受力的极限破坏性试验，以及防盗的破坏性试验；也可以观看建筑地基剖面的状况。不同建筑的现代化需求，让用户（业主）自主选择，提出意见进行改进修正。这些住宅以二层建筑为主（日本木结构住宅建筑，按《建筑基准法》的规定不超过二层，总高度不超过13.9m），大部分没有地下室，均为装配式建筑，屋顶都是坡屋面，可以采用各类瓦板做法。日本作为私有制国家，大多形成独家独户的建筑需求，而且城市和乡村的住宅建筑没有什么区别，乡村住宅建筑的面积通常要大一些，现代住宅建筑以装配式建筑为主，但类型多样，采用混凝土装配式住宅建筑的比较少见。我于2004年1月考察参观“保温模板一体化”建筑时，看到正在施工和已经完工的现浇混凝土的建筑，都为单层和二层建筑。

建筑采用什么类型形式，与国情、气候环境（包括地震）、生活习惯等都有关系，因此，不能一概而论。

## 十二、2009年11月参观考察的日本三项地铁工程项目

其一，东京中央环状品川线中目黑换气所地下工程；其二，东京中央环状线大桥JCT；其三，调布铁路（地铁）车站改造工程。

从以上三项工程中看到了日本的城市建设、地铁建设环保理念的新发展，以及防水新技术的应用情况。以下重点介绍第一个项目的环保理念。

（1）概述

首都圈分为圈央道（300km，将东京和大阪连在一起，16个在施线路段，最晚线路段2015年完工）、外环道（85km，最晚线路段2015年完工）和中央环状线（47km，品川线2013年完工，其他路段已经完工）三部分。我们参观考察的是中央环状线。

（2）中央环状线的计划

中目黑换气所地下工程是都市高速道路中央环状品川线的最大施工现场。起点为东京都品川区八潮三丁目，终点为东京都目黑区青叶台四丁目。品川线长度为 9.4km（2013 年完工），设计时速为 60km。共四个换气所，中目黑是其中一个换气所。

（3）工程简介

环保主要体现在换气所。本换气所的换气塔高 54.7m，地下深度为 73.1m，地上为 5 层，地下为 11 层。换气所的设备分为吸气设备、消音设备、排气设备和电气集尘机。2008 年 6 月开始地上部分的施工，2009 年 10 月开始地上和地下同时施工。2009 年 10 月 26 日到 12 月 1 日施工下沉深度为 7m。

（4）工程施工

地下有施工台，边挖边向下推进；采用 ACR 工法，静音、静振动；作业室构筑（由计算机中心控制，分 9 个机位）；地下施工的同时地上也进行施工；采用无人掘削技术，即使用高出力掘削机；噪声的处理对策为设置消声设备；施工现场周边变化情况采用 GPS 设备监控；管片厚度为 45cm，管片强度为 30MPa。本工程的特征为深土质，大深度挖掘（73.1m），不影响周边环境。

（5）换气所的作用

中央环状品川线段的换气所具有改善环境的作用：一年可减少二氧化碳的排放 9 万 t（相当于 160 个代代木公园对二氧化碳的吸收作用，采取了碳捕获技术），一年可减少 $NO_x$ 100t，一年可减少浮尘粒子 6t。换气所还有减少噪声污染等功能。换气塔排气速度相当于 10m/s 的风速，排气高度超过 100m。

## 十三、关于预制装饰外墙板的做法（建筑外墙贴面砖的反打工艺的技术）

2019 年 3 月到日本考察混凝土装配式建筑时，看到日本还在大量采用建筑外墙贴瓷砖、面砖的做法，其主要在工厂采用定制的模具，先铺瓷（面）砖，然后浇筑混凝土，采用反打预制制作方法。这样可以提高标准化生产、提高效率、提高质量，可以达到满粘的效果，从而可以避免瓷（面）砖剥落。而现场贴砖，由于表面需要找平，因此不可能达到满粘的效果，必然会产生空鼓，渗透进水产生膨胀（冻胀），从而易发生脱落现象。由于现场的施工环境条件复杂，需要高素质的操作人员，而实际操作人员水平的差异比较大，因此很难保证施工质量（笔者曾经从事过工程现场贴砖类的施工操作工作多年，深有体会）。为此，中国有的地方（如上海市）已经明确规定，不得采用外墙贴砖的做法。作为建筑装配式做法的预制外墙装饰技术，日本的做法是值得借鉴的。在日本参观考察期间，特意观察了日本许多建筑外墙使用的情况，其效果良好。反观中国许多地方包括南方、北方，尤其是东北、华北，公共建筑以及住宅楼外墙贴砖发生大量的脱落现象（笔者所住的楼墙面现在就有脱落的情况）。但如果采用日本外墙贴面砖的反打技术，则会有利于贴面砖且能提高效率、提高质量。

日本积水建设“搭载太阳能发电系统住宅”“全电化住宅”“瓷砖外墙住宅”的销售份额在日本首屈一指，将“瓷砖外墙住宅”作为重点推广的建筑形式之一。这与中国相比体现的也是技术的差异。

同时，参观日方预制工厂混凝土外墙板制作时，看到钢筋网片的支墩（支架）采用统一标准化的做法，材料分为高强塑料和高强混凝土（超过 C40）的统一定制件。而我国混凝土预制构件的钢筋网片的支墩大都是现场临时制作的水泥砂浆垫块。细微之处对于提高质量至关重要。

## 十四、关于日本的标准化工作

从一开始与日本进行学术技术交流，就关注到了日本的标准化工作。日本的标准化工作可以说是世界上做得最好的。之所以说是最好的，是因为日本在法律体系管理、标准化体系建设、标准化具体实施管理方面做到了全面管理，做到了“简化、协调、统一”。日本政府标准化管理体系，例如，《工业标准化法》颁布 70 多年，一直没有变化，由日本的经济产业省主管，协调政府的其他相关部门；相关的专业化标准管理机构也是没有变化的，通常由社团进行标准化管理。当今世界上颁布了标准化法的国家只有日本、中国、俄罗斯。日本分别颁布了《工业标准化法》《农林标准化法》《建筑基准法》（附《建筑基准法实施条例》）等有关标准的法律。对比日本与中国的法律，我国有许多欠缺，具体内容不在此细说。仅从文字数量上讲，中国的《标准化法》6000 多字，日本的《工业标准化法》2.5 万多字；中国的《标准化法》涉猎各行业，日本的《工业标准化法》不包括农林等。而且日本的标准化法涉及其他 10 多项法律的关系，中国的《标准化法》不涉及其他法律。中国的《建筑法》1.8 万字，而日本的《建筑基准法》16.2 万字，其中涉及其他法律有数十项。另外，还有《建筑基准法实施条例》15 万多字。

2018 年笔者已经安排完成了日本《工业标准化法》的翻译，2020 年完成了日本《建筑基准法》的翻译，《建筑基准法实施条例》拟安排进行翻译。此外，2014 年完成翻译的《防水施工法》（此书不是法律，是供操作人员、工匠学习的指导教材）已经由中国建筑工业出版社出版。

中国需要从标准的法律体系、标准化管理体系、标准的制定实施进行全面的改进和提升，以促进质量的全面提升和效率的提高。但建筑又是古老和现代结合的产物，文化艺术传承与创新相结合，因此，许多标准是“做而不废”的。如何平衡传统与创新是建筑领域的重要课题，在碳中和的发展中如何把握，而又不能过度标准化，需要探讨研究。

## 十五、关于知识产权做法的点滴记忆

虽然这个内容不属于绿色建筑、碳中和的内容，但知识产权对科技创新具有无形的推动力，我国需要加强知识产权的意识，促进科技的创新创造。笔者参与创办了中、日、韩三国的建筑防水技术交流会，三国轮流主办。2009 年为第一届，在日本举办，笔者具体组织了中国方面的参会工作。三个国家发言的专家学者提前将 PPT 文稿发给主办方，交流会议结束后，当场将各国专家学者在主办方计算机保存的 PPT 发言文稿销毁。我们国家许多学术交流会有关专家学者发言后，与会人员就会拿 U 盘当场要求拷贝。尽管当时日本方面具体负责会务交流的是两个来自中国的研究生，其中中方参与会议组织的负责人又是两个留学生大学时母校的院长，也不会破例。对此事印象深刻！知识产权不仅仅体现在专利、著作方面，也体现在生活的方方面面，只有真正尊重知识产权，才会促进科技的创新、推动社会的进步。

# 第二节　欧洲见闻概述

欧洲建筑的共性有三点：

其一，欧洲宾馆、酒店的抽水马桶采用统一的标准做法，流量集中快速冲洗，既省水冲洗得又干净；开关通常设置在抽水马桶后面墙体上便于操作的高度。

其二，欧洲许多国家的宾馆、酒店房间的入户门四面采用密封条密封，有的门的启口采用双道橡胶密封条密封，有利于房间内的保温隔热以及隔声。此外，欧洲有许多公共住宅建筑的门窗外（包括阳台的门联窗）设置百叶窗、门，起到保温隔热、防风防雨的作用。

其三，欧洲近些年加快了被动式建筑的发展。

## 一、法国建筑节能

到法国参观考察共四次，其中 2015 年、2017 年两次连续参加了欧洲建材展览会（每两年在巴黎举办一次，是世界最大的建材展览会，每届参观人数将近 30 万）。印象深刻的是采用“保温模板一体化”（将保温板作为模板，浇筑混凝土后形成一体，不用拆除模板）的实物工程模型展览介绍。2017 年展会与 2015 年展会相比，又增加了许多保温板作模板的工程实物模型展示，其中有的工程从屋顶到墙体全部采用保温板作模板的做法（图 3-3）。

2017 年、2018 年又参观了芬兰、德国、瑞士等国家的在施工程。这些国家的建筑墙体（构体）保温层厚度加大，体现出了欧洲加强建筑节能、被动式建筑发展的趋势。

图 3-3　2017 年欧洲建材展览会上建筑墙体保温板代替模板做法

2017 年 11 月 7 日到法国建筑科学研究中心参观考察和交流，对建筑物理、力学、保温隔热、防火、输水管的压力等的试验情况进行了参观考察。其中见到对抽水马桶的冲水试验，确定了用水量、冲洗效果及防溅角度。

法国建筑科学研究中心虽然作为民营机构，但其检测结果具有权威性。法国在探讨未来建筑（Futur bâtiment）的研究，法方研究人员就此内容做了演讲。

## 二、德国的一些做法

2017 年 11 月考察参观了德国一家新型防水卷材厂，其生产 ECB 合成高分子卷材的生产线（也可以生产 PVC 卷材），8h 的日产量为 28000m$^2$，生产线总共 4 个人，厚度控制可达 1/100mm。此外，可以生产温变色的卷材，当太阳光照射时，卷材变成白色，天黑时变为黑色，自动进行温度调节。

2018 年 4 月参观考察德国保温隔热环保涂料。此涂料用于建筑室内可起到保温隔热以及除湿的作用，能够去除气味、调节室内气温的平衡；用于室外墙体的涂料可起到避免粉尘污染的作用。

其一，参观一个面包生产工厂。由于经常大量使用面粉，因此，面包生产工厂室内墙体的上部墙角和顶部往往一两年即产生结网的现象。而涂刷此环保涂料后，此面包生产工厂已经使用五六年也无结网现象。

其二，一个别墅的地下室洗衣房，有六七台洗衣机，当时看到洗衣房里挂着上百件洗完甩干过的衣服，地下室室内涂刷了环保涂料，地下室保持干燥的状态。

其三，室外墙体对比。一面墙体有一部分未涂刷环保涂料与刷了环保涂料的几年后对比，刷了环保涂料的依旧颜色如新，而刷了其他涂料的则色彩变旧、颜色发暗。

其四，刷了环保涂料的室内可以去除气味（如烟味等）。

其五，在国内，烤烟的隧道窑内涂刷此环保涂料后，可以使得窑内的温度均衡，提高了烟草的烘烤质量，大大提高了烟草烘烤的成品率。

参观考察德国慕尼黑的一项墙体保温防水工程做法。2018 年 4 月 15—16 日入住慕尼黑假日酒店，从酒店看到对面有一个四层的扩建工程。下午 6 点多，建筑工地已下班收工，笔者偷着越过围墙，爬上脚手架，对建筑屋顶以及墙体的保温防水装饰的做法进行了考察。发现墙体保温层采用矿棉玻纤保温材料，厚度达到 200mm，保温层上覆防水透气膜，墙体最外层采用石板材挂板的做法，石板材为人工制造的，大约 40mm 厚。由于采用矿棉保温板，因此外面敷设防水透气膜，防止雨水及湿气进入保温板内（图 3-4）。我国认为矿棉不环保，限制使用，但德国还在使用。

图 3-4　2018 年 4 月 16 日慕尼黑假日酒店对面扩建工程的墙体挂板保温防水透气膜做法

## 三、瑞士建筑的一些做法

2017年11月考察参观正在施工的瑞士苏黎世国家博物馆扩建工程（图3-5和图3-6），主体工程已经完工，正在进行内部的整修设备安装。当时，瑞士《建筑》杂志的主编陪同参观考察，概括介绍了瑞士建筑工程总的情况。工地工程项目的负责人介绍了瑞士苏黎世国家博物馆扩建工程的概况：建筑墙体为现浇混凝土的做法，墙体的总厚度为940mm，其中，外墙面的混凝土厚210mm、内墙面的混凝土厚400mm、中间的保温层厚330mm（采用挤塑聚苯板）；玻璃窗的玻璃采用中空玻璃，中空玻璃厚60mm（其中，玻璃各厚15mm，中空30mm）；地板（楼板）厚500mm，其中有80mm厚的挤塑聚苯板。整个建筑的保温隔热、隔声情况绝好。对于欧洲提出的被动式建筑，苏黎世国家博物馆扩建工程可以说是被动式的代表性工程，靠建筑自身调控温度作为被动式的重点做法的建筑，也是为了迎合碳中和的需要而发展的。

图3-5　苏黎世国家博物馆扩建工程

图3-6　苏黎世国家博物馆新旧馆址衔接

## 四、荷兰代尔夫特理工大学的生物混凝土

2017年11月3日，我们一行人拜访代尔夫特大学。在这里，我们听了世界上首先发明“细菌水泥”“生物混凝土”的生物科学家哈恩克（Henk）教授半天的讲座，随后还参观了他的实验室。生物混凝土对海洋领域、各类混凝土工程修复等方面具有现实意义。哈恩克教授也多次到中国讲座“生物混凝土”技术。据哈恩克教授介绍，现在生物混凝土技术已经发展到第三代。

此外，还参观了代尔夫特大学工程学院的试验厂房，包括道路工程采用回收材料，也包括对新型材料模拟工程应用试验结果的对比情况，以及情况的介绍。

## 五、芬兰的预制混凝土构件的做法

2017年11月考察参观了芬兰ELEMATIC公司预制墙体及预制楼板的生产线。此公司是世界最大的提供混凝土生产预制构件设备的公司，世界的占有率40%，欧洲占有率60%。

其预制混凝土楼板的生产线全长逾200m，为厂房式的室内生产线。其生产的预应力混凝土空心楼板，厚度为500mm，宽度为1200mm，三面钢模板，采用预应力钢丝束，采用轴承连续挤压的方式布料，混凝土拌合物通过挤压成型，不需要混凝土的振捣。生产线下部为加热的蒸汽隧道窑，第二天混凝土楼板即可吊装到室外的堆放场地。板的长度根据工程需要进行切割，最大使用长度 30m（看到堆放场地最长的板）。

参观预制墙板生产线时发现，其所生产预制墙板带保温层的最大厚度为 800mm，其中保温层的厚度为 300mm；预制墙板带保温层的厚度一般为 500mm，其中保温层厚度为 200mm；不带保温层的混凝土预制墙板最厚的达 500mm，最小厚度 50mm；采用立模钢模板在模板加附着式振捣器。我们也同时参观考察了已经完工的工程应用的情况以及混凝土表面装饰技术应用的情况。

### 六、荷兰爱森堡的 3D 打印建筑（部件）

2017 年 11 月 3 日考察参观荷兰爱森堡的一个 3D 打印建筑企业，听取了企业对其 3D 打印建筑的情况报告，参观了企业的 3D 打印机以及打印的建筑部件（图 3-7）。

图 3-7 3D 打印建筑（部件）

## 第三节 美国见闻概述

### 一、美国混凝土技术应用情况简述

2015 年和 2018 年两次参加了每年举办的“世界混凝土展览会”，参加展会的同时考察参观了有关工程项目，进行了相关的技术交流。

2015 年，考察参观了美国宾夕法尼亚州费城的威士康（VEXCON）公司生产线。据公司负责人达里尔·曼努埃尔先生的介绍，该公司主要生产混凝土表面的防护防腐防水材料，产品有上百个品种。该公司是美国规模最大、品种最多的混凝土表面防护材料的生产企业，负责主编了美国材料试验学会（ASTM）和美国混凝土学会（ACI）有关内容的标准。回国后，参观了浙江宁波象山县一个入海口的船闸混凝土工程采用威士康（VEXCON）公司生产防护防腐材料的做法。

2015 年在美国“世界混凝土展览会”上参观了 3D 打印建筑，实际上打印的也不过是混凝土的简单部件。2018 年的“世界混凝土展览会”并没有见到 3D 打印建筑的内容，可见此 3D 打印建筑没有得到进一步发展。

我国近些年开始注重混凝土表面防护的做法，像三峡大坝提升船闸的混凝土、部分坝体等开始采用混凝土表面防护材料，上海东方明珠塔的表面也采取了混凝土表面防护涂料，延长寿命，保持原有建筑物的美誉度。

2018年考察参观了美国加利福尼亚州交通部的实验室。美国有大量的汽车废旧轮胎，采用汽车废旧轮胎作为道路混凝土的改性材料，提高混凝土的性能，取得了良好的效果。

2018年在展会上与美国混凝土学会（ACI）、美国水泥学会（PCA）、美国混凝土预制构件学会（PCI）的专家见面，对美国装配式混凝土建筑使用的情况进行了交流。ACI学会的专家，对于混凝土在预制和现浇使用的比例讲不清；PCA的专家介绍，装配式混凝土构件混凝土使用的比例为30％（其中建筑为8％，桥梁道路占22％，混凝土装配式建筑通常不超过8层），其余的70％为现浇混凝土或水泥砂浆；PCI的专家介绍，全美国有混凝土预制构件生产企业300家，但与现浇混凝土相比差距还是比较大。

## 二、美国抽水马桶全国统一标准

两次对美国的交流考察，留意到美国宾馆、酒店的抽水马桶全国统一标准，采用的是气阀加压的快速加力的冲洗方式，冲得干净又省水。

中国的抽水马桶五花八门，但从功能检测上缺乏统一规定。有的高档宾馆及少数家庭开始采用智能抽水马桶，有自动感应、红外线感应装置，一进卫生间到马桶附近，马桶盖自动打开，马桶盖可以加温，现在新型的智能马桶，都带有人体冲洗设施，但也有无人体冲洗设施的。中国的抽水马桶有的看似美观，但许多排水不畅，需要多次冲洗，还有的不防溅。

## 三、美国人的“大气”

其一，美国酒店、宾馆的房间普遍都大，尤其与日本相比。世界其他国家，包括欧亚国家的酒店、宾馆，一拔掉门卡房间里的电源就全部断电了。而只有美国的不同，门卡并不控制房间里的电源，用电浪费极大。

其二，美国的汽车排量普遍都大，甚至皮卡车的排量可达到6.0L，一般情况下可以当拖车使用。

这都是因为美国的石油便宜。以汽油为例，1gal（1gal合3.785L）2.2美元（现在1美元合人民币大约6.5元）。按现在的汇率（1美元：6.75人民币），2019年美国一升汽油价格大约4.3元人民币、柴油4.8元人民币；2022年美国一升汽油价格大约7.17元人民币，2023年预期6.37元（美国现在的油价是2014年以来最高的），比中国的油价还是便宜很多。

美国是世界上最大的石油生产国，又是最大的石油消费国，美国2019年的石油生产量已经大于进口量。中国的碳当量排放现在是世界第一，超过了美国，但美国的人均碳当量排放将近中国的3倍。2020年全球碳排量最多的国家和地区包括：中国（27％）、美国（16％）、欧盟（11％）和印度（7％）。研究分析比较，尽管中国总量偏高，中国的人均排量为6.6t，而美国的人均排量为17.6t，欧盟的人均排量降到了人均7.3t，也高于中国的人均排放量的水平，而美国超过世界平均水平的3倍。

## 第四节　韩国见闻概述

2010年7月至2019年3月期间对韩国进行了7次参观考察和学术交流，对韩国的建筑防水工程、保温隔热工程、垃圾填埋工程、建筑物加固工程、标准化管理体系、管廊、地铁隧道、高铁、造船机场建设、粉煤灰利用等多方面进行了现场考察调研。以下重点介绍建筑保温隔热工程和垃圾填埋工程。

### 一、韩国公共建筑外墙保温

韩国公共建筑通常采用外墙外保温为主（个别的有外墙内外都设保温材料的做法），加外挂板的做法（挂板主要为花岗岩石板材和铝合金板材）、挂板加保温层的做法可以保障防水，不会降低保温层的效能。韩国住宅楼通常采用的是外墙内保温的做法，墙体以现浇混凝土为主，在混凝土墙体上直接做防水防护层以及装饰层，防水防护层以及装饰层主要采用涂料。韩国建筑外墙采用的保温板材主要有：挤塑聚苯板、发泡聚苯板、铝箔与聚乙烯复合的保温板，其中，采用最多是挤塑聚苯板（挤塑板有一定的憎水性，而不需要外面再敷设防水透气膜材）。住宅楼建筑的混凝土外墙内保温均采用挤塑聚苯板。

韩国的公共建筑基本上采用外墙外保温的做法，也有外墙内外同时采用保温层的做法，通常采用挤塑聚苯板的居多，厚度在150mm以上（12层）（图3-8）。

另外，韩国京畿道一个14层的酒店采用200mm的挤塑板保温层（外墙面120mm，外墙的内墙面80mm），中空玻璃30mm厚。京畿道的许多酒店、宾馆在窗子的室内设置活动的木窗门，起到隔声、保温隔热、遮蔽的作用。韩国建筑保温隔热节能工程很有特色，其中配套工艺技术也很到位（图3-9至图3-11）。

图3-8　首尔科技大学科研楼

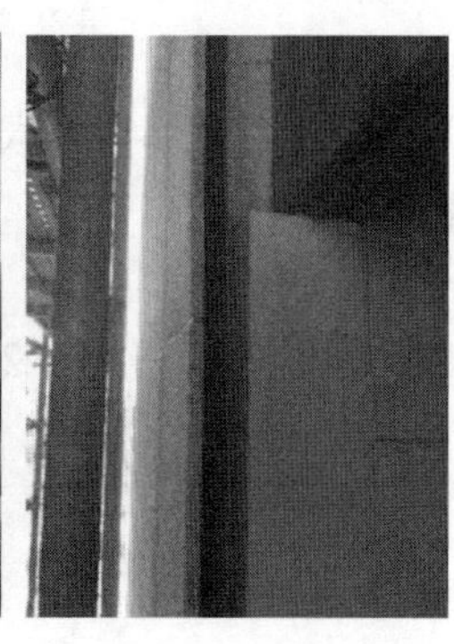

图3-9　外墙外保温层厚度120mm

图3-10　京畿道酒店

图3-11　外墙内保温层厚度80mm

韩国的京畿道与中国的山东半岛同纬度，青岛的外墙保温厚度低于50mm（早些年只有20mm），中国东北的外墙保温也就做到100mm厚，中国采用的是最低节能的做法。而由于配套的防水防护层的做法缺陷，即便是这样，我国的外墙保温指标也只是理论指标，实际工程的热工指标是难以达到其设计要求的。

韩国临街、靠近路边、靠近机场等受噪声影响的建筑，都采用音障隔离屏蔽或建筑采取双层窗户的做法。

## 二、韩国大邱垃圾填埋工程

2010年7月参观考察了韩国大邱垃圾填埋工程以及垃圾焚烧处理厂。大邱垃圾填埋场位于大邱市郊区，填埋工程分为三期，总建筑面积24万$m^2$，垃圾处理量190万$m^2$，也考虑用沼气发电，处理完的垃圾填埋场，地面采用种植绿化，可以建成花园。垃圾填埋场计划使用年限38年，由于前期进行焚烧处理，可以延长使用年限43年。垃圾填埋的整体工程防水防护做得很到位，底部采用500mm厚的膨润土，有无纺布垫层、防护层、防水层（采用2mm厚的聚乙烯卷材）。

韩国大邱垃圾填埋工程是韩国最先进的垃圾填埋场。以下摘录参观垃圾填埋工程时的部分介绍内容。大邱垃圾填埋工程分为三部分：垃圾填埋场工程、资源循环工程、垃圾处理工程。

### （一）垃圾填埋场工程

1. 目的

为了减少大邱市周边环境的污染，保证周边生活环境的干净，提高市民保健卫生的水平，此地皮里将建成一个低碳环保的垃圾填埋场，对大邱市产生的生活垃圾进行卫生、稳定、有效的处理。

2. 工程概要

（1）位置：大邱直辖市方千里54号。

（2）工程期限：2007年2月15日至2010年9月27日。

（3）工程造价：467.38亿韩元。

（4）业主：大邱直辖市建设管理本部。

（5）施工单位：海东建设（株式会社）60%，日光实业（株式会社）40%。

（6）监理单位：图华综合技术公司，韩道株式会社。

3. 工程规模

（1）填埋设施：填埋场从585$km^2$扩展到1053$km^2$，$A=204900m^2$（第一阶段139000$m^2$，第二阶段65900$m^2$）。

（2）循环道路：$B=10m$，$L=3653m$。

（3）容量：$V=44959m^3$。

（4）建筑工程：八个填埋点。

（5）工程机械：机械设备1套。

（6）绿化及其他：植材1套。

（7）电气工程：变电所1个。

### （二）资源循环工程

1. 目的

通过对填埋场周边地皮的合理利用，再生利用垃圾，形成一个低碳、环保的垃圾填埋场，所以建设此垃圾填埋场。

2. 工程概要

（1）位置：大邱直辖市方千里163号。

（2）工程费用：152.951亿韩元。

（3）工程期限：2006年12月22日至2010年8月3日。

（4）业主：大邱直辖市建设管理本部。

（5）施工单位：真阳株式会社26%，太白综合建设26%，难道建设25%，西光建设23%。

（6）监理单位：图华综合技术公司，韩道株式会社。

3. 工程规模（包括土建工程、建筑工程、机械工程、环保工程、电气工程）

（1）土建工程。

① 总工程面积32万$m^2$。其中：

a. 绿色：248080$m^2$。

b. 垃圾占用面积（RDF）：12538$m^2$。

c. 收集有害气体设施的面积：LFG16712$m^2$。

d. 木材粉碎设备：18554$m^2$。

② 废水输送管：HDPE管（直径400mm），长度3955m。

③ 道路工程：

a. 进入道路：$B$=25m，$L$=578m。

b. 小区道路：$B$=12～20m，$L$=522m。

（2）建筑工程：户外卫生间两间。

（3）机械工程：建筑机械设备一套。

（4）环保工程。

① 种植工程。

a. 种植材料种类：带刺树木4361株，阔叶木99290株。

b. 松树：带叶松树621株。

② 设施的安装工程——多功能运动场。其中：

a. 滑雪场1个（$B$=6m，$L$=255m）。

b. 小球场1个（20m×25m）。

c. 网球场3个（17m×32m）。

d. X-游戏场设施3个（5m×10m）。

e. 其他8个设施（5m×5m的3个，5m×10m的2个，5m×15m的3个）。

（5）电气工程：路灯一套。

### （三）垃圾处理工程

1. 理念

通过对填埋场产生的污水进行安定有效的再处理，并输送到周边的污水处理厂进行处理，防止垃圾填埋场对周边水质造成污染。

2. 工程概要

(1) 位置：大邱直辖市西区上梨栋2-1号。

(2) 工程期限：2006年12月20日至2009年12月15日。

(3) 工程费用：216.76亿韩元（总包费用193.06亿韩元，分包费用23.701元韩元）工程费用。

(4) 污水处理工艺：循环脱质工艺。

(5) 业主：大邱直辖市建设管理本部。

(6) 施工单位：科隆建设株式会社占51%，西韩建设占49%。

(7) 监理单位：图华综合技术公司，韩道株式会社。

3. 工程规模

(1) 土建工程：污水处理容量（每天1350m$^3$）及配套工程。

(2) 建筑工程：设备安装及附属建筑4个。

(3) 建筑设备：供暖设备，管道设备。

(4) 机械设备：吸臭设备13个，生物反应组6个。

(5) 环保工程：银杏树720株。

(6) 电气工程：变电所设施1个。

对比韩国的垃圾填埋处理场当时已经明确提出了低碳环保的理念，并且在加以实施，同期中国工程建设对低碳环保尚无概念。2010年左右，笔者作为北京市工程建设的评标专家，曾经对垃圾填埋场工程评标，工程只做1.2mm厚的防水层，也没有其他配套处理的做法。2015年左右江苏无锡有垃圾填埋工程，也同样只做简单的防水处理，未做很好的覆盖处理，江南阴雨潮湿的气候特征致使垃圾发酵，臭气熏天。20世纪90年代初期，在山西工作时，了解到当时太原的垃圾填埋，在太原西山的山上用铲运车，挖出大坑，也不做防水处理，直接将城市垃圾倾倒，由于太原气候干燥，年降雨量平均只有430mm，因此，没有出现像江南那样发酵的现象，但对周边还是会产生环境污染。华南地区的广州等地垃圾填埋存在同样的问题，由于华南地区高温多雨，生活垃圾容易发酵而污染环境空气，对于居住环境产生很大的影响，致使有的开发住宅小区无人入住，近些年该类问题得到重视和逐步改善。最近几年中国的垃圾发电发展很快，已经走在世界的前列。由于中国地域条件差异很大，中国需要根据不同地区差异提升垃圾填埋的处理水平。

垃圾处理包括四个方面：固废处理、垃圾填埋、垃圾焚烧、垃圾发电。固废处理包括尾矿处理及建筑垃圾，也包括相应的生活垃圾的处理等，建筑物的废钢材、废混凝土将是固废处理的重要发展方向。

笔者2012年参观考察西藏昌都玉龙铜矿尾矿填埋处理的情况。玉龙铜矿是中国储量第二的铜矿，是中国目前建成的最大铜矿。西藏的多龙铜矿中国储量第一，现在还处在勘探论证设计阶段。

## 三、关于韩国世宗市地下管廊的建设

由于韩国首都首尔距离朝鲜边境太近（距离朝鲜边境40km），为了安全起见，2003年12月，韩国国会通过《新行政首都特别法》，为迁移行政首都奠定法律基础。2004

年8月，韩国宣布其新的行政首都将设在忠清南道的燕岐郡与公州市交界处。2006年12月，韩国新行政首都建设推进委员会决定，新的行政首都将命名为“世宗”。按照原来的计划，世宗市将于2007年开工建设，而韩国主要国家机关和立法机关将于2012—2014年迁往新都。

2016年8月9日参观考察时听到这样的讲解词：“世宗市——行政中心复合城市的建设地区，是以扬弃首都圈过度集中的现象，为国家均衡发展和加强国家竞争力做贡献为目的，是一座以中央行政功能为中心的复合城市。”世宗市特别自治市，是韩国的行政首都，规划建成后以教育、科学、经济为中心，距离韩国首都首尔120km。世宗市于2007年开工建设，2012年7月1日正式启用，韩国10个关键部门，包括总统府青瓦台、国会、国防部和外交通商部仍留在首都首尔，而其他36个政府机构陆续迁往世宗市，世宗市预计2030年人口达到50万（但现在人口不到15万，难以达到50万；由于政府机构人员及家属不愿入住世宗市，因此采用许多大轿车每天早上从首尔送到世宗市的办公地点，下午下班再接回首尔。2016年8月9日特意再次参观考察了世宗市）。

世宗市作为一个新建城市，对城市建设进行了全新全面的规划，其中的城市地下现代化管廊建设具有先进性，值得我们借鉴。2010年9月参观考察了世宗市的管廊建设，其中，附加防水层采用了非固化涂料粘贴改性沥青卷材（单层）做法。此后又多次考察了韩国其他管廊的防水工程，其中2016年、2017年考察的管廊防水工程的附加防水，采用了新的材料技术-非固化自粘卷材（单层）的做法。

北京2012年7月21日的特大暴雨，造成了巨大的损失，暴露了城市防排水的问题，为此促进了北京乃至全国城市的地下管廊建设。笔者也多次参观考察了北京的城市地下管廊建设的情况，其中，2017年10月考察参观了大兴国际机场地下管廊建设工程防水施工的情况，工程防水采用了自粘改性沥青卷材作为附加防水层。

### 四、粉煤灰利用的总体情况

2017年1月13日参观了韩国最大的火力发电厂——西海发电厂的粉煤灰利用情况，并参加当年韩国建筑材料展览会，由此对韩国对于粉煤灰利用的总体情况有了一个了解。韩国粉煤灰总的利用水平是高于我国的。

## 第五节　新加坡见闻概述

2013年以及2017年、2018年三次对新加坡进行考察（也包括参加中国与东南亚国际混凝土学术交流会）。重点考察的是新加坡采用混凝土自防水（加敏益防水剂）的工程应用的情况（最主要的工程是新加坡圣淘沙的海底世界工程，此工程是世界上最大的海洋世界工程，本节重点讲露天泳池蓄水屋面工程，其他不作详细阐释），同时考察参观了露天游泳池和屋顶的种植绿化工程。新加坡的高档酒店、宾馆有多项屋顶工程采用了游泳池的蓄水屋面，其中，最有名的是金沙酒店（也被称为“帆船酒店”）57层建筑、198m高的屋顶采用了露天游泳池，这是世界最高的露天游泳池，同时也是世界最高的屋顶种植绿化花园。分析为什么新加坡可以在这样高的建筑屋顶上建造露天游泳池，其需要具备无地震、无台风的地理因素。由于新加坡不处在地震带上，新加坡接近赤道，更多受赤道低压控制，所以台风不具备形成的条件。此外，新加坡的年降雨量为2353mm，年平均相对湿度84.3%，日平均湿度60%～90%，年平均气温为26.7℃，最高日平均气温为30.8℃，最低日平均气温为23.9℃。由于是海洋性气候，降水又比较多，阳光辐射并不是特别强烈。因此，适于设置露天游泳池。像非洲绝大部分地区、中东地区是不适宜建造屋顶露天游泳池的，南半球的澳大利亚靠近赤道的地方也不可能建造。中国华南地区与新加坡的气候类似，所以也建造了许多屋顶的游泳池。屋顶的游泳池是能够起到隔热效能的，利用了空间，又可以体验拥抱大自然的感觉。

中国建筑的种植绿化主要体现在屋顶绿化，包括地下车库上部地面的种植绿化；单独的蓄水屋面主要存在于四川盆地；兼做蓄水屋面的游泳池主要体现在华南地区；建筑立体的种植绿化由于受气候条件、植物选择的限制，以及后期管理等问题，发展尚不成熟。

日本的建筑种植绿化发展相对是完善的，屋顶绿化及建筑立体绿化都有相应的工程实例，也体现了多样性；由于气候原因，日本没有通常所说的单独的蓄水屋面，有个别的露天屋顶温泉池。

新加坡建筑种植绿化屋面也比较多，立体绿化建筑体现最充分的是“树公园”建筑；新加坡公共建筑的酒店宾馆屋顶游泳池兼做蓄水屋面是比较普遍的。

# 第四章 有关建筑种植绿化的思索

笔者自从1979年开始参与建筑种植绿化工作以来，一直关注建筑种植绿化的发展，拟订的《建筑种植绿化工程技术规范》以及“建筑种植绿化工程技术”的课题申报由于种种原因未获立项，是非常遗憾的。在当今《联合国气候变化框架公约》的大政方针下，国家推进碳达峰、碳中和工作开展，建筑种植绿化是非常需要发展的内容，建筑种植绿化的推广将有助于碳中和的发展，我们之前所做的工作尚具有现实意义，因此，将我们所做的工作归纳展现，提供参考，借助碳中和的东风，使建筑种植绿化工作重新扬帆起航，加大推广力度，以促进碳达峰、碳中和的实现。

为什么叫“绿色建筑”？绿色建筑即能够达到节能减排目的的建筑物，也即在全生命周期内，节约资源、保护环境、减少污染，为人类提供健康、适用、高效的使用空间，最大限度地实现人与自然和谐共生的高质量建筑。

绿色建筑实际上是由气候变暖、《联合国气候变化框架公约》签署之后而提出的，假借植物的绿色而来的。真正的绿色建筑是建筑种植绿化工程（包括屋面的种植绿化、立体墙面的绿化、建筑室内的绿化以及桥梁道路的绿化等）。绿色建筑只有建筑种植绿化工程才能产生碳汇，而假借的绿色建筑是不会产生碳汇的。

由于植物对于声波的折射、发散、吸收作用，可以降低噪声。植物的叶茎可起到吸收尘埃颗粒的作用，可以减少粉尘的活动；由于植物的光合作用，吸收二氧化碳，排出氧气，从而起到了环保等方面的作用。由于植物的光合作用改变了热传导形式，从而提高和改善了环境效能。太阳光照射到地球上，因受体不同而产生两种能量形式：一种是热能，它使受体增温，推动水分子循环，产生空气和水的环流；另一种是化学能，为植物光合作用所利用和固定，从而形成碳水化合物及其他化合物。在自然界中，能量的单向流动，使得“热”这种动能在有温度梯度的受体中从高处流向低处，而唯有植物，是利用太阳能维持并复制自身，在光合作用的生理过程中，光化学能被转化固定，形成有机物周而复始的循环。只有植物自身在制造绿色。建筑植物的绿化可以改变小气候环境，提高和改善建筑的综合效能，对建筑自身吸纳碳排放有良好的循环效能。

此外，被动式建筑主要是指不依赖于自身耗能的建筑设备，而完全通过建筑自身的空间形式、围护结构、建筑材料与构造的设计来实现建筑节能的建筑。实际上有许多的“被动式建筑”减少了采用辅助设备的做法。由于地域条件不同的差异性，极少是完全不使用相关辅助设备的。被动式建筑实际上是回归自然的做法。中国古代各地民居建筑各有特色，虽然有地区文化、生活习俗的差异，最根本的是根据不同的气候条件进行设计建造，这其实也即为“被动式建筑”。当今采用现代建筑（包括使用空调、现代材料），抹平了地域差，使之成为千城一面、千楼一面。现在需要回归自然、融于自然，与大自然和谐共存。

“被动式建筑”也是始于气候变暖、《联合国气候变化框架公约》签署之后，关于降低碳排量而提出的。现代被动式建筑往往会产生绿色溢价，加大一次性投资，因此，政策上必须有导向性的规定，改变绿色溢价的算法，改变社会和行业的认知。发达国家近些年加快了被动式建筑的推进工作。

中国不断地加大推进绿色环保政策，使许多地方的环保水平得到了极大的提高，从政府管理体制上也不断地加大管理的力度。1998年6月由城乡建设环境保护部下辖的国家环保局升为国家环境保护总局（正部级），根据2008年3月第十一届全国人民代表大会决定，更名为中华人民共和国环境保护部。根据联合国《生物多样性公约》，保护地球生物资源发展的需要，2018 年 3 月第十三届全国人民代表大会决定，将国家环境保护部更名为中华人民共和国生态环境部。加强生物多样性保护，是生态文明建设的重要内容。近年来，我国制定并实施了《中国生物多样性保护战略与行动计划（2011—2030)》。生物多样性保护工作取得了显著成效，为维护全球生态安全发挥了重要作用，这与绿色碳中和的发展密不可分。1992 年在巴西里约热内卢召开了由各国首脑参加的最大规模的联合国环境与发展大会。在此次“地球峰会”上签署了一系列有历史意义的协议。包括两项具有约束力的协议：《气候变化公约》和《生物多样性公约》，前者目标是减少工业和其他诸如二氧化碳等温室效应气体排放，后者是第一项生物多样性保护和持续利用的全球协议。

2021 年 10 月 12 日—24 日在中国昆明举办联合国《生物多样性公约》第 15 次缔约方大会（COP15)，由此也可以看出国家对生态环境保护的工作力度，以及对世界的影响度。

## 第一节　关于种植绿化屋面所开展的工作

1979 年 7 月原国家建委在牡丹江召开全国建设系统的科技工作会议，其中重要工作内容之一是修订、制定及完善建筑工程标准的工作，对十多部国家工程技术规范进行修订。其中《屋面和防水隔热工程施工及验收规范》(GBJ 16—1966（修订本）)安排由原山西省建工局负责主编修订工作。9 月中下旬在山西太原市召开了第一次小范围全国性的规范修编座谈会，其中，首次听到重庆建筑工程学院（现改为重庆大学建筑学院）周国民老师介绍四川省（包括原来的重庆市，非常遗憾的是第二年即 1980 年，周国民老师突发心脏病离世，否则是会助力推进建筑种植绿化工作的）开展种植屋面的情况。四川是全国最早（20 世纪 70 年代初期）开展屋顶种植绿化的，屋顶种植绿化是由当时的重庆建筑工程学院和当时的四川省建筑科研所推进的。

### 一、关于种植屋面我所做的工作

1979 年 9 月开始参加对《屋面和防水隔热工程施工及验收规范》（GBJ 16—1966（修订本））的修订工作，实际工作结束时间为 1983 年 5 月。1982 年 12 月在湖北省荆州召开的审批定稿会议上，确定分为《屋面工程施工及验收规范》(GBJ 207—1983)、《地下防水工程施工及验收规范》(GBJ 208—1983)。

规范修编组第一次组织对广州、上海、青岛进行修编工作的调研座谈，1979 年 10 月 14 日首先到广州进行调研工作，其中对架空屋面进行了调研。此后，笔者和编制组的一个同事于 1981 年 5 月—6 月（连续调研将近两个月时间）对云、贵、川（包括重庆）进行建筑防水工程的调研。其中，重点对四川（包括重庆，当时属四川）的种植和蓄水屋面进行了考察调研。根据调研的情况，将种植屋面和蓄水屋面、架空屋面的内容编入了 GBJ 207—1983 规范中，笔者为此内容的主执笔人。

简述一下《地下防水工程施工及验收规范》(GBJ 208—1983）修订及之后的点滴情

况。调研工作也包括地下防水工程，但由于当年工程发展状况，地下工程涉及防水的内容比较少，相对也单一。20 世纪 80 年代初之前的房屋及公共建筑的地下工程通常为地下 1 层，有的是半地下室，防水以水泥砂浆为主，有的主体是混凝土或砖砌筑体。中国现代建筑始于 20 世纪初，20 世纪 40 年代以前的高层建筑大多数体现在上海，最高的建筑为 1931—1934 年建的上海“四行储蓄大厦”，22 层，86m 高，但地下室也仅为 1 层。中华人民共和国最早的最高建筑为 1983 年投入使用的南京金陵饭店，为 36 层，曾经为中国第 1 高楼，此为地下 1 层。1993 年 10 月开工建设，1995 年 6 月 9 日主体结构封顶，1996 年 3 月投入使用的亚洲第一高楼——深圳地王大厦（69 层，另外有 5 层设备层，384m 高），号称“深圳速度”的建筑，但其地下室只有 3 层（其中地下一层相当于半层，作为存放自行车及储物，设计存放自行车 1500 辆），地下二层、三层作为汽车车库。如果按现在设计，作为深圳地下层数建筑至少为 6 层。“地王大厦”是中国最早采用钢结构的高层建筑，而且其地下室防水是中国第一个采用混凝土自防水“离壁式双层混凝土的做法”的（笔者 2019 年 4 月 29 日特意进行了考察。2019 年 3 月 25 日考察了当时正在施工的一个 318m 高的“parc. 1”的建筑，其为韩国第三高楼，当时施工到了 25 层，地下 8 层（40m），为混凝土结构自防水；韩国公共建筑地下室均为离壁式混凝土结构自防水做法）。此工程总承包方为日本熊谷组，项目经理为日方人员。此后，于 1998 年日本熊谷组还承接了北京京广大厦的工程建设，这是中华人民共和国第一个进行了工程风险投保的建设项目。1998 年 9 月笔者参观了京广大厦地下工程施工的情况，所看到的是当时在中国最好的体现现代化建筑管理的工程。《地下防水工程施工及验收规范》（GBJ 208—1983）实施了 19 年，2002 年《地下防水工程质量验收规范》（GB 50208—2002）开始实施。

1. 1998—2004 年对种植屋面的情况进行了系统的调查研究

1999 年看到了华南理工大学 1998 年 11 月出版的《泛亚热带地区建筑设计与技术》，其中，有一篇是关于“屋顶绿化的试验研究”的，该项研究是由华南理工大学亚热带研究室与广东省园林研究所联合做的。这是我们国内到现在为止为数不多进行了实际种植屋面工程的热工效能试验。由此，笔者特意拜访了《泛亚热带地区建筑设计与技术》的第一编制人，也是“屋顶绿化的试验研究”项目的负责人员，亚热带研究室李建成教授。见面又了解到，他们之前还做了关于架空板屋面实际工程的热工试验。1981 年也收集了解他们做过的有关墙体的热工试验的资料。参观了种植屋面、架空屋面、墙体的实体工程试验，需要先在试验场地设立气象站，以反映工程的实际真实气候环境状态。

2. 关于种植屋面草的了解调查（从 1998 年到 2004 年比较集中地了解草在屋面应用的情况）

在广州到中科院华南植物研究所，在其中他们一个屋顶上进行种植佛甲草的试验，会见了项目的负责人任海研究员，他介绍了佛甲草的特性。

2001 年到南昌考察参观了种植屋面工程应用情况，此后又多次到南昌了解屋顶种植绿化情况。之后到厦门和上海了解草的应用情况。厦门与上海距离不算远，但厦门有的草则不适宜在上海种植。

到重庆大学建筑学院参观在屋顶用厦门培植的三种草，在重庆做种植试验，其中一种草不适应，只有一种比较好。

2003 年考察深圳的种植屋面工程，对比两个屋面，一个采用本地的佛甲草，另一个屋面采用德国的佛甲草。到了 6 月份，德国的佛甲草出现了休眠状况，枝蔓发秃、叶子脱落。不是德国的就是先进的，植物有气候环境的适应性。

其中，还考察天津一个处于海边的屋顶种植绿化项目，由于受海风盐雾的影响，树叶变黄枯萎。

北京 2003 年左右热炒了佛甲草在屋顶的应用，对北京多项工程进行了考察。对国内上海静安区进行“屋顶平改绿”的情况进行考察调研，拜访了主管的部门，和上海的园林研究人员进行了接洽。还对江西南昌屋顶绿化应用（包括草）进行多次考察。在日本多次考察了建筑绿化项目，其中，清水建设研究所主楼屋顶绿化，在常年背阴处采用了冬青草。还有蓄水种植的工程，可以起到地震下防冲击波的作用。

同时对国内从事草研究的专家进行了拜访交流，其中有农科院中农草业有限公司的总经理王代军博士、林业大学草坪研究所所长韩烈保教授（博导）以及中科院华南植物研究所的任海研究员（博士）。后来，邀请将他们列为拟编制的《建筑种植绿化工程技术规范》参编人员，以及课题的参加人员。

此外，对国内有多个关于草的培植基地及无机基质土的生产企业进行了考察。

3. 建筑种植绿化的工程考察及资料收集

对国内外的工程进行了考察，收集了国内外的有关资料，对种植的植物、园林绿化等进行了学习了解。

为此，购买和收集了原建设部行业标准《建筑气象参数标准》（JGJ 35—1987）、中国地图出版社出版的《中华人民共和国气象资料图集》、气象出版社出版的《中华人民共和国气候图集》、国家气象中心气象资料室编写的 1971—2000 年《中国地面气候资料》、科学出版社等出版社出版的《园林生态学》《植物学》《中国农业百科全书》（观赏园艺卷）、《实用草坪与造景》《城市园林绿化植物应用指南》《园艺通论》《园林绿化养护手册》《草坪绿地实用技术指南》，翻译出版的《多年生园林花卉》（英国皇家园艺学会）、《屋顶绿化》（德国）、《屋顶、墙面绿化技术指南》（日本）、《建筑与绿化》（日本），还有日本原版的《建筑绿化入门·屋顶绿化、墙面绿化、室内绿化》《气象学》等（所列的为手头资料）有关书籍资料。通过出版社联系翻译人或者作者，如《屋顶绿化》的主翻译人、留学德国的大连大学的袁新民教授（从事植物营养学专业）；《城市园林绿化植物应用指南》（“十五”国家重点图书）的主编卓丽环；拜访《屋顶、墙面绿化技术指南》的翻译人之一姜洪涛（原北京园林局公园处处长）等。其中联系的人，大部分被列为拟编制的《建筑种植绿化工程技术规范》的参编人员。

世界上的植物有 30 万种，中国的植物有 3 万多种，大英植物园有 5 万多种。其中，能够用于园林绿化的有 1000 多种，而能够用于屋顶绿化和建筑绿化的大约 300 种（不包括家庭观赏花卉，据介绍世界上有花卉 50 万个品种）。园林植物栽培需要考虑气候条件（农业气候学），屋顶、墙体绿化还需要考虑工程环境（工程气候学），建筑种植绿化需要掌握农业气候和工程气候。受气候、工程条件的制约，建筑绿化植物的选择必然要少，需要根据工程应用试验，筛选适宜不同地区所采用的植物。

1998 年以来集中考察、参观了解建筑种植绿化的应用情况，收集国内外有关的资料，多方面与相关的单位进行联系、拜访，据此，考虑有必要召开建筑种植绿化技术的交流会。2002 年年底向原建设部科技发展促进中心反映，得到当时的中心负责人张庆风主任的大力支持，拟安排 2003 年召开建筑种植绿化学术交流会，由于 2003 年的“非典”，交流会推迟约一年，2004 年 2 月 26—29 日在深圳举办了全国第一届建筑种植绿化学术研讨交流会。会议由原建设部科技发展促进中心出面组织、发文（2003 年 12 月 15 日〔2003〕建发推字第 122 号文《关于召开全国第一届建筑种植绿化学术研讨交流会的通知》），笔者具体负责组织了学术研讨交流会的工作，组织参加会议的人员编写了论文集。参会单位、人员包括：建筑设计、园林规划、材料生产（防水材料、排蓄水材料、种植介质、种植植物等）、科研、施工、教学、政府主管部门、房地产开发等单位的国内外有关人员。会议通知上提到：“为了推动此项工作科学有序的开展，拟成立‘全国建筑种植绿化发展促进办公室’，组织开展系统的研究，制定相应的标准规范，编制建筑种植绿化指南，提供政策性建议等。”

自从 1979 年开始了解和参与种植绿色建筑以来，至今一直关注种植绿色建筑的发展。1998—2004 年做了大量的工程应用的调研（国内外）、有关资料收集、国内相关行业领域人员的联系沟通、国内外发展的动态、国外的政策管理、相关标准的制定等工作。2003 年提出《建筑种植绿化工程技术规范》的编制工作，由于当时负责标准申报管理工作归口部门分管此工作的人员，对我们提出的规范编制工作需要 3 年时间，他认为标准编制不成熟，而未同意标准立项。此后国家重视“绿色建筑”的发展，于 2004 年国家开始“绿色建筑”的研究申报工作，我们将“建筑种植绿化工程技术”作为课题申报，最终课题的目的是完成《建筑种植绿化工程技术规范》的编制工作，但唯一真正的“绿色建筑”未纳入国家的研发课题，而列入的均为“泛绿色建筑”课题。无论是《建筑种植绿化工程技术规范》的标准编制还是“建筑种植绿化工程技术课题”都需要进行研究实验工作。由于拟订参加编制《建筑种植绿化工程技术规范》的人员或课题研究人员，许多都是跨领域的专家人员，不列入国家课题或国家标准的编制计划，这些专家难以参与此项工作，课题标准编制得不到立项，致使此项工作难以为继，延缓了建筑种植绿化工作的推进。因此，仅仅办了一届“全国建筑种植绿化学术研讨交流会”，如果有课题和规范的制定工作，全国建筑种植绿化学术研讨交流会可以保持年年举办，将会促进建筑种植绿化的发展。当前联合国和我国推进碳达峰、碳中和，建筑种植绿化是非常需要发展的内容。

绿色建筑既包括泛绿色建筑，又包括真正的绿色建筑。泛绿色建筑主要包括蓄水屋面（蓄水游泳屋面）、架空板屋面、保温倒置式屋面以及墙体的保温隔热，以及建筑墙体的保温隔热与节能的内容。真正的绿色建筑为种植绿化屋面以及立体的建筑种植绿化工程。

2004 年国家开始全面推进绿色建筑，进行绿色建筑的攻关研究，开展“十五”国家科技攻关计划的“绿色建筑关键技术研究”。按照立项申报的要求，每个部委、省、市、区可以申报两项，由于原建设部的两个立项已经报满，我们了解的新疆维吾尔自治区没有立项报项，于是到新疆与新疆的有关单位联合申报。但是由于对“建筑种植绿化研究”的认知问题，还有其他不明原因，“建筑种植绿化研究”立项未果。该“绿色建筑”没有被立项，其他都是“泛绿色建筑”。当时我们组织了国内有关专家，他们来自中国科学院华南植物所、沈阳应用生态研究所、中国农业科学院、北京林业大学、重庆大学城规学院、华南理工大学、大连大学及有关建筑设计院、全国不同地区的园林研究等单位。从事的专业有建筑设计、建筑结构、建筑热工物理、园林设计、园林施工、植物学、草业、育种、植物营养学、生物学、建筑技术管理等方面。对于参加单位从单位性质以及所在单位的地理位置，参编单位的年龄构成等进行了全面的考虑（平均年龄42岁，最大的58岁，最小的28岁但已是一级注册建筑设计师，具体名单可见“建筑种植绿化研究”申请书）。

种植绿化规范的立项必须是国家标准，“规范”不能立项，也未列入国家的课题，因为参编的单位人员多是国家级的科研机构以及不同的所属单位，“规范”不能立项，相关单位无法参与工作，致使规范编制搁浅。

笔者对国内外的建筑种植绿化工程进行了大量的调研和考察。2003—2004年对上海市的“平改坡”“平改绿”的政策制定和工程实施的情况进行了调研，结合之前那所做的工作及国内的现状，借鉴德国的屋顶划分的做法，笔者将种植绿化屋面划分为三种类型：“简易种植绿化”（主要种草）、“综合种植绿化”（包括大型乔木、灌木和草，也同时可以安排山水系统）及介于前两者之间的“简易综合绿化”（可以采用小型乔木、灌木加草的做法）。此外，全国基本按华南地区、华东地区、西南地区和三北地区（华北、东北、西北）四个区域考虑，不同地区的植物生长存在差异性。通过试验对比，有的草在厦门可以成活，而在重庆生长效果不好，甚至在距离厦门不远的上海，生长效果也不好。德国的科技水平高，有的人想当然地认为德国的草也好。2003年6月在深圳考察屋面种植绿化工程时了解到，有两个屋面工程，一个采用了当地的佛甲草，另外一个屋面采用了德国的佛甲草，而德国的佛甲草不适应深圳夏天的高温，出现了休眠状态，叶子脱落。而深圳本地的佛甲草则长势良好。北京屋面采用佛甲草亦有同样的情况，到了冬季佛甲草成为了干草，这其实也是一种休眠状态。许多人都在讲佛甲草可以不用管理而自己生长，德国从事屋顶绿化的专家就是这个提法，甚至屋面种植绿化就是听信了这种说法。如果在西北少雨干旱的地区，尤其是在新疆的吐鲁番地区，种植佛甲草无人管理是无法生存的。笔者于2004年从厦门的朋友处带回一盆佛甲草，至今已经17年了，其中将佛甲草分出两盆养殖，一盆浇水充分，则一年四季长得郁郁葱葱（干叶自我脱落置换），因为笔者放到架子上，佛甲草垂下来可以长到1.7m左右垂到地面，然后就剪一次。而另外一盆由于浇水不充分，枝叶长得少而且长得慢。如果此厦门的品种在北京室外屋面种植估计生长都要成问题。因此，需要通过试验而选择适于本地区建筑种植绿化的植物。

关于对屋顶种植绿化认知的一些问题，包括由于建筑设计师对植物的生长以及植物营养学了解的欠缺而产生的问题。其中国内当时建造的北京郦城家园的大坡度的屋顶种植绿化工程，至今也可能还是国内规模最大的大坡度的种植绿化工程。它采用的是种植草的简易做法，由于建筑设计师认为种植土厚就可以不用再施肥，所以采用了500mm厚的种植土，认为可以用50年，不用施肥。如果仅仅是种植草，逾100mm厚的土就可以了，不是土厚营养就可以满足植物生长长期的需要。另外，单独种植草，屋顶防水层的做法也应该有所不同。就此问题笔者专门与项目设计人员沟通过，对于防水她坚称只能按现在标准规定的要求做。

关于“种植屋面”的标准，现在的编制内容偏离了主体，强调了卷材防根穿刺防水的内容。防根穿刺要根据种植屋面的类型进行考虑，而不是种植屋面必须采用防根穿刺的卷材。江西省采用细石混凝土刚性防水做法，已经20年了，没有出现渗漏水的情况。德国《屋顶绿化》（辽宁科学技术出版社2002年8月翻译出版）第18页介绍：“由于空间狭小，大约200年前在屋顶上形成的这个菜园，也许是用篱笆围起来的空中马厩（附有照片，现在还在使用）。”防水采用只能是混凝土了。倒是证明了刚性混凝土自防水屋面寿命可达200年。《屋顶绿化》其中就有采用混凝土自防水的做法。对于简易的种植屋顶（以种草、蔬菜、花卉为主）或容器式植物栽培做法，反而是采用刚性防水做法更为有利，便于植物的置换。以水泥胶结材料作为种植屋面的防水层，对混凝土等胶结材料有植物覆盖，水的养护对刚性防水层是有利的。

2004年年初考察了日本的建筑绿化工程应用情况，与日本知名的建筑绿化专家武男先生当面进行过交流，他介绍并推荐了他在东京、大阪的建筑绿化项目（包括屋面、墙体、路桥的绿化），据此，我们特意进行了参观考察。2009年两次到日本交流考察建筑防水技术，其中一次重点考察了日本的建筑绿化工程项目及关于屋顶绿化的有关试验（包括卷材防根穿刺试验、树木根部生长的张力试验等）。在日本看到采用轻钢结构的坡屋顶的构成，这种做法必须采用防穿刺的合成高分子卷材（热风焊接做法），这种做法显然不能用水泥胶结材料的刚性防水做法。但刚性防水采用铅金属卷材是可以作为种植防穿刺的（北京甜水园小区就有采用铅金属卷材做种植屋顶绿化的）。轻钢木结构种植是不能采用聚乙烯丙纶复合防水做法的。

20世纪90年代初，日本开展建筑的屋顶绿化及墙体绿化，从政策上作出要求，促进了建筑绿化的发展。笔者于2000年就写过《科学的开展屋顶绿化》一文，对协调开展全国的建筑种植绿化提出了建议。

## 二、建筑绿化工程的防水

关于建筑种植绿化防根穿刺的问题，屋面绿化工程是包括在建筑绿化之内的。作为建筑绿化工程的防水，只是为保证其防水功能而设置的，不同的建筑绿化做法有不同的防水要求，这需要根据建筑屋面的类型来定，需要了解种植屋面的类型，方可设定防水的做法类型，不能一概而论。建筑绿化的范围包括屋面、平台、广场、墙面、道路等的绿化，我们这里主要讲屋面及平台的绿化。建筑绿化基本分为三种类型：简易型，以种草为主的；大型综合型，原则上各种大型乔木及灌木花草都可以采用；介于简易型与大型综合型之间的，可以选择各种草（也是相对的，有地域的适应性）以及小的乔木和灌木。

如果采用简易型平屋面绿化，尤其是采用容器培育摆放的绿化屋顶，采用以混凝土为主的刚性防水则更加有利。这是由于植物覆盖降低了温度效应，同时植物的水汽蒸发以及平时的降雨、浇水，可以对于水泥胶结材料起到养护防护的作用。根据国外做的试验，当混凝土裸露的表面，在天气温度36℃时，在阳光照射下混凝土的表面温度可达到58℃左右；当在混凝土上覆盖30mm厚的水泥砂浆，原混凝土表面温度可降低一半（28℃、29℃）。当混凝土的表面温度58℃时，混凝土的表面温度应力为64kg/cm$^2$；混凝土的表面温度为28℃、29℃时，则混凝土的表面温度应力只有8kg/cm²，这样的话温度应力就可以忽略不计了。加之上面覆有植物，温度应力基本上不存在，因此一般不用考虑设置构造分格缝。采用水泥胶结材料，还有利于植物的置换，不担心防水层遭到破坏，同时提高防水层的耐久性。此外，还可简化施工程序，降低工程造价。

简易型的屋顶种植绿化工程，国外有木结构坡屋面采用种植草屋面的做法，在木板层上直接铺设卷材防水层，在防水层上种草，此时的防水层必须要防根穿刺。

南昌尚云建筑防水科技有限公司采用钢筋混凝土主体防水（刚性防水），植被养护，上下通气，有水排水、有气通气的绿色生态的做法，开展屋面建筑种植绿化的工程已经20多年，取得了良好的效果。为此2012年12月中央电视台10套（科教台）专题报道。

种植建筑绿化（包括屋面、墙立面、建筑平台等）的防水是根据基底的构成来决定的，混凝土水泥胶结材料本身就是防根穿刺的材料，不是什么条件的种植绿化工程都选择防根穿刺的卷材防水层，有的使用还会给工程带来不利的影响。需要对建筑种植绿化的类型有一个全面了解，才能合理地采用相应的防水做法。

根据《生态学》（2000年8月科学出版社出版）的内容，明确几个有关术语的界定。

（1）生态学：生态学是研究有机体与其环境相互作用的科学。“环境”是物理环境（温度、可利用水等）和生物环境（对有机体的、来自其他有机体的任何影响）的结合体。

（2）降雨：潮湿的空气遇冷形成降雨。温暖的空气比冷空气携带更多的水，所以冷却使热空气凝结成小水滴，并以雨的形式降落。例如，如果空气在海上流过，然后沿山上升，空气将以绝热温度递减率冷却，即每上升1000m温度下降6～10℃。这还取决于空气中的含水量，并将导致降雨（冷却是海拔高度的函数，在干燥空气中绝热递减率为每升高1000m，温度下降10℃。潮湿空气的绝热递减率要小一些，是由于当水凝结时释放热量，为每升高1000m大约降6℃）。

（3）相对湿度：实际的水蒸气与饱和水蒸发的比率。在密集的植被地面上相对湿度几乎是100%（饱和），而植被上不到0.5m处的空气相对湿度仅是50%。空气的相对湿度可能全天都在变化。对于气象学者来说，水蒸气是大气唯一的最重要的因素。

（4）高度：在干燥空气中每升高100m，气温下降1℃，在潮湿空气中下降0.6℃，这是空气绝热膨胀的结果。

（5）微气候：在一个小尺度内，局部的变化能够增加微气候的变化。例如，一小块植物地的气温从土壤表面到植物顶2.6m的垂直距离的变化为10℃。

（6）深度：无论是土壤深度还是水深度对温度波动有两个影响（波动的衰减与滞后表面的波动）。土壤下1m深的日温度波动完全消失。

（7）纬度/季节：这两个变化不能分开。地球向着太阳倾斜导致产生温度带，最热的温度发生在中纬度（38℃）而不是赤道（35℃）。

（8）昼夜：太阳辐射的日节律引起的变化。

湿度、温度对于混凝土、水泥胶结材料、涂料、密封材料、灌浆材料的使用都有很大的影响，对此我们了解掌握得还是不够的。可以利用现代气象手段控制和提高工程质量，以及保证使用过程的效能。

# 第二节 国内外种植绿化的发展简述

## 一、建筑种植绿化的目的和意义

建筑种植绿化体现最充分的是屋面以及地下车库顶部广场的建筑种植绿化。以下内容以屋面建筑种植绿化为主进行叙述。

种植屋面的作用是多方面的，有外在形态的，也有内在功能的，有直接的效应，也有间接的效应。正因为建筑种植绿化是多方面作用的结果，尤其是环保作用，开展建筑种植绿化推广的意义深远，也将是一种必然趋势。

人类为了不断地提高生活水平，为了可持续地发展，提出了“以人为本”“天人合一”。但在历史发展过程中，尤其是现在开始注重“以人为本”，与自然的协调中还必须注重“天人合一”。由于以往忽视了“天人合一”，以致对抗大自然、破坏大自然，造成了大自然对人类的惩罚和报复。大规模的建筑开发，产生了热岛效应，改变了自然的气候环境。

“天人合一”就是人与自然的和谐，顺应自然的发展，由此，提出了生态建筑、绿色建筑的概念。“种植屋面”指的是在建筑屋顶上种植植物，也称“屋顶种植绿化”，简称“屋顶绿化”。现在的建筑种植绿化已从建筑的屋顶绿化发展到墙面、露台、市政桥梁及建筑群之间，既是地下建筑又是地上广场地坪（地下建筑广场地坪也可称作屋顶）等的种植绿化。在建筑绿化中，屋顶绿化是最主要的部分。建筑种植绿化是生态建筑、绿色建筑的直接形式。由于城市建设的快速发展，建筑用地日趋紧张，人口不断增加，产生了负面的生态效应等问题，使得人们不得不考虑如何充分、合理地利用建筑空间。屋面种植绿化除了可以保证特定范围内居住环境的生态平衡和良好的生活环境外，还可以在经济效益、生活情趣等方面产生良好的效应。

## 二、屋顶种植绿化的作用

屋顶种植绿化的作用体现是多方面的综合效应。具体如下。

### （一）维持碳氧平衡

绿色植物吸收二氧化碳，在合成自身需要的有机营养的同时，向环境中释放氧气，维持空气的碳氧平衡。近代，由于人口的增长、大量化石燃料的燃烧，更由于大面积热带森林被砍伐毁坏掉，全球性的二氧化碳含量增加，碳氧平衡正在受到威胁。这种矛盾在城市中表现尤甚，城市人口的密集和超量化石燃料的燃烧，大量消耗氧气，积累了过量的二氧化碳。由于二氧化碳的密度稍大于空气，多下沉于近地层，在有风的情况下，可以通过大气交换得到补偿和更新，但在无风或微风的情况下，如当风速在2～3m/s及以下时，大气交换很不充分，所以大城市空气中的二氧化碳浓度有时可达0.05%～0.07%，局部地区高达0.2%。二氧化碳浓度不断增加，势必造成城市局部地区氧气供应不足。

目前，任何发达的生产技术还不能代替植物的光合作用，只有植物才能保持大气中二氧化碳与氧气的平衡。据统计，1hm$^2$ 落叶阔叶林、常绿阔叶林和针叶林每年分别可释放氧气 10t、22t 和 16t。北京城近郊建成区的绿地，每年可释放 2.3 万 t 氧气，全年可释放 295 万 t 氧气，这对于维持空气中的碳氧平衡具有重要的作用。一个成年人每天吸入 0.75kg 氧气，排出 0.9kg 二氧化碳，则 10m$^2$ 的森林面积就可消耗他排出的二氧化碳，并供给所需的氧气。1m$^2$ 生长良好的草坪，光合作用时，每小时可吸收 1.5g 二氧化碳，因此白天一块 25m$^2$ 的草坪可把一个人呼出的二氧化碳全部吸收掉。植物固定二氧化碳、释放氧气的速率因植物种类、植物生长状况、叶面积大小、地理纬度及气象因素等而异。基本绿量 1m$^2$，落叶乔木为 16.57m$^2$、常绿乔木为 12.6m$^2$、灌木为 8.8m$^2$、草坪为 7.7m$^2$。

但在城市中该平衡的好坏主要取决于绿色植物的总量，因此要解决城市的二氧化碳与氧气失衡的问题，必须增加园林植物的总量。见表 4-1。

**表 4-1　北京市城区不同植物日吸收二氧化碳和释放氧气的量**

| 植物种类 | 单位 | 绿量（m$^2$） | 吸收二氧化碳（kg/d） | 释放氧气（kg/d） |
|---|---|---|---|---|
| 落叶乔木 | 株 | 16.57 | 2.91 | 1.99 |
| 常绿乔木 | 株 | 12.60 | 1.84 | 1.34 |
| 灌木类 | 株 | 8.8 | 0.12 | 0.087 |
| 草坪 | m$^2$ | 7.0 | 0.107 | 0.078 |
| 花竹类 | 株 | 1.9 | 0.0272 | 0.1196 |

### （二）吸收有害气体

植物不仅对大气中的污染物具有一定的抗性，而且具有一定的吸收能力。植物对空气的净化作用，主要表现为通过吸收大气中的有害物质，经光合作用使其形成有机物质，或经氧化还原过程使其变为无毒物质，或经根系将其排出体外，或将其积累于某一器官，最终化害为利，使空气中的有害气体浓度降低。

植物对空气中的污染物吸收效果非常显著。据统计，草坪植物吸收的空气中有害气体有二氧化硫、二氧化氮、氟化氢以及某些重金属气体，如汞蒸气、铅蒸气等，还能吸收一些重金属粉尘及致癌物质醛、醚、醇等。1hm$^2$ 绿色草坪，每年能吸收二氧化硫 171kg、吸收氯气 34kg。

一般情况下，不同植物对不同污染物具有不同的吸收性能，对于同种植物来讲，大气中的污染物浓度升高，植物体对其积累量也会相应增加。同时，空气严重污染时，植物吸收污染物有限；在低浓度下的慢性污染，植物的持久净化功能较显著。

### （三）减菌效应

植物种植绿化有明显的减菌效应。其含义有两方面：一方面，空气中的尘埃是细菌等的生活载体，植物的滞尘效应可减少空气中的细菌总量；另一方面，许多植物分泌的杀菌素如酒精、有机酸类等可有效杀灭细菌、真菌和原生动物等。所以绿地空气中的细菌含量明显低于非绿地。据测定，某医院绿地中空气的细菌含量均低于门诊区的细菌含量，说明绿地具有减少空气中细菌含量的作用。有人测定，草坪上空每立方米含菌量仅为 688 个，百货商店高达 400 万个，电影院的含菌量要比公园里空气中的含菌量高 4000

倍左右。种植绿化植物的减菌效应，对改善城市生态环境具有积极意义。

**（四）植物增加负离子效应**

负离子能改善人体的健康状况。负离子有调节大脑皮质功能、振奋精神、消除疲劳、降低血压、改善睡眠、加强气管黏膜上皮纤毛运动、增加腺体分泌、增高平滑肌张力、改善肺呼吸功能和镇咳平喘的功效。空气负离子能增强人体的抵抗力，抑制葡萄球菌、沙门氏菌等细菌的生长速度，杀死大肠杆菌。因此空气负离子又称“空气维生素”“长寿素”。

空气负离子具有显著的净化空气作用，具体表现在以下几个方面：

首先，空气负离子具有除尘作用。对小于 0.01μm 的微粒和在工业上难以除去的飘尘，空气负离子有明显的沉降去除效果。其中小于 10μm 的飘尘几乎永久性悬浮于大气中，在数量上又占大气悬浮总粒子的 90%以上，可穿过肺泡直接进入血液及至全身而带来毒害，对人体危害极大，而空气负离子通过电荷作用可吸附、聚集、沉降这些微尘。例如，一些皮毛作业车间，当控制空气负离子浓度为 $1.5\times10^5/cm^3$ 时，尘埃浓度可由 $0.42mg/cm^3$ 降至 $0.05mg/cm^3$。

其次，空气负离子具有除异味作用。空气负离子能与空气中的有机物发生氧化反应而清除其产生的异味，因而具有消除空气异味的作用。

最后，空气负离子具有改善室内环境的作用。居室中的许多设施都具有减少空气负离子的作用，空气负离子能缓解和预防“不良建筑综合征”。如空调，当气流通过空调管道时，与金属表面的摩擦作用和滤料的静电吸附作用，使空气中负离子显著减少，甚至可降到 30 个$/cm^3$。吸烟、化纤衣服产生的静电等也会造成局部负氧离子下降，此时增加空气中的负离子，可改善微小环境中的空气状况。

**（五）对环境景观的改变**

现代建筑在城市的发展已多样化，高低差异加大，高层可看到低层屋顶，在建筑屋顶上应用植被、草木和绿色植物比仅仅用砂石、金属做屋顶具有更自然的赏心悦目的景观。在建筑的屋顶上开辟户外的活动场所、种植绿化可以创建一个美好的活动环境，使人更加亲近自然、融于自然，心情更加愉悦。从另外一个角度看，无须额外增加地皮费用。

**（六）降低噪声，减少环境污染**

植物由于折射、发散、吸收的作用，可以降低噪声。植物的叶片和茎可起到吸收尘埃颗粒的作用。由于种植植物的光合作用，可以减少粉尘的活动，吸收二氧化碳，排出氧气，从而起到环保的作用。室内的种植绿化，可以增加室内空气湿度，吸收有毒气体以及产生除尘等效应，改善室内环境。有些室内栽种的花草可有效地清除装修等带来的化学污染，如甲醛、苯类等有害气体。

**（七）建筑种植绿化改善了建筑的小气候环境及建筑的热工效能**

建筑种植绿化对高低温气候环境都有很好的调节作用。城市建筑物增多，由于太阳辐射引起建筑物能的积聚也随之增多，加之工业、机动车、家用燃料的增加导致温室气体排放量大增，造成了城市气候环境的改变，产生了热岛效应。通过在建筑物上种植绿化，可以显著改善居住环境和活动空间，充分利用屋顶等的建筑种植绿化，具有特别的意义。

1. 高温下种植绿化建筑的作用

在夏天，同建筑物少的地区、乡村相比，城市的气温明显偏高。建筑物密集的市区，由于建筑物对光的反射低，夜间降温减弱，因此会对人的健康产生长期的负面影响。而种植绿化建筑，可以通过土壤水分和生长的植物降低大约80%的自然辐射，以减少建筑物所产生的负面作用。

通过国内外对屋顶种植绿化的热工测试，与无绿化的屋面相比，绿化的屋顶有很好的降温效果。德国的测试情况是：当气温大约在30℃时，没有绿化的地表面可达到40～50℃，而种植绿化屋顶覆盖土壤，长有草木、禾草和亚灌木植物，当介（基）质厚为20cm时，种植绿化基质10cm处的温度为20℃左右，而昼夜的温差是均衡的（图4-1）。

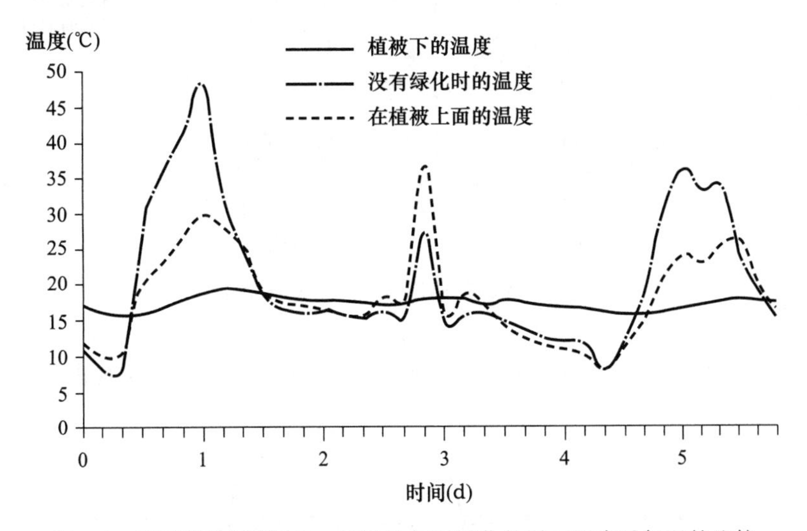


图4-1 夏季绿化屋顶10cm层深处与无绿化的平面温度及气温的比较

广东有关单位对结缕草种植屋面与无植被覆盖的珍珠岩隔热砌块屋面做对比测试，也同样证明种植屋面具有良好的热工效能。现场测试室外气温最高值为36.8℃，种植植被以草为主的屋面室内板面最高温度为30.4℃，比当天室外最高气温低6.4℃，效果明显。非植被屋面的室外屋面板外表面的日温差为21.1℃，屋面板室内表面的日温差为13℃；种植屋面的屋面外表面的日温差为1℃，屋面板内表面的日温差为3℃。由于种植屋面的屋面板外表面的日温度差仅有1℃，所以种植屋面完全可以避免因温度应力引起的屋面构造开裂损坏，因而也提高了屋面的防水效能。国内测试见图4-2。

2. 低温下建筑种植绿化的作用

在冬季低温条件下，种植绿化屋顶如同一个温暖的罩子保护着建筑物。长有植物和含有空气层的介（基）质层的种植屋面可以显著减缓热传导以利节能及提高热工性能，特别是在有禾草、草木及低密度多孔的矿物质介（基）质层的植被结构的屋顶上，可以达到良好的效果。

试验表明，与砾石组成的平屋顶相比，绿化屋顶效能有很好的体现。在一个比较低的温度（－10℃左右）范围内，当种植绿化屋顶的建筑构造厚度不大时，绿化屋顶本身也可保持一个相对恒定的温度，而由砾石组成的保护层屋顶的温度变化很大。测量试验是在一个150mm基质厚度和干旱草地植被的种植绿化屋顶上进行的（图4-3）。

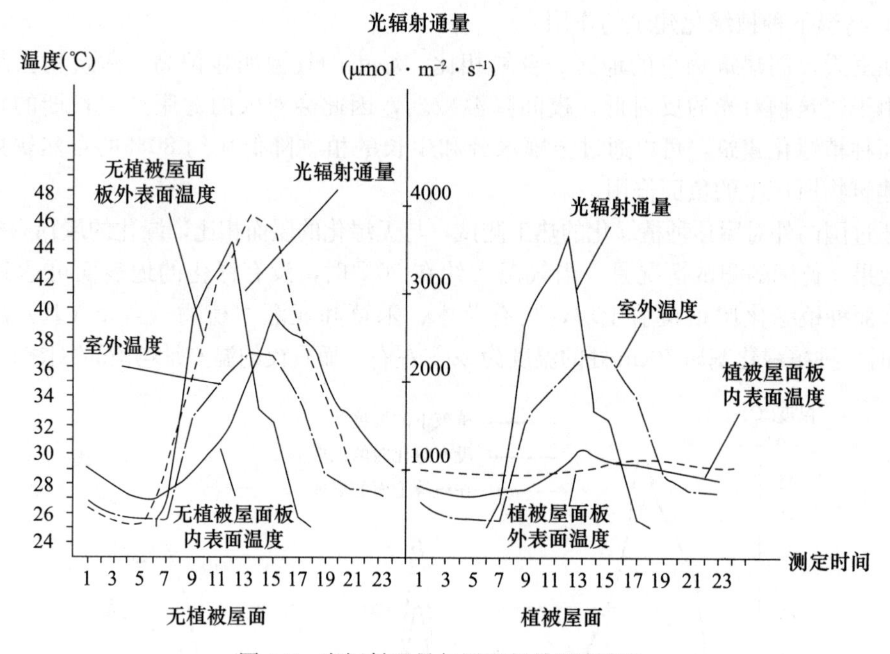


图 4-2　光辐射通量与屋面相关温度变化

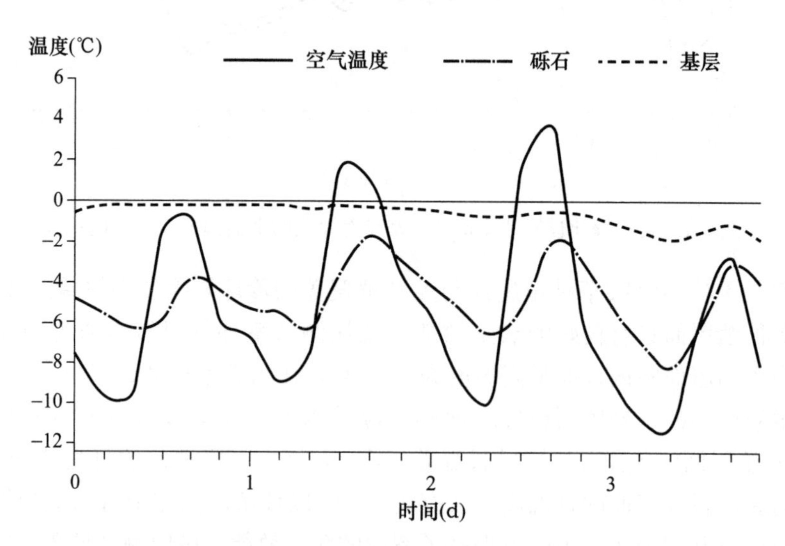


图 4-3　冬季绿化屋顶 5cm 处和砾石屋顶的温度与空气温度的比较

对未采用种植屋顶结构和植被屋顶结构的热工计算表明，1m$^2$每年可以节省 1～2L 燃油。种植绿化屋顶不仅在夏季高温时，即使在冬季严寒时也对缓冲温度起着突出的作用。

## （八）对建筑构造屋面的防护作用

建筑屋面的结构层、防水层的破坏，多数情况下是由屋面温度应力引起的，而少数是由其他活动引起的。气温变化引起屋顶构造的膨胀和收缩，使建筑物出现裂缝，从而导致渗漏的发生。屋顶的渗漏是建筑质量的通病之一。

温度的变化、阳光辐射对建筑物非常有害。例如，冬季的冻融影响、晚间气温降低、白天短时间建筑物表面温度的升高；夏季夜晚降温后，白天建筑物表面温度也会显著升高，尤其是在南方白天阳光普照，突然一阵暴雨，建筑物表面可从60～70℃的温度降到10～20℃的温度，对构造层的影响是很大的。由于温度的变化，阳光辐射材料将承受很大的负荷，产生疲劳，从而降低强度，缩短寿命。如前所述，当采用种植绿化建筑后，种植绿化的屋顶可以调节夏天和冬天的极端温度，对建筑物构造层起到一个保护的作用。由此，屋顶种植绿化可以保护建筑物，并且可延长其寿命。

**（九）屋顶种植绿化的蓄排水作用**

当屋顶种植绿化后，屋面的排水可以大量减少。根据德国有关研究机构进行的试验，如果在15min内绿化种植屋顶的降水强度为20L/m²，在同一时间内，流到出水口管道的雨水仅有5L/m²。而同一时间内用砾石覆盖的屋顶上，流到出水口管道的雨水为16L，种植绿化屋顶排水明显减少，为排水系统的管道、溢洪道或蓄水池尺寸节省费用确定了依据（图4-4）。

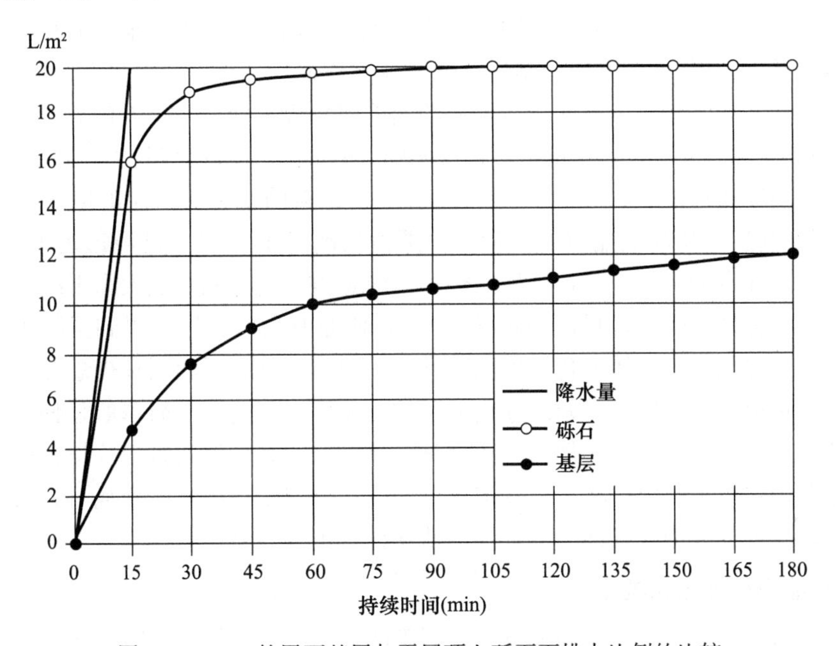


图4-4　10cm的屋面基层与平屋顶上砾石面排水比例的比较

屋顶水具有自然资源的特征，在参与物质循环中有着不可替代的作用，屋顶种植绿化使屋面排水减少减缓，下水道和蓄水池也可减轻负荷。

建筑屋顶构造做法主要分为坡屋顶及平屋顶两大类。雨水流经坡屋顶时绝大部分通过屋面流入地下排水管道；未经种植的屋顶有80%～90%的雨水排入地下管网。种植屋面中由于植物和基质对雨水的截留和蒸发作用，使种植屋面的雨水排放量明显减少。通常约有30%的雨水通过屋顶的排水系统排入地下管网。屋顶种植绿化对雨水的截流效应产生两方面的效果：首先，随着屋顶种植绿化的增多，雨后通过种植屋顶排入城市下水道的水量将明显减少，因而城市排水管网直径可以适当缩小，从而节约市政设施的投资；其次，屋顶种植绿化中截流的70%雨水，将在雨后的一段时间内储存在屋顶的植被中，并逐渐地通过蒸发和植物蒸腾作用扩散到大气中去，从而改善了小气候及生态环境。

此外，屋顶水在参与物质循环中有着不可替代的作用，将屋顶的水收集起来作为中水处理二次利用，可节省自然资源及费用。根据日本东京都的研究数据，东京都可能绿化屋顶面积为 $120hm^2$，绿化后热遮断效果平均每天换算为 672 万 kW，换算成家用空调的电费相当于 6450 万日元。种植绿化屋顶折合为：$1m^2$，每天节电 5.6kW、节资 9.8 日元。如果折合人民币，每天 $1m^2$ 节资约 0.8 元。其经济效益是相当可观的，而且是长期效益。

总之，建筑种植绿化既带来了外在的形态景观效应，又带来了建筑物内在功能的提高，改善了人的生活环境，是回归自然的体现。回归自然、融于自然是人类发展的崇高境界。由此，建筑种植绿化的发展也将是必然的了。

## 三、屋顶种植绿化与园林绿化的区别

随着城市高层建筑的发展，尤其是大中城市建筑的发展，可以说延伸了地表面积，从地面延伸到了墙面、延伸到了屋面。而我们现在绿化计算的都是地表面积（为垂直投影面积），计算的基数面积并不包括屋顶面积及立体面积。英国《卫报》2004 年 11 月 8 日报道："过去 15 年来，上海向高空发展的速度比世界上任何一个城市都快，上海现在有 4000 座高度超过 100m 的建筑物，在这 4000 座高于 100m 的建筑中，有 2000 多座是摩天大楼（高度超过 152m 可供居住的建筑），这比美国整个西海岸的摩天大楼总数还要多。"现在高层、超高层建筑的数量，中国占比超过了 60%，已经远远不是 20 年前的数据了。如此多的高层建筑，产生的热岛效应是很大的，同时加大了未绿化的面积基数，开展建筑种植绿化（包括屋顶种植绿化），使原有的园林绿化得到了扩展。建筑种植绿化使平面绿化变为立体绿化、地面园林变为空中园林、平面园林规划变为立体园林规划，建筑种植绿化可以说是园林绿化的延伸、拓展。但这不是简单的延伸、拓展，将产生新的概念。它将使城市规划与立体园林绿化结合起来，把建筑设计与种植绿化结合起来，把单体建筑种植绿化与组合建筑种植绿化结合起来，把自然景观与人造绿化景观结合起来，使观景变为入景即融于景观种植绿化之中。

### （一）屋顶种植绿化类型

屋顶种植绿化类型在我国尚未有统一明确的定义。德国等欧洲国家将屋顶种植绿化分为三种类型：

（1）精细绿化：覆盖了可供选择的植被和环境美化的整个范围，基本上对培植方法没有限制，乔木、灌木、花草等均可选择。

（2）粗放绿化：用于平屋顶及坡屋顶，以景天属类植物、苔藓和草本植物为主。

（3）简易精细绿化：介于精细绿化和粗放绿化之间的一种绿化形式，包括草片和草本植物以及矮乔木及灌木。

以上三种类型都是以植物类别划分的，我们认为是可取的，但名称似乎不太确切。"精细绿化"及"粗放绿化"中，"精细"与"粗放"应该指的是质量好坏的程度。

结合国内的一些分类方法，参考国外的分类方法，我们拟划分为综合型屋顶种植绿化（简称"综合绿化"）、简易综合型屋顶种植绿化（简称"简易综合绿化"）、简易型屋顶种植绿化（简称"简易绿化"）。与国外相对应，即"综合绿化"对应"精细绿化"，"简易绿化"对应"粗放绿化"，"简易综合绿化"对应"简易精细绿化"。

### （二）屋顶种植绿化与园林绿化的区别

屋顶种植绿化与园林绿化的区别主要体现在整体的结构构成上以及植物的选择上。概括地说，与园林绿化相比，主要是屋顶种植绿化的结构构成增加，但植物类别选择减少。

1. 屋顶种植绿化的基本构成

屋顶种植绿化的基本构成主要包括：屋顶承载结构及保温层、防水层、蓄排水层（包括隔离层）、介（基）质层、种植植物以及附加的给排水设施。

（1）屋顶承载结构类别有混凝土整体现浇结构、混凝土预制结构、钢结构、木结构等。有平屋顶（2%以下），也有坡屋顶（有的已达30°以上）。

（2）屋顶保温材料主要有泡沫塑料板、现场发泡聚氨酯、泡沫玻璃、膨胀页岩等。

（3）防水层以混凝土结构自防水为主，也有涂料及卷材的。屋顶种植绿化经研究与比较，防水层及相关的构成与现有的屋面防水做法规定是有差异的。

（4）蓄排水层的材料有塑料排水蓄水板、塑料排水网管、混凝土架空排水板、橡胶排水板、石子、陶粒、碎煤渣、炉渣，以及蓄水毡、土工无纺布隔离材料等。

（5）介（基）质层，包括自然土层、改良的土层、无机有机材料层。有机的包括草炭灰、树皮、锯末、腐殖土等，无机的包括珍珠岩、蛭石、废砖瓦粉碎加工的粒料等，以及有机与无机的混合料等。

（6）种植植物。屋顶形式功能不同，选择的植物也不同。综合的屋顶绿化，乔木、灌木、草都可以选择，也可种植蔬菜花卉。简易的屋顶绿化主要选择草。

（7）给排水设施。根据屋顶绿化的类型，选择相应的给排水设施。给水有自动喷灌、人工浇灌、滴灌以及天然补水，或者综合考虑；排水设施多样。

2. 屋顶种植绿化与园林绿化总体构成对比

（1）从承载结构保温层方面看，园林绿化基本上不存在屋顶承载结构及保温层的构成。

（2）园林绿化基本上不考虑防水层，主要考虑排水与蓄水。屋顶种植绿化既要考虑排水与蓄水，又要考虑防水，而且与其他形式的屋面防水要求相比更严格。防水在屋顶种植绿化中是一个非常重要的环节。

（3）屋顶种植绿化类别不同，构成也是不同的，有的可用蓄排水板，有的可用排水板、排水网。由于经济条件功能的差异，也可用卵石、混凝土排水板等。但地面园林绿化，以上的内容涉及很少，有的根本不会涉及。

（4）介（基）质选择的对比。由于屋顶绿化条件的多样化，介（基）质的构成差别也是比较大的。屋顶选择的类型在地面园林的选择中许多是不存在的，地面园林很少会采用无土栽培的做法。

（5）植物的类别选择对比。屋顶绿化植物的选择比地面园林绿化应用植物的限制要严格得多。地面园林绿化用的乔木，在屋顶绿化上将受到限制。由于结构承载的原因，采用的乔木必须是缓生型的，乔木的安全稳定性要好。由于地面的风速、温度、日照与屋顶的风速、温度、日照（尤其是高层建筑的屋顶）是不一样的，在植物的选择上应有所区别。花、灌、草植物的选择，屋顶种植绿化的一次生命周期比地面园林要长，而且要耐裁剪。这是由于地面绿化可以随时更换，而屋顶绿化，尤其是高层建筑的屋顶绿化，如果更换频繁，将加大屋顶绿化的成本，而且施工时将给使用者带来许多麻烦，同时会增加施工难度。

（6）给水与排水设施的对比。地面园林绿化，除了自动喷淋设施，主要可采用洒水车及人工浇灌、滴灌，而屋顶绿化给水设施将受到较大的限制，洒水车是不能使用的。

除以上所讲的差别外，在其交付用户使用后，管理维护的要求也是有很大差别的。

屋顶种植绿化是屋顶的一种形式，是有生机的，所需的防水形式是以防为主，将更需要提高防水的保证水平。

## 四、屋顶种植绿化的发展

述说屋顶种植绿化的发展现状，必将提及屋顶种植绿化发展的历史，也必将提及世界古代七大奇迹之一——“巴比伦空中花园”。但对空中花园的描述许多是自相矛盾的，连花园建造的主人名字都不一样，有的讲是“尼布甲尼撒国王”，有的报道为“巴比伦王纳乌霍多诺索尔二世”。由于无遗迹的存在，许多人甚至怀疑空中花园是否存在。

最先提及空中花园的历史学家是白罗苏斯，他是巴比伦人。大约公元前 270 年，他撰文说：尼布甲尼撒国王（前 605—前 562 年）在 15 天内修建起了一座新宫殿，宫殿内有石头喷泉和梯形高地，树木种在高地上，就形成了所谓的空中花园。而建造它的目的是取悦米依蒂斯王后。古代友邦之间经常用皇家之间联姻的方式巩固关系，很可能王后是一位伊朗公主。白罗苏斯显然读过国王的日记，其中描述了他的新宫殿：像山一样高，部分用石头砌成，期限 15 日内完工。日记没有特别提到花园，不过宫殿通常都有花园。

后来一些希腊文献中更加详细地记述了空中花园。花园面积为 $120m^2$，高 25m，也就是城墙的高度。花园里建有一层一层的台阶，每层台阶就成了一个小花园。花园之间还建有可纳凉的小屋。花园底部由许多高墙组成，每道高墙大约有 7m 宽，墙与墙之间相距 3m。高墙上架有石板横梁。横梁上面是三层构建花园的设施——下面为芦苇与沥青的混合物，中间为两层砌砖，最上面是铅包外套，花园用的泥土置于铅包外套中。浇灌用的水则通过隐蔽的装置从下面的河水引上来。花园是建在砖和沥青制的拱顶上，置于台阶旁的阿基米德螺旋器将水运上去。空中花园需要两大保证：花园顶部的防水及浇灌的给水。给水由幼发拉底河直接提灌。空中花园被列为世界古代七大奇迹之一，是人们崇尚自然美的创新体现；空中花园给人们留下了美好的印象。巴比伦空中花园的消失，与后期的管理难度、给水的保证条件有很大的关系。在巴比伦干旱少雨的地区，主要靠人工补水，而且补水量应当是很大的。

现代建筑由于防水功能好的材料产生，以及建筑环境发展的需要，屋顶种植绿化得以快速发展。据欧洲有关资料的介绍，屋顶种植绿化已有 200 多年的时间了，有的资料介绍有 120 年的时间。但作为一种屋顶形式引起重视并得到发展，有 50～60 年的时间。

我国屋顶种植绿化的历史也有近 50 年的时间，开始主要在四川省的一些地方（包括现在的重庆市），在住宅楼的屋顶及厂房的房顶上种植花草树木以及蔬菜等。为此，国家标准《屋面工程施工及验收规范》（GBJ 207—1983），是作为保温隔热屋面的种植屋面反映的（此标准为 1979—1983 年修编）。北京最早的（也是国内现存最早的）园林式屋顶绿化工程——长城饭店已有近 40 年（1984 年至今）。由于社会上对屋顶种植绿化缺乏了解，认为我国开展屋顶种植绿化是最近十几年的事（2004 年的说法）。有的报道认为德国、日本等发达国家屋顶种植绿化已很普遍，其实并不完全如此。

世界上开展建筑种植绿化最好的国家为德国。据德国资料的介绍，2003 年新建平屋顶 30%～40%采用了绿化屋顶。日本开展屋顶种植绿化的时间与我国相近，全面推广也是近些年的事，但日本配套技术及政策研究做得比较好。日本东京都开展屋顶种植绿化工作是比较好的。2001 年 4 月东京都开始实施屋顶绿化义务制度，2001 年 6 月为了推进东京都屋顶等的绿化，组织关于技术课题和普及、扩大政策的讨论，成立了屋顶绿化推进联席会。根据日本《屋顶等绿化防水》的介绍，2000 年东京都屋顶绿化面积 41137$m^2$，建筑屋顶 290 个；2001 年屋顶绿化面积 68296$m^2$，建筑屋顶 369 个。2004 年前后，笔者零星了解到一些北京、广东实施完成的屋顶及屋顶平台种植绿化的情况，见表 4-2。

**表 4-2　北京、广东实施完成的屋顶及屋顶平台种植绿化的情况**

| 序号 | 地点 | 项目名称 | 实施面积 $m^2$ | 实施年限 |
|---|---|---|---|---|
| 1 | 北京 | 中关村西区科技广场（地下三层的顶部）基质厚度 0.6～3.5m | 5 万 | 2003—2004 年完工 |
| 2 | 北京 | 通惠家园住宅区平台（地铁复八线） | 近 6 万 | 2002—2004 年完工 |
| 3 | 北京 | 郦城家园大坡顶绿化，4 栋每栋屋顶面积逾 2000$m^2$ | 逾 8000 | 2003 年完工 |
| 4 | 北京 | 望京小区 A 区楼间平台地下为车库 | 约 1 万 | 2002 年完工 |
| 5 | 北京 | 棕榈泉小区中央花园地下为车库 | 2.6 万 | 2003—2004 年完工 |
| 6 | 北京 | 中关村软件园康体中心屋顶绿化 | 1.1 万 | 2004 年实施 |
| 7 | 北京 | 东城区园林局办公楼等 | 1 万 | 2004 年完工 |
| 8 | 广东东莞 | 光大花园（地下车库）平台顶面 | 逾 2 万 | 2002 年完工 |
| 9 | 广东东莞 | 地王广场（地下车库）平台顶面 | 4 万～5 万 | 2005 年完工 |
| 10 | 广东广州 | 广州新机场车库屋顶 | 1.5 万 | 2004 年 5 月完工 |

北京郦城家园已完工 11 栋大坡度的屋面种植绿化工程。以上两地的十几个工程的屋顶绿化面积就已达到了 24 万～25 万 $m^2$。

上海市屋顶绿化 2002 年从静安区开始进行试点工作，已取得了良好的效果。上海市已做出规定，全面推广建筑种植绿化工作。上海单体屋顶绿化面积在 1 万 $m^2$ 以上的也有多项。当时为了迎接世博会，加紧推进屋顶绿化。

南昌市有一个单位推广种植绿化屋顶，采用自己开发的“复合排汽排水植被屋面”专利技术，其特点是以种植屋面排水作为中水进行利用。1998—2003 年平均每年完成屋顶绿化面积逾 1 万 $m^2$，其中 2003 年完成逾 2 万 $m^2$。

四川、重庆、北京、上海、广东、浙江是全国开展屋顶种植绿化最好的省市。全国除西藏、新疆等少数省区未推广屋顶绿化工作外，绝大部分的省、市、区均开展了屋顶绿化项目。

## 五、屋顶绿化发展存在的问题

屋顶绿化发展存在的问题主要体现在三个方面：政策问题、技术问题及认识问题。这三个方面都与技术问题不可分，技术问题是核心问题。前文已分析了屋顶绿化与地面园林绿化在许多方面的差异。我国开展种植屋顶的历史也不算短，可以说比日本的时间要长，但我们与德国、日本相比缺乏的是系统研究、配套技术的理论研究，以及应用技术的研究，处于各自为政、缺乏协调的状态。

德国等欧洲国家从结构构成，防水材料、保温隔热材料、排蓄水材料、介（基）质材料、植物的选择，给水设施的喷灌、滴灌、浇灌到土壤植物营养的配制形成了完整的材料、技术体系，形成了指导性的规定。相关的功能性试验方法已经过研究应用得到了认证，而我国则缺乏系统的研究。

现在的屋顶绿化工程已形成了大型化及多样化的趋势，但现在建筑设计只管结构构造、工程防水的做法，介（基）质及种植由园林绿化部门考虑。园林绿化部门不了解防水层及结构构造，建筑设计不了解植物种植、植物的特性。

由于建筑设计对植物的生长需要的构造考虑不同，如按原来的防水形式考虑，将产生渗漏水问题。有的屋顶形式不同，构造设施选择也应不同。经调查，现在已完成的屋顶绿化工程中存在许多的渗漏问题，以及潜在的问题。屋顶种植的植物按地面绿化的方式选择是不恰当的。例如，花草按三年期考虑是不够的，应根据不同建筑屋顶的高度和便利程度，选择生长周期长的植物。花草的置换期应达到 10 年以上，有的还需更长。

屋顶基质及植物的构成不合理，如北京郦城家园大坡度的屋顶覆土近 50cm，但仅种植草，这是不合理的，在设计及绿化方式的选择上是不适当的。

屋顶结构建筑与植物相关条件构造的不合理，将产生防水渗漏问题及建筑布局对植物生长的不良影响。

认识方面的问题。很多是由于对屋顶绿化、建筑绿化缺乏全面了解，从而产生了认识的片面性。例如，有关报纸报道，有关专家讲："屋顶绿化有两个基本条件，一是不能土层太厚，二是不能经常浇水，以免损害房屋防水层。"对于"不能土层太厚"之说，是对屋顶绿化有哪些形式不了解。前面已经讲了，德国将屋顶绿化分为三种形式，我国也基本上分为这样的三种形式，其中的精细绿化如果采用中型树木覆土层≥0.8m（包括各类基质），加上防水层将≥1m，如果采用大型树木覆土层≥1.25m，加上防水层将≥1.5m。以上规定被德国视为平均标准数据。北京的长城饭店、新东安商场、亮马河大厦等屋顶绿化的覆土厚度为 0.8～1m，中关村西区科技广场（为地下三层的顶面）总绿化面积 5 万 $m^2$，覆土深度 0.6～3.5m。

另外，关于"不能经常浇水，以免损害房屋防水层"之说，也是错误的。屋顶绿化对于防水层来说，是把双刃剑，做好了可以起到保护防水层的作用，做不好将造成渗漏，不在于是否经常浇水，作为刚性防水层有水保护反而更好。四川省 20 世纪 90 年代初至今采用的就是"蓄水覆土种植屋面"，后已编制 1994 年四川省工程建设地方标准《蓄水覆土种植屋面工程技术规范》。之所以产生以上误判，是由于不了解建筑本身的特性要求。建筑种植绿化，是跨学科、跨行业的边缘科学技术。为什么这样说呢？应用气候学分为三个方面：工程气候学、农业气候学、航空（海）气候学。屋顶绿化涉及两个方面：工程气候学及农业气候学。建筑仅涉及工程气候学，植物仅涉及农业气候学。在建筑屋顶上种植植物，在不同的高度下风速的系数是不一样的，根据国家标准荷载规范的规定，高层建筑最大的风速系数可达 3 倍。而且不同高度，虽为同一位置的建筑屋顶的温度也是不一样的。建筑屋顶种植绿化的发展，拓展、延伸了原有的定义范围。在林业、农业的概念中树木、花草属于植物的类别，但在屋顶种植绿化工程中，树木、花草变成了建筑材料，而在原来的建筑领域中，活着的树木、花草不是建筑材料。这是由于建筑与林业、农业植物结合，产生了外延，增加了内涵，新的领域产生了，形成了边缘科学。对于我们每个人来说，在各自的领域可能是专家、内行，但对新的领域则是内行中的外行，如果以原有的定义来概括，将产生错误的概念。屋顶绿化、建筑绿化并不是一加一的概念。

当年许多媒体对北京地区佛甲草的应用做了大量的报道。从现在实施的情况看，如果大量地在北京推广佛甲草种植，需进行全面的科学论证。

中科院华南植物研究所的专家对佛甲草在华南地区的种植研究已有 10 多年时间，跟踪研究已有多年的时间，根据研究专家的介绍，佛甲草不适宜在北方生长。另外，厦门的一个生态园林公司对佛甲草也进行了多品种的多年研究。其中，有的上海生产的品种，在厦门生长不良；有的品种在厦门生长良好，在重庆则生长不良。佛甲草种植经过某些单位研究，在北京已开始试验实施，有的已有几年时间，但也不能由此就说完全可以用于屋顶绿化工程。现在试验的建筑均为多层及低层建筑的屋顶，而且这几年北京处在暖冬期，根据中华人民共和国成立后 50 年气象资料，北京市极端低温达到－27.4℃。屋顶绿化的植物需要一次性置换期长的。据有关介绍讲，佛甲草生长期可达十多年，甚至几十年，但并没有一项资料证明为跟踪研究的结果。所说的十多年也是指南方的佛甲草。南方由于雨水多、气候潮湿，自然补水可满足佛甲草生产的需要。同时，根据我们的调查，北京试验种植三年的佛甲草，三年多未浇一滴水也是不客观的。作为草类，在屋顶这个特殊环境下，佛甲草多长时间产生退化，产生病虫害，安全（防火）的影响程度，不同基质、厚度的影响，在屋顶工程的组合作用及热工性能等都缺乏系统的研究。

佛甲草的特点是耐旱性，在北方秋末到初春，则成为了干草；在南方有些地方，有的品种产生休眠。我们应当客观、科学地评价佛甲草的作用，如果达到以上所说的综合因素，佛甲草也不失为一个品种的选择。但现在的依据还不足以达到像报道上所说的所能承担的程度。我们推广屋顶绿化、建筑绿化，需要达到建筑绿化外在形态的美与建筑绿化内在功能的美相协调，达到有机的结合。

## 六、科学开展我国的屋顶种植绿化工程

建筑种植绿化工程是一个跨学科、跨行业的工作，原有的机构设置人员的知识结构已不能满足现有工作的发展需要。由于我国地域辽阔、气候差异大，建筑种植绿化在不同地区、不同建筑的使用是不同的，应当划分区域开展工作。为了有步骤、系统地开展工作，应设定长期的研究工作内容，进行分工协作，做到政策引导、技术保证、管理配套。

### （一）组织建设机构的设置

组织建设机构的设置方面，应在全国设立一个包括建筑设计、园林绿化、建筑规划、科研教学、材料设备生产、施工、房地产开发、政府等方面单位参加的实体组织，把分散的、各自为政的点的工作、片的工作经过协调，形成面的工作。

种植绿化建设工程包括建筑设计、结构构造、工程防水、种植介（基）质、种植植物类别、后期的使用维护管理等。建筑工程的种植绿化研究从建筑设计方面尚无专门的研究机构，园林绿化的研究对建筑本身的绿化研究也不充分，而且缺乏沟通。应当拓展现有的园林绿化研究，同时促进有实力的房地产开发公司承担种植绿化建筑的研究开发工作，把开发应用与研究结合起来。在研究人员方面应当发挥大学及院校的作用。从建

筑设计方面增加这方面的内容，建筑设计应当作为主要的牵头单位，因为建筑设计选择结构形式及结构类型。

**（二）按区域划分开展工作**

根据现在了解的情况，可把全国建筑种植绿化划分为四个区域：

（1）华南区。主要包括广东、广西、湖北、湖南。

（2）华东区。主要包括上海、浙江、江苏、福建、江西、安徽。

（3）西南区。主要包括重庆、四川。

（4）三北地区。华北、西北、东北划为一个区域，以北京为中心。

其余未列入的省区，归入相应的区域。

**（三）开展工作的步骤及工作内容**

开展种植绿化建筑工程工作，首先对国内种植绿化工程的情况进行全面的调研（包括改造工程与新建工程的现状），对存在的问题和好的经验做法进行总结，做必要的试验研究，编制相关的标准规范，为政府部门提出政策性的意见建议。研究不同建筑结构对不同种植绿化的选择，工程防水做法的规定，什么样的种植介质适应什么样的环境，什么样的植物适应什么样的环境；低层建筑屋面与高层建筑屋面绿化种植的差别；南北方种植植物的差别等。在总结调查国内情况的同时，调查了解国外种植绿化建筑的发展现状及发展趋势，政府对种植绿化建筑的文件规定和相关的工程标准规范。

有关做法，如日本的经验方法，值得借鉴。下面摘录有关内容：

"在大城市，屋顶绿化作为缓和热岛效应、改善环境的措施，长期以来受到关注。2001 年 4 月东京都开始实施屋顶绿化的义务制度以来，全国行政、公共团体陆续设置了在绿化方面的义务制度、税收优惠待遇和补助制度以及低息融资，减缓容积率限制等，以促进绿化的发展。

平成十四年（2002 年）实施的各地方关于屋顶绿化方面主要的政策有：品川区、板桥区、千代田区建立了义务制度，涉谷区、目黑区、品川区、杉并区、千代田区创立了屋顶绿化补助制度。东京以外的地区，静冈县三岛市也建立了屋顶绿化补助制度；兵库县在各都道府中是仅次于东京都之后，把屋顶绿化作为了一项义务的地区；大阪府、大阪市、神户市对实施了屋顶绿化的建筑放宽容积率限制，福冈市施行了补助制度。为了适应屋顶绿化环境的变化，除了已经开始销售屋顶绿化系列产品的防水材料的厂商，独立开发新技术的建材厂商也纷纷加入这一市场，激化了在市中心争夺份额的竞争。

2001 年 6 月，为了推进东京都屋顶等的绿化，进行关于技术课题的普及，扩大政策的讨论，成立了屋顶绿化推进联席会。2002 年 4 月，向东京都提出了以在'建筑物的防水修补施工时原则上同时进行绿化'为基础的公共建筑物防水修补屋顶绿化方针，希望政府率先进行实施。

还有，同年 5 月国土交通部大臣官房官厅营缮部修改了《建筑修补工程共通式样书》，从保护地球环境的观点出发设立了新的'绿色修补工程'，也制定了屋顶绿化修补工程的新规则。其中，针对在实施屋顶绿化工程时既存防水层的防水改造，在式样书第三章'防水改造工程'中进行了规定，规定绿化体系需具备耐根层和透水层，并具有存水和排水机能。

然而，由于设计、施工中存在各种问题，建成建筑的破损，发生漏水，引起近邻纷争等事例也有所增加，在规划、设计屋顶绿化时，有必要对绿化空间即建筑物的建筑条件有充分的掌握，选择适当的绿化手段。根据这些理由屋顶绿化还要解决包括成本在内的许多课题，从而导致屋顶绿化没有得到普及。基于这样的现状，2001 年，产生了供施工方用和建筑所有者、管理者用的屋面绿化损害保险。

在屋顶绿化计划、设计的时候，有必要对绿化空间、建筑物的建筑条件进行充分的掌握，选择适当的绿化手段。对于新建筑物，可以充分地进行针对绿化的建筑构造和设备的讨论，但是对于建筑物改造工程，防水和荷重的现状、给排水设备的状况成为绿化手段选择上的绝对条件。另外，如果实施全面绿化，可以利用建筑物自身的防水层，而实施部分绿化时，就要为绿化专门设置防水层并形成水池，这就要求建筑物本身有对应的强度。

实施屋顶绿化对于防水层有各种各样的影响，例如要保证雨水、土壤的平稳流出等，与没有绿化的屋顶相比产生若干新条件，有必要对防水构造投入更多的精力。在屋顶绿化施工方法方面，防水层的要求性能必须满足水密性、耐久性、耐荷重性、耐根性、耐腐蚀性、耐生物腐蚀性、耐机械的损伤性的七项内容。

防水层老化主要原因是根据太阳光的紫外线和温度的变化，使栽种了植物的部分老化得到减轻，但要考虑没有栽种植物的部分以及交界部分老化的发展。针对这一问题，产生了屋顶全面的种植后在上面设定通路的新方案。另外，种植高大树木时有必要对柱和梁的位置进行确认，根据施工条件，限制绿化方法和栽种树木的尺寸。也应考虑到材料的搬运方法和施工机械的运转等。在电梯口、楼梯等处，要充分调查出入口的尺寸等。特别是使用人工轻量土壤的场合，由于土比树轻，更需要注意。树木的质量与植物的维持管理有很大关系，在荷重条件受限的地方，要选择将来不会变大的树种或通过剪枝和控制施肥等措施。

平成十五年（2003 年），作为环境部的重点实施政策，屋顶绿化设施等可以享受课税的特别税率，如固定资产税等。绿色购入法的特定筹措品种中也包含了屋顶绿化设施。川崎市作为绿化推进重点地区预定施绿化工程。还有，环保市场 2010 年预计达到 3265 亿日元，特别是屋顶、墙壁绿化工程很受重视。”

在当前的情况下，我国建筑及园林协调方面的研究工作是欠缺的，尤其是基础方面的研究工作。加之种植绿化建筑是跨学科、跨行业的工作，如何组织协调进行研究工作尤为重要，应充分发挥各个方面的积极性，采取分散与集中的方法开展研究工作。

**（四）解决屋顶绿化技术及管理的方式问题**

屋顶绿化的推广主要分为原有屋顶绿化改造和新建屋顶绿化的确定，新建屋顶绿化设置相对于原有屋顶绿化改造要容易。新建屋顶绿化，应明确绿化的数据，原有屋顶绿化改造要进行技术上的分类及管理方式确定，逐步实施。但要快速大量推广必须加强弱势建筑（住宅）的推广、应用。但弱势建筑的绿化主要是管理责任的划分。北京现在推广的项目大都是强势建筑（高档宾馆、公寓商务建筑），都有专门的人员进行管理。

四川省及重庆市是国内推广屋顶种植绿化最早的地区，而且是从住宅楼及厂房屋顶做起。四川、重庆之所以能够在屋顶上推广种植绿化，根本的原因是屋顶绿化集中设计、分头管理、包管到户、受益到户，还有当地自然气候条件因素。在没有推广种植屋面之前，住户都不愿住到顶层，隔热保温不好，容易渗漏，上下不便。在分房时顶层打分是最低的。重庆大学建筑学院教师住宅楼采用了蓄水覆土种植屋面后，屋顶变为了分配住房时打分最高的。屋顶不仅美化了，还增加了活动空间，从不愿意到顶层，到愿意住到顶层。其他地区也可借鉴四川、重庆的做法，把屋顶分解到屋顶住户进行绿化，可以由住户自己绿化，也可统一安排，可进行植物的盆栽，也可进行亭园式种植，还可栽种蔬菜，以陶冶情操、改善环境。

目前，北京强势建筑屋顶绿化做得多，住宅绿化做得少，大项目多，小项目少（近些年屋顶建筑种植绿化有所弱化）。而日本则小的项目多，大的项目少。根据资料介绍，东京都2000年屋顶绿化面积41137m²，屋顶290个，平均每个屋顶面积142m²；2002年屋顶绿化面积68296m²，屋顶369个，平均每个屋顶面积185m²。

再简易的屋顶绿化工程每年的管理也是不可少的。如果解决不好管理的责任问题，屋顶绿化的推广是难以得到保证的。

屋顶绿化已引起政府和社会的高度重视，上海已开始立法推广建筑种植绿化，北京颁布的《北京市城市环境建设规划》（2004—2008年）指出，北京市的高层建筑中30%要进行屋顶绿化，低层建筑中60%要进行屋顶绿化。政府的政策引导、指导很关键，“政策高于技术”。政策高于技术，是建立在技术有全面可靠的基础上的，建筑屋顶绿化从建筑到绿化的协调上尚有很大的缺陷，以上的指标难以实现。政策的制定应具有科学性。德国是世界上屋顶绿化搞得最好的国家，根据报道，2003年德国才达到30%～40%新建平屋顶为种植屋顶（但德国乃至欧洲新建筑的数量基数小）。北京2009年7月发布了鼓励个人进行屋顶绿化的措施。由于缺乏协调机制，此后的工作不了了之。

日本把屋顶绿化、墙面绿化作为城市特殊空间绿化，对屋顶、墙面绿化进行系统的调查、测算，对测算方法进行了研究确定。根据日本建设省《创造绿化空间的基盘技术开发报告书》对11个城市进行的测算，11个城市屋顶可绿化率最高为31.80%，最低为17.25%，平均绿化率24.18%；墙面可绿化率最高为20.03%，最低为14.41%，平均绿化率18.60%（表4-3）。

**表4-3　日本11个城市屋顶、墙面绿化面积测算表（单位：hm²）**

| 城市名称 | 屋顶面积 | | | | 墙面面积 | | |
|---|---|---|---|---|---|---|---|
| | 平屋顶面积 | 斜屋顶面积 | 可绿化面积 | 可绿化率（%） | 墙面总面积 | 可绿化面积 | 可绿化率（%） |
| 札幌 | 1547 | 3274 | 996 | 30.24 | 2377 | 475 | 19.98 |
| 仙台 | 2570 | 2564 | 1458 | 28.40 | 2984 | 597 | 20.03 |
| 东京 | 4140 | 13022 | 2961 | 17.25 | 98068 | 17464 | 17.80 |
| 横滨 | 3862 | 5899 | 2332 | 23.89 | 6502 | 1301 | 20.01 |

建筑种植绿化将促进建筑与园林、建筑与规划、建筑与园艺、建筑与植物、建筑与土壤等关系的发展，改善建筑生态的小气候环境，使建筑与自然更加协调发展。

# 第三节　关于种植绿化工作的实施设想

## 一、建筑种植绿化工程研究工作的必要性

建筑种植绿化工作是系统工程，《建筑种植绿化工程技术规范》的规定内容，是跨

行业、跨系统的工作，是开创性的工作。目前国内缺乏全面的系统的研究，缺乏理论依据的指导，因此在编制过程中的试验研究工作，是必不可少的。

编制规范是有其自然规律的，编制有效的、有权威的、指导性的规范，不可急功近利，应当本着对社会、国家负责的态度进行认真的工作。

从目前我们了解的情况看，发达国家中，德国编制了指导性规定即《屋顶绿化指南》《立体绿化指南》，日本正在起草《屋上绿化防水》。德国与日本均进行了长期的、系统的研究工作。在建筑种植绿化方面，德国处在世界的领先地位。德国《屋顶绿化指南》，从1982年起已再版四次，1982年前开始定的课题是“屋顶绿化的基本原理”，后改为“屋顶绿化指南”。1990年确定了“立面绿化的基本原理”的研究课题，2000年才正式出版了《立体绿化指南》。德国环境美化与环境发展研究协会，最终想法是把《立体绿化指南》与《屋顶绿化指南》合并为一体，形成一个“绿化构造指南”的系列。此外，德国还编制了《种植屋面的养护原则》，根据不同的建筑类型、所有权的归属，做到责、权、利分明，统筹管理。为此，德国有关方面做了大量的研究工作，并实施了大量的建筑种植绿化工程，建立了相关联的管理体系。

日本近些年加快了屋顶种植绿化的研究推广工作。日本屋顶种植绿化技术是学习德国的，开展此工作时间大约已有30年时间，稍晚于我国屋面种植绿化的开展。但日本形成配套技术的程度高于我国，政府相应的政策也比较到位。这与日本相应的研究工作及时配套、协调到位有关。日本屋顶种植绿化，尚未形成正式的规范，处于草稿阶段，草稿起草第二稿已历时两年时间了（这是当时的说法，现已形成规范。但尚未收集到新的规范）。

我国尚未有专门的建筑种植绿化工程的标准规范。地方上只有四川省1994年编制了《蓄水覆土种植屋面工程技术规范》。四川省的蓄水覆土种植屋面的研究，到完成技术规程历时六年左右。虽然于2007年编制了《种植屋面工程技术规程》（JGJ 155—2007），2013年又进行了修订（JGJ 155—2013），其内容仍不能反映和满足实际需要（此“规程”的编者是从事园林工作的，也是我们拟编制“绿色规范”中的少部分人员，这些人员也都曾经参加过“全国第一届建筑种植绿化学术研讨交流会”，但大部分人员以及核心人员均未在其中）。

我国的疆域辽阔，地理环境与世界同纬度国家相比，气候环境差异大，相差5～18℃。这也造成了植物生长的不同条件，以及植物类型的多样化。建筑种植绿化最重要的一点是植物的选择，国外如德国、日本的植物能否在中国应用有待于研究。德国在华有关单位也在中国推广屋顶绿化工作，也引进了德国的佛甲草。前文讲到，在深圳采用德国的佛甲草是不适宜的。德国、日本的管理做法经验值得我们借鉴，但植物的选择原则上是不可取的。

日本著名的三大古典园林即金泽市兼六园、冈山市后乐园、水户市偕乐园的大部分植物是引自中国的。

金泽市兼六园，日本的三大名园之首，建于1676年，直到1871年才完工对外开放（兼六园的名字取自中国北宋诗人李格非所著的《洛阳名园记》，兼备李格非所提出的“宏大、幽邃、人力、沧古、水泉、眺望”六项内容的名园条件）。

冈山市后乐园，位于日本冈山市的市郊，建于1687年，1700年修建完成。“后乐园”取自中国宋代范仲淹《岳阳楼记》中的“先天下之忧而忧，后天下之乐而乐”的寓意。

水户市偕乐园，建于1842年。偕乐园以园中的梅花而著名，园中有100个品种、3000株以上的梅树。

历史上日本的园林绿化引进了中国300多个植物品种，历经几百年，有许多品种进行了改良。

建筑种植绿化工程中的防水技术将丰富和充实我国的防水形式。我国在世界上与其他国家相比，防水材料种类是最多的，这样形成的防水形式也会是最多的，如何在建筑种植绿化工程中形成不同的构造，必须进行研究分析，形成不同条件下合理的防水体系。首先，需要根据建筑种植绿化的类型，结合地区气候环境来设计。

## 二、《建筑种植绿化工程技术规范》的编制工作

为具体落实标准的编制工作，提出了“规范”的编制纲要。

《建筑种植绿化工程技术规范》编制纲要

1　总则

确定标准适用的范围。由于植物生长的气候、环境条件及建筑种植、绿化工程的具体要求，根据我国的地理环境条件，划分为四个区域。

中南区。主要包括广东、广西、湖北、湖南。

华东区。主要包括上海、浙江、江苏、福建、江西、安徽。

西南区。主要包括重庆、四川。

三北地区。华北、西北、东北划为一个区域。以北京为中心。

其余未列入的省区，划入相应的区域。

2　术语

2.0.1　建筑种植绿化

2.0.2　屋面种植绿化

2.0.3　立体种植绿化

2.0.4　综合型种植绿化

2.0.5　简易综合型种植绿化

2.0.6　简易型种植绿化

2.0.7　介（基）质

2.0.8　无机介（基）质

2.0.9　有机介（基）质

2.0.10　混合介（基）质

3　建筑种植绿化工程设计要求

3.1　种植绿化类别的选择

3.2　承载结构构造的类别

3.2.1　混凝土结构及坡度

1. 整体现浇混凝土结构

2. 预制混凝土板结构

3.2.2　钢结构及坡度

3.2.3　木结构及坡度

3.3　气候环境
3.3.1　降水率
3.3.2　气温
3.3.3　风
3.3.4　日照
3.3.5　蒸发量
3.4　防水绝热层设计
3.4.1　一般规定
3.4.2　不同种植绿化类别的防水层设计
3.4.3　不同结构类型的防水层设计
3.4.4　绝热层的设计
3.5　排水层的设计
3.5.1　一般规定
3.5.2　排水板的设计
3.5.3　排水网的设计
3.5.4　粒状排水层的设计
3.5.5　蓄水层的设计
3.6　介（基）质的选择
3.6.1　一般规定
3.6.2　无机介（基）质
3.6.3　有机介（基）质
3.6.4　混合介（基）质
3.6.5　植物营养液
3.7　建筑种植绿化植物的选择
3.7.1　一般规定
3.7.2　乔木类
3.7.3　灌木类
3.7.4　花草类
3.7.5　菜蔬经济类
3.8　补水设施
3.8.1　喷灌系统
3.8.2　滴灌系统
3.8.3　浇灌系统
3.9　安全设施设计
4　建筑种植绿化的施工与验收
4.1　建筑种植绿化的施工
4.1.1　结构层的施工
4.1.2　防水绝热层的施工
4.1.3　排水蓄水层的施工

4.1.4 介（基）质层的施工
4.1.5 植物种植的施工
4.1.6 给排水系统的施工
4.1.7 安全设施的施工
4.2 建筑种植绿化的验收
4.2.1 结构层施工的验收
4.2.2 防水绝热层的验收
4.2.3 排蓄水层的验收
4.2.4 介（基）质的验收
4.2.5 植物种植的验收
1. 验收时间的规定
2. 验收成活率的规定
4.2.6 给排水系统的验收
4.2.7 施工安全检验
5 建筑种植绿化养护与维护
5.1 一般规定
5.2 乔木的养护与维护
5.3 灌木的养护与维护
5.4 花草的养护与维护
5.5 菜蔬经济类植物与维护
附录
附录 A 建筑种植绿化工程植物选择表（包括植物所需土壤的 pH 值）
附录 B 建筑种植绿化工程防水层防穿刺试验方法

## 三、《建筑种植绿化工程技术规范》种植绿化研究实验项目

种植绿化研究实验项目是为《建筑种植绿化工程技术规范》的编制提供依据的，在调查国内外，尤其是中国种植绿化的经验后加以总结，进行有针对性的试验工作。基本的思路如下：

1. 建筑种植绿化应用植物的种类及营养配制（1.5～2 年）

说明：我国地域广阔，地区条件差异大，植物种类繁多，什么样的植物适用于园林建设及建筑种植绿化工程目前尚缺乏统一标准，尤其是在建筑种植绿化工程上，植物选择更缺乏相应的规定。作为“十五”期间的国家重点图书《城市园林绿化植物应用指南》（北方本）已出版，但南方本尚未完成。此指南是针对通常的地面园林的，建筑种植绿化可以借鉴，但建筑种植绿化所需的植物与园林建设的植物还是有很大差异的，因此，必须进行研究择选。

2. 不同防水层的防穿刺试验（1～3 年）

说明：建筑种植绿化与园林绿化最大的不同点是，前者需要做防水层，后者不需要增加防水层。难度增加数倍，甚至数十倍。防水层的好坏，直接影响防水层的功能。所达到的防水作用（寿命）是不同的，经济投入也是有所不同的。必须保证种植绿化防水质量。

3. 主要植物应用的热工性能测试（1～1.5 年）

说明：建筑种植绿化与园林绿化的主要作用是美化环境、达到功能要求（绝热要求）等，但两者之间植物所达到的功能要求是不同的。只有经过实际或模拟工程实验才能确定，不同的植物选择也同时决定构造的层次选择及设施设置的匹配。

4. 坡度条件下种植体系构成的实验（1～1.5 年）

说明：建筑种植绿化，有的屋面坡度已达 30°以上，如何在有坡度的屋面上种植绿化，保证植物长期生长质量及美化效果，应进行必要的分析、研究及实验。其一，确定什么样的结构类型，适于多大的有坡度的屋面；其二，确定如何采用防滑拖的方法；其三，确定什么样的植物适宜坡度屋面的种植绿化。

5. 主要城市气候环境条件（降水率、气温、日照、蒸发量、风速、干燥度）（1 年）

说明：建筑种植绿化所涉及的内容是多方面的，但适于植物生长的气候环境条件是其中主要的因素之一。气候环境因素决定植物的选择类型，确定气候环境条件是非常必要的。

## 四、《建筑种植绿化工程技术规范》参编人员的安排（表 4-4）

**表 4-4　《建筑种植绿化工程技术规范》参编人员名单**

| 分工 | | 性别 | 职务/职称 | 专业 | 所在单位 | 备注 |
|---|---|---|---|---|---|---|
| 课题负责 | 本人 | 男 | 秘书长/高工 | 工程标准、技术管理 | 中国建筑标准设计研究院 | 防水专业委员会 |
| 课题参编 | 姓名略 | 女 | 副院长/高工 | 建筑 | 中国建筑标准设计研究院 | |
| | 姓名略 | 男 | 院长助理/教授 | 建筑 | 重庆大学城规学院 | |
| | 姓名略 | 男 | 教授 | 建筑 | 上海同济大学 | |
| | 姓名略 | 男 | 教授 | 建筑物理 | 华南理工大学 | |
| | 姓名略 | 男 | 教授/博导 | 植物学 | 北京林业大学 | |
| | 姓名略 | 男 | 教授 | 建筑 | 深圳大学 | |
| | 姓名略 | 男 | 副教授/博士 | 植物营养学 | 大连大学 | 留学德国博士 |
| | 姓名略 | 女 | 高工 | 建筑物理 | 中国建筑科学院物理研究所 | |
| | 姓名略 | 女 | 高工 | 园林设计 | 北京市园林科研所 | |
| | 姓名略 | 男 | 一级注册建筑师 | 建筑 | 北京市建筑设计研究院 | |
| | 姓名略 | 男 | 研究员/博士 | 植物学 | 中科院华南植物研究所 | |
| | 姓名略 | 女 | 高工/院长 | 建筑 | 深圳市建筑科学研究院 | |
| | 姓名略 | 男 | 教授级高工/总工 | 建筑 | 深圳市住宅局 | |
| | 姓名略 | 男 | 总经理/博士 | 草业 | 农科院中农草业有限公司 | 留学美国博士 |
| | 姓名略 | 女 | 研究员/博士 | 园林 | 中国科学院沈阳生态研究所 | |
| | 姓名略 | 女 | 博士后 | 育种 | 上海园林研究所 | |
| | 姓名略 | 男 | 总经理 | 园林 | 中外园林建设总公司 | |
| | 姓名略 | 男 | 教授/博士 | 建筑 | 浙江工业大学建筑学院 | 院长，留日博士 |
| | 姓名略 | 男 | 高工 | 建筑 | 四川省建筑科学研究院 | |
| | 姓名略 | 男 | 高级农艺师 | 植物学 | 厦门市园林植物园 | |
| | 姓名略 | 男 | 总经理 | 园林 | 厦门中卉生物工程有限公司 | |
| | 姓名略 | 男 | 总经理/高工 | 生物 | 新疆都邦高新科技有限公司 | 从事过核物理研究 |

作为国家以及行业工程建设标准涉及技术和气候因素，都需要考虑地域人员布局，尤其像建筑种植绿化的标准更是如此。参编人员考虑了专业构成（所涉及的专业覆盖领域全面，便于协调开展工作）、地域分布（体现全国各地区的代表性）、年龄构成（平均年龄 42 岁，绝大多数为年富力强的，便于标准实施总结以及今后标准修订编制工作和研究工作的连续性），还考虑有留学日本、德国以及留学美国的博士，便于进一步收集日本、德国种植绿化以及其他相关的信息资料，包括欧美的有关资料，借鉴发达国家的做法，也可以避免重复性的工作。之后又考虑了一些参编单位，例如人工基质生产单位、草坪培育单、建筑园林施工单位等，尚未列出。从《建筑种植绿化工程技术规范》编制人员安排上可以说是高端的配置。拟订的《建筑种植绿化工程技术规范》参编人员与申报“建筑种植绿化工程技术”的课题人员有少部分人员有所差别。

## 第四节　德国《种植屋面的养护保养原则》

德国《种植屋面的养护保养原则》作为种植绿化屋面工程的维护养护做法标准，是值得我们借鉴的。虽然中国与德国的管理体制有所差别，但具体内容的做法是可以参考的。从本原则标准我们也可以了解到，德国已经建立了推广建筑种植绿化相关组织机构以及相关的政策规定。根据中国建筑种植绿化的发展，需要完善建筑种植绿化的管理机构的组织建设，需要制定相应的管理标准，根据建筑种植绿化的责、权、利提出相应的管理要求，以保障建筑种植绿化的长期效能。

### 种植屋面的养护保养原则

1　前言

1.1　目的

在此之前出版的一系列原则中，重点对于早期关于屋面绿化的优点和要求，以及密封和绿化功能持久性的保证做出了研究。因此应指明合法的观点和结论以及相关的各种设计和施工基础，并且使得对于屋面的设计、施工、养护及保养之间专业上的相互关系更加明确。非常必要的是，使屋面绿化保持良好的形象，以及使买主及业主避免产生由于耽误、疏忽和个别短期针对价格的决定而出现的高成本消除亏损的情况。

根据业主对屋面绿化的意愿，屋面将在一个大规模的范围里基于单层的覆盖层种植绿化。对此，也有官方关于屋面种植要求的说明。为了确保达到力求达到的目标，必须要求按规定进行生产及相应的养护和护理。

同时“建筑参与者”的原则应作为在磋商、设计及施工过程中成功方法的准绳，以使屋面种植通过对护养工作的及时调整保持自身的意义。

1.2　出版商信息

根据德意志共和国《建筑法》(BauGB)，对土地及土壤必须节制使用，并且限制地面密封，这些可在自然与景观保护法的要求中协调，不得侵害自然景观，如有不可避免的破坏，应做必要的有效调节。

根据此法律基础，屋面绿化将作为适合自然保护法的对顶部建筑或者土地表层密封方法得到承认的调节方法。种植屋面作为对雨水分散处理的一个重要组成部分，发挥越来越大的作用。

环境保护是持久性的，所以屋面绿化也应当相应地具有功能保持的能力。

1.2.1　支持的联盟组织

屋面种植属于自然景观性质的工作，并且不同于通常的园林及景观建造作业，不包括普通的地面连接，而是在屋面密封材质上进行的工作。种植屋面的设计及施工必须根据并符合不同标准规范及各手工业部门特殊性。此前的信息文件也因此结合种植屋面的需求，制定如下：

建筑屋面绿化专业联盟组织（FBB），是属于有关屋面绿化专业方向并符合屋面绿化目标要求的科学工作者、设计师、施工人员及种植人员组成的。同时力求做好对消费者的保护，特别是相应质量标准的保持以及全面和客观的信息政策。

德国屋面工业中心联盟——屋面、墙面及密封技术专业联盟代表所有专业性的、科学性的、社会性及文化方面的对屋面工业的需求。此外，联盟还承担其他任务，如成员管理、发展工作教育、制定专业规范及国家同国际标准的合作和技术书籍的联合出版。

园林景观及运动场所建造联邦组织（BGL）是代表德国园林、景观以及运动场所建造联邦一级并且在欧洲相对于立法者、政府、管理部门以及其他经济和社会组织的联盟。

上述联盟均支持景观发展及景观建筑研究协会（FLL）的工作。由景观发展及景观建筑研究协会出版的《种植屋面的设计、施工及养护准则——种植屋面准则》，包括了对于种植屋面全面的基础信息和规范。它符合目前科学研究及实践情况，并且满足认可的技术规则的前提。在此准则的基础上，为使得养护要求的 FLL 计划从专业上及实践上得到实现，此前的规范指出了手工业部门之间重要的相互联系。

此外，景观发展及景观建筑研究协会也出版了带有生态学分析角度的《屋面绿化评估——对于建筑管理计划、建设许可及建筑验收过程评估的推荐》。如书中提到，鉴于屋面绿化对于新建筑计划作为“调节和代替方法”的重要意义，应客观并理解性地做出评价。

1.3　业主对于设计及施工的要求

从保护消费者的角度看，业主将从以下建造参数与阶段获益：

——绿化与密封的设计及施工由各部门从科学和专业基础入手。

——以功能持久性为目的地介绍关于大量养护所需的处理方法。

——对实现养护及护理方法的商定，提供具体建议并对此做出高水平的决策。

1.4　养护及护理的重要性与优点

屋面绿化的目的主要在于，例如从经济学、技术、造型和生态学的角度对建筑物居住及工作环境以及自然环境的改善，并且也包括新建的绿化能够成功使用。

同时不允许对绿化闲置，种植屋面是自然的一部分，本身取决于楼层结构、布局以及区域性的情况，尤其是适应地区性广泛简易种植的植被的发展——屋面绿化附属于自然植被发展。植物越广泛地被种植，种植业越向前发展，那么植物对抗灾害的能力就会越来越强。

气候、天气条件、建筑及种植的特殊因素都应当注意。重点在于在设计阶段应当明确，通过选择有意义的楼层结构和规律的养护将对植被的改变降到最低。屋面植被应感受到如在地面的季节转变，并自身产生适应四季的变化。同时，植物能够在干旱季节贮存生命力，为潮湿季节的活动打好基础。发展均取决于建筑顶部所提供的条件。

只要植被被专业种植，并经技术设备规律性护养，那么种植屋面就能够发挥自身功能，并且具有持久性。适时的处理方法是以对屋面规律的审查为前提的。这种审查应当按照专业的巡查及检验而实行。这种方式的范围与规模，取决于屋面绿化的形式和由屋面质量与在接口位置的表面保护形式而决定的屋面密封性的老化程度。对此，一个相应的监督或护理条约是应当签订的。(见附录 5)

对于种植屋面养护及护理的对象特殊的协调方式具有以下优点：

——首先获得此后长时间保持预先制定的种植屋面的绿化目标及功能。

——延长屋面防水能力

——保持技术设备的适宜使用

——提高对建筑材料技术的重视

——对所种植物的保存施加影响

——避免出现不受欢迎的野生植物

——经过调节的对象管理

——符合防火保护的要求

——保持作为调节方式的功能持久性

——降低间接（灾后）的损失

——维护屋面绿化的积极形象

经验指出：对于专业养护及护理的支出是很好的投入，并提供了法律保证，节省了事后花销。相对来讲，如果放弃实行养护及护理工作，那么业主将支出比之前修缮费用更多的花销。

倘若业主及委托人没有对种植屋面的养护提出要求，那么工程承办人应当对此指明。(见附录 1)

1.5　正反对比

屋面绿化的实施，建立在现有规范、标准及专业规定的基础上。大量通过按照规定的设计、施工及养护过程而被种植的对象都经受住了十几年的考验。有缺陷的设计、施工或者疏忽不仅对于建筑本身有很大的损害，而且会造成比之前节省的开支更大的花费。

屋面种植正确养护方法的优点与缺点。

无养护和保养：

——由于植被及技术设备的使用与功能不适用而产生危害

——通过种类的播种产生违背意愿的后果

——对建筑本身造成可能的损害

——如最初无养护，之后会为清洁工作花费更多资金

——作为调节方式不发挥积极作用

——产生火灾危险

——风对于较脆弱植物基质的侵害

——对密封层的破坏
——下水处理利润的损失以及继续屋面绿化费用的附加
——保证要求很难通过委托人证明

实时养护及保养：
——对植被及技术设备的持久使用
——植物符合意愿生长
——可使建筑安全得到保障
——对养护较少的年花销，但之后也相对小的间接花费
——作为调节方式的持久性
——无火灾危险
——对植物的基质有固定作用
——对建筑密封层的持久保护
——对下水处理开销的节省
——保证要求容易通过委托人证明

2 适用范围

此原则适用于种植屋面的保养，包括对此相应的检查，适用于对绿化地区的维护保养，以及对屋面密封与技术设备的保养。

此原则不适用于：
——对于屋面密封的工作与改善工程（见《屋面密封专业准则——平屋面标准》）
——屋面种植工作与改善工程（见《屋面绿化设计及施工准则——屋面绿化标准》）

3 概念与意义

3.1 建筑施工屋面改善工程

遵照第二章“适用范围”，对屋面密封的建造与对屋面绿化的工作以及改善工程并不属于此原则涉及的对象。由于“种植及播种工作过程中具有验收能力的情况”的特殊性，以及在验收之后开始的维护保养工作，接替工作是十分必要的。

3.1.1 屋面密封

屋面密封层是一种避免建筑物受到降水侵害的平面的保护层。其在整个屋面层上覆盖并由防水材料制成。接口连接处以及接缝处理均属于屋面密封范围。

屋面密封种类

由沥青层作为防水材料的屋面密封层按照惯例应覆盖两层，并且两层应平行地相互粘贴，上层应使用聚合物沥青。

由合成材料与弹性材料作为防水材料的屋面密封层，按照惯例只覆盖一层。

液态密封层也只作为一层的密封层。这里密封系统必须满足密封所要求的特性。

坡度低于2%的屋面需经特殊处理，并应当在特殊情况下预先考虑。这种情况下，也应当提高密封质量，比如加大密封层厚度。

实现屋面密封性同样需要渗透保护的作用，它覆盖于多层密封的最上层。

在实行按照规定的绿化过程中，由于机械要求屋面密封应覆盖一层与之相应的保护层。

种植范围内的水池应该做相应的防水密封处理。

3.1.2　屋面绿化工作

屋面绿化是一项种植工作，它包括放置完整草皮、铲起的草皮、植物或者未经栽种的植物块，以及这一类的种植种子、植物萌芽的工作，包括要求对根部的保护；对楼层的建造，包括在屋面、屋面平台、地下车库及其他楼层构件上的排水设备、过滤及植物种植层。

3.1.3　绿化种类

对于绿化种类“屋面绿化准则”包括下列论述：

“概述，屋面绿化根据使用方法、建筑技术情况及建筑形式分为三类，具体是由种植方式与植物方式选择与植物种类决定的。在设计与施工的时间中分为：

——密集种植

——简单密集种植

——简易种植”

引文的下列文件详见附录6。

3.1.4　新建房屋绿化所具验收水平的状况

具有验收水平的状况是指新建绿化必须达到的质量，目的是使绿化工作能够按计划实行，以及使验收能够通过。工程的结束直至通过养护达到验收水平的质量。这种验收质量将使屋面绿化通过规律养护实现适合自身植物种类的持续发展与功能的持久性。验收质量详见附录7。

3.2　保养与维护

保养包括：

——检查

——看护照料

——养护

——修复

此外还包括了对保养目的的调整及对相应策略的规定。

3.2.1　检查

检查是指对实际情况判定及确证的方法。它包括对屋面绿化与密封工作情况的检查，其中也包括连接处。检查结果以书面形式记入检查报告。报告应指出已经查明的损害、发展要求的分析及所需方法的形式与迫切性。

3.2.2　看护照料

看护照料是指通过技术设备对规定情况保持及维持的方法，包括了屋面密封与连接处功能的保持。

3.2.3　养护

养护是指对屋面绿化生长、发展及保护的工作。它分为：

——建成养护（在验收之前）

——发展养护、维护养护（在验收之后）

3.2.3.1　建成养护

建成养护的目的是使种植屋面达到验收的水平。它属于建造过程的一部分并止于验收。之后便属发展养护的范围。

按照建成养护，在 6.3 中所描述的个别工作将成为必需的。工作范围（如水供应、肥料种类与用量）以及工程时间安排必须经调节符合个别情况的要求。

建成养护工作属于特殊工作，并可以安排个别工作岗位。

如业主不委托工程承办人做建成养护，那么业主必须保证，通过其他方式使植物的生长与发展达到要求。

假如工程委托人不清楚建成养护的意义，承办人应指明。

3.2.3.2　发展养护、维持养护

发展养护的目的是获得绿化的作用和功能。它在验收之后连接建成养护并持续至维持养护。

维持养护的目的是保持绿化的作用和功能，其连接发展养护。

3.2.4　修复

修复是指重新达到规定要求的方法。对此包括个别情况中对屋面结构、屋面种植或技术设备的部分或整体修缮。

3.3　屋面修缮

屋面修缮是对现有的带有屋面密封及屋面绿化的屋面在拆除后完全且彻底的新建。

4　标准与其他守则

在对种植屋面养护与保养的分配及实行过程中应对下列守则引起注意：

4.1　技术守则

——景观发展及景观建筑研究协会出版的《种植屋面的设计、施工及养护准则——种植屋面准则》。

——《屋面防水专业准则——平屋面标准》。

——德国工业标准 18916《景观建造中的种植屋面：植物与种植工作》

——德国工业标准 18917《景观建造中的种植技术：草皮与播种工作》

——德国工业标准 18919《景观建造中的种植技术：绿化屋面的发展养护与维持养护》

——对于简易型绿化屋面，德国工业标准 18531《屋面密封：定义、要求、设计原则》

——对于密集型绿化，至 10cm 防水屋面，德国工业标准《建筑防水密封》

4.2　建筑工程合同制定

确定的委托人有义务在维持维护保养工作的分配过程中运用 VOB 中的 A 部分，对于分配的组成部分，应执行 VOB 中的 B 部分和 C 部分。个体委托人为保障分配工作，也应推荐后者。

——VOB/A-建造工作分配规定概述

——VOB/B-建筑施工工作分配条件概述

——VOB/C-建造工作技术分配条件概述—ATV- 特别强调

——ATV 德国工业标准 18299—各类建造工作规定概述

——ATV 德国工业标准 18320—景观建造工作

——ATV 德国工业标准 18336—防水密封工作

——ATV 德国工业标准 18338—屋面密封工作

4.3　工作成果说明

按照 VOB/A 章节 9，项目委托人应履行如下义务：要求工作成果必须“明确且完整进行说明，使得所有申请人能够清楚理解说明内容，并且能够保证对价格的预算”。具体要求及工作说明如下。

对于屋面绿化养护工作说明包括：

——土木建筑工作成果标准手册——STLB

——STLB建筑-动力学（作为STLB的继续发展）

——FLL-MLV附件——由对于园林景观与活动场所建造及养护成果的说明组成的工作成果样板索引

——FLL-MLV-DUF——对于屋面与立面绿化工作，建造及养护成果的说明组成的工作成果样板索引

关于分配的建议见详见附录8。

4.4 防坠落安全保障

景观建筑与建筑工伤事故保险联合会要求必须保证在施工、养护及护理工作工程中的无坠落危险（比如建筑上的防止坠落的安全保证，像阻隔栏杆、栅栏、篱笆、扶手，绳索保护）——详见附录4。

5 检查看护与养护工作分配

5.1 经济养护的前提条件

种植地点“屋面”由于一些决定性的因素，有别于底层土壤。其中包括极端温度、强风、长期干旱，短期供过于求与受限的机制高度以及缺乏的连接。特殊情况下，简易式种植地点与底层土壤相符合。

首先在设计与施工过程中，之后在养护过程中，应当对此引起重视。对于单种植物要求应当同样地给予其他其地域情况的照料，如地方气候，特别是降雨量及降雨季节分配，日照、阴影与风的比例，玻璃与金属面、屋面辐射影响等等。对屋面绿化的特殊要求在设计与施工的过程中，预先考虑得越详细谨慎，那么绿化目标越可能尽快达到，对养护花销的浪费问题同样减少。

为使养护与保养工作能够经济地实行，在设计阶段应对此注意以下几点：

——工作安全预防措施——见4.4

——屋面入口通道

——经过精确计算并可供使用的自来水连接管

5.2 评估及预审

在养护工作之前，按照规定应当首先做一次预审。

预审是指项目委托人的检验。它包括（在注意预先规定绿化目标与持续发展的情况下）：

——对原有屋面与屋面绿化初始情况的评价

——对于技术设备等保养目标的定义

——按照要求、类型、范围与实施期限对养护、维护及保养工作的规定

如果保养工作直接连接建成养护/验收，那么应当检验，是否按照段落3.1.4与段落5.4.2事实上具备了验收水平。

项目委托人能够根据预审结果经验进行委托。

项目承办人的检验与提示义务（无根据VOB/B，第三章编号3及3.4）因此不受影响。

5.3　工作成果说明的指定提示

在工作成果说明中（对此的补充件 ATV 德国工业标准 18299、德国工业标准 18320 与德国工业标准 18338）应指出：

——屋面倾斜度、屋面与屋面密封的种类、屋面做法与厚度要求的种类

——预先考虑的在履行合同期间常使用的安全设施（如安置的栏杆）种类与范围以及对此可能的节约与使用条件

——通道入口处及养护平面允许的面负载

——运输与垃圾清除设施（如项目承办人使用的电梯）的种类及范围，以及对此可能的节约与使用条件

——屋顶平面进入的可能性与可能的障碍物的通过性

——水及能源管理的位置、种类、连接负载与条件，详见附录 8

5.4　建筑施工验收

如果在屋面绿化建造过程中实现养护及保养，那么应当首先检验，是否在事实上具有验收水平。

5.4.1　屋面防水与附属技术设备的验收

屋面密封与对此相应技术设备的验收，根据建成标准实行。

5.4.2　屋面种植工作与建成养护的验收；据验收水平标准

屋面种植工作的验收包括建成养护成果（如通过工作成果说明无其他被规定）并且按照达到验收水准的情况。（详见附录 7）

5.5　从事资格

绿化屋面是具有极限比例的种植地点，比如关于地方气候和植被承重层。因此应符合建筑、养护特别是专业知识要求。只有具备必需的专业知识与相关工作技能及证明的工作从事者是适合的，能够实行屋面绿化与养护方法以及检验与保养工作。

因此业主与负责的建筑师应当要求申请人对其资格的证明，包括专业知识、工作技能与证明（见 VOB/A 章节 8 编号 3），如：

——参考前三个营业年度的工作成绩

——对于工作成果预先考虑的人员

——在过去三年的屋面绿化与养护工作中所获得的营业额

6　合同种类与范围

6.1　检查

在没有进行养护与维护保养工作之前，植被状态、无种植平面、技术设备（大体上必需的）、建筑范围内的建造装置及其他环境条件都应记录在检查报告中。项目委托人与承办人双方均应承认此报告。详见 VOB/B 章节 3 编号 4（附录 2）。

对于一项专业并带有规律检查的工作，请参阅附录 5。

在养护时期，应对约定的工作成果进行检验，看其是否符合预先规定的绿化目标。如果植被状态没有达到委托人预想结果或者建筑监督要求，那么必须对所需的解决方法进行规定。

6.2　屋面绿化的建成养护

具体见段落 3.2.3.1。

## 6.3 屋面绿化的发展与维护养护

### 6.3.1 概述

发展养护从建成养护结束后的验收之后开始进行，之后转入维护养护。通常来讲它要求与维护养护更多的工作量。

工作的要求、形式、范围与时间都重点取决于预先规定的绿化目标、种植地点状况、生长情况及可能的生态学因素。这些具体要求可查阅VOB/A章节9、德国工业标准18919与景观发展及景观建筑研究协会（FLL）屋面绿化准则。对于前面提到的养护期维护的工作中所出现的不相符的范围或者不实用的形式，项目委托人必须做对此有效的考虑。（见VOB/B章节4编号3以及ATV德国工业标准18320段落3.1.10）

在工作实行过程中，关于以下方面应对植被层进行复审：

——病害、有害动植物对植被的侵害

——技术设施的功能性，特别是下水设施

——向预先规定的绿化目标的植被发展

——踩踏损坏

如果项目承办人没有受到养护工作的委托，那么他应当检验采取养护工作的必要性，并向项目委托人建议。

如签订总合同，必须根据形势与范围协商定出具体工作——详见附录8。

### 6.3.2 简易型绿化

在简易工作过程中，对以下工作应特别引起注意：

——对不适合种植地点的野生植物的清除

——施肥

——浇灌

——收割

——叶子的清除

——缺陷处的后期播种

——缺陷处的后期养护

——对培养基质的后期填补

——植物保护

涉及保养工作范围的其他特殊工作包括：

——避免出现备用停车道以及无法正常生长的草垫

——清扫安全槽、信号围井、屋面排水管与其他下水设备

——对灌溉设施（如具备）监督及功能检验

按照常规，每年需要进行4～8次养护过程。

### 6.3.3 密集型与简单密集型绿化

#### 6.3.3.1 密集型与简单密集型绿化的种植面

密集型与简单密集型绿化的种植面需着重注意下列因素：

——对种植面的松动与清洁

——对不适合种植地点的野生植被的清除

——垃圾废物清除

——施肥
——浇灌
——植物保护
——修剪工作
——杂叶的清除
——冬季植物保护措施
——使其固定
——清除不需要的固定
——对灌溉设施的监督及功能检验

涉及保养工作范围的其他特殊工作包括：
——避免出现备用停车道以及无法正常生长的草垫
——清扫安全槽、信号围井、屋面排水管与其他下水设备
——对灌溉设备（如具备）的监督及功能检验

按常规每年需要进行4～8次养护过程。

6.3.3.2　密集型与简单密集型绿化的草坪与草垫

密集型与简单密集型绿化的草坪与草垫，需着重注意下列因素：
——收割
——割除物清除
——垃圾废物清除
——施肥
——浇灌
——植物保护
——杂叶的清除
——保持
——对灌溉设施的监督及功能检验

涉及保养工作范围的其他特殊工作包括：
——保证备用与安全通道的畅通以及清除无法正常生长的草垫
——清扫安全槽、信号围井、屋面排水管与其他下水设备
——对灌溉设备（如具备）的监督及功能检验

按常规每年需要进行2～12次养护过程。

6.4　保养

保养作为保持应当达到的状态的一种方法，不仅对安全设施与技术设备的功能性进行维护，并且作为对管道连接以及防止渗透情况的屋面密封措施。对此保养还包括了对功能性与可能采取方法，如清洁、后期改善及重建的细节工作的规律的复查。如为了达到应有状态的重建的细节工作的规律的复查。如对为了达到应有状态的重建需要采取大规模的方式，应作为修复方法进行协商。修复方法作为特殊工作，不包括在保养的工作范围内。对此产生的结果应当进行协商（见附录5）。

6.4.1　对安全设施与技术设施的保养

安全设施与技术设施包括如屋檐防坠落安全设施，以及RWA设备、屋顶通风设备

与下水设备。

对这些安全设施与技术设备的保养包括了以下几个方面：

——对防坠落安全设施与固定绳索保护装置功能性的检验

——对屋顶照明与RWA设备的功能检测及保养

——对其他照明设备的上漆及清洁

——对清洁的功能检验

——对通风设备开口处的清洁

——检验木制品是否腐化或遭受病虫害及对木制品的后期保护

——对屋面排水设备的清洁（如雨水进口、溢流孔）

——对天沟及雨水管的清洁

——导水管的防冻

6.4.2 屋面密封的保养

这种保养包括如下工作：

——对在备用与安全道、管道与接口处等范围内的污垢、废叶及不按意愿生长的植物的清除

——草垫的清洁，包括对草垫之间缝隙的清扫

——对接口处密封工作的检验

——对柱、渗透处以复合结构的密封连接处的检验

——对覆盖、保管、拱形承重的检验以及可能的对机械加固的后期改善

——对封闭裂缝的检验与改善

——对风力吹散疏松物质情况的调节

实行保养工作的频率取决于屋面倾斜度，各自热学、机械学、化学、生物学及其他的作为屋面与相应老化性的要求的环境影响作用。保养工作应当一年实行两次。

6.5 修复

如果在局部出现影响屋面密封功能的损害，应进行修复工作。

对各自产生的工作应当进行协商，具体包括：

——对隔热层的完善与翻新

——对密封层损害处的修缮

——对表面保护层局部的完善或翻新

——对在管道接口处覆盖保管拱形承重的加固

——对封泥裂缝的修缮

——对金属防腐蚀性的完善

——对复合结构的修复

6.6 在担保时效期限内出现的问题

对于屋面密封建造担保以及担保时期应遵守《屋顶绿化准则》："对担保期限应做以下规定：

——对于屋面做法与技术设备：2年

——对于植物，如果项目承办人接受了发展养护的委托：2年

在担保时效期限内的检验中如发现存在不足（如植物枯萎），那么倘若此不足是由

于项目承办人不完善的工作造成的，可向承办人要求赔偿。”

如在此时期出现问题，而项目委托人将发展及维护养护工作委托给其他承办人，那么应首先协商，谁应对出现的问题负责，谁应对此进行修复。

6.7　特殊工作

按照 VOB，特殊工作属于合同规定工作并在工作说明中特别提到。

特殊工作应按照 ATV 德国工业标准 18299、德国工业标准 18320、德国工业标准 18338 段落 4.2 中的规定执行：

——按照段落 6 中的方法

——防坠落安全设施的建造与维护

——至屋顶平面的公营设备（水、电）的建造与维护

——石灰沉淀的清除

——垃圾废料的清除

6.8　养护与保养工作的验收、担保

实行各项养护与保养工作之后，应对此项项目委托人做出报告。

在所规定的养护与保养时间的最后，以及在最后一次工作结束后应进行一次总的巡查，作为验收的准备工作。（见附录 3）

6.9　结账

按照 ATV 德国工业标准 18320 应注意：

——对于工作成果，应在对屋面绿化的养护中实际的植被面包括可能的备用道路进行确定

——在按照每平方米的结算过程中，应在每单块平面留出超过 2.5$m^2$

说明：德国标准中所讲的“密封”包括防水，又不限于防水。德国有“屋顶、墙和密封行业协会”，《德国屋顶建设密封专业准则》不叫“防水专业准则”。同理，像潜水艇、潜水器以及“航空、航天器”通常都称为“密封”（包括防水、防气体泄漏），当特指的时候，才会讲“防水”。

# 第五章 有关建筑节能的思索

## 第一节　从热工节能看建筑绿色碳中和的发展

中国从建筑热工、建筑节能、绿色建筑向建筑的绿色碳中和发展。中国建筑绿色碳中和发展经历或者是正在经历四个阶段（从早期的国家工程和行业工程规范标准对比）：

第一个阶段，建筑的保温隔热阶段。

早期对“隔热工程”与“保温工程”从概念上还存在混淆。

国家标准包括：

《采暖通风与空气调节设计规范》（GBJ 19—1987），是对原《工业企业采暖通风和空气调节设计规范》（TJ 19—1975）（试行）进行的修订。

《采暖通风与空气调节设计规范》（GB 50019—2003），后又于2015年修改为《工业建筑供暖通风与空气调节设计规范》（GB 50019—2015）。

《通风与空调工程施工质量验收规范》（GBJ 304—1988、GB 50243—1997、GB 50243—2002、GB 50243—2016）。

行业标准包括：

《民用建筑热工设计规程》（JGJ 24—1986）。

第二个阶段，建筑节能概念的提出。

国家标准包括：

《旅游旅馆建筑热工与空气调节节能设计标准》（GB 50189—1993），GB 50189—1993后改为《公共建筑节能设计标准》（GB 50189—2005、GB 50189—2015）。

《建筑气候区划标准》（GB 50178—1993）。

行业标准包括：

《民用建筑节能设计标准（采暖居住建筑部分）》（JGJ 26—1986、JGJ 26—1995），2010年改为《严寒和寒冷地区居住建筑节能设计标准》（JGJ 26—2010）。

《夏热冬暖地区居住建筑节能设计标准》（JGJ 75—2003）。

《既有采暖居住建筑节能改造技术规程》（JGJ 129—2000）。

《夏热冬冷地区居住建筑节能设计标准》（JGJ 134—2001）。

《外墙外保温工程技术规程》（JGJ 144—2004）。

《建筑外墙防水工程技术规程》（JGJ/T 235—2011）。

《外墙内保温工程技术规程》（JGJ/T 261—2011）。

《公共建筑节能改造技术规范》（JGJ 176—2009）。

《公共建筑节能检测标准》（JGJ/T 177—2009）。

《民用建筑太阳能光伏系统应用技术规范》（JGJ 203—2010）。

JGJ 26—1986标准第六章经济评价第6.0.5条规定了“节能投资回收期”。

此阶段的1990年当时的国家建筑材料工业局标准化研究所编辑了《国内外绝热材料标准汇编》（上下册），国外标准包括美国（ASTM 41项）、英国（BS 7项）、德国（DIN 4项）、日本（JIS 24项）、苏联时期的标准（Roct 15项），以及中国标准（GB 33项，ZBQ 3项，国标单行本2项）。此阶段所说的“绝热”是包括保温隔热的，苏联

1984年的有关标准还将保温当作隔热讲。因此中国遵循苏联的做法，20世纪70年代之前，也将保温当作隔热讲。从各国汇编的标准看，20世纪90年代前已经有发泡塑料绝热材料，但尚未出现挤塑聚苯板（实际上美国陶氏公司已经于20世纪40年代发明了挤塑聚苯板，1947年申请专利）和发泡聚氨酯。中国的《绝热材料名词术语》（GB/T 4132—1984），几经修订后改为《绝热材料及相关术语》（GB/T 4132—2015）。“绝热”包括保温和隔热，但在具体的实施时内容是有所区别的，此时笼统地称为绝热是不准确的，例如，有的涂层可以起到隔热作用，但不能起到保温作用。保温材料的憎水性能的提高，有助于保证建筑的热工性能。还有像中国神舟飞船的返回舱，以及美国空间站的返回舱，明确讲使用的是“隔热涂料”，而不讲使用“绝热材料”和“保温材料”。

世界上“建筑节能”的概念是由日本首先提出的。由于资源匮乏，日本非常强调节能，至今仍然是世界上节能做得最好的国家。在日本山田雅士1984年所著的《建筑绝热》中提到：“在日本，绝热材料应用于建筑方面，是从20世纪40年代后期开始的。当时的目的仅仅在于防止建筑结露。在此之后20年左右的时间内，绝热材料一直作为防止建筑结露而使用。直到1973年前后，由于石油危机的问题冲击，才将建筑物的绝热问题提高到节能的角度加以重视。”“建筑物的绝热不但可以节能和防止建筑结露，而且由于绝热可使围护结构内表面的温度得以提高，从而大大改善室内的环境温度。同时，当围护结构采取外侧绝热时，对于防止建筑物受热应力的作用，也可取得良好的效果。为了兼顾诸多方面的要求，在建筑设计及施工过程中，必须对热阻的配置，材料的选择及其相互间位置的确定等问题，予以充分考虑。”

20世纪70年代，日本已经生产挤塑聚苯乙烯板、聚氨酯发泡材料、小颗粒发泡聚苯乙烯板、普通（大颗粒）发泡聚苯乙烯板，以及玻璃棉等现代绝热材料。彼时，中国新型绝热材料的开发使用与世界发达国家相差将近20年。

经咨询从事技术的专家朋友得知，20世纪40年代，陶氏公司首先在世界上发明了挤塑聚苯板。在陶氏化学物理实验室的研究人员雷·麦金泰尔（Ray Mclntire）的带领下，陶氏公司发明了一种制造泡沫聚苯乙烯的方法。他们重新发明了瑞典发明家卡尔·格奥尔格·芒特最先使用的方法，并获得了芒特在美国的专利独家许可。陶氏发现了采用芒特方法的方式，制造了大量的挤塑聚苯乙烯，其由于闭孔结构而具有防潮功能。这一改进的专利申请于1947年（专利号US2450436，A Manufacture of Cellular Thermoplastic Products——热塑性泡沫塑料制品的制造）。其初始用于小型舰艇，之后用做建筑的绝热材料（美国陶氏化学公司生产的挤塑板为浅蓝色的，而欧文斯科宁生产的挤塑板为粉红色的，笔者现在还留存2001年欧文斯科宁生产的挤塑板样品）。1990年中国北京华侨饭店的屋顶第一次采用挤塑板“倒置式”屋面做法施工（笔者参观过施工现场，并于2011年对华侨饭店“倒置式”屋面使用的情况进行过调查，华侨饭店2019年已经对原“倒置式”屋面工程进行了翻修），采用的是欧文斯科宁的挤塑板。此后的2000年美国欧文斯科宁公司在南京建立了中国第一条挤塑保温板的生产线（笔者参观过生产线并听过情况介绍，当时的挤塑板1700元/$m^3$，如今20余年过去了，石油不断地涨价，挤塑板的价格反而下降了）。

中国聚氨酯生产始于20世纪80年代初，山东烟台合成革总厂（1998年改制烟台万华聚氨酯股份有限公司；2001年在上海证交所上市；2013年更名为“万华化学集团股份有限公司”）引进日本的技术，成立于1978年，1980年开工建设，1984年投入生产。聚氨酯的用途很广，开始主要用于生产聚氨酯皮革制品，因此定名为合成革厂。1988—1989年生产发泡聚氨酯，1989—1990年首先在本厂的办公楼与宿舍楼的屋顶上采用发泡聚氨酯做屋面的防水层兼做保温层（30mm厚），上面采用水泥砂浆做保护层，这是发泡聚氨酯在国内首次用于建筑屋面的防水工程（同时兼顾保温）。笔者于1992年9月初去参观考察了屋面工程使用的情况，现场挖开屋面查看聚氨酯使用的状况，经过两年多的使用，聚氨酯没有变化。将发泡聚氨酯用于屋面工程是由烟台合成革总厂的后勤基建科研发实施的，笔者同时参观了他们试验的情况。将采用6m长的脚手架用的钢管，将一头用发泡聚氨酯封堵，然后立起来，从另外一头灌水试验，放置将近半年时间不产生漏水现象。其间，还参观了合成革厂的产品展览室，了解到了聚氨酯的广泛用途（据北京化工大学从事聚氨酯研究的教授介绍，聚氨酯品种达到100万个）。聚氨酯具有良好的保温性能以及相应的防水功能。1998年9月人民大会堂的屋顶翻修，采用发泡聚氨酯作为保温层（30mm厚），上部铺设两层各3mm厚的改性沥青卷材防水层。这是国内首次采用发泡聚氨酯与改性沥青卷材结合的工程。笔者参观了施工现场。这也是人民大会堂屋顶第二次进行翻修（1959年9月建成后使用了26年，当时采用纸胎沥青卷材，“五毡六油”的做法。于1985年进行了翻修，采用了三元乙丙卷材，1.5mm厚两层，到1998年使用了13年。1998年翻修至今屋面工程应用情况不详）。

笔者还曾经于2001年从北京带上改性沥青防水卷材，乘坐火车到当时的江苏省武进市（现改为常州市武进区）的一个生产发泡聚氨酯设备的企业（武进市当时是国内发泡聚氨酯设备的主要生产基地，有几十个生产厂家），笔者亲自动手操作，在国内首先进行了在发泡聚氨酯保温层上采用水泥砂浆湿铺改性沥青卷材的结合试验，后来经过一段时间的观察，是可行的（在江南可行，在其他地区是否可行，以及长期使用的效果还需验证）。还在此企业厂区内做了两个1m多见方砖砌抹水泥砂浆上喷涂聚氨酯的蓄水池试验，防水情况良好。其间，还到南京市某在建的住宅楼小区，参观考察屋面采用发泡聚氨酯作为防水层的工程。

作为国家标准《屋面工程技术规范》（GB 50207—1994）修编过程中的调研人员，笔者于1991年9月参观了天津大无缝钢管厂的厂房建设。其墙体屋面全部采用彩钢板聚氨酯三合一板，厂房建筑面积17万$m^2$，主体建筑5个月完工。这是国内最早的大规模采用发泡聚氨酯三合一板的建筑工程。同时，笔者参观了彩钢板聚氨酯三合一板的生产线以及生产过程。

在考察天津大无缝钢管厂之前，先期调研了东煤集团在哈尔滨建造的一个办公楼的屋面工程。其以采用两层（50mm＋50mm＝100mm厚）发泡聚苯板作为屋面的保温层，保温层上铺设细石混凝土的预制板（500mm×500mm×30mm）虚铺的做法。这也是国内采用最厚的聚苯板保温层屋面的做法，东煤集团包括现在的内蒙古呼伦贝尔市海拉尔区（原来的海拉尔市）也采用了同样的做法。

第三个阶段，绿色建筑概念的提出。

国家标准包括：

《绿色建筑评价标准》（GB/T 50378—2006、GB/T 50378—2014、GB/T 50378—2019）。

行业标准包括：

《民用建筑绿色设计规范》(JGJ/T 229—2010)。

《种植屋面工程技术规程》(JGJ 155—2007、JGJ 155—2013)。2004年开始标准立项的名称为《种植屋面工程防水技术规程》，编后改为《种植屋面工程技术规程》(JGJ 155—2007)，但不能完整正确地反映种植屋面的情况，更不能反映建筑种植绿化工程的总体要求。

第四个阶段，绿色碳中和建筑的概念，尚未明确，与第三阶段还处在交变阶段。不过，在2009年7月科学出版社出版的《2050中国能源和碳排放报告》尚未提到“碳中和”这一术语、概念，“碳中和”的提出是近些年的提法。

《2050中国能源和碳排放报告》的前言中提到：“在整个经济结构中，发展低碳经济和低碳技术，大力支持非高能耗产业和服务业的发展。加强政府的监管力度，明确政府要管什么和怎么管。例如制定和完善各种标准，抓好标准的贯彻实施，可以取得事半功倍的效果，而标准的更新或加严可以引导技术的研发和创新。目前，国家已颁布实施的能源效率和能源消耗标准，主要有高耗能产品能源消耗定额标准、工业设备标准、家用电器标准、机动车油耗标准、建筑节能标准等。这些标准如被贯彻实施所带来的节能量和二氧化碳排量可占目标总量的1/3以上。政府要花更多的精力来研究和实施力度更强和更加有效的政府监管措施与手段。例如，在建筑领域，可以将能耗大的宾馆和商业建筑作为节能监管的重点，与工业部门实施的‘千家企业节能’一样，实施节能指标考核制度。”

“抓好部门和地方贯彻实施节能标准和二氧化碳减排示范。在工业、建筑和交通运输三大耗能部门，分配和制定部门的量化节能和二氧化碳减排指标。工业部门节能减排效果明显，但交通和建筑部门能耗增长快，是中长期二氧化碳减排的重点。各地区应在节能目标分解和分配的基础上，示范二氧化碳减排指标的分解和分配。”10多年前提出的“在建筑领域，可以将能耗大的宾馆和商业建筑作为节能监管的重点……实施节能指标考核制度”，现在看来并未得到落实。虽然2022年3月1日住房城乡建设部下达了《“十四五”建筑节能与绿色建筑发展规划》，提出了相关的指标要求，但尚缺少实施的线路图。

根据中国工程建设标准化协会《关于印发〈2010年第二批工程建设协会标准制订、修订计划〉的通知》，2014年完成了《建筑碳排放计量标准》(CECS 374：2014)。该标准自2014年12月1日起实施。此标准在建筑领域首先提出了碳排量的计量标准，可以说是比较超前的、具有前瞻性的，但由于种种原因未真正得到实施。

此后，住房城乡建设部2013年下达了《2014年工程建设标准规范制订、修订计划》。据此，标准编制组编制了国家标准《建筑碳排放计算标准》(GB/T 51366—2019)。该标准自2019年12月1日起实施。

两个标准都有一个共性的问题，把标准当成了一个“万能秤”，可以对任何建筑的碳排放进行称量，而现实是由于建筑碳足迹的特殊性，是需要区别对待的，应当根据建筑的不同类别进行划分，否则难以准确“称量”。尤其是《建筑碳排放计算标准》，将建材生产的碳排量纳入本标准之中，是存在一定问题的。对于建筑材料碳排放量最大的是水泥和钢材，碳中和体现的主要是在材料生产环节进行控制。国家关于碳达峰的政策时间要求为2035年，在“十四五”规划中，有的水泥生产可能已经采用了碳中和技术，建筑工程中如何区分建材生产是采用了碳中和技术还是未采用碳中和技术？GB/T 51366体现的是狭义建筑，从材料生产才能知道广义建筑对材料使用的总量控制。狭义建筑的碳排量如何与总的材料碳排量数据的衔接是存在问题的，还需要考虑建筑物在使用过程中有关二氧化碳当量的变化因素。

此外，一项工程设计到完成施工是有延迟时间的，有的大型工程项目需要几年时间，如何划定碳排量的实施起始点，这需要进行区分。尽管如此，毕竟有了关于碳排量的计算标准，但对于标准的可操作度、可实施度还需要在执行过程中进行验证，不断地予以改进完善。

## 第二节　从建筑屋面看节能的发展

本节重点介绍建筑屋面的节能发展，这也是假借的绿色建筑的内容。真正的绿色建筑的种植绿色建筑的内容已在前一章进行了介绍。

### 一、我国建筑屋面节能标准发展概况

中国的建筑节能从标准上来讲是从20世纪60年代开始的，之前是遵循了苏联的标准。此时还没有谈到建筑节能这个概念。其标准体现在国家工程技术规范《屋面和防水隔热工程施工及验收规范》(GBJ 16—1966（修订本)，1973年10月作了最后的审定，1974年9月15日起试行。修订本未修改隔热的内容)。第四章“隔热工程所选择的材料”：一是松散材料隔热层——用炉渣、水渣、膨胀蛭石、矿物棉、锯末或稻壳等干铺而成；二是板状材料隔热层——泡沫混凝土、矿物棉板、刨花板、稻草板和甘蔗板等；三是整体隔热层——蛭石混凝土或炉渣混凝土（此时的“隔热”实际上体现的是保温的含义)。

1979—1983年对《屋面和防水隔热工程施工及验收规范》(GBJ 16—1966（修订本))进行了修订，修订后的标准分为了两个标准：《屋面工程施工及验收规范》(GBJ 207—1983）和《地下防水工程施工及验收规范》(GBJ 208—1983)。修订后的《屋面工程施工及验收规范》(GBJ 207—1983）第三章为屋面保温和隔热，其中，第一节为屋面保温，第二节为屋面隔热。“屋面保温”也是GBJ 16—1966（修订本）“隔热屋面”的内容，只是将相关的保温材料进行了调整，取消了炉渣、水渣、锯末、稻壳、刨花板、稻草板、甘蔗板、炉渣混凝土的材料，同时增加了导热系数、含水率以及环保的要求。此时的保温材料主要是膨胀珍珠岩、膨胀蛭石、加气混凝土、泡沫混凝土、矿物棉板。此时我国尚未有发泡聚苯板、挤塑聚苯板、发泡聚氨酯这类高性能的保温材料。此后的1994年《屋面工程技术规范》(GB 50207—1994）仍然没有将此类材料列入标准。新型保温材料不仅热工性能好，而且具有憎水性能，美、欧、日已经普遍采用，此时我国与美、欧、日有很大的差距。

而GBJ 207—1983规范的“屋面隔热”是新增加的内容：架空屋面隔热层、蓄水屋面、种植屋面三个方面的内容。

1990—1993年对《屋面工程施工及验收规范》（GBJ 207—1983）进行了修订，修订后的标准改为《屋面工程技术规范》（GB 50207—1994），根据1989年下达的《标准法》统一了新的标准代号。修订后的第8章将GBJ 207—1983规范第三章的“屋面保温和隔热”改为GB 50207—1994规范的第8章“保温隔热工程”。在保留架空隔热屋面、蓄水屋面、种植屋面的同时增加了“倒置式屋面”的内容。最需要说明的是，增加了对保温材料从设计方面提出的规定要求。

2001—2002年对《屋面工程技术规范》（GB 50207—1994）进行了修订，修订后的标准改为《屋面工程质量验收规范》（GB 50207—2002），此规范只规定了架空隔热屋面、蓄水屋面、种植屋面的内容，增列了隔热屋面、蓄水屋面、种植屋面验收方法的内容。

由于其他建筑的工程质量验收规范，是有相应的设计规范的，如钢结构、木结构、混凝土结构等都有设计规范，而屋面工程没有设计规范，因此，结合有关单位专家的意见，笔者起草书面意见，以中国工程建设标准化协会建筑防水专业委员会的名义，向建设部主管部门领导反映，后又恢复了《屋面工程技术规范》，标准代号改为GB 50345—2004，此次修订后的第9章分别按一般规定、材料要求、设计要点、细部构造、保温层施工、架空屋面施工、蓄水屋面施工、种植屋面施工、倒置式屋面施工九个小节进行了规定。

之后又进行了标准的修订，即《屋面工程质量验收规范》（GB 50207—2012）、《屋面工程技术规范》（GB 50345—2012）。GB 50207—2012、GB 50345—2012增加了“发泡聚苯板、挤塑聚苯板、发泡聚氨酯以及泡沫玻璃”的内容，但同时保留了“憎水性珍珠岩、加气混凝土、泡沫混凝土”的内容。按使用效能不应该留有“憎水性珍珠岩、加气混凝土、泡沫混凝土”的材料内容。

从GB 50207—1994到GB 50207—2002、GB 50345—2004，再到GB 50207—2012、GB 50345—2012，修订中保温隔热种植绿化的方法没有原则上的改变。现在两部标准又处在修订中，但不会有新的概念提出。

## 二、中国建筑节能技术的提出

中国建筑节能技术的提出始于20世纪80年代初中期。屋面保温隔热从规范制定来讲，从GBJ 16—1966（修订本）、GBJ 207—1983到GB 50207—1994，截止到1994年经历了3个阶段（其中1974年进行局部修订），尚未提出建筑节能的概念。甚至1974年GBJ 16—1966（修订本）对于保温工程的内容，还称为“隔热工程”。1993年制定了《民用建筑热工设计规范》（GB 50176—1993）、《旅游旅馆建筑热工与空气调节节能设计标准》（GB 50189—1993），《民用建筑节能设计标准（采暖居住建筑部分）》（JGJ 26—1995）才开始有了建筑节能的提法。

## 三、关于蓄水屋面

1981年6月对西南地区的蓄水屋面进行了调研，主要调研地点是四川省（包括当时的重庆），蓄水屋面当时印象最深的是雅安的印刷厂四层楼的屋面蓄水工程，楼板现浇混凝土，采用40mm厚的细石混凝土做防水层，蓄水深度400mm，水中养的有鱼。2004年特意回访，彼时此位置已经改建为四川农业大学的综合大楼了。向学校后勤处的负责人了解了雅安当时还有少量的蓄水工程。2005年前后在成都也看到过一些蓄水屋面工程。1981年还考察了攀枝花钢铁公司中学的三层教学楼的屋面蓄水工程，由于学校放暑假，缺乏管理被晒干了，屋面产生裂缝，防水层的做法虽然与雅安的相同，但由于气候条件不同而产生问题。雅安处在四川盆地之中，是四川（包括重庆）降水量最大的地方，年降水量达到1600mm；重庆的年均降水量1138mm，重庆一年有220d阴天，其中有104d是雾天，而重庆璧山区的云雾山全年雾日多达204d，是名副其实的“雾都”；成都年降水量921mm，年平均阴天244d，只有24.7d为晴天，其他近100d为昙天（介于阴天与晴天之间，即通常说的多云天气），正因为如此，才有“蜀犬吠日”之说。中国有四大盆地，四川盆地最小，但最具“盆状”。这些地方都是降水量大于蒸发量，尤其是雅安。因此，作为蓄水屋面不需要人工浇水，天然补水即可满足需要。另外，采用细石混凝土水泥砂浆压光防水是可行的，由于常年保持很高的湿度，抑制了水泥胶结材料的收缩，硬化后又长期得到养护，这种做法在四川盆地是可行的。之后在四川看到许多用水泥砂浆做屋面防水工程的，其中，2012年（汶川地震四年之后，参观映秀中学教学楼的遗址，倒塌后能够看到屋面采用的水泥砂浆作为防水层，同时笔者又发现附近居民楼小旅馆的屋面，也还是采用水泥砂浆做的防水）。反观攀枝花中学的蓄水屋面，因不在盆地之内，属于亚热带气候，降水量小于蒸发量，加之阳光辐射强烈，又缺乏管理，造成屋面渗漏。

GBJ 207—1983有了蓄水屋面的规定，在国内许多地方出现了蓄水屋面，主要在华南、华东、西南（以四川、重庆为主）地区。1990年还曾经看到过浙江的蓄水屋面工程。1992年春节前后沪宁杭地区出现多少年未有的寒潮，像上海有的上水管在屋顶设置，产生冻裂的现象。之后这一带不再采用蓄水屋面。通过多年的观察对比了解，蓄水屋面建造的条件包括：第一，不能有负温。第二，不能有大风。第三，有相当的降雨量。第四，降水量大于蒸发量。根据数十年的观察和气象资料比对，中国只有四川盆地成都平原地带符合这些条件，尤其是雅安地区，几十年的气象统计数据显示风小、气温极少低于－4.3℃（这样的低温时间很短，产生不了冻胀）、湿度大、降水量大于蒸发量。经我多年的调查，从2005年后作为单纯的蓄水屋面其他地方没再见到。蓄水屋面是作为屋顶的隔热层而设置的，需要一定的蓄水深度，否则由于阳光辐射产生的蓄热现象，反而加大温度的释放。而雅安地区阴雨天气多，阳光辐射少，能够起到降温的作用，又极少产生辐射热，降雨多可以产生置换效应。作为单纯的蓄水屋面主要功能是隔热，现在的种植屋面完全可以代替蓄水屋面的功能，而且还有其他功效。因此，蓄水屋面作为屋面工程的内容，不具有普遍意义，已经不适宜列入国家标准。

之后华南地区（包括港澳地区）以及新加坡的屋顶蓄水屋面，均是以屋顶露天游泳池出现的。笔者于2004—2006年主编《泳池用聚氯乙烯膜片应用技术规程》（CECS 206—2006）期间，对深圳、广州的屋顶采用聚氯乙烯膜片作为防水层的露天游泳池进行了调研考察。此后2013年对广州、香港、澳门屋顶的露天游泳池进行了调研考察，主要是考察澳大利亚敏益公司防水剂在混凝土中的使用情况，露天游泳池的防水采用混凝土自防水加敏益防水剂的做法。当时考察了澳门银河酒店的屋顶露天泳池（其中带有冲浪池），整个屋顶采用种植园林绿化，露天泳池融于其间，当年据说是世界上最大的建筑屋顶园林绿化工程。

## 四、关于架空板屋面

1979—1983年对《屋面和防水隔热工程施工及验收规范》（GBJ 16—1966（修订本））进行了修订，1979年10月进行了第一次规范修订工程应用情况调研，其中第一次对国内架空板屋面工程进行了调研，后来修订完成的《屋面工程施工及验收规范》（GBJ 207—1983），将架空屋面板的内容列入了标准中。原本集中在华南地区应用的架空屋面板的做法，甚至推广到了山西的运城地区。华南理工大学亚热带研究室在20世纪90年代末期及21世纪初始进行了架空板屋面的热工物理测试，根据架空的不同高度（通常高度以200mm为主）、不同形式（有围墙和无围墙，开敞自由排水式做法）、气温、风速等因素的试验，开敞自由式排水架空的做法，必须挑出檐口，通风降温才有利，但实际没有这样做的，首先是不安全。如果收缩进去则通风效果不好，不利于排风降温。带女儿墙的不利于通风，降温效果也不好。通常架空屋面板的做法实际隔热效果并不理想。架空屋面作为隔热屋面当有女儿墙时难以起到通风作用，事实上效果是不佳的，难以真正起到隔热的作用，采用开敞式的屋面又不安全，此外对冬天的保温反而不利。虽然华南地区冬天大部分在0℃以上，但冬季实际还是有保温需求的，南方地区采用架空屋面的建筑，冬季短时以及夏天长时采用空调，由于架空屋面不保温（冷），空调损耗加大。因此，“架空屋面”改为“种植屋面”是有利的，无论是节能减排还是碳中和都是有利的，同时，对改善城市的小气候环境、净化空气也都是非常有利的。在农村建筑上也可以考虑推广。在有条件的地区，可将建筑架空屋面研究改为种植屋面，对拟新建拟设计架空屋面适宜的均改为种植屋面。

## 五、关于倒置式屋面

倒置式屋面是将保温层设置在防水层之上的做法。1979—1983年修订《屋面工程施工及验收规范》（GBJ 207—1983）期间，于1980年7月底至8月对东三省进行调研工作时，在吉林省长春市看到了倒置式屋面工程的做法，当时采用的是膨胀珍珠岩制作的保温层。因为珍珠岩吸水、憎水性能差，保温效能不理想，加之全国其他地方没有使用的，因此，未纳入GBJ 207—1983。1990—1993年修订《屋面工程施工及验收规范》（GBJ 207—1983）时增加了“倒置式屋面”的内容。笔者1990年11月参观了正在施工的北京华侨大厦等两项在屋面上首先采用挤塑保温板的倒置式工程。工程由美国卡莱尔公司承包施工，当时屋面所采用的防水层、保温层以及配套的材料都是美国公司提供的，防水层采用三元乙丙橡胶卷材，保温层采用挤塑聚苯板，聚苯板上部覆盖无纺布，以及相关的锚固等配套材料。这也是已知中国最早采用挤塑聚苯板的工程项目。由于聚苯板有一定的憎水性，作为倒置式屋面是有良好效果的，因此，修订《屋面工程施工及验收规范》（GBJ 207—1983）后，在《屋面工程技术规范》（GB 50207—1994）中增设了“倒置式屋面”的内容。

# 第三节 墙体保温与建筑节能

笔者主编了《自密实混凝土应用技术规程》(CECS 203：2006)和《建筑外墙防水工程技术规程》(JGJ/T 235—2011)。结合这两个标准编制工作以及所开展的工作，进行建筑节能绿色建筑的探讨分析。

在2004年考察了日本建筑保温模板一体化技术以后，日本舒适建筑技术开发有限公司为了在中国推广“保温模板一体化技术”，在北京亦庄经济技术开发区设立办事机构，此地点为一个台湾企业生产基地，生产聚苯乙烯挤塑板作为建筑工程的保温材料，同时为台湾、天津康师傅方便面生产一次性聚苯乙烯塑料碗。2004年中国工程建设标准化协会建标协字〔2004〕第31号文件下达了《关于印发中国工程标准化协会2004年第二批标准制、修订项目计划通知》，将《自密实混凝土应用技术规程》列入了编制计划。为将“自密实混凝土技术”与“保温模板一体化技术”结合，编制组做了多方面的自密实混凝土的试验验证工作。其中之一是于2005年4月中下旬在北京城建构件厂进行了采用保温模板一体化技术浇筑自密实混凝土墙体的试验，取得了自密实混凝土工程应用的经验。又于2005年5—6月，在北京亦庄经济技术开发区台湾企业的生产基地内，建造一项采用自密实混凝土的保温模板一体化的工程。通过工程试验，检测了自密实混凝土和保温模板一体化的技术以及建筑的热工效能。

所建造的工程拟作为办公用房，也同时可以作为工程建设实物的示范展示项目。为此，建造了一幢二层楼200m$^2$(上下两层各100m$^2$)保温模板一体化的单体建筑，至今其也是国内第一项采用保温板做模板，浇筑自密实混凝土的实物工程。工程完工后，专门安排中国建筑科学研究院物理所对工程进行热工测试，在建筑物的屋面、墙体室内外对应地埋设了几十个热电偶测试点，又在测试的建筑物旁边专门为本工程设置了百叶窗的气象观测点(通常的天气预报难以反映工程所在地的气象条件)。于2005年7—8月最热的一个月和2005年12月底至2006年1月最冷的一个月，通过在室内安放的计算机对设置的几十个测试点，对最热的一个月和最冷的一个月各连续测定建筑室内的热工性能，取得了良好的效果。这也可以说是国内最早做的“被动式建筑”的先驱工程。之后我们又在二楼的楼上楼下各安放了一个3P的立式空调机，当天气预报为31℃时，关好窗户，温度调到18℃，室内几分钟就降到20℃，如果室内温度控制在26℃，可以保持5～6小时。随后的2005年9月初到新疆乌鲁木齐召开“自密实混凝土规程的编制工作会议”，住在一家宾馆(房间面积25m$^2$，有一个1.5P的空调机)，室外天气预报30℃，空调设定18℃，空调开了2h，房间温度才降到25℃。其原因在于所住宾馆一面墙的窗子是连续的，同时窗子下的墙体太薄，因此建筑的保温隔热效能太差，国内类似情况有很多，无形中加大了建筑的耗能。

在标准编制过程中经过国内外工程应用调研得知，国内采用在保温板上薄涂防水层的做法，使用年限基本不超过10年。北京、东三省、西安、郑州等地报道，外墙保温层的保护层脱落的问题时有发生。有的虽然尚未脱落，但已产生空鼓现象，丧失了保温的功能，这样的工程有多少不得而知。既然提出了25年的使用年限，是否需要提供工程应用的调研报告（国内外的）。

外墙采用保温层加挂板的做法，保温层的效能可以达到建筑设计的热工性能要求，挂板可以起到良好的防水功能。而国内在保温板上采用薄涂防水层的做法普遍存在问题，防水层产生裂缝造成保温层进水，冻胀致使保温层脱落，有的虽然还未脱落，但防水功能也已经丧失。2004 年 1 月到日本舒适建筑开发有限公司工厂考察，同时，又到现场参观保温模板一体化工程的做法；外墙内外保温墙板各厚 65mm，在外墙外保温发泡板保温层上涂刷高聚物彩色水泥做防水层，防水层的厚度达到 8mm。这样的防水做法可以达到 20～30 年的使用年限。我们目前大量的保温板上采用薄涂防水层的做法，寿命期不会超过 10 年，其中实地考察了解到的一个工程 5～6 年中已经修复了两次。个中原因，是和国内生产的所谓的“耐碱玻纤网格布”有很大的关系。通过考察国内最好（之所以这样讲，是因为他们的产品出口到欧洲，该企业也是《建筑外墙防水工程技术规程》的参编单位）的玻纤网格布生产企业，并通过其介绍，参观他们的生产线，才了解到国内大部分企业采用高碱玻纤（应采用低碱玻纤）。另外，在浸涂耐碱涂层时，减少工序，从而产生问题。这方面通过有关检测单位，对玻纤网格布抽检得到认定。此外，还有外墙采用保温板的问题，其中采用挤塑板是比较好的，但近些年，为了降低成本，国内开始生产再生塑料挤塑板，由此加重加速了外墙保温防水体系的破坏。

## 第四节　建筑防水与建筑保温的影响关系

建筑外墙的防水防护对建筑的使用功能有非常重要的作用，尤其是在建筑节能的要求下，防水防护的作用越来越重要。由于建筑（外墙）多样性的发展，以及建筑高度的增加，风压系数加大，致使外墙渗漏率加大，由于渗漏降低了保温隔热性能和使用功能，沿海地区主要表现为渗漏问题，寒冷地区还包括冻胀损害问题，以致缩短了外墙的使用寿命。由于缺乏外墙防水防护的统一做法，缺乏指导工程实践的标准规范，致使外墙的耐久性及使用功能得不到保证。编制《建筑外墙防水工程技术规程》将对提高建筑物的使用功能、保证建筑物的耐久性、节约能源起到促进作用。同时，可与已有的建筑屋面、地下、室内防水工程标准配套，以完善建筑物整体防水的工程标准体系（建筑物的防水主要包括四个方面：屋面、地下、室内、外墙）。此外，规程的制定，可对提高建筑物的使用功能、保证建筑物的耐久性、节约能源起到促进作用。

### 一、建筑外墙防水的基本功能要求

主要有以下三个方面：

其一，雨水、雪水侵入墙体，会对墙体产生侵蚀作用，进入室内，将会影响使用；当有保温层时，还会降低热工性能，达不到原设计保温隔热的节能指标，由此产生的损害应引起高度的认识和重视；恰恰对此认识欠缺，有的墙体尚未漏水，但是已经对保温层产生侵蚀，降低了保温性能，这方面缺乏验证工作。

其二，防止雨水、雪水侵入墙体是外墙防水的最重要功能。建筑外墙的防水层自身及其与基层的结合应能抵抗风荷载的破坏作用。

其三，冻融和夏季高温将影响建筑外墙防水的使用寿命，降低使用功能。尤其是寒冷地区做好了防水可以抵御冻融的作用。

### 二、外墙防水设防类别划分的主要考虑因素

其一，年降水量、基本风压等气候参数与外墙渗漏的高度关联性。外墙渗漏究其根本原因是有水的来源，主要是降雨，雨水可以沿着墙体的裂缝、薄弱的节点缝隙进入墙体内部甚至室内，或是通过墙体非密实的孔隙渗入墙体内部。同时，水的冻融也对墙体产生破坏作用，因此降水量的大小必然是防水的主要依据。风压的增大也会使雨水对墙体的渗透压力增加，加剧外墙渗漏水。根据国外有关试验资料介绍，10m 高的墙上试验，当天降水量为 17mm，当时的风速为 8 级，墙上的实际降水量达到了 51mm，渗漏水是受风压影响的。

其二，防水设防规定与实际防水工程的对应。经调研，广西、广东、福建、云南、贵州、江西（部分）、湖南、湖北（部分）等地区的建筑主要采用无保温或者自保温的外墙，主要采用防水砂浆进行墙面整体设防，饰面层主要采用面砖和涂料；上海、江苏、浙江、安徽、江西（部分）、湖北（部分）等地区的建筑主要采用外保温或内保温的外墙，也采用墙面整体设防；北方城市（淮河、秦岭以南地区）的建筑主要采用外保温的外墙，也采用墙面整体设防；饰面层采用饰面涂料为主。虽然外墙防水规程对外墙的墙面整体防水设防要求作出了相应的规定，但其匹配性是不够的。

## 第五节　对比国外墙体保温防水构成看存在的问题

其一，现在外墙外保温，许多采用在保温层上薄涂保护层的做法，通常 3mm 的厚度涂层太薄，难以抵御温度应力的变化。日本的聚合物水泥涂层达到 8mm 厚度。

其二，在保温层上设置的耐碱玻纤网格布普遍存在问题。所谓的耐碱玻纤网格布，是将玻纤网格布表面浸涂丙烯酸涂层，在浸涂丙烯酸涂层前应进行界面处理，以便与网格布更好地结合，但许多厂家不做界面处理，由此造成玻纤网格布难以浸涂、很好粘合，还有的网格布十字节点上产生未浸涂覆盖的现象。此外，玻纤网格布应该采用低碱产品，而为降低造价，现实中大部分产品采用高碱的玻纤网格布，由此与表面涂层聚合物水泥类的材料，在受雨水的冲刷渗透下极易产生碱集料反应，造成保护层的破坏，由此产生许多保护层脱落的现象，从而降低保温的热工效能；有的防水保护层虽然还未脱落，但已经产生裂缝，同样在雨水渗透下降低热工效能。

其三，现在国内许多工程采用塑料再生挤塑板，脆性加大，降低了韧性，与表面防护涂料结合力不良。此外，固定保温板的塑料垫圈等配件也存在劣质化的问题。

其四，我国尚未见到保温模板一体化的工程，欧洲、日本已经大量推进保温模板一体化的做法。需要指明的是，日本、欧洲采用保温模板一体化的建筑，保温板都采用的是小颗粒发泡聚苯板；小颗粒发泡聚苯板与大颗粒发泡聚苯板相比，具有更好的强度，与挤塑板相比更具韧性和与表面防护材料更好的结合性。国内尚未见到小颗粒发泡聚苯板的生产。

其五，欧洲混凝土浇筑、预制混凝土墙体采用的保温板以挤塑板居多，公共建筑墙体通常采用保温板加挂板的做法，当采用矿棉保温板时，上面再覆一层防水透气膜，再做挂板。韩国公共建筑大都采用外墙外保温的做法（也有少量的工程采用内外墙都设保温层的做法），保温板以挤塑聚苯板居多，然后在保温层外采用挂板，挂板的材料以花岗岩石材或铝合金板为主。保温层加挂板的做法可以 100%保证外墙保温板不受雨水的侵蚀，从而长期保证保温层的热工性能。

其六，整合有关标准。建筑外墙的有关标准，《外墙外保温工程技术规程》（JGJ/T 144—2004、2008、2019）、《建筑外墙防水工程技术规程》（JGJ/T 235—2011）、《外墙内保温工程技术规程》（JGJ/T 261—2011），应该整合到一个标准中。外墙应该按类别划分：金属结构外墙、玻璃幕墙外墙、现浇混凝土外墙、装配式混凝土外墙、木结构外墙、砌体结构外墙、混合结构外墙等，将不同外墙的保温隔热功能以及防水防护功能做法融于其中。各自墙体类型的功能做法要求是有所不同的，应按各自的类型墙体编制标准，才具有针对性，也便于热工效能的确定。

## 第六节　关于农村绿色建筑发展政策的思索

中国的建筑的统计数量，一直缺乏考虑农村建筑的实际情况。2021 年 5 月 11 日第七次全国人口普查主要数据公布，居住在城镇的人口为 90199 万人，占 63.89%；居住在乡村的人口为 50979 万人，占 36.11%。而建筑的实际占比可能并不是这样的比率。中国与欧、美、日等发达国家不同，尤其是美国农业人口只占 1%，一个农民生产的粮食可以养活 155 人，美国农业是世界上最发达的，然而农村的建筑也全部实现了工业化，由此，建筑工业化的统计可以统一考虑。同时，欧洲、日本又保留了许多传统的建筑。中国明清的建筑包括民居建筑富有地方特色，与自然协调，天人合一，不能用现代技术抹平了地方特色。我们的现代建筑已经造成了千楼一面、千城一面。农村建筑如何在保持地方自然特色的同时，达到绿色碳中和的目标？碳中和需要回归自然。虽然政策上提出了加强乡村建设，但如何结合不同的地区环境条件，有所区别地实施和落实尚缺少对应的措施。

此外，需要加快生态农业建设的发展，提升农业生产现代化建设的规模与水平。

## 第七节　德国与建筑节能有关标准的推荐

我国建筑节能的计算绝大多数是理论计算值，建筑物的建造完成由于潮湿的影响，气密性不良，加之建筑物的能源使用缺乏整合，建筑物节能在使用过程中的衰减缺乏判定，有的节能衰减是非常严重的，尚未引起重视。以下介绍德国的有关标准以资借鉴。

## 德国屋面工艺作业范围标准概述

相关联标准修订于2017年9月，所涉及的标准分为31类，合计标准587项。

密封：31项。

外墙覆层：5项。

金属带材和片材、焊料及相关产品，包括梯形型材：47项。

建筑规则清单：1项。

统一标准清单：1项。

设计标准：37项。

沥青瓦：1项。

沥青波纹板：1项。

防雷保护：7项。

防火保护：32项。

屋面膜和土工膜：57项。

屋面瓦片：3项。

屋面砖瓦：5项。

绝热材料：27项。

排水设施、排水沟和雨水落水管道：19项。

纤维水泥：5项。

脚手架：7项。

屋面/屋顶密封/外墙复层中的辅助材料：41项。

木材、木制品和木材保护：38项。

木瓦：1项。

防腐蚀保护：4项。

半透明板：4项。

样本建筑规范：1项。

特殊用途标准：19项。

多孔混凝土：1项。

隔音保护：11项。

石板瓦：10项。

防坠落保护：13项。

建筑工程的合同条例：60项。

绝热保护：48项。

被撤销的DIN标准：50项（包括双标准—欧共体标准）。

**注解：**

（1）说“被撤销”的标准而不说“作废”的标准，是因为许多标准是“作而不废”的，标准几年、十几年修订一次，而工程使用几十年、上百年，几十年前的工程出现问题了，可能需要用到以前的做法标准，而不是在施行的标准。尤其是中国古代建筑的修建复原，采用的是古代的原始做法，例如，河北石家庄正定的隆兴寺，许多极品建筑都是宋代的，建筑的修建和重建是在梁思成先生的指导下，采用宋代的《营造法式》进行修建的。标准是动态的，标准本身不能强制，尤其是工程建设。标准的强制是通过法律或者合同协议实现的。同样，日本国家标准（JIS）分为18类，标准目录对每一项标准从制定到多次修订的年号都有记载，作废的标准也列入其中。例如，JISA为建筑与土木，共计大约880项标准，但作废的大约300项标准也同样列在标准目录中，这也是因为许多标准有可能“作而不废”。

（2）此处列的标准有的是德国（DIN）标准，有的既是德国标准同时也是欧共体（EN）标准，有的还是国际标准（ISO）。欧共体的标准中，德国标准最多，英国、法国次之（早年是英国最多）。这也就体现了标准的先进是因为科技的先进，德国科技的发展，促进了标准发展以及标准的地位提升。

（3）德国所说的屋面膜以及相关的膜，美、日亦然，我国通常称为“卷材”。

## 德国部分“绝热保护”类的标准名称摘录

《能源供应规范》（EnEV-2014年5月1日）。

《建筑物内的绝热保护与能源供应，对绝热保护的最低要求》（DIN4108-2-2013年2月1日）。

《建筑物内的绝热保护与能源供应，与气候有关的防潮保护；要求计算方法与规划及执行说明》（DIN4108-3-2014年11月1日）。

《建筑物内的绝热保护与能源供应-第4部分：绝热及防潮保护技术设计值》（DIN4108-4-2017年3月1日）。

《建筑物内的绝热保护与能源供应-第6部分：计算年供热量及年热量需求》（DI-NV4108-6-2003年6月1日）。

《建筑物内的绝热保护与能源供应-第7部分：建筑物的气密性-要求、规划及执行建议以及事例》（DINV4108-7-2011年1月1日）。

《建筑物与建筑材料的绝热及防潮技术特性-材料运输-物理参数和定义》（DIN EN ISO 9346-2008年2月1日）。

《建筑物的绝热技术特性-测定建筑物的透气性-压差法》（DIN EN ISO 9972-2015年12月1日）。

《建筑物与建筑材料的绝热及防潮技术特性-测定水蒸气渗透率》（DIN EN ISO 12572-2017年5月1日）。

《建筑物与建筑材料的绝热及防潮技术特性-用于避免在构件内部产生临界表面湿度与冷凝的室内表面温度》（DIN EN ISO 13788-2013年5月1日）。

《建筑物的绝热及防潮技术特性-计算并显示气候数据-用于计算制冷和供热系统的年度能源需求的每小时数据》（DIN EN ISO 15927-4-2005年10月1日）。

《建筑物的能源评估-计算用于供热、制冷、通风、饮用热水与照明的有效的、最终的和主要的能源需求-燃料的一般均衡方法、定义、分区与评估》（DIN V18599-1-2016年10月1日）。

《建筑物的能源评估-计算用于供热、制冷、通风、饮用热水与照明的有效的、最终的和主要的能源需求-第2部分：用于建筑物区域供热与制冷的有效能源需求》（DIN

V18599-2-2016 年 10 月 1 日）。

《建筑物的能源评估-计算用于供热、制冷、通风、饮用热水与照明的有效的、最终的和主要的能源需求-第 3 部分：用于能源空气处理的有效能源需求》（DIN V18599-3-2016 年 10 月 1 日）。

《门窗-透气性-分类》（DIN EN 12207-2017 年 3 月 1 日）。

# 第六章 关于对3D打印建筑的认知

现在有些宣传将3D打印建筑说成绿色建筑，有利于碳中和。通过笔者对3D打印技术的了解和理解，认为：3D打印技术方兴未艾，但3D打印建筑任重道远。之所以作出这样的判断，请看以下分析比较。

## 第一节 3D打印技术方兴未艾

之所以说“3D打印技术方兴未艾”，是因为3D打印技术在各个领域都有实质上的应用，已知3D打印如：飞机的部件，中国飞机打印部件已是世界上最大的；人体器官的打印到了实用的阶段，包括心脏打印技术——以色列已经完成3D打印心脏的技术。3D打印汽车，估计也就是打印的汽车外壳，其他配套部件无法打印，最终还不如现在自动装配化的生产流水线（无论生产速度和产品的多样化）。2021年10月初日本的科技人员，采用3D打印技术打印出“和牛肉”。3D打印技术处在不断的发展中。

金属3D打印专家王华明院士关于飞机3D打印技术曾讲到，3D打印技术始于1983年，中国工程航空材料3D打印研究开始于1990年后期，2005年6月中国首先在歼11B飞机上采用了3D打印钛合金零件，现在中国飞机的许多大型部件都采用了3D打印技术。中国研发了铸锻铣一体化打印数控机床（也就是说3D打印后的部件进行车铣铯镗的一体化精细加工，完成部件的加工）。飞机部件的3D打印采用大量的金属复合材料，采用传统锻造生产飞机有的部件质量1600千克，而3D打印技术生产的部件，性能同样的情况下只有140千克，减重明显。也由此中国歼20飞机在同样载荷下，比美国F22飞机减轻了质量，提高了综合性能。中国航空飞机部件材料的3D打印技术在世界居于领先地位，中国凭借3D打印技术，在航空材料领域首次跻身世界先进水平。

3D打印技术的出现体现的就是替代作用，“替代”主要体现在两个方面：一个是替代原有损坏不能使用的部件，如人的心脏、骨骼；二是以优异的技术部件替代原有的部件，如飞机部件的3D打印，提高改善原有工艺部件的性能。但是作为整体的人和整体的飞机是不能完全用3D打印的。建筑物作为一个整体，靠3D打印是不可能完成的。建筑作为一种艺术形式，不但要体现其艺术性还要满足其使用功能。所谓的3D打印建筑开展有十多年来，至今未打印出一个像样的建筑，即便打印出的不像样的3D打印建筑，采用其他建筑形式做法，要优于所谓的3D打印建筑。开展3D打印建筑首先必须研究能够替代现代的哪些建筑形式，包括古代建筑形式，从目前和发展的现状看不出能够代替哪些建筑形式（无论是从广义的建筑还是狭义的建筑）。空间站可以说是一种特殊的建筑形式，而且是装配式建筑，如果采用3D打印，只能是打印某部位的部件，永远不可能完全采用3D打印建筑。

中国《战术导弹技术》2022年第1期，对国外高超声武器的发展做了全面的报道，美国对此方面技术的研发进行了全面部署。其中，“3D打印技术将在高超声速导弹数字化开发制造中广泛运用。美国海军水面作战中心达尔格伦分部称，将与美国防部机构、行业合作伙伴以及学术技术专家共同合作，使用3D打印技术领导高超声速武器的开发”。

2021年11月11日中央电视台4套又有报道，俄罗斯MS-21客机零部件可采用3D

打印批量生产。MS-21客机是俄罗斯研发的新型客机，能够搭载150～210名乘客，属于中短程干线飞机，将能够取代俄罗斯各航空公司广泛采用的图-154、图-204，以及空中客车A320和波音737等中程干线飞机。新型MS-21客机在主要技术性能方面优于空客A320客机12%～15%，依靠降低燃料消耗方法可将其经济性提高25%，由于广泛应用复合材料，MS-21客机会比A320客机轻15%。

3D打印技术是美国科学家查克·赫尔（Chuck Hull）于1983年发明的，他于1984年申请了美国国家专利，1986年研制了世界第一台3D印刷机。3D打印的核心或者说目的就是"替代"，这已经得到了多方面的体现。3D打印建筑能够替代哪些建筑，能够打印到什么程度？其他生物打印、设备部件的打印都是有替代目标的，围绕这一目标，进行材料技术工艺的研发。心、肝、肺、肾、脾、胃、皮肤以及骨骼都在研发3D打印，心脏打印以色列已经取得了成功。中国成飞3D打印战机的部件，达到了世界先进水平，部件的强度以及综合性能都得到了很大的提高。

## 第二节　3D打印建筑任重道远

3D打印建筑任重道远是基于以下三点的判断：

其一，3D打印建筑到底能够打印什么建筑？广义建筑包括水利水电、铁路公路、港工码头、隧道桥梁、航空航天、海洋海底工程等；狭义建筑（包括在广义建筑之内）包括住宅、公共建筑、厂房、市政工程等。此外，还有古代建筑的维修、扩建、仿建。目前还没有看到一家从事3D打印建筑的单位，明确其所能够打印的建筑类型和方向。

其二，3D打印建筑能够替代现在哪些建筑形式做法？对现有哪些建筑做法具有优势？根据第一点提出的工程项目内容进行解读，按现在以及今后发展的趋势，广义建筑目前不能实现3D打印。

我们把狭义建筑的内容再解读一下：

（1）住宅建筑的高层建筑和小高层建筑都不能完全实现3D打印，多层建筑都难以实现3D打印。

（2）公共建筑主要有办公建筑、宾馆酒店、影剧院、商贸中心、医院学校、体育场馆、车站航空港、会议展览中心、厂房。其中，大型公共建筑的体育场馆、车站、航空港、会议展览中心、厂房绝大多数是装配式建筑，像北京的鸟巢、水立方、国家大剧院、大兴国际机场，深圳的国际会议展览中心（世界上最大的会议展览中心，160万$m^2$，2年9个月完工）；现在工厂的建筑，绝大多数采用装配式金属结构工程。20世纪90年代初始，天津大无缝钢管厂的厂房建设采用金属结构，建筑主体工程5个月完工。这些工程3D打印也都不可能实现。

现在的高层建筑都有地下室，许多高层建筑的地下室已经超过40m，有8层之多，地下工程不能实现3D打印，地面建筑也无法与地下建筑结合。

（3）市政工程的垃圾填埋，市政给水、排水及污水处理，地下管廊工程等也难以实现3D打印。

其三，一项建筑工程的完成需要四个方面：设计、材料、施工、管理。

3D 打印建筑主要就是采用水泥胶结材料吗？现在从事 3D 打印建筑研究的主要是从事水泥混凝土技术方面的人员，尚无建筑设计师参与。古罗马的维特鲁威在《建筑十书》中讲道："建筑是自由的艺术"，"建筑是多种艺术的荟萃"，建筑的功能要求"坚固、实用、美观"。建筑作为一种艺术形式，是有承载美的责任的，世界上从古至今著名的建筑无不体现出美的意境。虽然说混凝土在可预知的年代中，还将是建筑的主要材料，但又不是单一采用的材料。建筑工程材料的发展已经多样化，材料在向复合材料发展，在向超材料技术发展。建筑形式的发展已经呈现多样化。根据社会发展的需求，建筑设计也已经呈现多样化，建筑是需要不断创新的，从事 3D 打印建筑研究的水泥混凝土技术方面的人员，对建筑以及建筑设计有多少了解？建筑设计师基本学习的"建筑学""材料学""结构力学""建筑发展史"等，目前从事 3D 打印的人员了解多少，能够代替建筑设计师吗？要以工程的角度认知材料，而不能单以材料认知建筑，因为建筑工程包括设计、材料、施工、管理。

据介绍，东南大学 3D 打印模仿的赵州桥 18m 长（赵州桥跨度 37.4m，桥实际全长 64.4m，笔者参观过赵州桥），如果打印长度加一倍，难度则增加几十倍，最终也只能是打印个模型，而不能用于实际工程。世界上最大跨度的桥梁已经超过 1000m，高度达到 560m；小的桥梁建设，如北京三环立交桥修建 43h 完成置换，3D 打印建筑对此只能是望洋兴叹！

笔者 2015 年参加美国"世界混凝土展览会"；2015 年、2017 年参加"欧洲建材展览会"（每两年举办一次，世界上最大的建材展会）期间特意参观考察荷兰爱森堡的一个 3D 打印建筑的企业，其主要打印的是建筑的部件，实物工程很小，而且都是单层的；2018 年在新加坡举办的中国与东南亚混凝土学术交流会上参观了 3D 打印建筑，但实际看到的都是建筑部（物）件的打印。2019 年也听过一个中国工程院院士的报告，其介绍中国 2018 年实物建筑打印的是一个三层小楼，总面积不足 200m$^2$。具体内容语焉不详，如楼板（地板）和楼梯如何打印，与功能性部件如何连接，像电梯井、电梯间，还有卫生间等给排水管道的部位如何进行加强处理。3D 打印建筑与装配式建筑，无论是建筑造型、功能还是建造速度上都无法相比。

2019 年 10 月 25 日在北京国际科技产业博览会上与国内一知名 3D 打印公司交流，咨询他们为什么不开展 3D 打印建筑的研发工作，他们认为 3D 打印建筑涉及的因素太复杂，规模太大，难以实行。

从现在 3D 打印技术的发展来看，3D 打印的主要是部件，而且主要在室内环境下开展工作。而建筑工程处在大跨度、大空间的室外工作环境条件下，水泥胶结材料受室外温度、湿度的影响非常大，工程又需要多种形式和内容的组合，这都是 3D 打印建筑难以完成的。

据笔者对建筑的认知，3D 打印建筑无论从建筑造型美观、功能需求、建造速度还是经济上都无法取代现有的建造技术与形式。

对建筑的全面了解，需要从森林、树木开始，现在的 3D 打印建筑对森林、树木缺乏了解，而进行的是枝叶的研究探讨（现在制定的这项标准即是如此），这个枝叶还不知道对应哪棵树、什么样的树。因此建议，先对 3D 打印能够打印什么样的建筑，对应现有的建筑形式具有哪些优势，是否能够替代现有的建筑做法（美观、实用、安全、经济、速度）进行论证，然后再确定技术的方向，不要盲人摸象。

3D 打印建筑主要采用水泥胶结材料，无钢筋骨架，将完全是脆性材料，容易断裂。水泥胶结材料最大的问题是需要解决水泥收缩裂缝的问题。其中，现在许多人忽视的一个问题是，不同地区、地域的温度、湿度、风速以及阳光辐射的问题，尤其是 3D 打印建筑所采用的高强水泥胶结材料更易产生收缩裂缝，在无骨架支撑的情况下是要命的。

“3D 打印技术方兴未艾，3D 打印建筑任重道远”是笔者 2019 年作出的判断。3D 打印建筑在国际上开展了有大约 10 年时间，至今没有看到一则像样的建造好的工程项目的报道，也没有 3D 打印建筑的领域导向，也就是说 3D 打印不知道到底能够打印什么建筑？因为不知道能够打印什么建筑，也就无从与现有的建筑形式作比较，不知其有哪些优势，能否取代现有的建筑形式，至今看不到 3D 打印建筑所具有的优势，基本可以判断其对现有建筑形式没有优势。

3D 打印技术处在不断的发展中。但对于建筑碳中和的发展来讲，绿色建筑、被动式建筑是一种发展的趋势。国外发达国家，在被动式建筑的其中内容，是加大了建筑墙体保温层的厚度，这都是于 2015 年开始实施的，保温层的厚度均不小于 150mm。

2017 年韩国在施工过程中的首尔科技大学的科研楼的墙体保温层厚 150mm，京畿道的一个宾馆酒店墙体的保温层厚 200mm。

2017 年考察芬兰的混凝土预制构件生产企业，其生产的预制混凝土保温墙体的保温层厚度随墙体厚度变化，800mm 厚墙体，保温层厚度为 300mm；500mm 厚墙体，保温层厚度为 200mm。

2017 年参观考察瑞士苏黎世国家博物馆的扩建工程，其墙体厚 940mm，其中保温层 330mm。

2017 年欧洲建材展览会上介绍了大量的墙体保温做法，有的建筑整体采用保温层的做法，保温层的厚度根据建筑设计需要甚至可以达到 400mm 以上。

2018 年 4 月在德国慕尼黑考察一个在建的工程，其保温层的厚度达到 200mm。

日本于 2004 年之前就采用了 130mm 厚的保温墙体（及其他围护构造）。

现代建筑的保温层采用挤塑板、发泡聚苯板、发泡聚氨酯、岩棉板等，保温层能 3D 打印吗？目前尚未看到，也没有听说可以复合打印保温材料的。

最主要的是，建筑是需要部件组合的，组合的部件的材料又是多样的。3D 打印如何能够打印各种建筑的部件，以及构造体自身的结合与保温层的结合，以满足碳中和、被动式建筑发展的要求？3D 打印是无法一同打印不同材料的墙体和围护结构的，即便能够打印，也比不上装配式建筑和现浇混凝土施工的效率。因此，判断 3D 打印建筑任重道远。

## 第三节　3D 打印技术的发展方向

2022 年 1 月 20 日《中国工程院院刊》刊发的《光固化 3D 生物打印技术的新进展》提出建立了新的打印方法和研究系统。3D 生物打印技术在理论基础及明确方向，其他类型的打印技术无不具有明确的目标（像成飞 3D 打印飞机部件技术世界领先）。3D 打印技术体现在部件的打印上，包括已经打印成功的“心脏”以及“和牛肉”，这些无不体现的是技术，然而建筑在体现功能时，还承载艺术（坚固、实用、美观），是“多种艺术的荟萃”。现在3D打印建筑（不是部件）难以体现“坚固、实用、美观”的要求。

2022年2月7日“战略前沿技术”报道，“世界新材料领域2021年趋势展望”中讲到：“新兴产业快速发展促使新材料产品不断更新换代。近年来，高端装备、电子信息、新能源、生物医用、3D打印及节能环保等新兴产业领域保持较快发展势头，这对关键基础材料提出新的挑战和需求。”“2021年，自修复材料、自适应材料、新型传感材料、4D打印材料等智能材料技术将大量涌现，为生物医疗、国防军事以及航空航天等领域发展提供支撑。”

2022年2月8日“战略前沿技术”报道3D打印技术持续取得突破，4D打印技术成为增材制造领域新的发展方向。美国劳伦斯·伯克利国家实验室和加州大学伯克利分校开发出“3D生长”增材制造技术，可控制晶体材料结晶形成所需结构，该技术有望在纳米级微调电子和光学设备的制造方面提供前所未有的精度。西班牙加泰罗尼亚生物工程研究所利用3D生物打印技术开发了一款以骨骼肌细胞为基础的厘米级生物混合游泳机器人，该机器人可以通过反馈回路进行自我训练且具有较快的运动速度。中国中科院上海微系统所陶虎团队与上海交通大学合作，开发出基因重组蜘蛛丝蛋白光刻胶，其优异的机械强度和良好的生物相容性可进一步助力可载药、可驱动、可降解的4D（时空可变形）纳米功能器件开发，在智能仿生感知、药物递送纳米机器人、类器官芯片等研究领域具有明确的应用前景。英国拉夫堡大学开发出“材料处理挤出增材制造”（MaTrEx-AM）的混合方法，该方法可通过改变丙酮的使用量和使用位置来控制零件的变形方式等机械性能，为材料成型能力增加了新的维度。

《战术导弹技术》刊发的《2021年国外高超声速领域发展综述》中提到：“3D打印技术将在高超声速导弹数字化开发制造中广泛运用。美国海军水面作战中心达尔格伦分部称，将与美国国防部机构、行业合作伙伴以及学术专家共同合作，使用3D打印技术领导高超声速武器的开发。”同时，随着高超声速技术武器化进程的开启，许多新生力量开始在高超声速领域崭露头角，加入高超声速武器竞赛，3D打印技术助力高超声速导弹技术的提升，使得美国高超声速导弹供应链将更具鲁棒性。

3D打印技术的核心或者说其目的是一种替代作用。从生物学讲，替代原有衰竭和破坏的部位（部件），如人的心脏、肝、肺以及骨骼等；从制造工业讲，起到提高功能和强化的作用，如前面讲的打印飞机部件。围绕这些目标，研究选择材料和工艺，都是有明确指向性线路图的，3D打印主要打印的是部件。根据了解的情况看，从事3D打印建筑研究的没有线路图，不知其到底能够打印什么样的建筑，打印的建筑能够替代哪些从古至今的建筑，现在看不到其具有的优势作用，建筑功能的三要素“坚固、实用、美观”其都达不到，有许多是根本做不到。之前也有报道，3D打印的汽车（一部汽车就类似一个小的建筑），实际打印的是一个空壳，完成组装还需耗时无数天。而现代汽车生产最快需要32s，加上安装轮胎，总共需要2min，就可以下线行走。而且采用数字化现代生产技术，随时调整设计造型，一条生产线可以生产不同造型的车。

相关领域已经发展到4D打印了，其中重要的是打印材料的不断发展，由此打印技术不断得到提升。3D打印建筑主导采用的材料是水泥胶结材料，无疑从材料的使用上就难以满足建筑多方面的要求，更难以协调多方面功能的需要。4D 打印建筑则更是天方夜谭。

唯一可以看到的是 3D 打印建筑模型对于科研、教学、设计具有现实意义，因为打印小的模型，可以采用树脂类材料（图 6-1），一些细节可以比水泥胶结材料打印得更细腻、美观。3D 打印建筑模型则是非常好的，可先期为建筑工程设计提供实物模型，进行可行性对比分析，可为教学研究提供直观的形式教育。历史上清代建筑知名的雷发达家族八代为皇室建造建筑，号称“样式雷”，也就是先期作出要建造的建筑模型，有的需要呈报皇帝审阅批准。给皇帝呈送文字报告，皇帝是看不懂的，提供了实物模型就很容易理解了。现在的 3D 打印建筑模型同样可以直观了解所设计建筑的形态，便于分析比较，审查方案以及教学，而且 3D 打印建筑实物模型，快于其他模型制作，又有建筑物的精确度。因此可以发挥 3D 打印建筑这方面的优越性。

图 6-1　第二十二届中国北京国际科技产业博览会树脂 3D 打印模型

# 附　录

# 附录A　联合国气候变化框架公约

本公约各缔约方，承认地球气候的变化及其不利影响是人类共同关心的问题，感到忧虑的是，人类活动已大幅增加大气中温室气体的浓度，这种增加增强了自然温室效应，平均而言将引起地球表面和大气进一步增温，并可能对自然生态系统和人类产生不利影响，注意到历史上和目前全球温室气体排放的最大部分源自发达国家；发展中国家的人均排放仍相对较低；发展中国家在全球排放中所占的份额将会增加，以满足其社会和发展需要，意识到陆地和海洋生态系统中温室气体汇和库的作用和重要性，注意到在气候变化的预测中，特别是在其时间、幅度和区域格局方面，有许多不确定性，承认气候变化的全球性，要求所有国家根据其共同但有区别的责任和各自的能力及其社会和经济条件，尽可能开展最广泛的合作，并参与有效和适当的国际应对行动。

回顾1972年6月16日于斯德哥尔摩通过的《联合国人类环境会议宣言》的有关规定，又回顾各国根据《联合国宪章》和国际法原则，拥有主权权利按自己的环境和发展政策开发自己的资源，也有责任确保在其管辖或控制范围内的活动不对其他国家的环境或国家管辖范围以外地区的环境造成损害，重申在应付气候变化的国际合作中的国家主权原则，认识到各国应当制定有效的立法；各种环境方面的标准、管理目标和优先顺序应当反映其所适用的环境和发展方面情况；并且有些国家所实行的标准对其他国家特别是发展中国家可能是不恰当的，并可能会使之承担不应有的经济和社会代价。

回顾联合国大会关于联合国环境与发展会议的1989年12月22日第44/228号决议的决定，以及关于为人类当代和后代保护全球气候的1988年12月6日第43/53号、1989年12月22日第44/207号、1990年12月21日第45/212号和1991年12月19日第46/169号决议，又回顾联合国大会关于海平面上升对岛屿和沿海地区特别是低洼沿海地区可能产生的不利影响的1989年12月22日第44/206号决议各项规定，以及联合国大会关于防治沙漠化行动计划实施情况的1989年12月19日第44/172号决议的有关规定，并回顾1985年《保护臭氧层维也纳公约》和于1990年6月29日调整和修正的1987年《关于消耗臭氧层物质的蒙特利尔议定书》，注意到1990年11月7日通过的第二次世界气候大会部长宣言，意识到许多国家就气候变化所进行的有价值的分析工作，以及世界气象组织、联合国环境规划署和联合国系统的其他机关、组织和机构及其他国际和政府间机构对交换科学研究成果和协调研究工作所作的重要贡献，认识到了解和应付气候变化所需的步骤只有基于有关的科学、技术和经济方面的考虑，并根据这些领域的新发现不断加以重新评价，才能在环境、社会和经济方面最为有效，认识到应付气候变化的各种行动本身在经济上就能够是合理的，而且还能有助于解决其他环境问题，又认识到发达国家有必要根据明确的优先顺序，立即灵活地采取行动，以作为形成考虑到所有温室气体并适当考虑它们对增强温室效应的相对作用的全球、国家和可能议定的区域性综合应对战略的第一步，并认识到地势低洼国家和其他小岛屿国家、拥有低洼沿海地区、干旱和半干旱地区或易受水灾、旱灾和沙漠化影响地区的国家以及具有脆弱的山区生态系统的发展中国家特别容易受到气候变化的不利影响，认识到其经济特别依赖于矿物燃料的生产、使用和出口的国家特别是发展中国家由于为了限制温室气体排放而采取的行动所面临的特殊困难，申明应当以统筹兼顾的方式把应付气候变化的行动与社会和经济发展协调起来，以免后者受到不利影响，同时充分考虑到发展中国家实现持续经济增长和消除贫困的正当的优先需要，认识到所有国家特别是发展中国家需要得到实现可持续的社会和经济发展所需的资源；发展中国家为了迈向这一目标，其能源消耗将需要增加，虽然考虑到有可能包括通过在具有经济和社会效益的条件下应用新技术来提高能源效率和一般地控制温室气体排放，决心为当代和后代保护气候系统，兹协议如下：

**第一条**　定义[①]

为本公约的目的：

1. “气候变化的不利影响”指气候变化所造成的自然环境或生物区系的变化，这些变化对自然的和管理下的生态系统的组成、复原力或生产力，或对社会经济系统的运作，或对人类的健康和福利产生重大的有害影响。

2. “气候变化”指除在类似时期内所观测的气候的自然变异之外，由于直接或间接的人类活动改变了地球大气的组成而造成的气候变化。

3. “气候系统”指大气圈、水圈、生物圈和地圈的整体及其相互作用。

4. “排放”指温室气候和/或其前体在一个特定地区和时期内向大气的释放。

5. “温室气体”指大气中那些吸收和重新放出红外辐射的自然的和人为的气态成分。

6. “区域经济一体化组织”指一个特定区域的主权国家组成的组织，有权处理本公约或其议定书所规定的事项，并经按其内部程序获得正式授权签署、批准、接受、核准或加入有关文书。

7. “库”指气候系统内存储温室气体或其前体的一个或多个组成部分。

8. “汇”指从大气中清除温室气体、气溶胶或温室气体前体的任何过程、活动或机制。

9. “源”指向大气排放温室气体、气溶胶或温室气体前体的任何过程或活动。

**第二条**　目标

本公约以及缔约方会议可能通过的任何相关法律文书的最终目标是：根据本公约的各项有关规定，将大气中温室气体的浓度稳定在防止气候系统受到危险的人为干扰的水平上。这一水平应当在足以使生态系统能够自然地适应气候变化、确保粮食生产免受威胁并使经济发展能够可持续地进行的时间范围内实现。

**第三条**　原则

各缔约方在为实现本公约的目标和履行其各项规定而采取行动时，除其他外，应以下列作为指导：

1. 各缔约方应当在公平的基础上，并根据它们共同但有区别的责任和各自的能力，为人类当代和后代的利益保护气候系统。因此，发达国家缔约方应当率先对付气候变化及其不利影响。

2. 应当充分考虑到发展中国家缔约方尤其是特别易受气候变化不利影响的那些发展中国家缔约方的具体需要和特殊情况，也应当充分考虑到那些按本公约必须承担不成

---

① 各条加上标题纯粹是为了对读者有所帮助。

比例或不正常负担的缔约方特别是发展中国家缔约方的具体需要和特殊情况。

3. 各缔约方应当采取预防措施，预测、防止或尽量减少引起气候变化的原因并缓解其不利影响。当存在造成严重或不可逆转的损害的威胁时，不应当以科学上没有完全的确定性为理由推迟采取这类措施，同时考虑到应付气候变化的政策和措施应当讲求成本效益，确保以尽可能最低的费用获得全球效益。为此，这种政策和措施应当考虑到不同的社会经济情况，并且应当具有全面性，包括所有有关的温室气体源、汇和库及适应措施，并涵盖所有经济部门。应付气候变化的努力可由有关的缔约方合作进行。

4. 各缔约方有权并且应当促进可持续的发展。保护气候系统免遭人为变化的政策和措施应当适合每个缔约方的具体情况，并应当结合到国家的发展计划中去，同时考虑到经济发展对于采取措施应付气候变化是至关重要的。

5. 各缔约方应当合作促进有利的和开放的国际经济体系，这种体系将促成所有缔约方特别是发展中国家缔约方的可持续经济增长和发展，从而使它们有能力更好地应付气候变化的问题。为应付气候变化而采取的措施，包括单方面措施，不应当成为国际贸易上的任意或无理的歧视手段或者隐蔽的限制。

**第四条** 承诺

1. 所有缔约方，考虑到它们共同但有区别的责任，以及各自具体的国家和区域发展优先顺序、目标和情况，应：

(a) 用待由缔约方会议议定的可比方法编制、定期更新、公布并按照第十二条向缔约方会议提供关于《蒙特利尔议定书》未予管制的所有温室气体的各种源的人为排放和各种汇的清除的国家清单；

(b) 制订、执行、公布和经常地更新国家的以及在适当情况下区域的计划，其中包含从《蒙特利尔议定书》未予管制的所有温室气体的源的人为排放和汇的清除来着手减缓气候变化的措施，以及便利充分地适应气候变化的措施；

(c) 在所有有关部门，包括能源、运输、工业、农业、林业和废物管理部门，促进和合作发展、应用和传播（包括转让）各种用来控制、减少或防止《蒙特利尔议定书》未予管制的温室气体的人为排放的技术、做法和过程；

(d) 促进可持续管理，并促进和合作酌情维护和加强《蒙特利尔议定书》未予管制的所有温室气体的汇和库，包括生物质、森林和海洋以及其他陆地、沿海和海洋生态系统；

(e) 合作为适应气候变化的影响做好准备；拟订和详细制订关于沿海地区的管理、水资源和农业以及关于受到旱灾和沙漠化及洪水影响的地区特别是非洲的这种地区的保护和恢复的适当的综合性计划；

(f) 在它们有关的社会、经济和环境政策及行动中，在可行的范围内将气候变化考虑进去，并采用由本国拟订和确定的适当办法，例如进行影响评估，以期尽量减少它们为了减缓或适应气候变化而进行的项目或采取的措施对经济、公共健康和环境质量产生的不利影响；

(g) 促进和合作进行关于气候系统的科学、技术、工艺、社会经济和其他研究、系统观测及开发数据档案，目的是增进对气候变化的起因、影响、规模和发生时间以及各种应对战略所带来的经济和社会后果的认识，和减少或消除在这些方面尚存的不确定性；

(h) 促进和合作进行关于气候系统和气候变化以及关于各种应对战略所带来的经济

和社会后果的科学、技术、工艺、社会经济和法律方面的有关信息的充分、公开和迅速的交流；

(i) 促进和合作进行与气候变化有关的教育、培训和提高公众意识的工作，并鼓励人们对这个过程最广泛参与，包括鼓励各种非政府组织的参与；

(j) 依照第十二条向缔约方会议提供有关履行的信息。

2. 附件一所列的发达国家缔约方和其他缔约方具体承诺如下规定：

(a) 每一个此类缔约方应制定国家①政策和采取相应的措施，通过限制其人为的温室气体排放以及保护和增强其温室气体库和汇，减缓气候变化。这些政策和措施表明，发达国家是在带头依循本公约的目标，改变人为排放的长期趋势，同时认识到至本十年末使二氧化碳和《蒙特利尔议定书》未予管制的其他温室气体的人为排放恢复到较早的水平，将会有助于这种改变，并考虑到这些缔约方的起点和做法、经济结构和资源基础方面的差别、维持强有力和可持续经济增长的需要、可以采用的技术以及其他个别情况，又考虑到每一个此类缔约方都有必要对为了实现该目标而作的全球努力作出公平和适当的贡献。这些缔约方可以同其他缔约方共同执行这些政策和措施，也可以协助其他缔约方为实现本公约的目标特别是本项的目标作出贡献。

(b) 为了朝这一目标取得进展，每一个此类缔约方应依照第十二条，在本公约对其生效后 6 个月内，并在其后定期地就其上述 (a) 项所述的政策和措施，以及就其由此预测在 (a) 项所述期间内《蒙特利尔议定书》未予管制的温室气体的源的人为排放和汇的清除，提供详细信息，目的在个别地或共同地使二氧化碳和《蒙特利尔议定书》未予管制的其他温室气体的人为排放恢复到 1990 年的水平。按照第七条，这些信息将由缔约方会议在其第一届会议上以及在其后定期地加以审评。

(c) 为了上述 (b) 项的目的而计算各种温室气体源的排放和汇的清除时，应该参考可以得到的最佳科学知识，包括关于各种汇的有效容量和每一种温室气体在引起气候变化方面的作用的知识。缔约方会议应在其第一届会议上考虑和议定进行这些计算的方法，并在其后经常地加以审评。

(d) 缔约方会议应在其第一届会议上审评上述 (a) 项和 (b) 项是否充足。进行审评时应参照可以得到的关于气候变化及其影响的最佳科学信息和评估，以及有关的工艺、社会和经济信息。在审评的基础上，缔约方会议应采取适当的行动，其中可以包括通过对上述 (a) 项和 (b) 项承诺的修正。缔约方会议第一届会议还应就上述 (a) 项所述共同执行的标准作出决定。对 (a) 项和 (b) 项的第二次审评应不迟于 1998 年 12 月 31 日进行，其后按由缔约方会议确定的定期间隔进行，直至本公约的目标达到为止。

(e) 每一个此类缔约方应：

(一) 酌情同其他此类缔约方协调为了实现本公约的目标而开发的有关经济和行政手段；

(二) 确定并定期审评其本身有哪些政策和做法鼓励了导致《蒙特利尔议定书》未予管制的温室气体的人为排放水平因而更高的活动。

(f) 缔约方会议应至迟在 1998 年 12 月 31 日之前审评可以得到的信息，以便经有

① 其中包括区域经济一体化组织制定的政策和采取的措施。

关缔约方同意，作出适当修正附件一和二内名单的决定。

（g）不在附件一之列的任何缔约方，可以在其批准、接受、核准或加入的文书中，或在其后任何时间，通知保存人其有意接受上述（a）项和（b）项的约束。保存人应将任何此类通知通报其他签署方和缔约方。

3. 附件二所列的发达国家缔约方和其他发达缔约方应提供新的和额外的资金，以支付经议定的发展中国家缔约方为履行第十二条第1款规定的义务而招致的全部费用。它们还应提供发展中国家缔约方所需要的资金。包括用于技术转让的资金，以支付经议定的为执行本条第1款所述并经发展中国家缔约方同第十一条所述或那些国际实体依该条议定的措施的全部增加费用。这些承诺的履行应考虑到资金流量应充足和可以预测的必要性，以及发达国家缔约方间适当分摊负担的重要性。

4. 附件二所列的发达国家缔约方和其他发达缔约方还应帮助特别易受气候变化不利影响的发展中国家缔约方支付适应这些不利影响的费用。

5. 附件二所列的发达国家缔约方和其他发达缔约方应采取一切实际可行的步骤，酌情促进、便利和资助向其他缔约方特别是发展中国家缔约方转让或使它们有机会得到无害环境的技术和专有技术，以使它们能够履行本公约的各项规定。在此过程中，发达国家缔约方应支持开发和增强发展中国家缔约方的自生能力和技术。有能力这样做的其他缔约方和组织也可协助便利这类技术的转让。

6. 对于附件一所列正在朝市场经济过渡的缔约方，在履行其在上述第2款下的承诺时，包括在《蒙特利尔议定书》未予管制的温室气体人为排放的可资参照的历史水平方面，应由缔约方会议允许它们有一定程度的灵活性，以增强这些缔约方应付气候变化的能力。

7. 发展中国家缔约方能在多大程度上有效履行其在本公约下的承诺，将取决于发达国家缔约方对其在本公约下所承担的有关资金和技术转让的承诺的有效履行，并将充分考虑到经济和社会发展及消除贫困是发展中国家缔约方的首要和压倒一切的优先事项。

8. 在履行本条各项承诺时，各缔约方应充分考虑按照本公约需要采取哪些行动，包括与提供资金、保险和技术转让有关的行动，以满足发展中国家缔约方由于气候变化的不利影响和/或执行应对措施所造成的影响，特别是对下列各类国家的影响，而产生的具体需要和关注：

（a）小岛屿国家；

（b）有低洼沿海地区的国家；

（c）有干旱和半干旱地区、森林地区和容易发生森林退化的地区的国家；

（d）有易遭自然灾害地区的国家；

（e）有容易发生旱灾和沙漠化的地区的国家；

（f）有城市大气严重污染的地区的国家；

（g）有脆弱生态系统包括山区生态系统的国家；

（h）其经济高度依赖于矿物燃料和相关的能源密集产品的生产、加工和出口所带来的收入，和/或高度依赖于这种燃料和产品的消费的国家；

（i）内陆国和过境国。

此外，缔约方会议可酌情就本款采取行动。

9. 各缔约方在采取有关提供资金和技术转让的行动时，应充分考虑到最不发达国家的具体需要和特殊情况。

10. 各缔约方应按照第十条，在履行本公约各项承诺时，考虑到其经济容易受到执行应付气候变化的措施所造成的不利影响之害的缔约方，特别是发展中国家缔约方的情况。这尤其适用于其经济高度依赖于矿物燃料和相关的能源密集产品的生产、加工和出口所带来的收入，和/或高度依赖于这种燃料和产品的消费，和/或高度依赖于矿物燃料的使用，而改用其他燃料又非常困难的那些缔约方。

**第五条**　研究

在履行第四条第1款（g）项下的承诺时，各缔约方应：

（a）支持并酌情进一步制定旨在确定、进行、评估和资助研究、数据收集和系统观测的国际和政府间计划和站网或组织，同时考虑到有必要尽量减少工作重复；

（b）支持旨在加强尤其是发展中国家的系统观测及国家科学和技术研究能力的国际和政府间努力，并促进获取和交换从国家管辖范围以外地区取得的数据及其分析；和

（c）考虑发展中国家的特殊关注和需要，并开展合作提高它们参与上述（a）项和（b）项中所述努力的自生能力。

**第六条**　意识

在履行第四条第1款（i）项下的承诺时，各缔约方应：

（a）在国家一级并酌情在次区域和区域一级，根据国家法律和规定，并在各自的能力范围内，促进和便利：

（一）拟订和实施有关气候变化及其影响的教育及提高公众意识的计划；

（二）公众获取有关气候变化及其影响的信息；

（三）公众参与应付气候变化及其影响和拟订适当的对策；

（四）培训科学、技术和管理人员。

（b）在国际一级，酌情利用现有的机构，在下列领域进行合作并促进：

（一）编写和交换有关气候变化及其影响的教育及提高公众意识的材料；

（二）拟订和实施教育和培训计划，包括加强国内机构和交流或借调人员来特别是为发展中国家培训这方面的专家。

**第七条**　缔约方会议

1. 兹设立缔约方会议。

2. 缔约方会议作为本公约的最高机构，应定期审评本公约和缔约方会议可能通过的任何相关法律文书的履行情况，并应在其职权范围内作出为促进本公约的有效履行所必要的决定。为此目的，缔约方会议应：

（a）根据本公约的目标、在履行本公约过程中取得的经验和科学与技术知识的发展，定期审评本公约规定的缔约方义务和机构安排；

（b）促进和便利就各缔约方为应付气候变化及其影响而采取的措施进行信息交流；

（c）应两个或更多的缔约方的要求，便利将这些缔约方为应付气候变化及其影响而采取的措施加以协调，同时考虑到各缔约方不同的情况、责任和能力以及各自在本公约下的承诺；

(d) 依照本公约的目标和规定，促进和指导发展和定期改进由缔约方会议议定的，除其他外，用来编制各种温室气体源的排放和各种汇的清除的清单，和评估为限制这些气体的排放及增进其清除而采取的各种措施的有效性的可比方法；

(e) 根据依本公约规定获得的所有信息，评估各缔约方履行公约的情况和依照公约所采取措施的总体影响，特别是环境、经济和社会影响及其累计影响，以及当前在实现本公约的目标方面取得的进展；

(f) 审议并通过关于本公约履行情况的定期报告，并确保予以发表；

(g) 就任何事项作出为履行本公约所必需的建议；

(h) 按照第四条第3、第4和第5款及第十一条，设法动员资金；

(i) 设立其认为履行公约所必需的附属机构；

(j) 审评其附属机构提出的报告，并向它们提供指导；

(k) 以协商一致方式议定并通过缔约方会议和任何附属机构的议事规则和财务规则；

(l) 酌情寻求和利用各主管国际组织和政府间及非政府机构提供的服务、合作和信息；

(m) 行使实现本公约目标所需的其他职能以及依本公约所赋予的所有其他职能。

3. 缔约方会议应在其第一届会议上通过其本身的议事规则以及本公约所设立的附属机构的议事规则，其中应包括关于本公约所述各种决策程序未予规定的事项的决策程序。这类程序可包括通过具体决定所需的特定多数。

4. 缔约方会议第一届会议应由第二十一条所述的临时秘书处召集，并应不迟于本公约生效日期后1年举行。其后，除缔约方会议另有决定外，缔约方会议的常会应年年举行。

5. 缔约方会议特别会议应在缔约方会议认为必要的其他时间举行，或应任何缔约方的书面要求而举行，但须在秘书处将该要求转达给各缔约方后6个月内得到至少1/3缔约方的支持。

6. 联合国及其专门机构和国际原子能机构，以及它们的非为本公约缔约方的会员国或观察员，均可作为观察员出席缔约方会议的各届会议。任何在本公约所涉事项上具备资格的团体或机构，不管其为国家或国际的、政府或非政府的，经通知秘书处其愿意作为观察员出席缔约方会议的某届会议，均可予以接纳，除非出席的缔约方至少1/3反对。观察员的接纳和参加应遵循缔约方会议通过的议事规则。

**第八条** 秘书处

1. 兹设立秘书处。

2. 秘书处的职能应为：

(a) 安排缔约方会议及依本公约设立的附属机构的各届会议，并向它们提供所需的服务；

(b) 汇编和转递向其提交的报告；

(c) 便利应要求时协助各缔约方特别是发展中国家缔约方汇编和转递依本公约规定所需的信息；

(d) 编制关于其活动的报告，并提交给缔约方会议；

(e) 确保与其他有关国际机构的秘书处的必要协调；

(f) 在缔约方会议的全面指导下订立为有效履行其职能而可能需要的行政和合同安排；

(g) 行使本公约及其任何议定书所规定的其他秘书处职能和缔约方会议可能决定的其他职能。

3. 缔约方会议应在其第一届会议上指定一个常设秘书处，并为其行使职能作出安排。

**第九条** 附属科技咨询机构

1. 兹设立附属科学和技术咨询机构，就与公约有关的科学和技术事项，向缔约方会议并酌情向缔约方会议的其他附属机构及时提供信息和咨询。该机构应开放供所有缔约方参加，并应具有多学科性。该机构应由在有关专门领域胜任的政府代表组成。该机构应定期就其工作的一切方面向缔约方会议报告。

2. 在缔约方会议指导下和依靠现有主管国际机构，该机构应：

(a) 就有关气候变化及其影响的最新科学知识提出评估；

(b) 就履行公约所采取措施的影响进行科学评估；

(c) 确定创新的、有效率的和最新的技术与专有技术，并就促进这类技术的发展和/或转让的途径与方法提供咨询；

(d) 就有关气候变化的科学计划和研究与发展的国际合作，以及就支持发展中国家建立自生能力的途径与方法提供咨询；

(e) 答复缔约方会议及其附属机构可能向其提出的科学、技术和方法问题。

3. 该机构的职能和职权范围可由缔约方会议进一步制定。

**第十条** 附属履行机构

1. 兹设立附属履行机构，以协助缔约方会议评估和审评本公约的有效履行。该机构应开放供所有缔约方参加，并由为气候变化问题专家的政府代表组成。该机构应定期就其工作的一切方面向缔约方会议报告。

2. 在缔约方会议的指导下，该机构应：

(a) 考虑依第十二条第 1 款提供的信息，参照有关气候变化的最新科学评估，对各缔约方所采取步骤的总体合计影响作出评估；

(b) 考虑依第十二条第 2 款提供的信息，以协助缔约方会议进行第四条第 2 款 (d) 项所要求的审评；和

(c) 酌情协助缔约方会议拟订和执行其决定。

**第十一条** 资金机制

1. 兹确定一个在赠予或转让基础上提供资金、包括用于技术转让的资金的机制。该机制应在缔约方会议的指导下行使职能并向其负责，并应由缔约方会议决定该机制与本公约有关的政策、计划优先顺序和资格标准。该机制的经营应委托一个或多个现有的国际实体负责。

2. 该资金机制应在一个透明的管理制度下公平和均衡地代表所有缔约方。

3. 缔约方会议和受托管资金机制的那个或那些实体应议定实施上述各款的安排，其中应包括：

(a) 确保所资助的应付气候变化的项目符合缔约方会议所制定的政策、计划优先顺序和资格标准的办法；

（b）根据这些政策、计划优先顺序和资格标准重新考虑某项供资决定的办法；

（c）依循上述第1款所述的负责要求，由那个或那些实体定期向缔约方会议提供关于其供资业务的报告；

（d）以可预测和可认定的方式确定履行本公约所必需的和可以得到的资金数额，以及定期审评此一数额所应依据的条件。

4. 缔约方会议应在其第一届会议上作出履行上述规定的安排，同时审评并考虑到第二十一条第3款所述的临时安排，并应决定这些临时安排是否应予维持。在其后四年内，缔约方会议应对资金机制进行审评，并采取适当的措施。

5. 发达国家缔约方还可通过双边、区域性和其他多边渠道提供并由发展中国家缔约方获取与履行本公约有关的资金。

**第十二条**　提供有关履行的信息

1. 按照第四条第1款，第一缔约方应通过秘书处向缔约方会议提供含有下列内容的信息：

（a）在其能力允许的范围内，用缔约方会议所将推行和议定的可比方法编成的关于《蒙特利尔议定书》未予管制的所有温室气体的各种源的人为排放和各种汇的清除的国家清单；

（b）关于该缔约方为履行公约而采取或设想的步骤的一般性描述；

（c）该缔约方认为与实现本公约的目标有关并且适合列入其所提供信息的任何其他信息，在可行情况下，包括与计算全球排放趋势有关的资料。

2. 附件一所列每一发达国家缔约方和每一其他缔约方应在其所提供的信息中列入下列各类信息：

（a）关于该缔约方为履行其第四条第2款（a）项和（b）项下承诺所采取政策和措施的详细描述；

（b）关于本款（a）项所述政策和措施在第四条第2款（a）项所述期间对温室气体各种源的排放和各种汇的清除所产生影响的具体估计。

3. 此外，附件二所列每一发达国家缔约方和每一其他发达缔约方应列入按照第四条第3、第4和第5款所采取措施的详情。

4. 发展中国家缔约方可在自愿基础上提出需要资助的项目，包括为执行这些项目所需要的具体技术、材料、设备、工艺或做法，在可能情况下并附上对所有增加的费用、温室气体排放的减少量及其清除的增加量的估计，以及对其所带来效益的估计。

5. 附件一所列每一发达国家缔约方和每一其他缔约方应在公约对该缔约方生效后6个月内第一次提供信息。未列入该附件的每一缔约方应在公约对该缔约方生效后或按照第四条第3款获得资金后3年内第一次提供信息。最不发达国家缔约方可自行决定何时第一次提供信息。其后所有缔约方提供信息的频度应由缔约方会议考虑到本款所规定的差别时间表予以确定。

6. 各缔约方按照本条提供的信息应由秘书处尽速转交给缔约方会议和任何有关的附属机构。如有必要，提供信息的程序可由缔约方会议进一步考虑。

7. 缔约方会议从第一届会议起，应安排向有此要求的发展中国家缔约方提供技术和资金支持，以汇编和提供本条所规定的信息，和确定与第四条规定的所拟议的项目和应对措施相联系的技术和资金需要。这些支持可酌情由其他缔约方、主管国际组织和秘书处提供。

8. 任何一组缔约方遵照缔约方会议制定的指导方针并经事先通知缔约方会议，可以联合提供信息来履行其在本条下的义务，但这样提供的信息须包括关于其中每一缔约方履行其在本公约下的各自义务的信息。

9. 秘书处收到的经缔约方按照缔约方会议制定的标准指明为机密的信息，在提供给任何参与信息的提供和审评的机构之前，应由秘书处加以汇总，以保护其机密性。

10. 在不违反上述第 9 款，并且不妨碍任何缔约方在任何时候公开其所提供信息的能力的情况下，秘书处应将缔约方按照本条提供的信息在其提交给缔约方会议的同时予以公开。

**第十三条** 解决与履行有关的问题

缔约方会议应在其第一届会议上考虑设立一个解决与公约履行有关的问题的多边协商程序，供缔约方有此要求时予以利用。

**第十四条** 争端的解决

1. 任何两个或两个以上缔约方之间就本公约的解释或适用发生争端时，有关的缔约方应寻求通过谈判或它们自己选择的任何其他和平方式解决该争端。

2. 非为区域经济一体化组织的缔约方在批准、接受、核准或加入本公约时，或在其后任何时候，可在交给保存人的 1 份文书中声明，关于本公约的解释或适用方面的任何争端，承认对于接受同样义务的任何缔约方，下列义务为当然而具有强制性的，无须另订特别协议：

(a) 将争端提交国际法院。

(b) 按照将由缔约方会议尽早通过的、载于仲裁附件中的程序进行仲裁。作为区域经济一体化组织的缔约方可就依上述 (b) 项中所述程序进行仲裁发表类似声明。

3. 根据上述第 2 款所作的声明，在其所载有效期期满前，或在书面撤回通知交存于保存人后的 3 个月内，应一直有效。

4. 除非争端各当事方另有协议，新作声明、作出撤回通知或声明有效期满丝毫不得影响国际法院或仲裁庭正在进行的审理。

5. 在不影响上述第 2 款运作的情况下，如果一缔约方通知另一缔约方它们之间存在争端，过了 12 个月后，有关的缔约方尚未能通过上述第 1 款所述方法解决争端，经争端的任何当事方要求，应将争端提交调解。

6. 经争端一当事方要求，应设立调解委员会。调解委员会应由每一当事方委派的数目相同的成员组成，主席由每一当事方委派的成员共同推选。调解委员会应作出建议性裁决。各当事方应善意考虑之。

7. 有关调解的补充程序应由缔约方会议尽早以调解附件的形式予以通过。

8. 本条各项规定应适用于缔约方会议可能通过的任何相关法律文书，除非该文书另有规定。

**第十五条** 公约的修正

1. 任何缔约方均可对本公约提出修正。

2. 对本公约的修正应在缔约方会议的一届常会上通过。对本公约提出的任何修正案文应由秘书处在拟议通过该修正的会议之前至少6个月送交各缔约方。秘书处还应将提出的修正送交本公约各签署方，并送交保存人以供参考。

3. 各缔约方应尽一切努力以协商一致方式就对本公约提出的任何修正达成协议。如为谋求协商一致已尽了一切努力，仍未达成协议，作为最后的方式，该修正应以出席会议并参加表决的缔约方3/4多数票通过。通过的修正应由秘书处送交保存人，再由保存人转送所有缔约方供其接受。

4. 对修正的接受文书应交存于保存人。按照上述第3款通过的修正，应于保存人收到本公约至少3/4缔约方的接受文书之日后第90天起对接受该修正的缔约方生效。

5. 对于任何其他缔约方，修正应在该缔约方向保存人交存接受该修正的文书之日后第90天起对其生效。

6. 为本条的目的，“出席并参加表决的缔约方”是指出席并投赞成票或反对票的缔约方。

**第十六条　公约附件的通过和修正**

1. 本公约的附件应构成本公约的组成部分，除另有明文规定外，凡提到本公约时即同时提到其任何附件。在不妨害第十四条第2款（b）项和第7款规定的情况下，这些附件应限于清单、表格和任何其他属于科学、技术、程序或行政性质的说明性资料。

2. 本公约的附件应按照第十五条第2、第3和第4款中规定的程序提出和通过。

3. 按照上述第2款通过的附件，应于保存人向公约的所有缔约方发出关于通过该附件的通知之日起6个月后对所有缔约方生效，但在此期间以书面形式通知保存人不接受该附件的缔约方除外。对于撤回其不接受的通知的缔约方，该附件应自保存人收到撤回通知之日后第90天起对其生效。

4. 对公约附件的修正的提出、通过和生效，应依照上述第2和第3款对公约附件的提出、通过和生效规定的同一程序进行。

5. 如果附件或对附件的修正的通过涉及对本公约的修正，则该附件或对附件的修正应待对公约的修正生效之后方可生效。

**第十七条　议定书**

1. 缔约方会议可在任何一届常会上通过本公约的议定书。

2. 任何拟议的决定书案文应由秘书处在举行该届会议至少六个月之前送交各缔约方。

3. 任何议定书的生效条件应由该文书加以规定。

4. 只有本公约的缔约方才可成为议定书的缔约方。

5. 任何议定书下的决定只应由该议定书的缔约方作出。

**第十八条　表决权**

1. 除下述第2款所规定外，本公约每一缔约方应有1票表决权。

2. 区域经济一体化组织在其权限内的事项上应行使票数与其作为本公约缔约方的成员国数目相同的表决权。如果一个此类组织的任一成员国行使自己的表决权，则该组织不得行使表决权，反之亦然。

**第十九条　保存人**

联合国秘书长应为本公约及按照第十七条通过的议定书的保存人。

**第二十条　签署**

本公约应于联合国环境与发展会议期间在里约热内卢，其后自1992年6月20日至

1993 年 6 月 19 日在纽约联合国总部，开放供联合国会员国或任何联合国专门机构的成员国或《国际法院规约》的当事国和各区域经济一体化组织签署。

**第二十一条** 临时安排

1. 在缔约方会议第一届会议结束前，第八条所述的秘书处职能将在临时基础上由联合国大会 1990 年 12 月 21 日第 45/212 号决议所设立的秘书处行使。

2. 上述第 1 款所述的临时秘书处首长将与政府间气候变化专门委员会密切合作，以确保该委员会能够对提供客观科学和技术咨询的要求作出反应。也可以咨询其他有关的科学机构。

3. 在临时基础上，联合国开发计划署、联合国环境规划署和国际复兴开发银行的“全球环境融资”应为受托经营第十一条所述资金机制的国际实体。在这方面，“全球环境融资”应予适当改革，并使其成员具有普遍性，以使其能满足第十一条的要求。

**第二十二条** 批准、接受、核准或加入

1. 本公约须经各国和各区域经济一体化组织批准、接受、核准或加入。公约应自签署截止日之次日起开放供加入。批准、接受、核准或加入的文书应交存于保存人。

2. 任何成为本公约缔约方而其成员国均非缔约方的区域经济一体化组织应受本公约一切义务的约束。如果此类组织的一个或多个成员国为本公约的缔约方，该组织及其成员国应决定各自在履行公约义务方面的责任。在此种情况下，该组织及其成员国无权同时行使本公约规定的权利。

3. 区域经济一体化组织应在其批准、接受、标准或加入的文书中声明其在本公约所规定事项上的权限。此类组织还应将其权限范围的任何重大变更通知保存人，再由保存人通知各缔约方。

**第二十三条** 生效

1. 本公约应自第 50 份批准、接受、核准或加入的文书交存之日后第 90 天起生效。

2. 对于在第 50 份批准、接受、核准或加入的文书交存之后批准、接受、核准或加入本公约的每一国家或区域经济一体化组织，本公约应自该国或该区域经济一体化组织交存其批准、接受、核准或加入的文书之日后第 90 天起生效。

3. 为上述第 1 和第 2 款的目的，区域经济一体化组织所交存的任何文书不应被视为该组织成员国所交存文书之外的额外文书。

**第二十四条** 保留

对本公约不得作任何保留。

**第二十五条** 退约

1. 自本公约对一缔约方生效之日起 3 年后，该缔约方可随时向保存人发出书面通知退出本公约。

2. 任何退出应自保存人收到退出通知之日起 1 年期满时生效，或在退出通知中所述明的更后日期生效。

3. 退出本公约的任何缔约方，应被视为亦退出其作为缔约方的任何议定书。

**第二十六条** 作准文本

本公约正本应交存于联合国秘书长，其阿拉伯文、中文、英文、法文、俄文和西班牙文文本同为作准。

# 附录B　国务院关于印发2030年前碳达峰行动方案的通知（国发〔2021〕23号）

各省、自治区、直辖市人民政府，国务院各部委、各直属机构：

现将《2030年前碳达峰行动方案》印发给你们，请认真贯彻执行。

中华人民共和国国务院

2021年10月24日

## 2030年前碳达峰行动方案

为深入贯彻落实党中央、国务院关于碳达峰、碳中和的重大战略决策，扎实推进碳达峰行动，制定本方案。

### 一、总体要求

（一）指导思想。以习近平新时代中国特色社会主义思想为指导，全面贯彻党的十九大和十九届二中、三中、四中、五中全会精神，深入贯彻习近平生态文明思想，立足新发展阶段，完整、准确、全面贯彻新发展理念，构建新发展格局，坚持系统观念，处理好发展和减排、整体和局部、短期和中长期的关系，统筹稳增长和调结构，把碳达峰、碳中和纳入经济社会发展全局，坚持“全国统筹、节约优先、双轮驱动、内外畅通、防范风险”的总方针，有力有序有效做好碳达峰工作，明确各地区、各领域、各行业目标任务，加快实现生产生活方式绿色变革，推动经济社会发展建立在资源高效利用和绿色低碳发展的基础之上，确保如期实现2030年前碳达峰目标。

**（二）工作原则。**

——总体部署、分类施策。坚持全国一盘棋，强化顶层设计和各方统筹。各地区、各领域、各行业因地制宜、分类施策，明确既符合自身实际又满足总体要求的目标任务。

——系统推进、重点突破。全面准确认识碳达峰行动对经济社会发展的深远影响，加强政策的系统性、协同性。抓住主要矛盾和矛盾的主要方面，推动重点领域、重点行业和有条件的地方率先达峰。

——双轮驱动、两手发力。更好发挥政府作用，构建新型举国体制，充分发挥市场机制作用，大力推进绿色低碳科技创新，深化能源和相关领域改革，形成有效激励约束机制。

——稳妥有序、安全降碳。立足我国富煤贫油少气的能源资源禀赋，坚持先立后破，稳住存量，拓展增量，以保障国家能源安全和经济发展为底线，争取时间实现新能源的逐渐替代，推动能源低碳转型平稳过渡，切实保障国家能源安全、产业链供应链安全、粮食安全和群众正常生产生活，着力化解各类风险隐患，防止过度反应，稳妥有序、循序渐进推进碳达峰行动，确保安全降碳。

## 二、主要目标

“十四五”期间，产业结构和能源结构调整优化取得明显进展，重点行业能源利用效率大幅提升，煤炭消费增长得到严格控制，新型电力系统加快构建，绿色低碳技术研发和推广应用取得新进展，绿色生产生活方式得到普遍推行，有利于绿色低碳循环发展的政策体系进一步完善。到2025年，非化石能源消费比重达到20%，单位国内生产总值能源消耗比2020年下降13.5%，单位国内生产总值二氧化碳排放比2020年下降18%，为实现碳达峰奠定坚实基础。

“十五五”期间，产业结构调整取得重大进展，清洁低碳安全高效的能源体系初步建立，重点领域低碳发展模式基本形成，重点耗能行业能源利用效率达到国际先进水平，非化石能源消费比重进一步提高，煤炭消费逐步减少，绿色低碳技术取得关键突破，绿色生活方式成为公众自觉选择，绿色低碳循环发展政策体系基本健全。到2030年，非化石能源消费比重达到25%，单位国内生产总值二氧化碳排放比2005年下降65%以上，顺利实现2030年前碳达峰目标。

## 三、重点任务

将碳达峰贯穿于经济社会发展全过程和各方面，重点实施能源绿色低碳转型行动、节能降碳增效行动、工业领域碳达峰行动、城乡建设碳达峰行动、交通运输绿色低碳行动、循环经济助力降碳行动、绿色低碳科技创新行动、碳汇能力巩固提升行动、绿色低碳全民行动、各地区梯次有序碳达峰行动等“碳达峰十大行动”。

**（一）能源绿色低碳转型行动**。

能源是经济社会发展的重要物质基础，也是碳排放的最主要来源。要坚持安全降碳，在保障能源安全的前提下，大力实施可再生能源替代，加快构建清洁低碳安全高效的能源体系。

1. 推进煤炭消费替代和转型升级。加快煤炭减量步伐，“十四五”时期严格合理控制煤炭消费增长，“十五五”时期逐步减少。严格控制新增煤电项目，新建机组煤耗标准达到国际先进水平，有序淘汰煤电落后产能，加快现役机组节能升级和灵活性改造，积极推进供热改造，推动煤电向基础保障性和系统调节性电源并重转型。严控跨区外送可再生能源电力配套煤电规模，新建通道可再生能源电量比例原则上不低于50%。推动重点用煤行业减煤限煤。大力推动煤炭清洁利用，合理划定禁止散烧区域，多措并举、积极有序推进散煤替代，逐步减少直至禁止煤炭散烧。

2. 大力发展新能源。全面推进风电、太阳能发电大规模开发和高质量发展，坚持集中式与分布式并举，加快建设风电和光伏发电基地。加快智能光伏产业创新升级和特色应用，创新“光伏＋”模式，推进光伏发电多元布局。坚持陆海并重，推动风电协调快速发展，完善海上风电产业链，鼓励建设海上风电基地。积极发展太阳能光热发电，推动建立光热发电与光伏发电、风电互补调节的风光热综合可再生能源发电基地。因地制宜发展生物质发电、生物质能清洁供暖和生物天然气。探索深化地热能以及波浪能、潮流能、温差能等海洋新能源开发利用。进一步完善可再生能源电力消纳保障机制。到2030年，风电、太阳能发电总装机容量达到12亿千瓦以上。

3. 因地制宜开发水电。积极推进水电基地建设，推动金沙江上游、澜沧江上游、雅砻江中游、黄河上游等已纳入规划、符合生态保护要求的水电项目开工建设，推进雅鲁藏布江下游水电开发，推动小水电绿色发展。推动西南地区水电与风电、太阳能发电协同互补。统筹水电开发和生态保护，探索建立水能资源开发生态保护补偿机制。“十四五”、“十五五”期间分别新增水电装机容量4000万千瓦左右，西南地区以水电为主的可再生能源体系基本建立。

4. 积极安全有序发展核电。合理确定核电站布局和开发时序，在确保安全的前提下有序发展核电，保持平稳建设节奏。积极推动高温气冷堆、快堆、模块化小型堆、海上浮动堆等先进堆型示范工程，开展核能综合利用示范。加大核电标准化、自主化力度，加快关键技术装备攻关，培育高端核电装备制造产业集群。实行最严格的安全标准和最严格的监管，持续提升核安全监管能力。

5. 合理调控油气消费。保持石油消费处于合理区间，逐步调整汽油消费规模，大力推进先进生物液体燃料、可持续航空燃料等替代传统燃油，提升终端燃油产品能效。加快推进页岩气、煤层气、致密油（气）等非常规油气资源规模化开发。有序引导天然气消费，优化利用结构，优先保障民生用气，大力推动天然气与多种能源融合发展，因地制宜建设天然气调峰电站，合理引导工业用气和化工原料用气。支持车船使用液化天然气作为燃料。

6. 加快建设新型电力系统。构建新能源占比逐渐提高的新型电力系统，推动清洁电力资源大范围优化配置。大力提升电力系统综合调节能力，加快灵活调节电源建设，引导自备电厂、传统高载能工业负荷、工商业可中断负荷、电动汽车充电网络、虚拟电厂等参与系统调节，建设坚强智能电网，提升电网安全保障水平。积极发展“新能源＋储能”、源网荷储一体化和多能互补，支持分布式新能源合理配置储能系统。制定新一轮抽水蓄能电站中长期发展规划，完善促进抽水蓄能发展的政策机制。加快新型储能示范推广应用。深化电力体制改革，加快构建全国统一电力市场体系。到2025年，新型储能装机容量达到3000万千瓦以上。到2030年，抽水蓄能电站装机容量达到1.2亿千瓦，省级电网基本具备5%以上的尖峰负荷响应能力。

**（二）节能降碳增效行动**。

落实节约优先方针，完善能源消费强度和总量双控制度，严格控制能耗强度，合理控制能源消费总量，推动能源消费革命，建设能源节约型社会。

1. 全面提升节能管理能力。推行用能预算管理，强化固定资产投资项目节能审查，对项目用能和碳排放情况进行综合评价，从源头推进节能降碳。提高节能管理信息化水平，完善重点用能单位能耗在线监测系统，建立全国性、行业性节能技术推广服务平台，推动高耗能企业建立能源管理中心。完善能源计量体系，鼓励采用认证手段提升节能管理水平。加强节能监察能力建设，健全省、市、县三级节能监察体系，建立跨部门联动机制，综合运用行政处罚、信用监管、绿色电价等手段，增强节能监察约束力。

2. 实施节能降碳重点工程。实施城市节能降碳工程，开展建筑、交通、照明、供热等基础设施节能升级改造，推进先进绿色建筑技术示范应用，推动城市综合能效提升。实施园区节能降碳工程，以高耗能高排放项目（以下称“两高”项目）集聚度高的园区为重点，推动能源系统优化和梯级利用，打造一批达到国际先进水平的节能低碳园区。实施重点行业节能降碳工程，推动电力、钢铁、有色金属、建材、石化化工等行业开展节能降碳改造，提升能源资源利用效率。实施重大节能降碳技术示范工程，支持已取得突破的绿色低碳关键技术开展产业化示范应用。

3. 推进重点用能设备节能增效。以电机、风机、泵、压缩机、变压器、换热器、工业锅炉等设备为重点，全面提升能效标准。建立以能效为导向的激励约束机制，推广先进高效产品设备，加快淘汰落后低效设备。加强重点用能设备节能审查和日常监管，强化生产、经营、销售、使用、报废全链条管理，严厉打击违法违规行为，确保能效标准和节能要求全面落实。

4. 加强新型基础设施节能降碳。优化新型基础设施空间布局，统筹谋划、科学配置数据中心等新型基础设施，避免低水平重复建设。优化新型基础设施用能结构，采用直流供电、分布式储能、“光伏＋储能”等模式，探索多样化能源供应，提高非化石能源消费比重。对标国际先进水平，加快完善通信、运算、存储、传输等设备能效标准，提升准入门槛，淘汰落后设备和技术。加强新型基础设施用能管理，将年综合能耗超过1万吨标准煤的数据中心全部纳入重点用能单位能耗在线监测系统，开展能源计量审查。推动既有设施绿色升级改造，积极推广使用高效制冷、先进通风、余热利用、智能化用能控制等技术，提高设施能效水平。

**（三）工业领域碳达峰行动。**

工业是产生碳排放的主要领域之一，对全国整体实现碳达峰具有重要影响。工业领域要加快绿色低碳转型和高质量发展，力争率先实现碳达峰。

1. 推动工业领域绿色低碳发展。优化产业结构，加快退出落后产能，大力发展战略性新兴产业，加快传统产业绿色低碳改造。促进工业能源消费低碳化，推动化石能源清洁高效利用，提高可再生能源应用比重，加强电力需求侧管理，提升工业电气化水平。深入实施绿色制造工程，大力推行绿色设计，完善绿色制造体系，建设绿色工厂和绿色工业园区。推进工业领域数字化智能化绿色化融合发展，加强重点行业和领域技术改造。

2. 推动钢铁行业碳达峰。深化钢铁行业供给侧结构性改革，严格执行产能置换，严禁新增产能，推进存量优化，淘汰落后产能。推进钢铁企业跨地区、跨所有制兼并重组，提高行业集中度。优化生产力布局，以京津冀及周边地区为重点，继续压减钢铁产能。促进钢铁行业结构优化和清洁能源替代，大力推进非高炉炼铁技术示范，提升废钢资源回收利用水平，推行全废钢电炉工艺。推广先进适用技术，深挖节能降碳潜力，鼓励钢化联产，探索开展氢冶金、二氧化碳捕集利用一体化等试点示范，推动低品位余热供暖发展。

3. 推动有色金属行业碳达峰。巩固化解电解铝过剩产能成果，严格执行产能置换，严控新增产能。推进清洁能源替代，提高水电、风电、太阳能发电等应用比重。加快再生有色金属产业发展，完善废弃有色金属资源回收、分选和加工网络，提高再生有色金属产量。加快推广应用先进适用绿色低碳技术，提升有色金属生产过程余热回收水平，推动单位产品能耗持续下降。

4. 推动建材行业碳达峰。加强产能置换监管，加快低效产能退出，严禁新增水泥熟料、平板玻璃产能，引导建材行业向轻型化、集约化、制品化转型。推动水泥错峰生产常态化，合理缩短水泥熟料装置运转时间。因地制宜利用风能、太阳能等可再生能源，逐步提高电力、天然气应用比重。鼓励建材企业使用粉煤灰、工业废渣、尾矿渣等作为原料或水泥混合材。加快推进绿色建材产品认证和应用推广，加强新型胶凝材料、低碳混凝土、木竹建材等低碳建材产品研发应用。推广节能技术设备，开展能源管理体系建设，实现节能增效。

5. 推动石化化工行业碳达峰。优化产能规模和布局，加大落后产能淘汰力度，有效化解结构性过剩矛盾。严格项目准入，合理安排建设时序，严控新增炼油和传统煤化工生产能力，稳妥有序发展现代煤化工。引导企业转变用能方式，鼓励以电力、天然气等替代煤炭。调整原料结构，控制新增原料用煤，拓展富氢原料进口来源，推动石化化工原料轻质化。优化产品结构，促进石化化工与煤炭开采、冶金、建材、化纤等产业协同发展，加强炼厂干气、液化气等副产气体高效利用。鼓励企业节能升级改造，推动能量梯级利用、物料循环利用。到 2025 年，国内原油一次加工能力控制在 10 亿吨以内，主要产品产能利用率提升至 80%以上。

6. 坚决遏制“两高”项目盲目发展。采取强有力措施，对“两高”项目实行清单管理、分类处置、动态监控。全面排查在建项目，对能效水平低于本行业能耗限额准入值的，按有关规定停工整改，推动能效水平应提尽提，力争全面达到国内乃至国际先进水平。科学评估拟建项目，对产能已饱和的行业，按照“减量替代”原则压减产能；对产能尚未饱和的行业，按照国家布局和审批备案等要求，对标国际先进水平提高准入门槛；对能耗量较大的新兴产业，支持引导企业应用绿色低碳技术，提高能效水平。深入挖潜存量项目，加快淘汰落后产能，通过改造升级挖掘节能减排潜力。强化常态化监管，坚决拿下不符合要求的“两高”项目。

**（四）城乡建设碳达峰行动**。

加快推进城乡建设绿色低碳发展，城市更新和乡村振兴都要落实绿色低碳要求。

1. 推进城乡建设绿色低碳转型。推动城市组团式发展，科学确定建设规模，控制新增建设用地过快增长。倡导绿色低碳规划设计理念，增强城乡气候韧性，建设海绵城市。推广绿色低碳建材和绿色建造方式，加快推进新型建筑工业化，大力发展装配式建筑，推广钢结构住宅，推动建材循环利用，强化绿色设计和绿色施工管理。加强县城绿色低碳建设。推动建立以绿色低碳为导向的城乡规划建设管理机制，制定建筑拆除管理办法，杜绝大拆大建。建设绿色城镇、绿色社区。

2. 加快提升建筑能效水平。加快更新建筑节能、市政基础设施等标准，提高节能降碳要求。加强适用于不同气候区、不同建筑类型的节能低碳技术研发和推广，推动超低能耗建筑、低碳建筑规模化发展。加快推进居住建筑和公共建筑节能改造，持续推动老旧供热管网等市政基础设施节能降碳改造。提升城镇建筑和基础设施运行管理智能化水平，加快推广供热计量收费和合同能源管理，逐步开展公共建筑能耗限额管理。到 2025 年，城镇新建建筑全面执行绿色建筑标准。

3. 加快优化建筑用能结构。深化可再生能源建筑应用，推广光伏发电与建筑一体化应用。积极推动严寒、寒冷地区清洁取暖，推进热电联产集中供暖，加快工业余热供暖规模化应用，积极稳妥开展核能供热示范，因地制宜推行热泵、生物质能、地热能、太阳能等清洁低碳供暖。引导夏热冬冷地区科学取暖，因地制宜采用清洁高效取暖方式。提高建筑终端电气化水平，建设集光伏发电、储能、直流配电、柔性用电于一体的

“光储直柔”建筑。到2025年，城镇建筑可再生能源替代率达到8%，新建公共机构建筑、新建厂房屋顶光伏覆盖率力争达到50%。

4. 推进农村建设和用能低碳转型。推进绿色农房建设，加快农房节能改造。持续推进农村地区清洁取暖，因地制宜选择适宜取暖方式。发展节能低碳农业大棚。推广节能环保灶具、电动农用车辆、节能环保农机和渔船。加快生物质能、太阳能等可再生能源在农业生产和农村生活中的应用。加强农村电网建设，提升农村用能电气化水平。

**（五）交通运输绿色低碳行动**。

加快形成绿色低碳运输方式，确保交通运输领域碳排放增长保持在合理区间。

1. 推动运输工具装备低碳转型。积极扩大电力、氢能、天然气、先进生物液体燃料等新能源、清洁能源在交通运输领域应用。大力推广新能源汽车，逐步降低传统燃油汽车在新车产销和汽车保有量中的占比，推动城市公共服务车辆电动化替代，推广电力、氢燃料、液化天然气动力重型货运车辆。提升铁路系统电气化水平。加快老旧船舶更新改造，发展电动、液化天然气动力船舶，深入推进船舶靠港使用岸电，因地制宜开展沿海、内河绿色智能船舶示范应用。提升机场运行电动化智能化水平，发展新能源航空器。到2030年，当年新增新能源、清洁能源动力的交通工具比例达到40%左右，营运交通工具单位换算周转量碳排放强度比2020年下降9.5%左右，国家铁路单位换算周转量综合能耗比2020年下降10%。陆路交通运输石油消费力争2030年前达到峰值。

2. 构建绿色高效交通运输体系。发展智能交通，推动不同运输方式合理分工、有效衔接，降低空载率和不合理客货运周转量。大力发展以铁路、水路为骨干的多式联运，推进工矿企业、港口、物流园区等铁路专用线建设，加快内河高等级航道网建设，加快大宗货物和中长距离货物运输“公转铁”、“公转水”。加快先进适用技术应用，提升民航运行管理效率，引导航空企业加强智慧运行，实现系统化节能降碳。加快城乡物流配送体系建设，创新绿色低碳、集约高效的配送模式。打造高效衔接、快捷舒适的公共交通服务体系，积极引导公众选择绿色低碳交通方式。“十四五”期间，集装箱铁水联运量年均增长15%以上。到2030年，城区常住人口100万以上的城市绿色出行比例不低于70%。

3. 加快绿色交通基础设施建设。将绿色低碳理念贯穿于交通基础设施规划、建设、运营和维护全过程，降低全生命周期能耗和碳排放。开展交通基础设施绿色化提升改造，统筹利用综合运输通道线位、土地、空域等资源，加大岸线、锚地等资源整合力度，提高利用效率。有序推进充电桩、配套电网、加注（气）站、加氢站等基础设施建设，提升城市公共交通基础设施水平。到2030年，民用运输机场场内车辆装备等力争全面实现电动化。

**（六）循环经济助力降碳行动**。

抓住资源利用这个源头，大力发展循环经济，全面提高资源利用效率，充分发挥减少资源消耗和降碳的协同作用。

1. 推进产业园区循环化发展。以提升资源产出率和循环利用率为目标，优化园区空间布局，开展园区循环化改造。推动园区企业循环式生产、产业循环式组合，组织企业实施清洁生产改造，促进废物综合利用、能量梯级利用、水资源循环利用，推进工业余压余热、废气废液废渣资源化利用，积极推广集中供气供热。搭建基础设施和公共服务共享平台，加强园区物质流管理。到2030年，省级以上重点产业园区全部实施循环化改造。

2. 加强大宗固废综合利用。提高矿产资源综合开发利用水平和综合利用率，以煤矸石、粉煤灰、尾矿、共伴生矿、冶炼渣、工业副产石膏、建筑垃圾、农作物秸秆等大宗固废为重点，支持大掺量、规模化、高值化利用，鼓励应用于替代原生非金属矿、砂石等资源。在确保安全环保前提下，探索将磷石膏应用于土壤改良、井下充填、路基修筑等。推动建筑垃圾资源化利用，推广废弃路面材料原地再生利用。加快推进秸秆高值化利用，完善收储运体系，严格禁烧管控。加快大宗固废综合利用示范建设。到2025年，大宗固废年利用量达到40亿吨左右；到2030年，年利用量达到45亿吨左右。

3. 健全资源循环利用体系。完善废旧物资回收网络，推行“互联网＋”回收模式，实现再生资源应收尽收。加强再生资源综合利用行业规范管理，促进产业集聚发展。高水平建设现代化“城市矿产”基地，推动再生资源规范化、规模化、清洁化利用。推进退役动力电池、光伏组件、风电机组叶片等新兴产业废物循环利用。促进汽车零部件、工程机械、文办设备等再制造产业高质量发展。加强资源再生产品和再制造产品推广应用。到2025年，废钢铁、废铜、废铝、废铅、废锌、废纸、废塑料、废橡胶、废玻璃等9种主要再生资源循环利用量达到4.5亿吨，到2030年达到5.1亿吨。

4. 大力推进生活垃圾减量化资源化。扎实推进生活垃圾分类，加快建立覆盖全社会的生活垃圾收运处置体系，全面实现分类投放、分类收集、分类运输、分类处理。加强塑料污染全链条治理，整治过度包装，推动生活垃圾源头减量。推进生活垃圾焚烧处理，降低填埋比例，探索适合我国厨余垃圾特性的资源化利用技术。推进污水资源化利用。到2025年，城市生活垃圾分类体系基本健全，生活垃圾资源化利用比例提升至60％左右。到2030年，城市生活垃圾分类实现全覆盖，生活垃圾资源化利用比例提升至65％。

**（七）绿色低碳科技创新行动**。

发挥科技创新的支撑引领作用，完善科技创新体制机制，强化创新能力，加快绿色低碳科技革命。

1. 完善创新体制机制。制定科技支撑碳达峰碳中和行动方案，在国家重点研发计划中设立碳达峰碳中和关键技术研究与示范等重点专项，采取“揭榜挂帅”机制，开展低碳零碳负碳关键核心技术攻关。将绿色低碳技术创新成果纳入高等学校、科研单位、国有企业有关绩效考核。强化企业创新主体地位，支持企业承担国家绿色低碳重大科技项目，鼓励设施、数据等资源开放共享。推进国家绿色技术交易中心建设，加快创新成果转化。加强绿色低碳技术和产品知识产权保护。完善绿色低碳技术和产品检测、评估、认证体系。

2. 加强创新能力建设和人才培养。组建碳达峰碳中和相关国家实验室、国家重点实验室和国家技术创新中心，适度超前布局国家重大科技基础设施，引导企业、高等学校、科研单位共建一批国家绿色低碳产业创新中心。创新人才培养模式，鼓励高等学校加快新能源、储能、氢能、碳减排、碳汇、碳排放权交易等学科建设和人才培养，建设一批绿色低碳领域未来技术学院、现代产业学院和示范性能源学院。深化产教融合，鼓励校企联合开展产学合作协同育人项目，组建碳达峰碳中和产教融合发展联盟，建设一批国家储能技术产教融合创新平台。

3. 强化应用基础研究。实施一批具有前瞻性、战略性的国家重大前沿科技项目，推动低碳零碳负碳技术装备研发取得突破性进展。聚焦化石能源绿色智能开发和清洁低碳利用、可再生能源大规模利用、新型电力系统、节能、氢能、储能、动力电池、二氧化碳捕集利用与封存等重点，深化应用基础研究。积极研发先进核电技术，加强可控核聚变等前沿颠覆性技术研究。

4. 加快先进适用技术研发和推广应用。集中力量开展复杂大电网安全稳定运行和控制、大容量风电、高效光伏、大功率液化天然气发动机、大容量储能、低成本可再生能源制氢、低成本二氧化碳捕集利用与封存等技术创新，加快碳纤维、气凝胶、特种钢材等基础材料研发，补齐关键零部件、元器件、软件等短板。推广先进成熟绿色低碳技术，开展示范应用。建设全流程、集成化、规模化二氧化碳捕集利用与封存示范项目。推进熔盐储能供热和发电示范应用。加快氢能技术研发和示范应用，探索在工业、交通运输、建筑等领域规模化应用。

**（八）碳汇能力巩固提升行动。**

坚持系统观念，推进山水林田湖草沙一体化保护和修复，提高生态系统质量和稳定性，提升生态系统碳汇增量。

1. 巩固生态系统固碳作用。结合国土空间规划编制和实施，构建有利于碳达峰、碳中和的国土空间开发保护格局。严守生态保护红线，严控生态空间占用，建立以国家公园为主体的自然保护地体系，稳定现有森林、草原、湿地、海洋、土壤、冻土、岩溶等固碳作用。严格执行土地使用标准，加强节约集约用地评价，推广节地技术和节地模式。

2. 提升生态系统碳汇能力。实施生态保护修复重大工程。深入推进大规模国土绿化行动，巩固退耕还林还草成果，扩大林草资源总量。强化森林资源保护，实施森林质量精准提升工程，提高森林质量和稳定性。加强草原生态保护修复，提高草原综合植被盖度。加强河湖、湿地保护修复。整体推进海洋生态系统保护和修复，提升红树林、海草床、盐沼等固碳能力。加强退化土地修复治理，开展荒漠化、石漠化、水土流失综合治理，实施历史遗留矿山生态修复工程。到2030年，全国森林覆盖率达到25%左右，森林蓄积量达到190亿立方米。

3. 加强生态系统碳汇基础支撑。依托和拓展自然资源调查监测体系，利用好国家林草生态综合监测评价成果，建立生态系统碳汇监测核算体系，开展森林、草原、湿地、海洋、土壤、冻土、岩溶等碳汇本底调查、碳储量评估、潜力分析，实施生态保护修复碳汇成效监测评估。加强陆地和海洋生态系统碳汇基础理论、基础方法、前沿颠覆性技术研究。建立健全能够体现碳汇价值的生态保护补偿机制，研究制定碳汇项目参与全国碳排放权交易相关规则。

4. 推进农业农村减排固碳。大力发展绿色低碳循环农业，推进农光互补、“光伏＋设施农业”、“海上风电＋海洋牧场”等低碳农业模式。研发应用增汇型农业技术。开展耕地质量提升行动，实施国家黑土地保护工程，提升土壤有机碳储量。合理控制化肥、农药、地膜使用量，实施化肥农药减量替代计划，加强农作物秸秆综合利用和畜禽粪污资源化利用。

**（九）绿色低碳全民行动。**

增强全民节约意识、环保意识、生态意识，倡导简约适度、绿色低碳、文明健康的生活方式，把绿色理念转化为全体人民的自觉行动。

1. 加强生态文明宣传教育。将生态文明教育纳入国民教育体系，开展多种形式的资源环境国情教育，普及碳达峰、碳中和基础知识。加强对公众的生态文明科普教育，将绿色低碳理念有机融入文艺作品，制作文创产品和公益广告，持续开展世界地球日、世界环境日、全国节能宣传周、全国低碳日等主题宣传活动，增强社会公众绿色低碳意识，推动生态文明理念更加深入人心。

2. 推广绿色低碳生活方式。坚决遏制奢侈浪费和不合理消费，着力破除奢靡铺张的歪风陋习，坚决制止餐饮浪费行为。在全社会倡导节约用能，开展绿色低碳社会行动示范创建，深入推进绿色生活创建行动，评选宣传一批优秀示范典型，营造绿色低碳生活新风尚。大力发展绿色消费，推广绿色低碳产品，完善绿色产品认证与标识制度。提升绿色产品在政府采购中的比例。

3. 引导企业履行社会责任。引导企业主动适应绿色低碳发展要求，强化环境责任意识，加强能源资源节约，提升绿色创新水平。重点领域国有企业特别是中央企业要制定实施企业碳达峰行动方案，发挥示范引领作用。重点用能单位要梳理核算自身碳排放情况，深入研究碳减排路径，“一企一策”制定专项工作方案，推进节能降碳。相关上市公司和发债企业要按照环境信息依法披露要求，定期公布企业碳排放信息。充分发挥行业协会等社会团体作用，督促企业自觉履行社会责任。

4. 强化领导干部培训。将学习贯彻习近平生态文明思想作为干部教育培训的重要内容，各级党校（行政学院）要把碳达峰、碳中和相关内容列入教学计划，分阶段、多层次对各级领导干部开展培训，普及科学知识，宣讲政策要点，强化法治意识，深化各级领导干部对碳达峰、碳中和工作重要性、紧迫性、科学性、系统性的认识。从事绿色低碳发展相关工作的领导干部要尽快提升专业素养和业务能力，切实增强推动绿色低碳发展的本领。

**（十）各地区梯次有序碳达峰行动**。

各地区要准确把握自身发展定位，结合本地区经济社会发展实际和资源环境禀赋，坚持分类施策、因地制宜、上下联动，梯次有序推进碳达峰。

1. 科学合理确定有序达峰目标。碳排放已经基本稳定的地区要巩固减排成果，在率先实现碳达峰的基础上进一步降低碳排放。产业结构较轻、能源结构较优的地区要坚持绿色低碳发展，坚决不走依靠“两高”项目拉动经济增长的老路，力争率先实现碳达峰。产业结构偏重、能源结构偏煤的地区和资源型地区要把节能降碳摆在突出位置，大力优化调整产业结构和能源结构，逐步实现碳排放增长与经济增长脱钩，力争与全国同步实现碳达峰。

2. 因地制宜推进绿色低碳发展。各地区要结合区域重大战略、区域协调发展战略和主体功能区战略，从实际出发推进本地区绿色低碳发展。京津冀、长三角、粤港澳大湾区等区域要发挥高质量发展动力源和增长极作用，率先推动经济社会发展全面绿色转型。长江经济带、黄河流域和国家生态文明试验区要严格落实生态优先、绿色发展战略导向，在绿色低碳发展方面走在全国前列。中西部和东北地区要着力优化能源结构，按照产业政策和能耗双控要求，有序推动高耗能行业向清洁能源优势地区集中，积极培育绿色发展动能。

3. 上下联动制定地方达峰方案。各省、自治区、直辖市人民政府要按照国家总体部署，结合本地区资源环境禀赋、产业布局、发展阶段等，坚持全国一盘棋，不抢跑，科学制定本地区碳达峰行动方案，提出符合实际、切实可行的碳达峰时间表、路线图、施工图，避免“一刀切”限电限产或运动式“减碳”。各地区碳达峰行动方案经碳达峰碳中和工作领导小组综合平衡、审核通过后，由地方自行印发实施。

4. 组织开展碳达峰试点建设。加大中央对地方推进碳达峰的支持力度，选择100个具有典型代表性的城市和园区开展碳达峰试点建设，在政策、资金、技术等方面对试点城市和园区给予支持，加快实现绿色低碳转型，为全国提供可操作、可复制、可推广的经验做法。

## 四、国际合作

（一）深度参与全球气候治理。大力宣传习近平生态文明思想，分享中国生态文明、绿色发展理念与实践经验，为建设清洁美丽世界贡献中国智慧、中国方案、中国力量，共同构建人与自然生命共同体。主动参与全球绿色治理体系建设，坚持共同但有区别的责任原则、公平原则和各自能力原则，坚持多边主义，维护以联合国为核心的国际体系，推动各方全面履行《联合国气候变化框架公约》及其《巴黎协定》。积极参与国际航运、航空减排谈判。

（二）开展绿色经贸、技术与金融合作。优化贸易结构，大力发展高质量、高技术、高附加值绿色产品贸易。加强绿色标准国际合作，推动落实合格评定合作和互认机制，做好绿色贸易规则与进出口政策的衔接。加强节能环保产品和服务进出口。加大绿色技术合作力度，推动开展可再生能源、储能、氢能、二氧化碳捕集利用与封存等领域科研合作和技术交流，积极参与国际热核聚变实验堆计划等国际大科学工程。深化绿色金融国际合作，积极参与碳定价机制和绿色金融标准体系国际宏观协调，与有关各方共同推动绿色低碳转型。

（三）推进绿色“一带一路”建设。秉持共商共建共享原则，弘扬开放、绿色、廉洁理念，加强与共建“一带一路”国家的绿色基建、绿色能源、绿色金融等领域合作，提高境外项目环境可持续性，打造绿色、包容的“一带一路”能源合作伙伴关系，扩大新能源技术和产品出口。发挥“一带一路”绿色发展国际联盟等合作平台作用，推动实施《“一带一路”绿色投资原则》，推进“一带一路”应对气候变化南南合作计划和“一带一路”科技创新行动计划。

## 五、政策保障

（一）建立统一规范的碳排放统计核算体系。加强碳排放统计核算能力建设，深化核算方法研究，加快建立统一规范的碳排放统计核算体系。支持行业、企业依据自身特点开展碳排放核算方法学研究，建立健全碳排放计量体系。推进碳排放实测技术发展，加快遥感测量、大数据、云计算等新兴技术在碳排放实测技术领域的应用，提高统计核算水平。积极参与国际碳排放核算方法研究，推动建立更为公平合理的碳排放核算方法体系。

（二）健全法律法规标准。构建有利于绿色低碳发展的法律体系，推动能源法、节约能源法、电力法、煤炭法、可再生能源法、循环经济促进法、清洁生产促进法等制定修订。加快节能标准更新，修订一批能耗限额、产品设备能效强制性国家标准和工程建设标准，提高节能降碳要求。健全可再生能源标准体系，加快相关领域标准制定修订。建立健全氢制、储、输、用标准。完善工业绿色低碳标准体系。建立重点企业碳排放核算、报告、核查等标准，探索建立重点产品全生命周期碳足迹标准。积极参与国际能效、低碳等标准制定修订，加强国际标准协调。

（三）完善经济政策。各级人民政府要加大对碳达峰、碳中和工作的支持力度。建立健全有利于绿色低碳发展的税收政策体系，落实和完善节能节水、资源综合利用等税收优惠政策，更好发挥税收对市场主体绿色低碳发展的促进作用。完善绿色电价政策，健全居民阶梯电价制度和分时电价政策，探索建立分时电价动态调整机制。完善绿色金融评价机制，建立健全绿色金融标准体系。大力发展绿色贷款、绿色股权、绿色债券、绿色保险、绿色基金等金融工具，设立碳减排支持工具，引导金融机构为绿色低碳项目提供长期限、低成本资金，鼓励开发性政策性金融机构按照市场化法治化原则为碳达峰行动提供长期稳定融资支持。拓展绿色债券市场的深度和广度，支持符合条件的绿色企业上市融资、挂牌融资和再融资。研究设立国家低碳转型基金，支持传统产业和资源富集地区绿色转型。鼓励社会资本以市场化方式设立绿色低碳产业投资基金。

（四）建立健全市场化机制。发挥全国碳排放权交易市场作用，进一步完善配套制度，逐步扩大交易行业范围。建设全国用能权交易市场，完善用能权有偿使用和交易制度，做好与能耗双控制度的衔接。统筹推进碳排放权、用能权、电力交易等市场建设，加强市场机制间的衔接与协调，将碳排放权、用能权交易纳入公共资源交易平台。积极推行合同能源管理，推广节能咨询、诊断、设计、融资、改造、托管等"一站式"综合服务模式。

## 六、组织实施

（一）加强统筹协调。加强党中央对碳达峰、碳中和工作的集中统一领导，碳达峰碳中和工作领导小组对碳达峰相关工作进行整体部署和系统推进，统筹研究重要事项、制定重大政策。碳达峰碳中和工作领导小组成员单位要按照党中央、国务院决策部署和领导小组工作要求，扎实推进相关工作。碳达峰碳中和工作领导小组办公室要加强统筹协调，定期对各地区和重点领域、重点行业工作进展情况进行调度，科学提出碳达峰分步骤的时间表、路线图，督促将各项目标任务落实落细。

（二）强化责任落实。各地区各有关部门要深刻认识碳达峰、碳中和工作的重要性、紧迫性、复杂性，切实扛起责任，按照《中共中央国务院关于完整准确全面贯彻新发展理念做好碳达峰碳中和工作的意见》和本方案确定的主要目标和重点任务，着力抓好各项任务落实，确保政策到位、措施到位、成效到位，落实情况纳入中央和省级生态环境保护督察。各相关单位、人民团体、社会组织要按照国家有关部署，积极发挥自身作用，推进绿色低碳发展。

（三）严格监督考核。实施以碳强度控制为主、碳排放总量控制为辅的制度，对能源消费和碳排放指标实行协同管理、协同分解、协同考核，逐步建立系统完善的碳达峰碳中和综合评价考核制度。加强监督考核结果应用，对碳达峰工作成效突出的地区、单位和个人按规定给予表彰奖励，对未完成目标任务的地区、部门依规依法实行通报批评和约谈问责。各省、自治区、直辖市人民政府要组织开展碳达峰目标任务年度评估，有关工作进展和重大问题要及时向碳达峰碳中和工作领导小组报告。

（新华社北京 10 月 26 日电）

（《 人民日报 》2021 年 10 月 27 日 第 07 版）

# 附录C　国务院关于印发“十四五”数字经济发展规划的通知（国发〔2021〕29号）

各省、自治区、直辖市人民政府，国务院各部委、各直属机构：

现将《“十四五”数字经济发展规划》印发给你们，请认真贯彻执行。

国务院

2021年12月12日

（此件于2022年1月12日公开发布）

## “十四五”数字经济发展规划

数字经济是继农业经济、工业经济之后的主要经济形态，是以数据资源为关键要素，以现代信息网络为主要载体，以信息通信技术融合应用、全要素数字化转型为重要推动力，促进公平与效率更加统一的新经济形态。数字经济发展速度之快、辐射范围之广、影响程度之深前所未有，正推动生产方式、生活方式和治理方式深刻变革，成为重组全球要素资源、重塑全球经济结构、改变全球竞争格局的关键力量。“十四五”时期，我国数字经济转向深化应用、规范发展、普惠共享的新阶段。为应对新形势新挑战，把握数字化发展新机遇，拓展经济发展新空间，推动我国数字经济健康发展，依据《中华人民共和国国民经济和社会发展第十四个五年规划和2035年远景目标纲要》，制定本规划。

### 一、发展现状和形势

**（一）发展现状**。

“十三五”时期，我国深入实施数字经济发展战略，不断完善数字基础设施，加快培育新业态新模式，推进数字产业化和产业数字化取得积极成效。2020年，我国数字经济核心产业增加值占国内生产总值（GDP）比重达到7.8%，数字经济为经济社会持续健康发展提供了强大动力。

信息基础设施全球领先。建成全球规模最大的光纤和第四代移动通信（4G）网络，第五代移动通信（5G）网络建设和应用加速推进。宽带用户普及率明显提高，光纤用户占比超过94%，移动宽带用户普及率达到108%，互联网协议第六版（IPv6）活跃用户数达到4.6亿。

产业数字化转型稳步推进。农业数字化全面推进。服务业数字化水平显著提高。工业数字化转型加速，工业企业生产设备数字化水平持续提升，更多企业迈上“云端”。

新业态新模式竞相发展。数字技术与各行业加速融合，电子商务蓬勃发展，移动支付广泛普及，在线学习、远程会议、网络购物、视频直播等生产生活新方式加速推广，互联网平台日益壮大。

数字政府建设成效显著。一体化政务服务和监管效能大幅度提升，“一网通办”、“最多跑一次”、“一网统管”、“一网协同”等服务管理新模式广泛普及，数字营商环境持续优化，在线政务服务水平跃居全球领先行列。

数字经济国际合作不断深化。《二十国集团数字经济发展与合作倡议》等在全球赢得广泛共识，信息基础设施互联互通取得明显成效，“丝路电商”合作成果丰硕，我国数字经济领域平台企业加速出海，影响力和竞争力不断提升。

与此同时，我国数字经济发展也面临一些问题和挑战：关键领域创新能力不足，产业链供应链受制于人的局面尚未根本改变；不同行业、不同区域、不同群体间数字鸿沟未有效弥合，甚至有进一步扩大趋势；数据资源规模庞大，但价值潜力还没有充分释放；数字经济治理体系需进一步完善。

**（二）面临形势**。

当前，新一轮科技革命和产业变革深入发展，数字化转型已经成为大势所趋，受内外部多重因素影响，我国数字经济发展面临的形势正在发生深刻变化。

发展数字经济是把握新一轮科技革命和产业变革新机遇的战略选择。数字经济是数字时代国家综合实力的重要体现，是构建现代化经济体系的重要引擎。世界主要国家均高度重视发展数字经济，纷纷出台战略规划，采取各种举措打造竞争新优势，重塑数字时代的国际新格局。

数据要素是数字经济深化发展的核心引擎。数据对提高生产效率的乘数作用不断凸显，成为最具时代特征的生产要素。数据的爆发增长、海量集聚蕴藏了巨大的价值，为智能化发展带来了新的机遇。协同推进技术、模式、业态和制度创新，切实用好数据要素，将为经济社会数字化发展带来强劲动力。

数字化服务是满足人民美好生活需要的重要途径。数字化方式正有效打破时空阻隔，提高有限资源的普惠化水平，极大地方便群众生活，满足多样化个性化需要。数字经济发展正在让广大群众享受到看得见、摸得着的实惠。

规范健康可持续是数字经济高质量发展的迫切要求。我国数字经济规模快速扩张，但发展不平衡、不充分、不规范的问题较为突出，迫切需要转变传统发展方式，加快补齐短板弱项，提高我国数字经济治理水平，走出一条高质量发展道路。

## 二、总体要求

**（一）指导思想**。

以习近平新时代中国特色社会主义思想为指导，全面贯彻党的十九大和十九届历次全会精神，立足新发展阶段，完整、准确、全面贯彻新发展理念，构建新发展格局，推动高质量发展，统筹发展和安全、统筹国内和国际，以数据为关键要素，以数字技术与实体经济深度融合为主线，加强数字基础设施建设，完善数字经济治理体系，协同推进数字产业化和产业数字化，赋能传统产业转型升级，培育新产业新业态新模式，不断做强做优做大我国数字经济，为构建数字中国提供有力支撑。

**（二）基本原则**。

坚持创新引领、融合发展。坚持把创新作为引领发展的第一动力，突出科技自立自强的战略支撑作用，促进数字技术向经济社会和产业发展各领域广泛深入渗透，推进数字技术、应用场景和商业模式融合创新，形成以技术发展促进全要素生产率提升、以领域应用带动技术进步的发展格局。

坚持应用牵引、数据赋能。坚持以数字化发展为导向，充分发挥我国海量数据、广阔市场空间和丰富应用场景优势，充分释放数据要素价值，激活数据要素潜能，以数据流促进生产、分配、流通、消费各个环节高效贯通，推动数据技术产品、应用范式、商业模式和体制机制协同创新。

坚持公平竞争、安全有序。突出竞争政策基础地位，坚持促进发展和监管规范并重，健全完善协同监管规则制度，强化反垄断和防止资本无序扩张，推动平台经济规范健康持续发展，建立健全适应数字经济发展的市场监管、宏观调控、政策法规体系，牢牢守住安全底线。

坚持系统推进、协同高效。充分发挥市场在资源配置中的决定性作用，构建经济社会各主体多元参与、协同联动的数字经济发展新机制。结合我国产业结构和资源禀赋，发挥比较优势，系统谋划、务实推进，更好发挥政府在数字经济发展中的作用。

**（三）发展目标。**

到2025年，数字经济迈向全面扩展期，数字经济核心产业增加值占GDP比重达到10%，数字化创新引领发展能力大幅提升，智能化水平明显增强，数字技术与实体经济融合取得显著成效，数字经济治理体系更加完善，我国数字经济竞争力和影响力稳步提升。

——数据要素市场体系初步建立。数据资源体系基本建成，利用数据资源推动研发、生产、流通、服务、消费全价值链协同。数据要素市场化建设成效显现，数据确权、定价、交易有序开展，探索建立与数据要素价值和贡献相适应的收入分配机制，激发市场主体创新活力。

——产业数字化转型迈上新台阶。农业数字化转型快速推进，制造业数字化、网络化、智能化更加深入，生产性服务业融合发展加速普及，生活性服务业多元化拓展显著加快，产业数字化转型的支撑服务体系基本完备，在数字化转型过程中推进绿色发展。

——数字产业化水平显著提升。数字技术自主创新能力显著提升，数字化产品和服务供给质量大幅提高，产业核心竞争力明显增强，在部分领域形成全球领先优势。新产业新业态新模式持续涌现、广泛普及，对实体经济提质增效的带动作用显著增强。

——数字化公共服务更加普惠均等。数字基础设施广泛融入生产生活，对政务服务、公共服务、民生保障、社会治理的支撑作用进一步凸显。数字营商环境更加优化，电子政务服务水平进一步提升，网络化、数字化、智慧化的利企便民服务体系不断完善，数字鸿沟加速弥合。

——数字经济治理体系更加完善。协调统一的数字经济治理框架和规则体系基本建立，跨部门、跨地区的协同监管机制基本健全。政府数字化监管能力显著增强，行业和市场监管水平大幅提升。政府主导、多元参与、法治保障的数字经济治理格局基本形成，治理水平明显提升。与数字经济发展相适应的法律法规制度体系更加完善，数字经济安全体系进一步增强。

展望2035年，数字经济将迈向繁荣成熟期，力争形成统一公平、竞争有序、成熟完备的数字经济现代市场体系，数字经济发展基础、产业体系发展水平位居世界前列。

"十四五"数字经济发展主要指标

| 指标 | 2020年 | 2025年 | 属性 |
|---|---|---|---|
| 数字经济核心产业增加值占GDP比重（%） | 7.8 | 10 | 预期性 |
| IPv6活跃用户数（亿户） | 4.6 | 8 | 预期性 |
| 千兆宽带用户数（万户） | 640 | 6000 | 预期性 |
| 软件和信息技术服务业规模（万亿元） | 8.16 | 14 | 预期性 |
| 工业互联网平台应用普及率（%） | 14.7 | 45 | 预期性 |
| 全国网上零售额（万亿元） | 11.76 | 17 | 预期性 |
| 电子商务交易规模（万亿元） | 37.21 | 46 | 预期性 |
| 在线政务服务实名用户规模（亿） | 4 | 8 | 预期性 |

## 三、优化升级数字基础设施

（一）加快建设信息网络基础设施。建设高速泛在、天地一体、云网融合、智能敏捷、绿色低碳、安全可控的智能化综合性数字信息基础设施。有序推进骨干网扩容，协同推进千兆光纤网络和5G网络基础设施建设，推动5G商用部署和规模应用，前瞻布局第六代移动通信（6G）网络技术储备，加大6G技术研发支持力度，积极参与推动6G国际标准化工作。积极稳妥推进空间信息基础设施演进升级，加快布局卫星通信网络等，推动卫星互联网建设。提高物联网在工业制造、农业生产、公共服务、应急管理等领域的覆盖水平，增强固移融合、宽窄结合的物联接入能力。

**专栏1　信息网络基础设施优化升级工程**

（1）推进光纤网络扩容提速。加快千兆光纤网络部署，持续推进新一代超大容量、超长距离、智能调度的光传输网建设，实现城市地区和重点乡镇千兆光纤网络全面覆盖。

（2）加快5G网络规模化部署。推动5G独立组网（SA）规模商用，以重大工程应用为牵引，支持在工业、电网、港口等典型领域实现5G网络深度覆盖，助推行业融合应用。

（3）推进IPv6规模部署应用。深入开展网络基础设施IPv6改造，增强网络互联互通能力，优化网络和应用服务性能，提升基础设施业务承载能力和终端支持能力、深化对各类网站及应用的IPv6改造。

（4）加速空间信息基础设施升级，提升卫星通信、卫星遥感、卫星导航定位系统的支撑能力。构建全球覆盖、高效运行的通信、遥感、导航空间基础设施体系。

（二）推进云网协同和算网融合发展。加快构建算力、算法、数据、应用资源协同的全国一体化大数据中心体系。在京津冀、长三角、粤港澳大湾区、成渝地区双城经济圈、贵州、内蒙古、甘肃、宁夏等地区布局全国一体化算力网络国家枢纽节点，建设数据中心集群，结合应用、产业等发展需求优化数据中心建设布局。加快实施"东数西算”工程，推进云网协同发展，提升数据中心跨网络、跨地域数据交互能力，加强面向特定场景的边缘计算能力，强化算力统筹和智能调度。按照绿色、低碳、集约、高效的原则，持续推进绿色数字中心建设，加快推进数据中心节能改造，持续提升数据中心可再生能源利用水平。推动智能计算中心有序发展，打造智能算力、通用算法和开发平台一体化的新型智能基础设施，面向政务服务、智慧城市、智能制造、自动驾驶、语言智能等重点新兴领域，提供体系化的人工智能服务。

（三）有序推进基础设施智能升级。稳步构建智能高效的融合基础设施，提升基础设施网络化、智能化、服务化、协同化水平。高效布局人工智能基础设施，提升支撑“智能＋”发展的行业赋能能力。推动农林牧渔业基础设施和生产装备智能化改造，推进机器视觉、机器学习等技术应用。建设可靠、灵活、安全的工业互联网基础设施，支撑制造资源的泛在连接、弹性供给和高效配置。加快推进能源、交通运输、水利、物流、环保等领域基础设施数字化改造。推动新型城市基础设施建设，提升市政公用设施和建筑智能化水平。构建先进普惠、智能协作的生活服务数字化融合设施。在基础设施智能升级过程中，充分满足老年人等群体的特殊需求，打造智慧共享、和睦共治的新型数字生活。

## 四、充分发挥数据要素作用

（一）强化高质量数据要素供给。支持市场主体依法合规开展数据采集，聚焦数据的标注、清洗、脱敏、脱密、聚合、分析等环节，提升数据资源处理能力，培育壮大数据服务产业。推动数据资源标准体系建设，提升数据管理水平和数据质量，探索面向业务应用的共享、交换、协作和开放。加快推动各领域通信协议兼容统一，打破技术和协议壁垒，努力实现互通互操作，形成完整贯通的数据链。推动数据分类分级管理，强化数据安全风险评估、监测预警和应急处置。深化政务数据跨层级、跨地域、跨部门有序共享。建立健全国家公共数据资源体系，统筹公共数据资源开发利用，推动基础公共数据安全有序开放，构建统一的国家公共数据开放平台和开发利用端口，提升公共数据开放水平，释放数据红利。

**专栏2　数据质量提升工程**

（1）提升基础数据资源质量。建立健全国家人口、法人、自然资源和空间地理等基础信息更新机制，持续完善国家基础数据资源库建设，管理和服务，确保基础信息数据及时、准确、可靠。

（2）培育数据服务商。支持社会化数据服务机构发展，依法依规开展公共资源数据、互联网数据、企业数据的采集、整理、聚合、分析等加工业务。

（3）推动数据资源标准化工作。加快数据资源规划、数据治理、数据资产评估、数据服务、数据安全等国家标准研制，加大对数据管理、数据开放共享等重点国家标准的宣贯力度。

（二）加快数据要素市场化流通。加快构建数据要素市场规则，培育市场主体、完善治理体系，促进数据要素市场流通。鼓励市场主体探索数据资产定价机制，推动形成数据资产目录，逐步完善数据定价体系。规范数据交易管理，培育规范的数据交易平台和市场主体，建立健全数据资产评估、登记结算、交易撮合、争议仲裁等市场运营体系，提升数据交易效率。严厉打击数据黑市交易，营造安全有序的市场环境。

**专栏3 数据要素市场培育试点工程**

（1）开展数据确权及定价服务试验。探索建立数据资产登记制度和数据资产定价规则，试点开展数据权属认定，规范完善数据资产评估服务。

（2）推动数字技术在数据流通中的应用。鼓励企业、研究机构等主体基于区块链等数字技术。探索数据授权使用、数据溯源等应用，提升数据交易流通效率。

（3）培育发展数据交易平台。提升数据交易平台服务质量，发展包含数据资产评估、登记结算、交易撮合、争议仲裁等的运营体系，健全数据交易平台报价、询价、竞价和定价机制，探索协议转让、挂牌等多种形式的数据交易模式。

（三）创新数据要素开发利用机制。适应不同类型数据特点，以实际应用需求为导向，探索建立多样化的数据开发利用机制。鼓励市场力量挖掘商业数据价值，推动数据价值产品化、服务化，大力发展专业化、个性化数据服务，促进数据、技术、场景深度融合，满足各领域数据需求。鼓励重点行业创新数据开发利用模式，在确保数据安全、保障用户隐私的前提下，调动行业协会、科研院所、企业等多方参与数据价值开发。对具有经济和社会价值、允许加工利用的政务数据和公共数据，通过数据开放、特许开发、授权应用等方式，鼓励更多社会力量进行增值开发利用。结合新型智慧城市建设，加快城市数据融合及产业生态培育，提升城市数据运营和开发利用水平。

## 五、大力推进产业数字化转型

（一）加快企业数字化转型升级。引导企业强化数字化思维，提升员工数字技能和数据管理能力，全面系统推动企业研发设计、生产加工、经营管理、销售服务等业务数字化转型。支持有条件的大型企业打造一体化数字平台，全面整合企业内部信息系统，强化全流程数据贯通，加快全价值链业务协同，形成数据驱动的智能决策能力，提升企业整体运行效率和产业链上下游协同效率。实施中小企业数字化赋能专项行动，支持中小企业从数字化转型需求迫切的环节入手，加快推进线上营销、远程协作、数字化办公、智能生产线等应用，由点及面向全业务全流程数字化转型延伸拓展。鼓励和支持互联网平台、行业龙头企业等立足自身优势，开放数字化资源和能力，帮助传统企业和中小企业实现数字化转型。推行普惠性“上云用数赋智”服务，推动企业上云、上平台，降低技术和资金壁垒，加快企业数字化转型。

（二）全面深化重点产业数字化转型。立足不同产业特点和差异化需求，推动传统产业全方位、全链条数字化转型，提高全要素生产率。大力提升农业数字化水平，推进“三农”综合信息服务，创新发展智慧农业，提升农业生产、加工、销售、物流等各环节数字化水平。纵深推进工业数字化转型，加快推动研发设计、生产制造、经营管理、市场服务等全生命周期数字化转型，加快培育一批“专精特新”中小企业和制造业单项冠军企业。深入实施智能制造工程，大力推动装备数字化，开展智能制造试点示范专项行动，完善国家智能制造标准体系。培育推广个性化定制、网络化协同等新模式。大力发展数字商务，全面加快商贸、物流、金融等服务业数字化转型，优化管理体系和服务模式，提高服务业的品质与效益。促进数字技术在全过程工程咨询领域的深度应用，引领咨询服务和工程建设模式转型升级。加快推动智慧能源建设应用，促进能源生产、运输、消费等各环节智能化升级，推动能源行业低碳转型。加快推进国土空间基础信息平台建设应用。推动产业互联网融通应用，培育供应链金融、服务型制造等融通发展模式，以数字技术促进产业融合发展。

**专栏4　重点行业数字化转型提升工程**

1. 发展智慧农业和智慧水利。加快推动种植业、畜牧业、渔业等领域数字化转型，加强大数据、物联网、人工智能等技术深度应用，提升农业生产经营数字化水平。构建智慧水利体系，以流域为单元提升水情测报和智能调度能力。

2. 开展工业数字化转型应用示范。实施智能制造试点示范行动，建设智能制造示范工厂，培育智能制造先行区。针对产业痛点、堵点，分行业制定数字化转型路线图。面向原材料、消费品、装备制造、电子信息等重点行业开展数字化转型应用示范和评估，加大标杆应用推广力度。

3. 加快推动工业互联网创新发展。深入实施工业互联网创新发展战略，鼓励工业企业利用5G、时间敏感网络（TSN）等技术改造升级企业内外网，完善标识解析体系，打造若干具有国际竞争力的工业互联网平台，提升安全保障能力，推动各行业加快数字化。

4. 提升商务领域数字化水平。打造大数据支撑、网络化共享、智能化协作的智慧供应链体系。健全电子商务公共服务体系，汇聚数字赋能服务资源，支持商务领域中小微企业数字化转型升级。提升贸易数字化水平。引导批发零售、住宿餐饮、租赁和商务服务等传统业态积极开展线上线下、全渠道、定制化、精准化营销创新。

5. 大力发展智慧物流。加快对传统物流设施的数字化改造升级。促进现代物流业与农业、制造业等产业融合发展。加快建设跨行业、跨区域的物流信息服务平台，实现需求、库存和物流信息的实时共享。探索推进电子提单应用。建设智能仓储体系，提升物流仓储的自动化、智能化水平。

6. 加快金融领域数字化转型。合理推动大数据，人工智能、区块链等技术在银行、证券、保险等领域的深化应用，发展智能支付、智慧网点、智能投顾、数字化融资等新模式，稳妥推进数字人民币研发，有序开展可控试点。

7. 加快能源领域数字化转型。推动能源产、运、储、销、用各环节设施的数字化升级，实施煤矿、油气田、油气管网、电厂、电网、油气储备库、终端用能等领域设备设施、工艺流程的数字化建设与改造。推进微电网等智慧能源技术试点示范应用。推动基于供需衔接、生产服务、监督管理等业务关系的数字平台建设，提升能源体系智能化水平。

（三）推动产业园区和产业集群数字化转型。引导产业园区加快数字基础设施建设，利用数字技术提升园区管理和服务能力。积极探索平台企业与产业园区联合运营模式，丰富技术、数据、平台、供应链等服务供给，提升线上线下相结合的资源共享水平，引导各类要素加快向园区集聚。围绕共性转型需求，推动共享制造平台在产业集群落地和规模化发展。探索发展跨越物理边界的“虚拟”产业园区和产业集群，加快产业资源虚拟化集聚、平台化运营和网络化协同，构建虚实结合的产业数字化新生态。依托京津冀、长三角、粤港澳大湾区、成渝地区双城经济圈等重点区域，统筹推进数字基础设施建设，探索建立各类产业集群跨区域、跨平台协同新机制，促进创新要素整合共享，构建创新协同、错位互补、供需联动的区域数字化发展生态，提升产业链供应链协同配套能力。

（四）培育转型支撑服务生态。建立市场化服务与公共服务双轮驱动，技术、资本、人才、数据等多要素支撑的数字化转型服务生态，解决企业“不会转”、“不能转”、“不敢转”的难题。面向重点行业和企业转型需求，培育推广一批数字化解决方案。聚焦转型咨询、标准制定、测试评估等方向，培育一批第三方专业化服务机构，提升数字化转型服务市场规模和活力。支持高校、龙头企业、行业协会等加强协同，建设综合测试验证环境，加强产业共性解决方案供给。建设数字化转型促进中心，衔接集聚各类资源条件，提供数字化转型公共服务，打造区域产业数字化创新综合体，带动传统产业数字化转型。

**专栏5　数字化转型支撑服务生态培育工程**

1. 培育发展数字化解决方案供应商。面向中小微企业特点和需求，培育若干专业型数字化解决方案供应商，引导开发轻量化、易维护、低成本、一站式解决方案，培育若干服务能力强、集成水平高、具有国际竞争力的综合型数字化解决方案供应商。

2. 建设一批数字化转型促进中心。依托产业集群、园区、示范基地等建立公共数字化转型促进中心，开展数字化服务资源条件衔接集聚、优质解决方案展示推广、人才招聘及培养、测试试验、产业交流等公共服务。依托企业、产业联盟等建立开放型、专业化数字化转型促进中心，面向产业链上下游企业和行业内中小微企业提供供需撮合、转型咨询、定制化系统解决方案开发等市场化服务。制定完善数字化转型促进中心遴选、评估、考核等标准、程序和机制。

3. 创新转型支撑服务供给机制。鼓励各地因地制宜，探索建设数字化转型产品、服务、解决方案供给资源池，搭建转型供需对接平台，开展数字化转型服务券等创新，支持企业加快数字化转型。深入实施数字化转型伙伴行动计划，加快建立高校、龙头企业、产业联盟、行业协会等市场主体资源共享、分工协作的良性机制。

## 六、加快推动数字产业化

（一）增强关键技术创新能力。瞄准传感器、量子信息、网络通信、集成电路、关键软件、大数据、人工智能、区块链、新材料等战略性前瞻性领域，发挥我国社会主义制度优势、新型举国体制优势、超大规模市场优势，提高数字技术基础研发能力。以数字技术与各领域融合应用为导向，推动行业企业、平台企业和数字技术服务企业跨界创新，优化创新成果快速转化机制，加快创新技术的工程化、产业化。鼓励发展新型研发机构、企业创新联合体等新型创新主体，打造多元化参与、网络化协同、市场化运作的创新生态体系。支持具有自主核心技术的开源社区、开源平台、开源项目发展，推动创新资源共建共享，促进创新模式开放化演进。

**专栏6　数字技术创新突破工程**

1. 补齐关键技术短板。优化和创新“揭榜挂帅”等组织方式，集中突破高端芯片、操作系统、工业软件、核心算法与框架等领域关键核心技术，加强通用处理器、云计算系统和软件关键技术一体化研发。

2. 强化优势技术供给。支持建设各类产学研协同创新平台，打通贯穿基础研究、技术研发、中试熟化与产业化全过程的创新链，重点布局5G、物联网、云计算、大数据、人工智能、区块链等领域，突破智能制造、数字孪生、城市大脑、边缘计算、脑机融合等集成技术。

3. 抢先布局前沿技术融合创新。推进前沿学科和交叉研究平台建设，重点布局下一代移动通信技术，量子信息，神经芯片、类脑智能、脱氧核糖核酸（DNA）存储、第三代半导体等新兴技术，推动信息、生物、材料、能源等领域技术融合和群体性突破。

（二）提升核心产业竞争力。着力提升基础软硬件、核心电子元器件、关键基础材料和生产装备的供给水平，强化关键产品自给保障能力。实施产业链强链补链行动，加强面向多元化应用场景的技术融合和产品创新，提升产业链关键环节竞争力，完善5G、集成电路、新能源汽车、人工智能、工业互联网等重点产业供应链体系。深化新一代信息技术集成创新和融合应用，加快平台化、定制化、轻量化服务模式创新，打造新兴数字产业新优势。协同推进信息技术软硬件产品产业化、规模化应用，加快集成适配和迭代优化，推动软件产业做大做强，提升关键软硬件技术创新和供给能力。

（三）加快培育新业态新模式。推动平台经济健康发展，引导支持平台企业加强数据、产品、内容等资源整合共享，扩大协同办公、互联网医疗等在线服务覆盖面。深化共享经济在生活服务领域的应用，拓展创新、生产、供应链等资源共享新空间。发展基于数字技术的智能经济，加快优化智能化产品和服务运营，培育智慧销售、无人配送、智能制造、反向定制等新增长点。完善多元价值传递和贡献分配体系，有序引导多样化社交、短视频、知识分享等新型就业创业平台发展。

**专栏7　数字经济新业态培育工程**

1. 持续壮大新兴在线服务。加快互联网医院发展，推广健康咨询、在线问诊、远程会诊等互联网医疗服务，规范推广基于智能康养设备的家庭健康监护、慢病管理、养老护理等新模式。推动远程协同办公产品和服务优化升级，推广电子合同、电子印章、电子签名、电子认证等应用。

2. 深入发展共享经济。鼓励共享出行等商业模式创新，培育线上高端品牌，探索错时共享、有偿共享新机制。培育发展共享制造平台，推进研发设计、制造能力、供应链管理等资源共享，发展可计量可交易的新型制造服务。

3. 鼓励发展智能经济。依托智慧街区、智慧商圈、智慧园区、智能工厂等建设。加强运营优化和商业模式创新，培育智能服务新增长点。稳步推进自动驾驶、无人配送、智能停车等应用，发展定制化、智慧化出行服务。

4. 有序引导新个体经济。支持线上多样化社交、短视频平台有序发展，鼓励微创新、微产品等创新模式，鼓励个人利用电子商务、社交软件、知识分享、音视频网站、创客等新型平台就业创业，促进灵活就业、副业创新。

（四）营造繁荣有序的产业创新生态。发挥数字经济领军企业的引领带动作用，加强资源共享和数据开放，推动线上线下相结合的创新协同、产能共享、供应链互通。鼓励开源社区、开发者平台等新型协作平台发展，培育大中小企业和社会开发者开放协作的数字产业创新生态，带动创新型企业快速壮大。以园区、行业、区域为整体推进产业创新服务平台建设，强化技术研发、标准制修订、测试评估、应用培训、创业孵化等优势资源汇聚，提升产业创新服务支撑水平。

## 七、持续提升公共服务数字化水平

（一）提高“互联网＋政务服务”效能。全面提升全国一体化政务服务平台功能，加快推进政务服务标准化、规范化、便利化，持续提升政务服务数字化、智能化水平，实现利企便民高频服务事项“一网通办”。建立健全政务数据共享协调机制，加快数字身份统一认证和电子证照、电子签章、电子公文等互信互认，推进发票电子化改革，促进政务数据共享、流程优化和业务协同。推动政务服务线上线下整体联动、全流程在线、向基层深度拓展，提升服务便利化、共享化水平。开展政务数据与业务、服务深度融合创新，增强基于大数据的事项办理需求预测能力，打造主动式、多层次创新服务场景。聚焦公共卫生、社会安全、应急管理等领域，深化数字技术应用，实现重大突发公共事件的快速响应和联动处置。

（二）提升社会服务数字化普惠水平。加快推动文化教育、医疗健康、会展旅游、体育健身等领域公共服务资源数字化供给和网络化服务，促进优质资源共享复用。充分运用新型数字技术，强化就业、养老、儿童福利、托育、家政等民生领域供需对接，进一步优化资源配置。发展智慧广电网络，加快推进全国有线电视网络整合和升级改造。深入开展电信普遍服务试点，提升农村及偏远地区网络覆盖水平。加强面向革命老区、民族地区、边疆地区、脱贫地区的远程服务，拓展教育、医疗、社保、对口帮扶等服务内容，助力基本公共服务均等化。加强信息无障碍建设，提升面向特殊群体的数字化社会服务能力。促进社会服务和数字平台深度融合，探索多领域跨界合作，推动医养结合、文教结合、体医结合、文旅融合。

**专栏8　社会服务数字化提升工程**

1. 深入推进智慧教育，推进教育新型基础设施建设，构建高质量教育支撑体系。深入推进智慧教育示范区建设，进一步完善国家数字教育资源公共服务体系，提升在线教育支撑服务能力，推动“互联网＋教育”持续健康发展，充分依托互联网、广播电视网络等渠道推进优质教育资源覆盖农村及偏远地区学校。

2. 加快发展数字健康服务。加快完善电子健康档案、电子处方等数据库，推进医疗数据共建共享，推进医疗机构数字化、智能化转型，加快建设智慧医院。推广远程医疗。精准对接和满足群众多层次、多样化、个性化医疗健康服务需求，发展远程化、定制化、智能化数字健康新业态，提升“互联网＋医疗健康”服务水平。

3. 以数字化推动文化和旅游融合发展。加快优秀文化和旅游资源的数字化转化和开发，推动景区、博物馆等发展线上数字化体验产品，发展线上演播、云展览、沉浸式体验等新型文旅服务，培育一批具有广泛影响力的数字文化品牌。

4. 加快推进智慧社区建设。充分依托已有资源，推动建设集约化、联网规范化、应用智能化、资源社会化，实现系统集成、数据共享和业务协同，更好地提供政务、商超、家政、托育、养老、物业等社区服务资源，扩大感知智能技术应用，推动社区服务智能化、提升城乡社区服务效能。

5. 提升社会保障服务数字化水平。完善社会保障大数据应用，开展跨地区、跨部门、跨层级数据共享应用，加快实现“跨省通办”。健全风险防控分类管理，加强业务运行监测，构建制度化、常态化数据核查机制。加快推进社保经办数字化转型，为参保单位和个人搭建数字全景图，支持个性服务和精准监管。

（三）推动数字城乡融合发展。统筹推动新型智慧城市和数字乡村建设，协同优化城乡公共服务。深化新型智慧城市建设，推动城市数据整合共享和业务协同，提升城市综合管理服务能力，完善城市信息模型平台和运行管理服务平台，因地制宜构建数字孪生城市。加快城市智能设施向乡村延伸覆盖，完善农村地区信息化服务供给，推进城乡要素双向自由流动，合理配置公共资源，形成以城带乡、共建共享的数字城乡融合发展格局。构建城乡常住人口动态统计发布机制，利用数字化手段助力提升城乡基本公共服务水平。

**专栏9　新型智慧城市和数字乡村建设工程**

1. 分级分类推进新型智慧城市建设。结合新型智慧城市评价结果和实践成效，遴选有条件的地区建设一批新型智慧城市示范工程，围绕惠民服务、精准治理、产业发展、生态宜居、应急管理等领域打造高水平新型智慧城市样板，着力突破数据融合难、业务协同难、应急联动难等痛点问题。

2. 强化新型智慧城市统筹规划和建设运营，加强新型智慧城市总体规划与顶层设计，创新智慧城市建设、应用、运营等模式，建立完善智慧城市的绩效管理、发展评价、标准规范体系，推进智慧城市规划、设计、建设、运营的一体化、协同化，建立智慧城市长效发展的运营机制。

3. 提升信息惠农服务水平。构建乡村综合信息服务体系，丰富市场、科技、金融、就业培训等涉农信息服务内容，推进乡村教育信息化应用，推进农业生产、市场交易、信贷保险、农村生活等数字化应用。

4. 推进乡村治理数字化。推动基本公共服务更好地向乡村延伸，推进涉农服务事项线上线下一体化办理。推动农业农村大数据应用，强化市场预警、政策评估、监管执法、资源管理、舆情分析、应急管理等领域的决策支持服务。

（四）打造智慧共享的新型数字生活。加快既有住宅和社区设施数字化改造，鼓励新建小区同步规划建设智能系统，打造智能楼宇、智能停车场、智能充电桩、智能垃圾箱等公共设施。引导智能家居产品互联互通，促进家居产品与家居环境智能互动，丰富“一键控制”、“一声响应”的数字家庭生活应用。加强超高清电视普及应用，发展互动视频、沉浸式视频、云游戏等新业态。创新发展“云生活”服务，深化人工智能、虚拟现实、8K高清视频等技术的融合，拓展社交、购物、娱乐、展览等领域的应用，促进生活消费品质升级。鼓励建设智慧社区和智慧服务生活圈，推动公共服务资源整合，提升专业化、市场化服务水平。支持实体消费场所建设数字化消费新场景，推广智慧导览、智能导流、虚实交互体验、非接触式服务等应用，提升场景消费体验。培育一批新型消费示范城市和领先企业，打造数字产品服务展示交流和技能培训中心，培养全民数字消费意识和习惯。

## 八、健全完善数字经济治理体系

（一）强化协同治理和监管机制。规范数字经济发展，坚持发展和监管两手抓。探索建立与数字经济持续健康发展相适应的治理方式，制定更加灵活有效的政策措施，创新协同治理模式。明晰主管部门、监管机构职责，强化跨部门、跨层级、跨区域协同监管，明确监管范围和统一规则，加强分工合作与协调配合。深化“放管服”改革，优化营商环境，分类清理规范不适应数字经济发展需要的行政许可、资质资格等事项，进一步释放市场主体创新活力和内生动力。鼓励和督促企业诚信经营，强化以信用为基础的数字经济市场监管，建立完善信用档案，推进政企联动、行业联动的信用共享共治。加强征信建设，提升征信服务供给能力。加快建立全方位、多层次、立体化监管体系，实现事前事中事后全链条全领域监管，完善协同会商机制，有效打击数字经济领域违法犯罪行为。加强跨部门、跨区域分工协作，推动监管数据采集和共享利用，提升监管的开放、透明、法治水平。探索开展跨场景、跨业务、跨部门联合监管试点，创新基于新技术手段的监管模式，建立健全触发式监管机制。加强税收监管和税务稽查。

（二）增强政府数字化治理能力。加大政务信息化建设统筹力度，强化政府数字化治理和服务能力建设，有效发挥对规范市场、鼓励创新、保护消费者权益的支撑作用。建立完善基于大数据、人工智能、区块链等新技术的统计监测和决策分析体系，提升数字经济治理的精准性、协调性和有效性。推进完善风险应急响应处置流程和机制，强化重大问题研判和风险预警，提升系统性风险防范水平。探索建立适应平台经济特点的监管机制，推动线上线下监管有效衔接，强化对平台经营者及其行为的监管。

**专栏 10　数字经济治理能力提升工程**

1. 加强数字经济统计监测。基于数字经济及其核心产业统计分类。界定数字经济统计范围，建立数字经济统计监测制度，组织实施数字经济统计监测。定期开展数字经济核心产业核算，准确反映数字经济核心产业发展规模、速度、结构等情况。探索开展产业数字化发展状况评估。

2. 加强重大问题研判和风险预警。整合各相关部门和地方风险监测预警能力，健全完善风险发现、研判会商、协同处置等工作机制，发挥平台企业和专业研究机构等力量的作用，有效监测和防范大数据、人工智能等技术滥用可能引发的经济、社会和道德风险。

3. 构建数字服务监管体系。加强对平台治理、人工智能伦理等问题的研究，及时跟踪研判数字技术创新应用发展趋势，推动完善数字中介服务、工业APP、云计算等数字技术和服务监管规则，探索大数据、人工智能、区块链等数字技术在监管领域的应用。强化产权和知识产权保护，严厉打击网络侵权和盗版行为，营造有利于创新的发展环境。

（三）完善多元共治新格局。建立完善政府、平台、企业、行业组织和社会公众多元参与、有效协同的数字经济治理新格局，形成治理合力，鼓励良性竞争，维护公平有效市场。加快健全市场准入制度、公平竞争审查机制，完善数字经济公平竞争监管制度，预防和制止滥用行政权力排除限制竞争。进一步明确平台企业主体责任和义务，推进行业服务标准建设和行业自律，保护平台从业人员和消费者合法权益。开展社会监督、媒体监督、公众监督，培育多元治理、协调发展新生态。鼓励建立争议在线解决机制和渠道，制定并公示争议解决规则。引导社会各界积极参与推动数字经济治理，加强和改进反垄断执法，畅通多元主体诉求表达、权益保障渠道，及时化解矛盾纠纷，维护公众利益和社会稳定。

**专栏11　多元协同治理 能力提升工程**

1. 强化平台治理。科学界定平台责任与义务，引导平台经营者加强内部管理和安全保障，强化平台在数据安全和隐私保护、商品质量保障、食品安全保障、劳动保护等方面的责任，研究制定相关措施，有效防范潜在的技术、经济和社会风险。

2. 引导行业自律。积极支持和引导行业协会等社会组织参与数字经济治理，鼓励出台行业标准规范、自律公约。并依法依规参与纠纷处理，规范行业企业经营行为。

3. 保护市场主体权益。保护数字经济领域各类市场主体尤其是中小微企业和平台从业人员的合法权益、发展机会和创新活力，规范网络广告、价格标示、宣传促销等行为。

4. 完善社会参与机制。拓宽消费者和群众参与渠道，完善社会举报监督机制，推动主管部门、平台经营者等及时回应社会关切，合理引导预期。

## 九、着力强化数字经济安全体系

（一）增强网络安全防护能力。强化落实网络安全技术措施同步规划、同步建设、同步使用的要求，确保重要系统和设施安全有序运行。加强网络安全基础设施建设，强化跨领域网络安全信息共享和工作协同，健全完善网络安全应急事件预警通报机制，提升网络安全态势感知、威胁发现、应急指挥、协同处置和攻击溯源能力。提升网络安全应急处置能力，加强电信、金融、能源、交通运输、水利等重要行业领域关键信息基础设施网络安全防护能力，支持开展常态化安全风险评估，加强网络安全等级保护和密码应用安全性评估。支持网络安全保护技术和产品研发应用，推广使用安全可靠的信息产品、服务和解决方案。强化针对新技术、新应用的安全研究管理，为新产业、新业态、新模式健康发展提供保障。加快发展网络安全产业体系，促进拟态防御、数据加密等网络安全技术应用。加强网络安全宣传教育和人才培养，支持发展社会化网络安全服务。

（二）提升数据安全保障水平。建立健全数据安全治理体系，研究完善行业数据安全管理政策。建立数据分类分级保护制度，研究推进数据安全标准体系建设，规范数据采集、传输、存储、处理、共享、销毁全生命周期管理，推动数据使用者落实数据安全保护责任。依法依规加强政务数据安全保护，做好政务数据开放和社会化利用的安全管理。依法依规做好网络安全审查、云计算服务安全评估等，有效防范国家安全风险。健全完善数据跨境流动安全管理相关制度规范。推动提升重要设施设备的安全可靠水平，增强重点行业数据安全保障能力。进一步强化个人信息保护，规范身份信息、隐私信息、生物特征信息的采集、传输和使用，加强对收集使用个人信息的安全监管能力。

（三）切实有效防范各类风险。强化数字经济安全风险综合研判，防范各类风险叠加可能引发的经济风险、技术风险和社会稳定问题。引导社会资本投向原创性、引领性创新领域，避免低水平重复、同质化竞争、盲目跟风炒作等，支持可持续发展的业态和模式创新。坚持金融活动全部纳入金融监管，加强动态监测，规范数字金融有序创新，严防衍生业务风险。推动关键产品多元化供给，着力提高产业链供应链韧性，增强产业体系抗冲击能力。引导企业在法律合规、数据管理、新技术应用等领域完善自律机制，防范数字技术应用风险。健全失业保险、社会救助制度，完善灵活就业的工伤保险制度。健全灵活就业人员参加社会保险制度和劳动者权益保障制度，推进灵活就业人员参加住房公积金制度试点。探索建立新业态企业劳动保障信用评价、守信激励和失信惩戒等制度。着力推动数字经济普惠共享发展，健全完善针对未成年人、老年人等各类特殊群体的网络保护机制。

## 十、有效拓展数字经济国际合作

（一）加快贸易数字化发展。以数字化驱动贸易主体转型和贸易方式变革，营造贸易数字化良好环境。完善数字贸易促进政策，加强制度供给和法律保障。加大服务业开放力度，探索放宽数字经济新业态准入，引进全球服务业跨国公司在华设立运营总部、研发设计中心、采购物流中心、结算中心，积极引进优质外资企业和创业团队，加强国际创新资源“引进来”。依托自由贸易试验区、数字服务出口基地和海南自由贸易港，针对跨境寄递物流、跨境支付和供应链管理等典型场景，构建安全便利的国际互联网数据专用通道和国际化数据信息专用通道。大力发展跨境电商，扎实推进跨境电商综合试验区建设，积极鼓励各业务环节探索创新，培育壮大一批跨境电商龙头企业、海外仓领军企业和优秀产业园区，打造跨境电商产业链和生态圈。

（二）推动“数字丝绸之路”深入发展。加强统筹谋划，高质量推动中国—东盟智慧城市合作、中国—中东欧数字经济合作。围绕多双边经贸合作协定，构建贸易投资开放新格局，拓展与东盟、欧盟的数字经济合作伙伴关系，与非盟和非洲国家研究开展数字经济领域合作。统筹开展境外数字基础设施合作，结合当地需求和条件，与共建“一带一路”国家开展跨境光缆建设合作，保障网络基础设施互联互通。构建基于区块链的可信服务网络和应用支撑平台，为广泛开展数字经济合作提供基础保障。推动数据存储、智能计算等新兴服务能力全球化发展。加大金融、物流、电子商务等领域的合作模式创新，支持我国数字经济企业“走出去”，积极参与国际合作。

（三）积极构建良好国际合作环境。倡导构建和平、安全、开放、合作、有序的网络空间命运共同体，积极维护网络空间主权，加强网络空间国际合作。加快研究制定符合我国国情的数字经济相关标准和治理规则。依托双边和多边合作机制，开展数字经济标准国际协调和数字经济治理合作。积极借鉴国际规则和经验，围绕数据跨境流动、市场准入、反垄断、数字人民币、数据隐私保护等重大问题探索建立治理规则。深化政府间数字经济政策交流对话，建立多边数字经济合作伙伴关系，主动参与国际组织数字经济议题谈判，拓展前沿领域合作。构建商事协调、法律顾问、知识产权等专业化中介服务机制和公共服务平台，防范各类涉外经贸法律风险，为出海企业保驾护航。

## 十一、保障措施

（一）加强统筹协调和组织实施。建立数字经济发展部际协调机制，加强形势研判，协调解决重大问题，务实推进规划的贯彻实施。各地方要立足本地区实际，健全工作推进协调机制，增强发展数字经济本领，推动数字经济更好服务和融入新发展格局。进一步加强对数字经济发展政策的解读与宣传，深化数字经济理论和实践研究，完善统计测度和评价体系。各部门要充分整合现有资源，加强跨部门协调沟通，有效调动各方面的积极性。

（二）加大资金支持力度。加大对数字经济薄弱环节的投入，突破制约数字经济发展的短板与瓶颈，建立推动数字经济发展的长效机制。拓展多元投融资渠道，鼓励企业开展技术创新。鼓励引导社会资本设立市场化运作的数字经济细分领域基金，支持符合条件的数字经济企业进入多层次资本市场进行融资，鼓励银行业金融机构创新产品和服务，加大对数字经济核心产业的支持力度。加强对各类资金的统筹引导，提升投资质量和效益。

（三）提升全民数字素养和技能。实施全民数字素养与技能提升计划，扩大优质数字资源供给，鼓励公共数字资源更大范围向社会开放。推进中小学信息技术课程建设，加强职业院校（含技工院校）数字技术技能类人才培养，深化数字经济领域新工科、新文科建设，支持企业与院校共建一批现代产业学院、联合实验室、实习基地等，发展订单制、现代学徒制等多元化人才培养模式。制订实施数字技能提升专项培训计划，提高老年人、残障人士等运用数字技术的能力，切实解决老年人、残障人士面临的困难。提高公民网络文明素养，强化数字社会道德规范。鼓励将数字经济领域人才纳入各类人才计划支持范围，积极探索高效灵活的人才引进、培养、评价及激励政策。

（四）实施试点示范。统筹推动数字经济试点示范，完善创新资源高效配置机制，构建引领性数字经济产业集聚高地。鼓励各地区、各部门积极探索适应数字经济发展趋势的改革举措，采取有效方式和管用措施，形成一批可复制推广的经验做法和制度性成果。支持各地区结合本地区实际情况，综合采取产业、财政、科研、人才等政策手段，不断完善与数字经济发展相适应的政策法规体系、公共服务体系、产业生态体系和技术创新体系。鼓励跨区域交流合作，适时总结推广各类示范区经验，加强标杆示范引领，形成以点带面的良好局面。

（五）强化监测评估。各地区、各部门要结合本地区、本行业实际，抓紧制定出台相关配套政策并推动落地。要加强对规划落实情况的跟踪监测和成效分析，抓好重大任务推进实施，及时总结工作进展。国家发展改革委、中央网信办、工业和信息化部要会同有关部门加强调查研究和督促指导，适时组织开展评估，推动各项任务落实到位，重大事项及时向国务院报告。

# 附录 D　温室气体-第 1 部分：组织层面上温室气体排放与清除量化及报告规范（ISO 14064-1：2018）

## 1　范围

本标准详细说明了组织层级对温室气体（GHG）排放与清除量化及报告的原则与要求事项。它包括设计、开发、管理、报告和验证组织的温室气体清单要求。

ISO 14064 系列标准针对温室气体项目方案是中立的。如果温室气体项目方案是适用的，则该温室气体项目要求将作为 ISO 14064 系列标准之附加要求。

## 2　引用标准

本标准没有引用标准。

## 3　术语与定义

为了更好地使用本标准，下列术语与定义是适用的。

为了使用方面的标准化，ISO 及 IEC 在如下的网址保持了相应的术语与定义的数据库。

—ISO Online browsing platform：available at https：//www. iso. org/obp

—IEC Electropedia：available at http：//www. electropedia. org/

3.1　温室气体相关术语

3.1.1　温室气体 GHG：自然与人为产生的大气气体成分，可吸收与释放由地球表面、大气及云层所释放的红外线辐射光谱范围内特定波长之辐射。

理解注释 1：关于温室气体目录，可以参见最近的 IPCC 评估报告。

理解注释 2：水蒸气和臭氧是人为和自然的温室气体，但不包括作为公认的温室气体内，由于一些困难，在大多数情况下，不考虑人类诱因成分引起的全球变暖归因于它们在大气层中的存在。

3.1.2　温室气体源 GHG source：释放温室气体进入大气层中的过程。

3.1.3　温室气体汇 GHG sink：从大气中清除温室气体的过程。

3.1.4　温室气体储存库 GHG reservoir：一种组成，不仅仅是大气，具储存或累积以及释放温室气体之能力。

理解注释 1：海洋、土壤、森林能够担当组成，作为温室气体储存库的例子。

理解注释 2：温室气体的捕获与储存是温室气体储存库过程结果之一。

3.1.5　温室气体排放 GHG emission：向大气释放温室气体。

3.1.6　温室气体清除 GHG removal：通过温室气体汇从大气中吸附温室气体。

3.1.7　温室气体排放因素 GHG emission factor：与温室气体排放活动数据相关的系数。

理解注释 1：温室气体排放因素可包括氧化成分。

3.1.8　温室气体清除因素 GHG removal factor：与温室气体清除活动数据相关的系数。

理解注释 1：温室气体清除因素可包括氧化成分。

3.1.9　直接温室气体排放 direct GHG emission：自组织所拥有或控制的温室气体

源排放之温室气体。

理解注释 1：本标准使用股权或控制权（财务与营运控制）的概念，来设定一个组织边界。

3.1.10 直接温室气体清除 direct GHG removal：从组织（3.4.2）拥有或控制的温室气体汇（3.1.3）中清除温室气体（3.1.6）。

3.1.11 间接温室气体排放 indirect GHG emission：温室气体排放（3.1.5）是一个组织（3.4.2）的运营和活动的结果，但来自非组织所有或控制的温室气体源（3.1.2）。

注 1：这些排放一般发生在上游和/或下游产业链。

3.1.12 全球变暖潜能值 GWP：

根据温室气体（3.1.1）的辐射特性，当前大气中给定单位质量的温室气体在选定时间内的排放水平，测量其脉冲辐射强度，相对于二氧化碳（$CO_2$）的系数。

3.1.13 二氧化碳当量 $CO_2e$：比较温室气体（3.1.1）和二氧化碳的辐射强度的单位。

理解注释 1：二氧化碳当量是用给定温室气体的质量乘以其全球变暖潜能值（3.1.12）计算的。

3.2 温室气体清单过程术语

3.2.1 温室气体活动数据 GHG activity data：定量测量导致温室气体排放（3.1.5）或温室气体清除（3.1.6）的活动。

举例：一定数量的消耗的能源、燃料或电力的数量，生产的材料，提供的服务，受影响的土地面积。

3.2.2 初级数据 primary data：通过直接测量或基于直接测量计算获得的过程或活动的量化值。

理解注释 1：初级数据可包括温室气体排放因素（3.1.7）或温室气体清除因素（3.1.8）和/或温室气体活动数据（3.2.1）。

3.2.3 具体场地数据 site-specific data：组织边界（3.4.7）内获得的初级数据（3.2.2）。

理解注释 1：所有具体场地数据均为初级数据，但并非所有初级数据均为具体场地数据。

3.2.4 次级数据 secondary data：除初级数据之外的来源数据（3.2.2）。

理解注释 1：这些来源可以包括数据库和经主管部门验证的已发表的文献。

3.2.5 温室气体声明 GHG statement：为核查（3.4.9）或确认（3.4.10）主题事项，提供事实和客观声明。

理解注释 1：温室气体报表可以在某个时间点提交，也可以涵盖一段时间。

理解注释 2：责任方（3.4.3）提供的温室气体声明应具有清晰的识别能力，由核查员（3.4.11）或确认员（3.4.12）根据合适的标准进行一致的评价或测量。

理解注释 3：温室气体声明可在温室气体报告（3.2.9）或温室气体计划（3.2.7）中提供。

3.2.6 温室气体清册 GHG inventory：温室气体源（3.1.2）和温室气体汇（3.1.3）以及量化温室气体排放（3.1.5）及温室气体清除（3.1.6）的清单。

3.2.7 温室气体计划 GHG project：改变温室气体基线条件并导致温室气体排放（3.1.5）减少或温室气体消除（3.1.6）增强的行为或活动。

理解注释 1：ISO 14064-2 提供了如何确定和使用温室气体基线的信息。

3.2.8　温室气体项目 GHG programme：注册的自愿或强制性的国际、国家或国家以下各级的系统或计划，核算或管理温室气体排放（3.1.5）、温室气体清除（3.1.6）、组织（3.4.2）外的温室气体减排或温室气体清除增强或温室气体计划（3.2.7）。

3.2.9　温室气体报告 GHG report：旨在将组织（3.4.2）或温室气体计划（3.2.7）的温室气体信息传达给其预期使用方（3.4.4）的独立文件。

理解注释 1：温室气体报告可以包括温室气体声明（3.2.5）。

3.2.10　基准年 base year：为比较温室气体排放（3.1.5）或温室气体清除（3.1.6）量或其他与温室气体有关的随时信息而确定的特定历史时期。

3.2.11　温室气体减量倡议 GHG reduction initiative：由组织（3.4.2）实施的，未组织作为温室气体计划（3.2.7），在离散或连续的基础上，减少或防止直接或间接的温室气体排放（3.1.5）或加强直接或间接的温室气体清除（3.1.6）的具体活动或倡议。

3.2.12　监控 monitoring：持续或定期评估温室气体排放（3.1.5）、温室气体清除（3.1.6）或其他温室气体相关的数据。

3.2.13　不确定性 uncertainty：与量化结果有关的参数，可将数值之分散性合理转化，以量化数据显示。

理解注释 1：不确定性信息通常指定数值可能分散的定量估计和对可能分散原因的定性描述。

3.2.14　重大间接温室气体排放 significant indirect GHG emission：组织的（3.4.2）量化和报告的温室气体排放（3.1.5）符合组织设定的重大接受准则。

3.3　生物质材料及土地使用术语

3.3.1　生物质 biomass：生物来源的材料，不包括嵌在地质构造的材料和变成化石材料的物质。

理解注释 1：生物质包括有机物质（包括活的和死的），例如树木、农作物、草、枯落物、藻类、动物、粪便和生物来源的废物。

3.3.2　生物质碳 biogenic carbon：来源于生物质的碳（3.3.1）。

3.3.3　生物质二氧化碳 biogenic $CO_2$：

生物质碳氧化得到生物质二氧化碳（3.3.2）。

3.3.4　人为的生物质温室气体排放 anthropogenic biogenic GHG emission：人类活动导致生物材料引起的温室气体排放（3.1.5）。

3.3.5　直接土地使用变更 direct land use change：相关边界内人类使用土地的改变。

理解注释 1：相关边界为报告边界（3.4.8）。

3.3.6　土地使用 land use：在相关边界内人类使用及管理土地。

理解注释 1：相关边界为报告边界（3.4.8）。

3.3.7　非人为的生物质温室气体排放 non-anthropogenic biogenic GHG emission：自然灾害（如野火或虫害）或自然进化（如生长、分解）引起的生物材料的温室气体排放（3.1.5）。

3.4　组织、利益相关方以及核查术语

3.4.1　设施 facility：可界定于单一的地理边界，组织单元或生产过程内的单个安装、成套安装或生产工艺（固定或移动）。

3.4.2　组织 organization：为达到其目标，具有自己的功能、职责、权限和关系的个人或群体。

理解注释 1：组织的概念包括但不限于：独资、公司、法人、商行、企业、当局、合伙、协会、慈善机构或机构，或其部分或组合，不论其是否为法人、公营或私营。

3.4.3　责任方 responsible party：负责提供温室气体声明（3.2.5）和支持温室气体（3.1.1）信息的个人或多人。

理解注释 1：责任方可以是个人或组织（3.4.2）或项目的代表，也可以是参与的核查员（3.4.11）或确认员（3.4.12）的一方。

3.4.4　预期使用方 intended user：报告温室气体相关信息以及依赖信息来做决定的个人或组织（3.4.2）。

理解注释 1：预期使用方可以是客户（3.4.5）、责任方（3.4.3）、组织本身，温室气体项目（3.2.8）管理者、监管机构、金融界或其他受影响的利益方，例如当地社区、政府部门、一般公众或非政府组织。

3.4.5　客户 client：组织（3.4.2）或要求核查（3.4.9）或确认（3.4.10）的人。

3.4.6　温室气体清单的预期使用 intended use of the GHG inventory：与预期用户（3.4.4）的需求一致，并由组织（3.4.2）或项目确定主要目的，以量化其温室气体排放（3.1.5）和温室气体清除（3.1.6）。

3.4.7　组织边界 organizational boundary：组织（3.4.2）实施业务或财务控制或拥有股权的活动或设施分组。

3.4.8　报告边界 reporting boundary：由组织（3.4.2）的运作和活动产生的，以及那些重要的间接排放，在组织边界（3.4.7）内报告的温室气体排放（3.1.5）或温室气体清除（3.1.6）分组。

3.4.9　核查 verification：对历史数据和信息的陈述进行评估，以确定该陈述是否物质正确、符合准则的过程。

3.4.10　确认 validation：对支持未来活动结果的陈述的假设、限制和方法的合理性进行评估的过程。

3.4.11　核查员 verifier：有能力和公正的负责执行和报告核查（3.4.9）的人员。

3.4.12　确认员 validator：有能力和公正的负责执行和报告确认（3.4.10）的人员。

3.4.13　保证等级 level of assurance：对温室气体声明（3.2.5）的置信度保证水平。

**4　原则**

4.1　总则

原则的应用系确保温室气体相关信息之真实与公正的基础。这些原则为本标准要求事项之基准，并将指引该标准之应用。

4.2　相关性

选择适合预期使用者需求之温室气体源、温室气体汇、温室气体储存库、数据及方法。

4.3　完整性

包括所有相关的温室气体排放与清除。

4.4　一致性

使温室气体相关信息能有意义地比较。

4.5　准确性

尽可能依据实务减少偏差与不确定性。

4.6　透明度

揭露充分且适当的温室气体相关信息，使预期使用者做出合理可信之决策。

## 5　温室气体清册边界

5.1　组织边界

组织应明确组织边界。

组织可以由一个或多个设施组成。设施级别的温室气体排放或清除可能是由一个或多个温室气体源或汇产生。

本组织应汇总其设施级温室气体的排放和清除，使用其中的一个以下的方法：

a）控制：组织负责所有有财务或者经营控制权设施的温室气体排放和/或移除；

b）股权份额：组织依股权比例核算个别设施之温室气体排放量与/或移除量。

合并办法应与温室气体清单的预期用途一致。

注1：附件A中包含了关于应用控制和股权分担方法将设施级温室气体排放和清除合并到组织级的指南。

在有多个报告目标的情况下，组织可以使用不同的整合方法和要求，例如，由温室气体项目，法律合同或不同类型的预期用户。

注2：一个组织的温室气体排放和清除量是从设施级别的量化中汇总温室气体的来源和汇。

注3：一个时期的温室气体汇可能在另一个时期成为温室气体源，反之亦然。当一个设施由几个组织拥有或控制时，这些组织应该采用相同的合并方法。

5.2　报告边界

5.2.1　建立报告边界

组织应建立并记录其报告边界，包括识别与本组织业务相关的直接和间接温室气体排放和清除。

5.2.2　直接温室气体排放及清除

组织应分别量化$CO_2$、$CH_4$、$N_2O$、$NF_3$、$SF_6$的直接温室气体排放和其他适当的温室气体组（氢氟碳化物、全氟化碳等）用二氧化碳当量吨。

该组织应量化温室气体的清除量。

5.2.3　间接温室气体排放

组织应应用并文件化一个过程，以确定应包括哪些间接排放包含在温室气体清单中。作为这个过程的一部分，在考虑温室气体清单的预期用途时，组织应定义和解释其预先确定的间接排放重要性准则。

无论预期用途是什么，都不应使用准则来排除大量的间接排放或逃避合规义务。利用这些准则，该组织应识别和评估其间接温室气体排放，以选择重大的间接排放。该组织应量化并报告这些重大排放。重大间接排放的排除应该需要澄清。

评估重要性的准则可以包括排放量的大小/数量、来源/汇影响水平、信息的获取和相关数据的准确性水平（组织和监控的复杂性）。风险评估或其他程序（如：买方要求、监管要求、利害相关方的关注项、经营规模等）可以使用（见ISO 13065）。更多的指导见附件H。

评估重要性的标准可以定期修订。组织应该保留关于修订的文件化信息。

5.2.4　温室气体清册分类

在组织层级，温室气体排放应汇总为以下类别：

a）温室气体的直接排放和清除；

b）进口能源的间接温室气体排放；

c）交通运输的间接温室气体排放；

d）组织使用产品的间接温室气体排放；

e）与使用本组织产品相关的间接温室气体排放；

f）其他来源的间接温室气体排放。

在每一类中，非生物质排放，生物质人为排放，如果量化和报告的生物质非人为排放应分开（见附件 D）。组织应在设施一级单独记录上述类别。

温室气体排放应进一步细分为与上述类别相一致的子类别。

附件 B 提供了一个子类别的例子。

## 6　温室气体排放与清除量化

6.1　温室气体源和汇的识别

组织应识别并记录其所包含的所有相关温室气体源和汇报告的界限。该组织应包括所有相关的温室气体。

温室气体源和汇应按照 5.2.4 定义的类别进行识别。如果组织对温室气体清除进行了量化，组织应识别并记录温室气体汇促进了温室气体的清除。

源和汇的识别和分类的细节应与使用量化方法一致。

该组织可排除对温室气体排放或清除有贡献的无关紧要的温室气体源或汇。

应识别并解释温室气体源或汇被排除在其中的原因，按照报告中所包含的类别和任何细分类别（见 5.2.3）。

6.2　量化方法选择

6.2.1　总则

组织应选择和使用将不确定度降至最低的量化方法，以产生准确、一致和可重现的结果。量化方法还应考虑技术可行性和成本。

注：量化方法是指获取数据并确定排放或清除量的过程从源头或汇。温室气体的排放或清除可以通过测量或建模得到。

组织应解释和记录其量化方法和在量化的方法。

6.2.2　量化数据的选择与收集

组织应对分类为直接或间接排放的每个源或汇的数据进行识别并记录。并应确定并记录每个用于量化的数据相关的特征（见 5.2.3）。

注 1：用于量化的数据包括初级数据（包括具体场地的数据）和次要数据。

例：用于量化的示例数据可能包括卡车的平均油耗和以它特性为标准来确定油耗。

注 2：就温室气体项目而言，用于量化的数据的特征通常是由项目操作员确定的。

附件 C 针对用于量化数据的选择和收集提供了指南。

6.2.3　温室气体量化模型的选择和开发

除测量排放和清除的情况外，组织应选择或开发量化方法的模型。

模型是使用量化的源或汇数据如何转换成排放或清除量的一种表示。模型是物理过程的简化，它存在假设和局限性。

组织应解释和记录选择或开发模型的理由，考虑以下模型特点：

a）模型如何准确地表示排放和清除量；

b）适用范围；

c）不确定性和严谨性；

d）结果的重复性；

e）模型的可接受性；

f）模型的来源和认知水平；

g）与预期用途的一致性。

注：好几种模型利用的是活动数据乘以排放因子。

6.3　温室气体排放及清除的计算

本组织应根据选择的量化方法计算温室气体排放和清除量（见6.2）。应报告温室气体排放和清除的计算期间。本组织应使用适当的全球变暖潜能值，将每种温室气体的数量换算为二氧化碳当量吨。应该使用IPCC最新的全球变暖潜能值。如果不是，应提供理由。GWP值时间范围应是100年。其他全球升温潜能值的时间范围也可以使用，但要单独报告。

注：GWP可能是模型的一部分（包括排放因子）。

该组织应按照附件D量化生物质源的排放或清除。

该组织应根据附件E量化所消耗的进口电力的排放或清除量，以及组织产生的输出电力的排放与清除量。关于农业排放或清除的具体指南请参见附件G。

6.4　基准年温室气体清册

6.4.1　选择及建立基准年

本组织应建立温室气体排放和清除的历史基准年用于比较目的或满足温室气体项目要求或温室气体清单的其他预期用途。

基准年的排放量或清除量可以根据特定的时期（例如一年或一年的一部分，当进行量化组织活动具有季节性特征的年份）或几个时期（例如：数年）的平均值。

如果没有关于历史温室气体排放或清除的充分信息，该组织可能会使用其第一个温室气体清单期作为基准年。

在建立基准年时，本组织：

a）应使用具有代表性的组织当前的报告边界数据对基准年温室气体排放和清除量进行量化，通常是单年数据，连续多年平均或滚动平均；

b）选择有可核实的温室气体排放或清除数据的基准年；

c）应说明基准年的选择；

d）应制定一份符合本标准规定的基准年温室气体清单。

组织可以改变其基准年，但应澄清基准年的任何变更。

6.4.2　基准年清册的评审

为确保基准年温室气体清单的代表性，组织应开发、记录并应用基准年评审和重新计算程序来解释基准年排放量的累积变化的实质性问题，原因如下：

a）报告或组织边界的结构性变化（即合并、收购或剥离），或者

b）计算方法或排放系数的改变，或

c）发现一个错误或一定数据的累积错误，产生了积累的实质性。

组织不得因设施生产水平的变化而重新计算其基准年温室气体清单，包括关闭或开放的设施。

组织应在以后的温室气体清单中记录基准年的重新计算。

## 7 缓解行动

### 7.1 温室气体排放减量及清除增强倡议

该组织可计划和实施温室气体减排倡议，以减少或防止温室气体排放或加强温室气体的清除。如果实施，该组织应量化温室气体排放或清除差异的属性实施温室气体减排倡议。

注：温室气体减排措施导致的温室气体排放或清除差异通常会在组织的温室气体清单中反映出来，但也可能差异来自于温室气体边界外。

如果进行量化和报告，组织应记录温室气体减排倡议及其相关内容，分别说明温室气体排放或清除的差异，并应说明：

a）温室气体减排倡议；

b）温室气体减排倡议的时空边界；

c）量化温室气体排放或消除差异的方法（适当的指标）；

d）对温室气体直接或间接排放或清除的减排倡议，确定和分类温室气体排放或清除差异属性。

温室气体减排倡议的例子可能包括以下方面：

——能源需求和使用管理；

——能源效率；

——技术或工艺改进；

——温室气体的捕获和储存，通常是在温室气体库中；

——管理运输和旅行需求；

——燃料转换或替代；

——植树造林；

——废物最少化；

——使用替代燃料和原材料，以避免将废物填埋或焚化；

——制冷剂管理。

### 7.2 温室气体排放减量及清除增强计划

如果组织报告碳购买或发展碳抵消，组织应从温室气体减排倡议分别列出这些抵消。

### 7.3 温室气体排放减量及清除增强指标

该组织可以设定减少温室气体排放的目标。

如果组织报告目标，应指定并报告下列信息：

——目标所涵盖的期间，包括目标参考年及目标完成年；

——目标的类型（强度或绝对值）；

——目标所包括的排放类别；

——削减的数额和按目标类型表示的单位。

在订立目标时，应考虑下列准则：

——气候科学；

——减量潜能；

——国际、国家背景；

——行业背景（例如自愿的行业承诺、跨行业效应）。

## 8 温室气体清册质量管理

8.1 温室气体信息管理

8.1.1 组织应建立并保持温室气体信息管理程序，确保：

a）确保符合本文件的原则；

b）确保与温室气体清单的预期用途一致；

c）提供例行的一致的日常检查，以确保温室气体清单的准确性和完整性；

d）识别和纠正错误和遗漏；

e）编制和归档相关的温室气体清单记录，包括信息管理活动和 GWP 值。

8.1.2 组织的温室气体信息管理程序应记录其如下考虑：

a）确定和评审温室气体清单开发人员职责和权限；

b）确定、实施和评审对温室气体清单开发团队成员的适当培训；

c）识别和评审组织边界；

d）识别和评审温室气体源和汇；

e）选择和评审量化的方法，包括用于温室气体量化的数据和与温室气体清单的预期用途相一致的量化模型；

f）评审量化方法的应用，以确保多个设施各方面的一致性；

g）测量设备的使用、维护和校准（如适用）；

h）开发和维护健康的数据收集系统；

i）定期进行精度检查；

j）定期内部审核和技术评审；

k）定期评审改进信息管理过程的机会。

8.2 文件保存及记录保持

组织应建立并保持文件保持和记录保存的程序。

组织应保留和保持支持设计、开发和维持的必备资料以能够开展温室气体清单的核查。

文件，无论是纸质的，电子或其他格式，其处置应按照组织的温室气体信息管理程序要求进行文件保留与保持。

8.3 不确定性的评估

组织应评估与量化方法（量化的数据和模型）相关的不确定性，确定温室气体清单类别水平的不确定性。

当不确定性的定量估计不可能或不具有成本效益时，应予以证明，并提供一个应进行的定性评估。

组织可以应用 ISO/IEC98-3 指南的原则和方法来完成不确定性评估。

## 9 温室气体报告

9.1 总则

组织应编制一份与温室气体清单的预期用途一致的温室气体报告，促进温室气体清单核查。例如，对温室气体项目参与方或需通知外部或内部用户时温室气体报告可能是必要的。

如果组织选择温室气体清单核查或公开的温室气体符合性声明，则应编写一份温室气体报告。

温室气体报告应完整、一致、准确、相关、透明和符合 9.2 的策划。

如果该组织的温室气体声明已被独立（第三方）核实，则其核查声明应提供给预期用户。

如果在温室气体报告中不包括机密数据，应予以澄清。

如果组织决定准备一份温室气体报告，9.2 和 9.3 适用。

9.2　温室气体报告的策划

组织在策划其温室气体报告时，应解释并记录以下内容：

a）在组织的温室气体政策、战略情景下报告的目的、目标和方案或适用的温室气体项目；

b）温室气体清单的预期用途和预期用户；

c）编写和制作报告的总体和具体职责；

d）报告频率；

e）报告结构和格式；

f）报告中应包含的数据和信息；

g）关于报告可用性和传播方法的政策。

9.3　温室气体报告的内容

9.3.1　要求信息

组织的温室气体报告应描述组织的温室气体清单。它的内容可能如附件 F 所建议结构。

温室气体报告内容应包括以下内容：

a）报告机构的描述；

b）负责报告的人或实体；

c）所述期间；

d）组织边界的记录（5.1）；

e）报告边界的文件化，包括组织定义的重要排放的准则；

f）直接温室气体排放，需分别量化 $CO_2$、$CH_4$、$N_2O$、$NF_3$、$SF_6$ 和其他适当的温室气体群组（氢氟碳化物、全氟化碳等）转化为 $CO_2$ 当量吨（5.2.2）；

g）描述在温室气体清单中如何处理生物质源二氧化碳排放和清除，以及相关的生物质二氧化碳排放和清除量，分别以 $CO_2$ 当量吨量化（见附件 D）；

h）如量化，直接温室气体清除量要以 $CO_2$ 当量吨（5.2.2）；

i）将任何重要温室气体源或汇排除在量化之外的解释（5.2.3）；

j）按 $CO_2$ 当量吨对分类的温室气体间接排放进行量化（5.2.4）；

k）选择的历史基准年和基准年温室气体清单（6.4.1）；

l）对基准年或其他历史温室气体数据或分类的任何变化以及重新计算进行解释（6.4.1），并记录任何这种重新计算对可比性造成的限制；

m）提及或描述量化方法，包括选择量化方法的原因（6.2）；

n）对以往使用的量化方法的任何变更的解释（6.2）；

o）参考或记录所使用的温室气体排放或清除因素（6.2）；

p）按类别描述不确定性对温室气体排放和清除数据准确性的影响（8.3）；

q）不确定性评估描述和结果（8.3）；

r）关于温室气体报告已按照本标准编制的声明；

s）描述温室气体清单、报告或声明是否已被核查的披露，包括核查的类型和取得的保证程度；

t）计算中使用的GWP值及其来源，如GWP值不是从最新的IPCC报告所获取，包括计算使用的排放因素或参考数据库，以及它们的来源。

9.3.2　推荐的信息

本组织应考虑在温室气体报告中包括：

a）描述组织的温室气体政策、战略或项目；

b）在适当情况下，描述温室气体减排倡议及其如何促进温室气体排放或清除偏差，包括那些发生在组织边界之外的排放，以二氧化碳当量吨量化（7.1）；

c）在适当的情况下，以二氧化碳当量吨计的来自温室气体减排和清除强化计划的购买或开发温室气体减排及清除量（7.2）；

d）酌情说明适用的温室气体项目要求；

e）按设施分解的温室气体排放或清除量；

f）温室气体间接量化排放总量；

g）描述和介绍其他指标，如效率或温室气体排放强度（每生产单位的排放量）比率；

h）根据适当的内部和/或外部标杆评估业绩；

i）温室气体信息管理和监测程序的描述（8.1）；

j）上一个报告期的温室气体排放和清除量；

k）如有必要，解释当前清单与上一年清单之间的温室气体排放差异。

该组织可将直接排放和直接清除合并。

9.3.3　可选的信息及关联的要求

组织可以将可选信息与必需信息和推荐信息分开报告。下面描述的每一种可选信息都应该和其他的分开报告。

本组织可报告温室气体属性合同文书的结果（基于市场方法），温室气体排放量用（$tCO_2e$），转移单位用（千瓦时）表示。组织可以报告购买的碳数量和对比的消耗的数量。该组织可报告碳抵消或其他类型的碳信用。如果是，组织：

——应披露其产生所依据的温室气体计划；

——如果来自同一温室气体计划和适宜的年份，可以将碳抵消额或其他类型的碳信用额加在一起；

——对直接或间接排放，不得从组织的清单中增加或减去碳抵消或其他类型的碳信用额。

该组织可以报告储存在温室气体库中的温室气体。

## 10　组织在核查活动中的角色

组织可以决定进行核查。

为公正、客观地审查温室气体排放和清除信息，本组织应进行与预期用户需求一致的核查。原则和要求在ISO 14064-3中描述。

核查机构的要求在ISO 14065中有描述。

ISO 14066描述了核查和确认团队的能力要求。

# 附录E　国家能源局 科学技术部关于印发《“十四五”能源领域科技创新规划》的通知（国能发科技〔2021〕58号）

## 前　言

能源是攸关国家安全和发展的重点领域。世界百年未有之大变局和中华民族伟大复兴的战略全局，要求加快推进能源革命，实现能源高质量发展。“碳达峰、碳中和”目标、经济逆全球化势头、传统产业数字化智能化转型等新形势、新动向、新要求为能源革命和高质量发展带来新的机遇和挑战。创新是引领能源发展的第一动力。科技决定能源未来，科技创造未来能源。加快推动能源技术革命，支撑引领能源高质量发展，并将能源技术及其关联产业培育成带动我国相关产业优化升级的新增长点，是贯彻落实“四个革命、一个合作”能源安全新战略的重要任务。

“十四五”是“两个一百年”奋斗目标的历史交汇期，是加快推进能源技术革命的关键时期。《“十四五”能源领域科技创新规划》（以下简称《规划》）是“十四五”我国推进能源技术革命的纲领性文件，与国家中长期科技规划以及“十四五”现代能源体系规划、科技创新规划、各专项规划有机衔接、相互配合，紧密围绕国家能源发展重大需求和能源技术革命重大趋势，规划部署重大科技创新任务。《规划》提出了2025年前能源科技创新的总体目标，围绕先进可再生能源、新型电力系统、安全高效核能、绿色高效化石能源开发利用、能源数字化智能化等方面，确定了相关集中攻关、示范试验和应用推广任务，制定了技术路线图，结合“十四五”能源发展和项目布局，部署了相关示范工程，有效承接示范应用任务，并明确了支持技术创新、示范试验和应用推广的政策措施。

## 一、发展形势

### （一）世界能源科技发展形势

当前，在能源革命和数字革命双重驱动下，全球新一轮科技革命和产业变革方兴未艾。能源科技创新进入持续高度活跃期，可再生能源、非常规油气、核能、储能、氢能、智慧能源等一大批新兴能源技术正以前所未有的速度加快迭代，成为全球能源向绿色低碳转型的核心驱动力，推动能源产业从资源、资本主导向技术主导转变，对世界地缘政治格局和经济社会发展带来重大而深远的影响。

世界各主要国家近年来纷纷将科技创新视为推动能源转型的重要突破口，积极制定各种政策措施抢占发展制高点。美国近年来相继发布了《全面能源战略》《美国优先能源计划》等政策，并出台系列研发计划，将“科学与能源”确立为第一战略主题，积极部署发展新一代核能、页岩油气、可再生能源、储能、智能电网等先进能源技术，突出全链条集成化创新。欧盟在《欧洲绿色协议》中率先提出了构建碳中性经济体的战略目标，升级了战略能源技术规划（SET-Plan），启动了“研究、技术开发及示范框架计划”，构建了全链条贯通的能源技术创新生态系统。德国、英国、法国等分别组织了能源研究计划、能源创新计划、国家能源研究战略等系列科技计划，突出可再生能源在能源供应中的主体地位，抢占绿色低碳发展制高点。日本近年来出台了《第五期能源基本计划》《2050能源环境技术创新战略》《氢能基本战略》等战略规划，提出加快发展可再生能源，全面系统建设“氢能社会”。

受政策驱动，可再生能源、非常规油气、核能、储能、智慧能源等领域诸多新兴技术取得重大突破并跨越技术商业化临界点，引领世界能源消费结构呈现非化石能源、煤炭、石油、天然气“四分天下”，且非化石能源比重逐步扩大的新局面。全球能源技术创新主要呈现以下新动向、新趋势。

一是可再生能源和新型电力系统技术被广泛认为是引领全球能源向绿色低碳转型的重要驱动，受到各主要国家的高度重视。面对日益严重的能源资源约束、生态环境恶化、气候变化加剧等重大挑战，全球主要国家纷纷加快了低碳化乃至“去碳化”能源体系发展步伐。国际能源署预测可再生能源在全球发电量中的占比将从当前的约25%攀升至2050年的86%。为有效应对可再生能源大规模发展给能源系统可靠性和稳定性带来的新挑战，美、欧等国积极探索发展包括先进可再生能源、高比例可再生能源友好并网、新一代电网、新型储能、氢能及燃料电池、多能互补与供需互动等新型电力系统技术，开展了一系列形式多样、场景各异的试验示范工作。

二是非常规油气技术掀起席卷全球的页岩油气革命，成功拓展油气发展新空间，成为颠覆全球油气供应格局的核心力量。美国从上世纪70年代开始布局页岩油气技术攻关，经过数十年的持续探索，成功发展了旋转导向钻井、水平井分段压裂等系统化的页岩油气开发技术，支撑美国油气自给率持续提升，推动非常规油气技术成为世界各国竞争的焦点。全球非常规油气资源占油气资源总量约80%，可采资源量超过80%分布于北美、亚太、拉美、俄罗斯4大地区。在各相关国家的大力支持和推动下，全球非常规油气技术不断取得新突破、技术成熟度持续提升，正在推动全球油气产业从常规油气为主到常规与非常规油气并重的重大转变。

三是以更安全、更高效、更经济为主要特征的新一代核能技术及其多元化应用，成为全球核能科技创新的主要方向。福岛事故后，全球核电建设整体进入稳妥审慎发展阶段，但核能技术创新的步伐并未减缓。美、俄、法等核电强国，凭借长期技术积累，瞄准更安全、更高效、更经济等未来核能发展方向，不断加大研发投入和政策支持，在三代和新一代核反应堆、模块化小型堆、核能供热等多元应用、先进核燃料及循环、在役机组延寿和智慧运维等方面开展了大量技术研发和试验示范工作，为引领未来全球核能产业安全高效发展奠定了坚实基础。

四是信息、交通等领域的新技术与传统能源技术深度交叉融合，持续孕育兴起影响深远的新技术、新模式、新业态。美、欧、日等主要发达国家近年来在能源交叉融合技术方面开展了大量有益探索和实践。大数据、云计算、物联网、移动互联网、人工智能、区块链等为代表的先进信息技术与能源生产、传输、存储、消费以及能源市场等环节深度融合，持续催生具有设备智能、多能协同、信息对称、供需分散、系统扁平、交易开放等特征的智慧能源新技术、新模式、新业态。电动汽车及其网联技术、氢燃料电池车等低碳交通技术，推动能源、交通、信息三大基础设施网络互联互通、融合发展，正在开启能源、交通、信息领域新的重大变革。

**（二）我国能源科技发展形势**

我国已连续多年成为世界上最大的能源生产国、消费国和碳排放国。社会主义现代化强国建设的深入推进对能源供给、消费提出更高要求。在“碳达峰、碳中和”目标、生态文明建设和“六稳六保”等总体要求下，我国能源产业面临保安全、转方式、调结构、补短板等严峻挑战，对科技创新的需求比以往任何阶段都更为迫切。经过前两个五年规划期，我国初步建立了重大技术研发、重大装备研制、重大示范工程、科技创新平台“四位一体”的能源科技创新体系，按照集中攻关一批、示范试验一批、应用推广一批“三个一批”的路径，推动能源技术革命取得重要阶段性进展，有力支撑了重大能源工程建设，对保障能源安全、促进产业转型升级发挥了重要作用。

高比例可再生能源系统技术方面。风电、光伏技术总体处于国际先进水平，有力支撑我国风机、光伏电池产量和装机规模世界第一。10 兆瓦级海上风电机组完成吊装。晶硅电池、薄膜电池最高转换效率多次创造世界纪录，量产单多晶电池平均转换效率分别达到 22.8%和 20.8%。太阳能热发电技术进入商业化示范阶段。水电工程建设能力和百万千瓦级水电机组成套设计制造能力领跑全球。全面掌握 1000 千伏交流、±1100 千伏直流及以下等级的输电技术。柔性直流输电技术占领世界制高点，全球电压等级最高的张北±500 千伏柔性直流电网示范工程、乌东德水电送出±800 千伏特高压多端直流示范工程已投产送电。

油气安全供应技术方面。常规油气勘探开采技术达到国际先进水平，在国际油气资源开发中具有明显比较优势。非常规和深海油气勘探开发技术取得较大进步，建成一批国家级页岩气开发示范区，页岩气年产量超过 200 亿方，支撑我国成为北美之外首个实现页岩气规模化商业开发的国家，自主研发建造的全球首座十万吨级深水半潜式生产储油平台“深海一号”投运。油气长输管线技术取得重大突破，电驱压缩机组、燃驱压缩机组、大型球阀和高等级管线钢等核心装备和材料实现自主化，有力保障了西气东输、中俄东线等长输管线建设。千万吨级 LNG 项目、千万吨级炼油工程成套设备已实现自主化。

核电技术方面。形成了较完备的大型压水堆核电装备产业体系。自主研发“华龙一号”和“国和一号”百万千瓦级三代核电，主要技术和安全性能指标达到世界先进水平。自主研发的具有四代特征的高温气冷堆商业示范堆已投产发电，快中子堆示范项目已开工建设。模块化小型堆、海洋核动力平台等先进核反应堆技术正在抓紧攻关和示范。

化石能源清洁高效开发利用技术方面。年产 1000 万吨以上特厚煤层综采与综采放顶煤开采装备、重介质选煤技术等煤炭开发利用技术装备实现规模应用。煤矿瓦斯治理、灾害防治技术水平显著提升，百万吨死亡率持续下降。具有自主知识产权的神华宁煤 400 万吨/年煤炭间接液化等一批煤炭深加工重大示范工程建成投产。国际首创的 135 万千瓦高低位布置超超临界二次再热机组投入运行，煤电超低排放水平进入世界领先行列。具有完全自主知识产权的 50MW 燃气轮机已实现满负荷稳定运行。

能源新技术、新模式、新业态方面。主流储能技术总体达到世界先进水平，电化学储能、压缩空气储能技术进入商业化示范阶段。氢能及燃料电池技术迭代升级持续加速，推动氢能产业从模式探索向多元示范迈进。能源基础设施智能化、能源大数据、多能互补、储能和电动汽车应用、智慧用能与增值服务等领域创新十分活跃，各类新技术、新模式、新业态持续涌现，对能源产业发展产生深远影响。

然而，与世界能源科技强国相比，与引领能源革命的要求相比，我国能源科技创新还存在明显差距，突出表现为：一是部分能源技术装备尚存短板。关键零部件、专用软件、核心材料等大量依赖国外。二是能源技术装备长板优势不明显。能源领域原创性、引领性、颠覆性技术偏少，绿色低碳技术发展难以有效支撑能源绿色低碳转型。三是推动能源科技创新的政策机制有待完善。重大能源科技创新产学研“散而不强”，重大技术攻关、成果转化、首台（套）依托工程机制、容错以及标准、检测、认证等公共服务机制尚需完善。

“十四五”是我国全面建设社会主义现代化国家新征程的第一个五年规划期。进入新时期新阶段，要充分发挥科技创新引领能源发展第一动力作用，立足能源产业需求，着眼能源发展未来，健全科技创新体系、夯实科技创新基础、突破关键技术瓶颈，为推动能源技术革命，构建清洁低碳、安全高效的能源体系提供坚强保障。

## 二、总体要求和发展目标

### （一）指导思想

以习近平新时代中国特色社会主义思想为指导，深入贯彻党的十九大和十九届二中、三中、四中、五中、六中全会精神，全面落实“四个革命、一个合作”能源安全新战略和创新驱动发展战略，聚焦保障能源安全、促进能源转型、引领能源革命和支撑“碳达峰、碳中和”目标等重大需求，坚持创新在能源发展全局中的核心地位，统筹发展与安全，以实现能源科技自立自强为重点，以完善能源科技创新体系为依托，着力补强能源技术装备“短板”和锻造能源技术装备“长板”，支撑增强能源持续稳定供应和风险管控能力，引领清洁低碳、安全高效的能源体系建设。

### （二）基本原则

1. 补强短板，支撑发展。紧紧围绕国家能源重大战略需求，加强能源领域关键技术攻关，补强产业链供应链短板，逐步化解能源技术装备领域存在的风险。

2. 锻造长板，引领未来。牢牢把握能源技术革命趋势，以绿色低碳为方向，加快推动前瞻性、颠覆性技术创新，锻造长板技术新优势，带动产业优化升级。

3. 依托工程，注重实效。依托重大能源工程推进科技创新成果示范应用，加快推动科技成果转化为现实生产力，切实发挥能源项目建设对科技创新的带动作用。

4. 协同创新，形成合力。与能源、科技等总体规划以及各专项规划统筹衔接，强化产业链创新链上下游联合，加强各方支持政策协同，形成能源科技创新合力。

### （三）发展目标

能源领域现存的主要短板技术装备基本实现突破。前瞻性、颠覆性能源技术快速兴起，新业态、新模式持续涌现，形成一批能源长板技术新优势。能源科技创新体系进一步健全。能源科技创新有力支撑引领能源产业高质量发展。

——引领新能源占比逐渐提高的新型电力系统建设。先进可再生能源发电及综合利用、适应大规模高比例可再生能源友好并网的新一代电网、新型大容量储能、氢能及燃料电池等关键技术装备全面突破，推动电力系统优化配置资源能力进一步提升，提高可再生能源供给保障能力。

——支撑在确保安全的前提下积极有序发展核电。三代大型压水堆装备自主化水平进一步提升，建立标准化型号和型号谱系。小型模块化反应堆、（超）高温气冷堆、熔盐堆、海洋核动力平台等先进核能系统研发和示范有序推进。乏燃料后处理、核电站延寿等技术研究取得阶段性突破。

——推动化石能源清洁低碳高效开发利用。"两深一非"、老油田提高采收率等油气开发技术取得重大突破，有力支撑油气稳产增产和产供储销体系建设。煤炭绿色智能开采、清洁高效转化和先进燃煤发电技术保持国际领先地位，支撑做好煤炭"大文章"。重型燃气轮机研发与示范取得突破，各类中小型燃气轮机装备实现系列化。

——促进能源产业数字化智能化升级。先进信息技术与能源产业深度融合，电力、煤炭、油气等领域数字化、智能化升级示范有序推进。能源互联网、智慧能源、综合能源服务等新模式、新业态持续涌现。

——适应高质量发展要求的能源科技创新体系进一步健全。政—产—学—研—用协同创新体系进一步健全，创新基础设施和创新环境持续完善。围绕国家能源重大需求和重点方向，优化整合并新建一批国家重点实验室和国家能源研发创新平台，有效支撑引领新兴能源技术创新和产业发展。

## 三、重点任务

### （一）先进可再生能源发电及综合利用技术

聚焦大规模高比例可再生能源开发利用，研发更高效、更经济、更可靠的水能、风能、太阳能、生物质能、地热能以及海洋能等可再生能源先进发电及综合利用技术，支撑可再生能源产业高质量开发利用；攻克高效氢气制备、储运、加注和燃料电池关键技术，推动氢能与可再生能源融合发展。

1. 水能发电技术

（1）水电基地可再生能源协同开发运行关键技术

**[集中攻关]** 研发基于气象水文预报和流域综合监测技术，防洪、发电、航运、供水、生态等综合利用多目标协调，满足安全稳定运行和市场需求的流域梯级水电站联合调度技术；研发基于风光水储多能互补、容量优化配置的新型水能资源评估与规划技术，构建基于可再生能源发电预报预测技术的多能互补调度模型，支撑梯级水电、抽水蓄能电站与间歇性可再生能源互补协同开发运行。

**[示范试验]** 研发并示范特高压直流送出水电基地可再生能源多能互补协调控制技术；研究基于梯级水电站的大型储能项目技术可行性及工程经济性，适时开展工程示范。

（2）水电工程健康诊断、升级改造和灾害防控技术

**[示范试验]** 开展大坝性态及库区智能监测与巡查、大坝健康诊断技术研究及专用设备研发；突破结构增强、渗漏检测与治理、增容改造、水下修复、金属结构维护、大坝拆除和重建等升级改造技术。开展流域大型滑坡稳定性、致灾机制与预警指标、滑坡灾害监测体系、堰塞湖形成与溃决、滑坡灾害风险防控等研究。示范满足防灾应急和维护检修要求的高坝大库放空关键技术。

2. 风力发电技术

（3）深远海域海上风电开发及超大型海上风机技术

**[集中攻关]** 开展新型高效低成本风电技术研究，突破多风轮梯次利用关键技术，显著提升风能捕获和利用效率；突破超长叶片、大型结构件、变流器、主轴轴承、主控制器

等关键部件设计制造技术，开发15兆瓦及以上海上风电机组整机设计集成技术、先进测试技术与测试平台；开展轻量化、紧凑型、大容量海上超导风力发电机组研制及攻关。

**［示范试验］**突破深远海域海上风电勘察设计及安装技术，适时开展超大功率海上风电机组工程示范。研发远海深水区域漂浮式风电机组基础一体化设计、建造与施工技术，开发符合中国海洋特点的一体化固定式风机安装技术及新型漂浮式桩基础。

（4）退役风电机组回收与再利用技术

**［应用推广］**开展退役风电机组整机回收与再利用工艺研究，重点突破叶片低成本破碎、有机材料高温裂解、玻纤以及巴莎木循环再利用等技术，构建环境友好、资源节约的风电机组退役技术标准体系。

3. 太阳能发电及利用技术

（5）新型光伏系统及关键部件技术

**［集中攻关］**研发大功率中压全直流光伏发电系统技术与大功率直流升压变换器，实现直流变换器电压等级30千伏及以上；突破大型光伏高效直流电解系统技术及万安级高效率直流电解变换器；开展近海漂浮式光伏系统技术及高可靠性组件、部件技术研究。

（6）高效钙钛矿电池制备与产业化生产技术

**［示范试验］**研制基于溶液法与物理法的钙钛矿电池量产工艺制程设备，开发高可靠性组件级联与封装技术，研发大面积、高效率、高稳定性、环境友好型的钙钛矿电池；开展晶体硅/钙钛矿、钙钛矿/钙钛矿等高效叠层电池制备及产业化生产技术研究。

（7）高效低成本光伏电池技术

**［示范试验］**开展隧穿氧化层钝化接触（TOPCon）、异质结（HJT）、背电极接触（IBC）等新型晶体硅电池低成本高质量产业化制造技术研究；突破硅颗粒料制备、连续拉晶、N型与掺镓P型硅棒制备、超薄硅片切割等低成本规模化应用技术。开展高效光伏电池与建筑材料结合研究，研发高防火性能、高结构强度、模块化、轻量化的光伏电池组件，实现光伏建筑一体化规模化应用。

（8）光伏组件回收处理与再利用技术

**［示范试验］**研发基于物理法和化学法的晶硅光伏组件低成本绿色拆解、高价值组分高效环保分离技术装备，开发新材料及新结构组件的环保处理技术和实验平台，高效回收和再利用退役光伏组件中银、铜等高价值组分。

（9）太阳能热发电与综合利用技术

**［集中攻关］**开展热化学转化和热化学储能材料研究，探索太阳能热化学转化与其他可再生能源互补技术；研发中温太阳能驱动热化学燃料转化反应技术，研制兆瓦级太阳能热化学发电装置。

**［应用推广］**开发光热发电与其他新能源多能互补集成系统，发掘光热发电调峰特性，推动光热发电在调峰、综合能源等多场景应用。

4. 其他可再生能源发电及利用技术

（10）生物质能转化与利用技术

**［集中攻关］**研发生物质炼厂关键核心技术，生物质解聚与转化制备生物航空燃料等前沿技术，形成以生物质为原料高效合成/转化生产交通运输燃料/低碳能源产品技术体系。

**［示范试验］**研发并示范多种类生物质原料高效转化乙醇、定向热转化制备燃油、油

脂连续热化学转化制备生物柴油等系列技术。突破多种原料预处理、高效稳定厌氧消化、气液固副产物高值利用等生物燃气全产业链技术，开展适合不同原料类型和区域特点的规模化生物燃气工程及分布式能源系统示范，提升生物燃气工程的经济性和稳定性。

（11）地热能开发与利用技术

**[集中攻关]** 突破高温钻井装备仪器瓶颈，支撑水/干热型地热能资源开发；攻关中低温地热发电关键技术；开展高温含水层储能和中深层岩土储能关键技术研究，实现余热废热的地下储能。

**[示范试验]** 突破干热岩探测、压裂及效果评价等关键技术，研发单井采热系统、增强型地热系统以及地面综合梯级热利用系统，开发干热岩热储压裂-采热-用热一体化优化设计平台，开展干热岩型地热能开发利用工程示范。

**[应用推广]** 推广含水层储能、岩土储能等跨季节地下储热技术利用，因地制宜推广集地热能发电、供热（冷）、热泵于一体的地热综合梯级利用技术。

（12）海洋能发电及综合利用技术

**[集中攻关]** 研发波浪能高效能量俘获系统及能量转换系统，突破恶劣海况下生产保障、锚泊等关键技术，实现深远海波浪能高效、高可靠发电。

**[示范试验]** 突破兆瓦级波浪能发电、潮流能发电以及海洋温差能发电等关键技术，开展海上综合能源系统工程示范。

5. 氢能和燃料电池技术

（13）氢气制备关键技术

**[集中攻关]** 突破适用于可再生能源电解水制氢的质子交换膜（PEM）和低电耗、长寿命高温固体氧化物（SOEC）电解制氢关键技术，开展太阳能光解水制氢、热化学循环分解水制氢、低热值含碳原料制氢、超临界水热化学还原制氢等新型制氢技术基础研究。

**[示范试验]** 开展多能互补可再生能源制氢系统最优容量配置研究，研发动态响应、快速启停及调度控制等关键技术；建立可再生能源—燃料电池耦合系统协同控制平台；研发可再生能源离网制氢关键技术；开展多应用场景可再生能源-氢能的综合能源系统示范。

（14）氢气储运关键技术

**[集中攻关]** 突破50MPa气态运输用氢气瓶；研究氢气长距离管输技术；开展安全、低能耗的低温液氢储运，高密度、轻质固态氢储运，长寿命、高效率的有机液体储运氢等技术研究。

**[示范试验]** 开展纯氢/掺氢天然气管道及输送关键设备安全可靠性、经济性、适应性和完整性评价，开展天然气管道掺氢示范应用；研发大规模氢液化、氢储存示范装置。

（15）氢气加注关键技术

**[示范试验]** 研制低预冷能耗、满足国际加氢协议的70MPa加氢机和高可靠性、低能耗的45MPa/90MPa压缩机等关键装备，开展加氢机和加氢站压缩机的性能评价、控制及寿命快速测试等技术研究，研制35MPa/70MPa加氢装备以及核心零部件，建成加氢站示范工程。

（16）燃料电池设备及系统集成关键技术

**[示范试验]** 开展高性能、长寿命质子交换膜燃料电池（PEMFC）电堆重载集成、结构设计、精密制造关键技术研究；突破固体氧化物燃料电池（SOFC）关键技术，掌

握系统集成优化设计技术及运行特性与负荷响应规律；完善熔融碳酸盐燃料电池（MCFC）电池堆堆叠、功率放大等关键技术，掌握百千瓦级熔融碳酸盐燃料电池集成设计技术。开展多场景下燃料电池固定式发电及分布式供能示范应用。

（17）氢安全防控及氢气品质保障技术

［**集中攻关**］开展临氢环境下临氢材料和零部件氢泄漏检测及危险性试验研究，研制快速、灵敏、低成本氢传感器和氢气微泄漏监测材料，研发氢气燃烧事故防控与应急处置技术装备；开展工业副产氢纯化关键技术研究。

**专栏1　先进可再生能源发电及综合利用技术重点示范**

**01 水能发电技术示范**

①依托水电基地调节能力，在流域风、光资源丰富地区，开展水风光储多能互补综合开发基地工程示范；
②开展水电工程健康诊断、高坝大库放空等试验示范。

**02 风力发电技术示范**

③开展12～15MW级超大型海上风电机组工程示范；
④开展深水区域漂浮式风电机组工程示范。

**03 太阳能发电及利用技术示范**

⑤建设晶体硅/钙钛矿、钙钛矿/钙钛矿等高效叠层电池制备及产业化生产线，开展钙钛矿光伏电池应用示范；
⑥开展高效低成本光伏电池技术研究和应用示范；
⑦开展退役晶硅光伏组件回收与再利用技术示范。

**04 其他可再生能源发电及利用技术示范**

⑧开展生物燃料乙醇、生物柴油、生物燃油等生物液体燃料工程示范，以及覆盖秸秆、粪便、糟渣、餐厨垃圾等不同类型原料的生物燃气工程示范；
⑨开展干热岩热能高效综合利用试验示范；
⑩开展兆瓦级波浪能、潮流能、海洋温差能等海洋能发电技术示范验证。

**05 氢能和燃料电池技术示范**

⑪开展不同应用场景下的可再生能源-氢能综合能源系统应用示范；
⑫开展管道输氢、天然气管道掺氢工程示范；
⑬开展低能耗、大规模氢液化工厂与液氢储运关键技术示范；
⑭开展加氢站关键装备及技术研发示范；
⑮开展百千瓦级及以上质子交换膜燃料电池、固体氧化物燃料电池、熔融碳酸盐燃料电池分布式供能应用示范。

**（二）新型电力系统及其支撑技术**

加快战略性、前瞻性电网核心技术攻关，支撑建设适应大规模可再生能源和分布式电源友好并网、源网荷双向互动、智能高效的先进电网；突破能量型、功率型等储能本体及系统集成关键技术和核心装备，满足能源系统不同应用场景储能发展需要。

1. 适应大规模高比例新能源友好并网的先进电网技术

（1）新能源发电并网及主动支撑技术

［**集中攻关**］开展新能源功率高精度预测技术研究，突破新能源发电参与电网频率/电压/惯量调节的主动支撑控制、自同步控制、宽频带振荡抑制等关键技术，研发“云-边”协同的新能源主动支撑智能控制和在线评价系统，提升并网安全性。

［**示范试验**］研究并示范无常规电源支撑的新能源直流外送基地主动支撑技术；研究并示范新能源孤岛直流接入的先进协调控制技术，实现纯电力电子网络稳定运行；突

破中压并网逆变器和光伏高效稳定直流汇集等关键技术，开展新型高效大容量光伏并网技术示范。

（2）电力系统仿真分析及安全高效运行技术

**［集中攻关］**研发电力电子设备/集群精细化建模与高效仿真技术，更大规模和更高精度的交直流混联电网仿真技术，建立智能化计算分析镜像系统，突破具有经济运行与安全稳定自我感知能力的源网荷储多元接入的多级调度协同、广域协调安全稳定控制技术，实现复杂运行环境下电网运行特性的深度认知和运行趋势的有效把握；开展新型电力系统网络结构模式和运行调度、控制保护方式，直流电网系统运行关键技术，以及高比例新能源和高比例电力电子装备接入电网稳定运行控制技术研究，提升电网安全稳定运行水平；开展电力系统遭受严重自然灾害、物理攻击、网络攻击等非常规安全风险识别及防范研究，提高非常规状态电网安全稳定防御和应急处理能力。

（3）交直流混合配电网灵活规划运行技术

**［集中攻关］**开展多电压等级交直流混合配电网灵活组网模式研究，掌握源网荷储精准匹配、整流逆变合理布局的新型配电网规划技术，研制多端差动保护、区域故障快速处理等装置及直流配用电装备，突破大规模随机性负荷、间歇性分布式电源和大规模分布式储能接入下，中低压配电网源网荷储组网协同运行控制及市场运营关键技术，实现配电网大规模分布式电源有序接入、灵活并网和多种能源协调优化调度，有效提升配电网的韧性和运行效率。

（4）新型直流输电装备技术

**［集中攻关］**开展交直流协调控制快速保护以及多馈入直流系统换相失败综合防治技术研究，研制新型换流器、新型直流断路器、DC/DC 变换器、直流故障限流器、直流潮流控制器、有源滤波器、可控消能装置等设备。

（5）新型柔性输配电装备技术

**［集中攻关］**研制过电压抑制与监测、主动电压支撑、暂态潮流调控、故障电流限制、振荡动态阻尼、低频输电、柔性变电站、新型无功补偿、有源调压、混合滤波等装备，开展面向新型电力系统应用的新型电力电子拓扑结构和控制等关键技术研究。

（6）源网荷储一体化和多能互补集成设计及运行技术

**［示范试验］**开展源网荷储一体化和风光火（储）、风光水（储）、风光储一体化规划与集成设计研究，掌握场站级高电压穿越和次同步振荡抑制技术；研究储能充放电最优策略与聚合控制理论，建立工业园区级智慧能源系统一体化解决方案，形成规模化智慧可调资源；研究电动汽车与电网能量双向交互调控策略，构建电动汽车负荷聚合系统，实现电动汽车与电网融合发展；开发适应新能源汇集输送的多端柔性直流输电、输电线路动态增容等关键技术，实现源网荷储广域灵活调节、安全稳定和经济运行多目标协调控制。

（7）大容量远海风电友好送出技术

**［集中攻关］**突破大容量海上风电机组的全工况模拟及并网试验关键技术装备，研制风电机组干式升压变压器，突破远海风电全直流以及低频输电系统设计关键技术。

**［示范试验］**开展远海风电柔直接入关键技术、装备及运维技术研究，突破大容量直流海缆及附件材料设计及制造技术，掌握紧凑化、轻型化海上平台设计关键技术，并进行示范应用。

2. 储能技术

(8) 能量型/容量型储能技术装备及系统集成技术

**[集中攻关]** 针对电网削峰填谷、集中式可再生能源并网等储能应用场景，开展大容量长时储能器件与系统集成研究；研发长寿命、低成本、高安全的锂离子电池，突破铅碳电池专用模块均衡和能量管理技术，开展高功率液流电池关键材料、电堆设计以及系统模块的集成设计等研究，研发钠离子电池、液态金属电池、钠硫电池、固态锂离子电池、储能型锂硫电池、水系电池等新一代高性能储能技术，开发储热蓄冷、储氢、机械储能等储能技术。

**[示范试验]** 开展 GWh 级锂离子电池、大规模压缩空气储能电站和高功率液流电池储能电站系统设计与示范。

(9) 功率型/备用型储能技术装备与系统集成技术

**[集中攻关]** 针对增强电网调频、平滑间歇性可再生能源功率波动以及容量备用等储能应用场景，开展长寿命大功率储能器件和系统集成研究；开展超导、电介质电容器等电磁储能技术攻关，研发电化学超级电容器、高倍率锂离子电池等各类功率型储能器件；研发大功率飞轮材料以及高速轴承等关键技术，突破大功率飞轮与高惯性同步调相机集成关键技术，以及 50MW 级基于飞轮的高惯性同步调相机技术。

**[示范试验]** 推动 10MW 级超级电容器、高功率锂离子电池、兆瓦级飞轮储能系统设计与应用示范。

(10) 储能电池共性关键技术

**[集中攻关]** 开展基于储能电池单体和模组短时间测试数据预测长日历寿命的实验验证和模拟仿真研究，实现储能电池 25 年以上的循环寿命及健康状态快速监测和评价；开展低成本可修复再生的新型储能电池技术研究，研发退役电池剩余价值评估、单体电池自动化拆解和材料分选技术，实现电池修复、梯次利用、回收与再生；推动储能单体和系统的智能传感技术研究；推动储能电池全寿命周期的安全性检测、预警和防护研究；开展基于正向设计，适合梯次利用的动力电池设计与制造，以及梯次利用场景分析、快速分选、系统集成和运维等关键技术研究。

**[示范试验]** 研发电化学储能系统安全预警、系统多级防护结构及材料等关键技术，示范大型锂电池储能电站的整体安全性设计、能量智能管控及运维、先进冷却及消防等关键技术。

(11) 大型变速抽水蓄能及海水抽水蓄能关键技术

**[示范试验]** 研制大型变速抽水蓄能机组水泵水轮机、发电电动机、交流励磁系统、继电保护系统、计算机监控系统、调速系统等关键设备，研制发电电动机出口断路器等高压开关设备，建立变速抽水蓄能技术体系。突破海水抽水蓄能电站应对海上恶劣天气的发电调度、水库和地下水防渗、发电机组抗附着和抗腐蚀、进水口和尾水系统防海浪等关键技术，适时开展工程示范。

(12) 分布式储能与分布式电源协同聚合技术

**[集中攻关]** 开展分布式储能系统协同聚合研究，提出多点布局储能系统的聚合方法，掌握多点布局储能系统聚合调峰、调频及紧急控制系列理论与成套技术，实现广域布局的分布式储能、储能电站的规模化集群协同聚合；开展岛屿可再生能源开发与智能微网关键技术攻关。

［应用推广］突破分布式储能与分布式电源协同控制和区域能源调配管理技术，提高配电网对分布式光伏的接纳；研发基于区块链技术的分布式储能多元市场化交易平台，推广基于区块链共享储能应用技术。

**专栏 2　新型电力系统及其支撑技术重点示范**

**01 适应大规模高比例新能源友好并网的先进电网技术示范**

①开展无常规电源支撑的新能源直流外送基地主动支撑技术应用示范；
②开展新型高效大容量光伏并网技术示范；
③开展源网荷储一体化设计及运行示范；
④开展风光火（储）、风光水（储）、风光储一体化设计及运行技术示范；
⑤开展电动汽车与电网互动（V2G）示范；
⑥开展深远海域海上风电基地柔性直流送出工程示范。

**02 储能技术示范**

⑦开展大规模压缩空气储能电站系统设计与示范；
⑧开展规模化高安全高性能液流电池储能电站系统设计与示范；
⑨开展高惯性旋转备用储能技术应用示范；
⑩开展大型锂电池储能电站工程示范；
⑪开展变速抽水蓄能及出口断路器示范；
⑫开展海水抽水蓄能工程示范。

### （三）安全高效核能技术

围绕提升核电技术装备水平及项目经济性，开展三代核电关键技术优化研究，支撑建立标准化型号和型号谱系；加强战略性、前瞻性核能技术创新，开展小型模块化反应堆、（超）高温气冷堆、熔盐堆等新一代先进核能系统关键核心技术攻关；开展放射性废物处理处置、核电站长期运行、延寿等关键技术研究，推进核能全产业链上下游可持续发展。

1. 核电优化升级技术

（1）三代核电技术型号优化升级

［示范试验］开展三代核电在工程建设及运行过程中涉及的设备、工艺、布置和施工等关键技术优化研究，进一步提高机组安全性、经济性、厂址适应能力和设备可靠性，支撑建立具有完全自主知识产权的三代核电标准化型号和型号谱系。

［应用推广］结合国际市场要求，开展型号适应性研发，支撑设计审查认证及取证；持续开展核电厂设计优化和先进技术研究，助力自主三代核电批量化发展及在国际市场推广应用。

（2）核能综合利用技术

［示范试验］开展核能供热（冷）方案优化及安全设计原则、核能海水淡化低温闪蒸等核心设备以及核能制氢工艺方案等关键技术研究，研究核能与风电、光伏、储能、氢能等的多能互补形式，优化完善以核电厂为核心的综合能源系统方案及运营技术，推动核能梯级利用，提高核能综合利用效率。

2. 小型模块化反应堆技术

（3）小型智能模块化反应堆技术

［示范试验］开展小型智能模块化反应堆技术以及先进热交换、监测、材料、软件体系和安全性等关键技术研究，突破核心技术装备，完成先进模块化小型反应堆典型项

目一体化与智能化设计，满足在园区、海岛、基地、矿区等多场景工程应用条件，适时开展小型模块化反应堆核能综合利用工程示范。

（4）小型供热堆技术

［**示范试验**］开展供热堆系统设计、燃料组件、试验验证等关键技术研究，突破关键设备技术，实现小型供热堆设计、装备、建造和配套体系的标准化，适时开展小型堆供热商用示范。

（5）浮动堆技术

［**集中攻关**］开展浮动式反应堆装置总体技术方案等关键技术研究，研制满足海洋条件和小型化要求的关键设备，健全海上浮动堆标准规范体系。

（6）移动式反应堆技术

［**集中攻关**］开展轻型、智能核电源装置设计与关键技术研究，突破移动式反应堆关键共性技术，开展气冷微堆、微型压水堆、热管反应堆等型号总体方案设计及关键核级设备研制，完成相关试验验证，形成具备可移动能力的先进核电源装置方案。

3. 新一代核电技术

（7）（超）高温气冷堆技术

［**集中攻关**］开展高温气冷堆主氦风机电磁轴承等关键设备优化改造，突破多模块协调控制技术；研制超高温气冷堆关键设备，研发（超）高温堆“热-电-氢”多联产应用技术，形成（超）高温气冷堆多用途应用技术方案。

（8）钍基熔盐堆技术

［**集中攻关**］建设20MWe小型模块化钍基熔盐研究堆及科学设施，探究堆内燃料盐、出堆燃料盐和处理后燃料盐中锕系元素和裂变产物的存在形式和转化规律，建立熔盐堆材料失效评估、寿命预测标准方法，完成钍基熔盐堆与发电系统耦合技术的研发与验证。

4. 全产业链上下游可持续支撑技术

（9）放射性废物处理处置关键技术

［**集中攻关**］开展放射性废物综合处理等研究，研发完善等离子熔融、蒸汽重整等废物处理关键技术；建立废物综合处理最优化技术体系和核电机组长期运行废物处理方案，建设中低放废物的处置场。

（10）核电机组长期运行及延寿技术

［**集中攻关**］开展核电厂长周期安全可靠运行策略研究，突破核电厂复杂严苛条件下的智能翻新、设备整体更换、多功能远程操控、老化（故障）在线监测等关键技术，研制定位、切割、焊接与金属粉尘收集等智能化专用装备，并构建三维仿真模型和全生命周期大数据系统；研究核电厂关键设备更换后长期运行的可行性及实施路径。

［**示范试验**］开展结构完整性检测与评价、关键部件材料快中子辐照损伤评价、一回路重要镍基合金部件及主管道材料性能退化行为预测、智能化核设施健康管理监测、辐照脆化热退火老化缓解等核电机组老化与寿命管理基础性和应用性技术研究，建立运行许可证延续技术体系和老化管理大纲技术体系。

（11）核电科技创新重大基础设施支撑技术

［**集中攻关**］加快反应堆热工水力、严重事故机理等先进理论研究成果的试验验证技术攻关，支撑高水平台架和研究设施的建设与升级。

**专栏3　安全高效核能技术重点示范**

**01 核电优化升级技术示范**
①开展具有完全自主知识产权的三代核电型号优化升级示范；
②开展现役核电机组供热等综合利用示范。

**02 小型模块化反应堆技术示范**
③开展小型堆核能综合利用工程示范；
④开展小型堆供热商业示范。

**03 全产业链上下游可持续支撑技术示范**
⑤针对服役年限即将到期的核电机组开展运行许可证延续论证及示范。

### （四）绿色高效化石能源开发利用技术

聚焦增强油气安全保障能力，有效支撑油气勘探开发和天然气产供销体系建设，开展纳米驱油、$CO_2$ 驱油、精细化勘探、智能化注采等关键核心技术攻关，提升低渗透老油田、高含水油田以及深层油气等陆上常规油气的采收率和储量动用率；推动深层页岩气、非海相非常规天然气、页岩油和油页岩勘探开发技术攻关，研发天然气水合物试采及脱水净化技术装备；突破输运、炼化领域关键瓶颈技术，提升油气高效输运技术能力，完善下游炼化高端产品研发体系。聚焦煤炭绿色智能开采、重大灾害防控、分质分级转化、污染物控制等重大需求，形成煤炭绿色智能高效开发利用技术体系。研发一批更高效率、更加灵活、更低排放的煤基发电技术，巩固煤电技术领先地位。突破燃气轮机设计、试验、制造、运维检修等瓶颈技术，提升燃气发电技术水平。

1. 油气安全保障供应技术

——陆上常规油气勘探开发技术

（1）低渗透老油田大幅提高采收率技术

**[示范试验]** 完善纳米驱油开发理论，研发表征评价技术装备，发展第二代纳米驱油技术；突破陆相沉积低渗透油藏 $CO_2$ 驱油提高采收率工程配套技术；开展低渗透油田纳米驱油、$CO_2$ 驱油工业化示范，提高我国低渗透老油田原油采收率。

（2）高含水油田精细化/智能化分层注采技术

**[示范试验]** 开展水驱、聚驱分层开采实时监测与控制技术研究，建立油藏与工程一体化的智能分层开采精细管理系统，开展精细化/智能化分层注采工程示范，提高高含水油田原油采收率。

（3）深层油气勘探目标精准描述和评价技术

**[集中攻关]** 揭示深层-超深层油气成藏机理，建立以岩相古地理重建、规模储层分布预测、资源潜力评价为核心的深层油气成藏有效性评价方法，形成深层油气勘探地质理论与地球物理评价技术体系，为深层油气勘探突破和增产提供支撑。

——非常规油气勘探开发技术

（4）深层页岩气开发技术

**[示范试验]** 开展深层页岩气储层特征、工程条件及有效开发一体化研究，掌握深层页岩气“甜点区”评价技术，探明深部原位赋存环境下页岩原位力学行为演化，突破

页岩储层高温、高压和高应力水平井多段压裂技术，支撑埋深3500～4500米页岩气的经济有效开发。

（5）非海相非常规天然气开发技术

［**示范试验**］开展陆相、海陆过渡相页岩气、致密气和煤层气富集机理与分布规律研究，掌握非常规气“甜点区”评价技术，攻关穿层体积压裂及压后排采关键技术，研发井筒合采工具，开展$CO_2$增能复合压裂工艺技术应用，建立非海相非常规天然气开发行业标准与规范体系，支撑压裂水平井平均单井累计产气量达到6000万立方米以上。

（6）陆相中高成熟度页岩油勘探开发技术

［**示范试验**］开展微纳米孔喉系统表征、流体赋存机理与可动性评价、“人工油气藏”开发、产能动态评价等关键技术研究，开展“甜点区”评价和“井工厂”体积压裂技术示范，形成陆相中高成熟度页岩油富集理论与效益勘探开发配套技术体系。

（7）中低成熟度页岩油和油页岩地下原位转化技术

［**集中攻关**］突破原位转化机理与选区评价、低成本钻完井、高效加热、储层改造、体系封闭、高温高硫化氢安全环保采油等关键技术，建立全过程精细化生态环境保护技术体系，开展原位转化开发先导试验研究，支撑中低成熟度页岩油和油页岩进入商业开发阶段。

（8）地下原位煤气化技术

［**集中攻关**］开展地下原位煤气化地质评价选址、气化炉建造、气化运行控制、地面集输处理、产出气综合利用等技术攻关及井下高温工具研制，研发物理模拟装置和数值模拟系统，构建地质工程一体化评价开发技术体系并形成标准规范，为中深层地下原位煤气化先导试验奠定基础。

（9）海域天然气水合物试采技术及装备

［**集中攻关**］建立天然气水合物资源评价、富集区地球物理预测、地质建模与开发潜力评价技术体系，研发水合物储层-井筒-输送全流程优化设计软件平台，突破海域天然气水合物水平井开发、流动保障、试采管柱与举升、脱水净化等关键技术，完善试采设计方案，支撑海域天然气水合物单井日产气量提升至3～5万立方米。

——油气工程技术

（10）地震探测智能化节点采集技术与装备

［**集中攻关**］开展MEMS数字传感技术、基于LoRa架构的陆上节点自适应组网技术研究，研制陆上、海洋智能化节点地震采集系统，实现百万道级全数字地震探测和深海稳定可靠采集。

［**应用推广**］应用高精度可控震源智能系统，实现智能化、网络化的高效作业管理；建设海洋地震采集装备制造及检测平台，应用海洋地震勘探系统地震拖缆、控制与定位、综合导航、气枪震源控制等核心装备并装配三维地震物探船，支撑海洋地震勘探技术装备在海洋深水油气勘探开发的推广应用。

（11）超高温高压测井与远探测测井技术与装备

［**集中攻关**］突破耐高温芯片、耐高压结构材料、高性能传感器等关键技术，形成230℃/170MPa以上超高温高压快速成像和井旁/井地/井间远探测测井技术装备，配套采集处理解释软件与刻度装置等技术，解决复杂油气藏的深远精细测量与评价技术难题。

［应用推广］开展高可靠快速与成像、全域成像、随钻成像等仪器系列优化升级和地质适应性研究，推进地层成像测井成套装备的规模化应用，持续提升国产高端测井装备核心竞争力。

（12）抗高温抗盐环保型井筒工作液与智能化复杂地层窄安全密度窗口承压堵漏技术

［集中攻关］开展井筒工作液抗高温稳定机理、复杂地层井漏及井壁失稳机理研究，建立工作液超高温评价方法和防漏堵漏评价方法，研制≥240℃环保型工作液、响应型堵漏材料等关键材料，减小井筒工作液在井漏时对环境的污染，提高一次堵漏成功率，降低井漏损失时间和单井漏失量。

（13）高效压裂改造技术与大功率电动压裂装备

［应用推广］研发地质工程一体化压裂优化设计平台，完善长水平井油气高效体积压裂、智能压裂和高密度“井工厂”多井多缝立体压裂工艺和二次完井及重复压裂关键技术，研制分布式光纤监测技术与装备、智能材料、大功率电动压裂装备及工具，实现超 3000 米水平段水平井高效体积压裂工艺与车载式全电动压裂装备的推广应用。

（14）地下储气库建库工程技术

［集中攻关］开展复杂油气藏建库库容空间高效利用及储气库监测技术研究，研制大型储气库用离心压缩机关键核心部件及新型节能大规模天然气烃水吸附处理装置，构建储气库地质体-井筒-地面一体化完整性评价体系并形成储气库完整性管理标准及规范，全面支撑国内复杂地质条件储气库大规模建设及安全运行。

——管输技术

（15）新一代大输量天然气管道工程建设关键技术与装备

［示范试验］研制 18 兆瓦天然气管道集成式压缩机、智能化单枪双丝/双枪四丝自动焊机、钢管、弯管、管件和配套高压球阀等核心装备。

——炼化技术

（16）特种专用橡胶技术

［集中攻关］开展氢化丁腈橡胶、梯度阻尼橡胶、长链支化稀土顺丁橡胶分子设计及制备技术研究，突破合成工艺及控制技术，研制耐油氢化丁腈橡胶复合材料、宽温域宽频率高阻尼消声瓦用复合材料，完成稀土顺丁橡胶高性能轮胎试制，形成氢化丁腈橡胶产品生产线、梯度阻尼橡胶稳产和长链支化稀土顺丁橡胶成套技术。

（17）高端润滑油脂技术

［集中攻关］开展多元醇酯、烷基萘、硅烃、低聚抗氧剂等高端润滑材料构效关系和高选择性合成技术研究，研制硅烃基空间润滑油、高性能航空涡轮发动机润滑油、超宽温通用航空润滑脂等高尖端润滑油脂产品，为高端润滑油脂、多元醇酯、长链烷基萘等基础油工业级批量化试生产建立条件。

（18）分子炼油与分子转化平台技术

［示范试验］开展分子炼油机理研究，突破分子表征、先进分离、模拟放大、分子重构、智能控制等关键技术，构建产品结构灵活调整的石油分子转化平台，实现传统炼厂多产化工料或多产航煤兼顾化工料，增强传统炼厂产品结构调变能力。

2. 煤炭清洁低碳高效开发利用技术

——煤炭绿色智能开采技术

**专栏4　油气安全保障供应关键技术装备重点示范**

**01 陆上常规油气勘探开发技术示范**
①开展老油田 $CO_2$ 驱油示范工程；
②针对高含水油田开展精细化/智能化分层注采工程应用示范。

**02 非常规油气勘探开发技术示范**
③开展埋深3500米以深页岩气勘探开发示范；
④开展陆相页岩气、海陆过渡相页岩气和煤系非常规气的规模化勘探开发示范；
⑤开展“甜点区”评价和“井工厂”体积压裂技术示范。

**03 炼化技术示范**
⑥开展多产化工料或多产航煤兼顾化工料等传统炼厂转型升级示范。

（19）煤矿智能开采关键技术与装备

**［集中攻关］**研制智能实时随机超前探测技术，支撑“透明矿井”所要求的地质保障体系建设；研发井筒机械破岩智能建设、综采设备精准定位与导航、综采设备群智能自适应协同推进、井下智能网联无轨辅助运输等关键技术装备，开发适应煤矿各类巷道条件的智能化快速掘进成套技术装备，提高掘进效率，减少作业人员。

（20）煤炭绿色开采和废弃物资源化利用技术

**［集中攻关］**研发采空沉陷动态监测技术、矸石等固体废弃物充填采煤技术、地表生态修复、煤水资源一体化利用技术，改善矿区生态环境；开展关闭矿井资源挖潜再利用、采空区封存 $CO_2$ 技术研究，实现关闭矿井资源的深度开发。

**［示范试验］**研发煤矸石、煤泥、粉煤灰高效利用技术，开展矿区典型大宗固废资源化利用示范；建设煤矿地下水、低浓度瓦斯、井下废热等低位热能利用技术示范工程；开展煤火区灭火、治理区绿色生态修复研究，开展地下煤火热能利用与生态恢复综合示范。

（21）煤矿重大灾害及粉尘智能监控预警与防控技术

**［集中攻关］**研究工程扰动下深部原位岩石力学行为，突破深部强采动大变形围岩控制、冲击地压智能防控技术；开展深部工程结构围岩地层改性、深度高地应力采场围岩综合控制等技术研究；研制井下极端复杂环境下多功能、高精度、低功耗智能感知设备，研发井下海量多源异构数据的高效分析处理与智能预测技术，实现重大灾害事故风险识别、预测与预报预警。

**［示范试验］**突破采掘面粉尘控制与净化、呼吸性粉尘浓度连续在线监测、粉尘危害精确预警等关键技术，开发大容尘量和强耐湿性的送风过滤式个体防护设备，实现粉尘高效防控。

（22）煤炭及共伴生资源综合开发技术

**［集中攻关］**开展精确探明煤系地层的煤、油、非常规天然气、稀有金属、水等叠置资源赋存条件，精准定量确定开发模式研究，实现煤炭及共伴生资源的有效开发。

**［示范试验］**开展煤系“三气”（煤层气、页岩气、致密砂岩气）综合开发、矿区煤层气分布式经济高效利用技术研究，推进煤矿区煤层气开发与瓦斯治理协同示范。

——煤炭清洁高效转化技术

（23）煤炭精准智能化洗选加工技术

**［示范试验］**研发旋流场重介质精准分选、界面调控增强选择性浮选、煤泥水高效

固液分离等关键技术装备，突破工艺参数和产品质量高精度在线检测及预测技术，形成煤炭精确分选技术工艺及装备；突破自适应原煤性质全流程智能控制、数字孪生运维等技术，构建智能化选煤技术体系。

（24）新型柔性气化和煤与有机废弃物协同气化技术

**［集中攻关］** 开发适宜于油气联产的大型柔性气化炉技术，提高甲烷产率、减少污水排放量，实现低阶煤的清洁高效利用。

**［示范试验］** 开展水煤（焦）浆与炼厂废弃物共气化技术研发与示范，协同处理炼厂含油污泥、废油浆等废弃物；开展3000吨/天粉煤加压气化技术研发与示范，解决高灰分、高灰熔点煤清洁高效气化难题。

（25）煤制油工艺升级及产品高端化技术

**［集中攻关］** 突破煤炭分级液化的温和加氢液化、残渣热解、固体残渣-废水共气化等关键技术，提高煤制油的过程能效、油品收率和油品品质；研发百万吨级煤油共加氢制芳烃、航空燃料等高品质特种燃料油成套技术。

**［应用推广］** 优化升级超百万吨级大型煤炭间接液化成套技术装备，进一步开发汽油等超清洁液体燃料生产技术。

（26）低阶煤分质利用关键技术

**［集中攻关］** 突破煤焦油深加工制取化工新材料技术。

**［示范试验］** 开展百万吨级低阶煤热解及产品深加工、万吨级粉煤热解与气化耦合一体化等技术装备工程示范，推进低阶煤分质利用。

（27）煤转化过程中多种污染物协同控制技术

**［集中攻关］** 突破低成本炭基催化剂制备、新型脱硫脱硝反应器及原位再生等关键技术装备，形成适于工业炉窑烟气多种污染物协同净化成套技术；突破煤化工高盐、高浓、难降解有机废水深度处理工艺技术，形成煤化工转化过程中废水协同净化技术。

——先进燃煤发电技术

（28）先进高参数超超临界燃煤发电技术

**［集中攻关］** 开展700℃等级高温合金材料及关键高温部件的制造、加工、焊接、检验等关键技术研究。

**［示范试验］** 研发650℃等级蒸汽参数的超超临界机组高温材料生产及关键高温部件的制造技术，开展关键高温部件损伤机理研究，开发高温段锅炉管道及集箱、主蒸汽管道和汽轮机高压转子等高温部件产业化制造技术，突破高温部件应用的同种/异种焊接、冷热加工和热处理等关键技术，开展650℃等级超超临界燃煤发电机组工程示范。

（29）高效超低排放循环流化床锅炉发电技术

**［示范试验］** 开展循环流化床锅炉炉内石灰石深度脱硫以及NOx超低排放机理基础研究，优化大型循环流化床锅炉的物料流态、水动力和传热、均匀布风、受热面壁温偏差控制以及受热面布置等设计，突破高效、低成本的超低排放循环流化床锅炉发电关键技术，实现锅炉炉膛出口 $NO_x$、$SO_2$ 基本达到超低排放限值要求，大幅降低循环流化床锅炉的污染物控制成本，适时开展工程示范。

（30）超临界 $CO_2$（S-$CO_2$）发电技术

**［集中攻关］** 开展S-$CO_2$ 基础物性研究、闭式热力循环以及发电系统集成优化等关

键技术研究，掌握适配不同热源的 S-$CO_2$ 发电系统及关键设备设计制造技术。

**[示范试验]** 研制 S-$CO_2$（闭式）燃煤锅炉、透平、压缩机、高效换热器等关键设备，开展 10～50MW 级 S-$CO_2$ 发电工程示范及验证。

（31）整体煤气化蒸汽燃气联合循环发电（IGCC）及燃料电池发电（IGFC）系统集成优化技术

**[示范试验]** 研究提升 IGCC 联产制氢、灵活性发电等技术；研发 IGFC 系统高温换热器、高温风机、纯氧燃烧器等关键装备，开展系统集成优化、系统动态特性、发电系统控制及连锁控制策略等关键技术研究，开发优化尾气纯氧燃烧及 $CO_2$ 捕集技术，适时开展工程示范及验证。

（32）高效低成本的 $CO_2$ 捕集、利用与封存（CCUS）技术

**[集中攻关]** 研发新一代高效、低能耗的 $CO_2$ 捕集技术和装置，提高碳捕集系统的经济性；开展 $CO_2$ 驱油驱气、$CO_2$ 合成碳酸脂、聚碳等资源化、能源化利用技术研究；突破 $CO_2$ 封存监测、泄漏预警等核心技术；研发碳捕集转化利用系统与各种新型发电系统耦合集成技术。

**[示范试验]** 开展百万吨级燃烧后 $CO_2$ 捕集、利用与封存全流程示范。

（33）老旧煤电机组延寿及灵活高效改造技术

**[示范试验]** 建立临近设计寿命的燃煤机组运行状态、机组系统和主辅设备性能、主要金属部件寿命等评估方法体系，结合节能提效和灵活性提升等需求，研究延寿改造与节能提效改造、灵活性提升改造等集成的综合改造技术，建立煤电机组延寿运行期间主要金属部件服役状态诊断、监测与寿命管理技术体系，开展工程示范及验证。

（34）燃煤电厂节能环保、灵活性提升及耦合生物质发电等改造技术

**[应用推广]** 推广先进成熟的节能提效、超低排放、深度节水、废水零排放、固废减量及综合利用技术；因地制宜推广低压缸零出力、加装蓄热装置、火-储联合调频等火电灵活性提升改造技术；因地制宜推广燃煤耦合农林废弃物、市政污泥、生活垃圾等发电技术，进一步提高现役燃煤电厂耦合生物质发电技术水平。

3. 燃气发电技术

（35）燃气轮机非常规燃料燃烧技术

**[集中攻关]** 研发以煤气化合成气、高炉煤气、焦炉煤气等低热值气体为燃料的燃气轮机安全稳定燃烧技术，开展掺氢燃气轮机设计、制造、试验及稳定低排放燃烧技术研究，掌握适应轻柴油和天然气双燃料的燃气轮机稳定切换燃烧技术，针对伴生气、富氢合成气、轻柴油等非常规燃料开展相应机型燃气轮机的多领域应用。

（36）中小型燃气轮机关键技术

**[示范试验]** 突破中小型驱动燃机设计和制造技术，完善关键部件和整机的试验验证能力，推动自主驱动燃机示范应用；研发分布式能源系列燃机，突破各类型燃机设计和验证技术，建设完善具有一定通用性的中、小、微型燃机试验平台，满足各类型燃机试验需求，推进中小型燃机示范应用。

（37）重型燃气轮机关键技术

**[示范试验]** 突破重型燃气轮机自主设计、燃烧室、透平热端部件、控制系统、寿命评估及运维检修服务等关键瓶颈技术，研制具有完全自主知识产权的 300MW 等级的 F 级燃气轮机；开展 50～70MW 等级原型机自主开发、制造和试验等关键技术研发；

突破重型燃气轮机透平叶片毛坯的自主设计、铸造及检测技术，开展引进型F级、H级重型燃气轮机热端部件、控制系统、运维检修服务创新示范及工程验证，形成基本完整的自主知识产权重型燃机设计体系以及相应规范、软件和数据库。

**专栏5　煤炭清洁低碳高效开发利用及燃气发电技术装备重点示范**

**01 煤炭绿色智能开采技术示范**

①开展矿区典型大宗固废资源化利用示范；
②开展煤矿地下水、低浓度瓦斯、井下废热等低位热能利用示范；
③开展地下煤火热能利用与生态恢复综合示范；
④开展井工矿井、露天煤矿粉尘智能监控预警与职业病防治研究与示范；
⑤开展煤矿区煤层气开发与瓦斯治理协同示范。

**02 煤炭清洁高效转化技术示范**

⑥开展煤炭精确分选、全流程智能控制、数字孪生运维等技术应用示范；
⑦开展水煤（焦）浆与炼厂废弃物共气化技术研发与工业示范；
⑧开展适用于高灰分、高灰熔点煤的大规模气流床粉煤加压气化技术研发与工业示范；
⑨开展百万吨级低阶煤热解及产品深加工、万吨级粉煤热解与气化耦合一体化等技术装备工程示范。

**03 先进燃煤发电技术示范**

⑩开展650℃蒸汽参数等级的先进超超临界燃煤发电工程示范；
⑪开展炉内控制实现炉膛出口超低排放的超超临界循环流化床锅炉发电工程示范；
⑫开展10～50MW等级超临界$CO_2$发电工程示范及验证；
⑬开展新一代IGCC联产制氢及灵活性发电工程示范；
⑭开展整体煤气化燃料电池发电（IGFC）系统集成技术示范及验证；
⑮开展百万吨级$CO_2$捕集、利用与封存全流程示范；
⑯开展300MW及以上的老旧煤电机组延寿与节能提效、灵活性提升等综合改造技术示范。

**04 燃气发电技术示范**

⑰开展工业驱动型、分布式能源、海上油气平台用等中小型燃机自主化创新示范；
⑱开展300MW等级自主研发F级燃机示范；
⑲开展引进型F级、H/J级重型燃机热端部件、控制系统、运维检修服务等自主化创新示范。

### （五）能源系统数字化智能化技术

聚焦新一代信息技术和能源融合发展，开展能源领域用智能传感和智能量测、特种机器人、数字孪生，以及能源大数据、人工智能、云计算、区块链、物联网等数字化、智能化共性关键技术研究，推动煤炭、油气、电厂、电网等传统行业与数字化、智能化技术深度融合，开展各种能源厂站和区域智慧能源系统集成试点示范，引领能源产业转型升级。

1. 基础共性技术

（1）智能传感与智能量测技术

**[集中攻关]** 开展能源领域专用的传感材料研究，突破核心器件设计与制备技术，掌握特种传感器集成封装和高可靠性技术，开展传感器关键量值校验与可靠性评价技术研究，确保关键参量的准确可靠；提出低功耗传感网络通信协议；健全关键量测设备运行与质量评价技术，建立安全可信的能源信息采集与互动平台，提升能源量测数据综合分析应用水平。

（2）特种智能机器人技术

**[集中攻关]** 研究面向能源厂站建设、巡检、检测、清理等领域工程应用的机器人运动控制、极限环境下机器人本体适应、复杂作业空间高精度定位、复合自动化检测等机器人控制技术，开发智能路径规划、复杂机动反馈控制等机器人交互技术，为能源厂

站的智能运维提供技术支撑和保障。

（3）能源装备数字孪生技术

**［示范试验］**针对发电装备、油气田工艺设备、输送管道、柔性输变电等能源关键设备，开展三维精细化建模、数理与机理结合的自适应建模、状态参数云图重构、多物理场信息集成等关键技术研究，构建包括设备状态人工智能预测、性能与安全风险智能诊断、人机交互虚拟仿真预测的数字孪生系统。

（4）人工智能与区块链技术

**［示范试验］**开展图像识别、知识图谱、自然语言处理、混合增强智能、群智优化、深度强化学习等人工智能基础技术与能源领域的融合发展研究；开展跨域多链融合与基于区块链的数据管理技术研究，构建具备自治管理能力的能源电力区块链平台，研究适用于能源交易、设备溯源、作业管理、安全风险管控等业务的共识机制，开展区块链在分布式能源交易、可再生能源消纳、能源金融、需求侧响应、安全生产、电力调度、电力市场等场景的应用示范。

（5）能源大数据与云计算技术

**［示范试验］**建立能源大数据模型，支撑构建海量并发、实时共享、开放服务的能源大数据中心，开展能源数据资源的集成和安全共享技术研究，深化应用推广新能源云，全面接入煤、油、气、电等能源数据，打造新型能源数字经济平台。开展适用于能源不同领域的云容器引擎、云编排等技术研究，构建异构云平台组件兼容适配平台和多云管理平台，支撑能源跨异构云平台、跨数据中心、多站融合、云边协同等环境下的应用开发和多云管理。

（6）能源物联网技术

**［示范试验］**开展适应能源领域标准的物联网通信协议技术、能源物联终端协议自适应转换技术、能源物联网信息模型技术、能源物联网端到端连接管理技术研究，形成云边协同的全域物联网架构，开发适用于能源物联网的新型器件、新型终端与边缘物理代理装置，开发物联网多源数据采集融合共享系统及大数据分析应用，建设能源物联网及终端安全防护技术装备体系，建立具备接入和管理各种物联网设备及规约的物联网管理支撑平台。

2. 行业智能升级技术

（7）油气田与炼化企业数字化智能化技术

**［示范试验］**研发油气勘探开发一体化智能云网平台、地上地下一体化智能生产管控平台、油气田地面绿色工艺与智能建设优化平台等关键技术系列及配套装置，开展新一代数字化油田示范和低成本绿色安全的地面工艺关键技术示范，实现科研、设计、生产、经营与决策一体化、智能化和绿色化。搭建炼化企业资源全流程价值链优化平台以及基于泛在感知、生产操作监控、运营决策与执行的生产智能运营平台，开展基于工业互联网平台的智能炼厂工业应用示范。

（8）水电数字化智能化技术

**［示范试验］**开展大坝智能化建造、地下长大隧洞群智能化建造、TBM 智能掘进、全过程智能化质量管控等成套技术集成研发与应用；构建流域梯级水电站智能化调度平台；开发智能水电站大坝安全管理平台，实现智能评判决策及在线监控，推动水电站大坝及库区智能监测、巡查与诊断评估、健康管理及远程运维；完善“监测、评估、预

警、反馈、总结提升”的流域水电综合管理信息化支撑技术，形成智能化规划设计、智能建造、智慧运行管控和智能化流域综合管理等成套关键技术与设备。

（9）风电机组与风电场数字化智能化技术

**［应用推广］** 掌握叶片自动化生产工艺技术，推动风电产业链数字化、网络化、标准化、智能化，构建上下游协同研发制造体系；开展风电场数字化选址及功率预测、关键设备状态智能监测与故障诊断、大数据智能分析与信息智能管理等关键技术研究，打造信息高效处理、应用便捷灵活的智慧风电场控制运维体系。

（10）光伏发电数字化智能化技术

**［示范试验］** 加强多晶硅等基础材料生产、光伏电池及部件智能化制造技术研究，构建光伏智能生产制造体系；开展太阳能资源多尺度精细化评估与仿真、光伏发电与电力系统间暂稳态特性和仿真等关键技术研究，构建光伏电站智能化选址与智能化设计体系；开展光伏电站虚拟电站、电站级智能安防等关键技术研究，推动光伏电站智能化运行与维护；开展大型光伏系统数字孪生和智慧运维技术、多时空尺度的光伏发电功率预测技术示范，推动智能光伏产业创新升级和行业特色应用。

（11）电网智能调度运行控制与智能运维技术

**［示范试验］** 开展大电网运行全景全息感知与智能决策、电网故障高效协同处置、现货市场支撑、新能源预测与控制、源网荷储协同的低碳调度、基于调控云的调度管理等技术攻关，研发新一代调度技术支持系统；开发基于卫星及设备GIS的多源信息电网灾害监测预警、“空-天-地”一体化监测、输电线路及设施无人机一键巡检、电网“灾害预警-主动干预-灾情感知-应急指挥”一体化智能应急、面向电力行业的电力装备检测、基于物联网的高效精益化运维以及单相接地故障准确研判等关键技术与装备，实现设备故障智能研判和不停电作业。

（12）核电数字化智能化技术

**［集中攻关］** 构建核电研发、设计、制造、建造、运维、退役全周期业务领域的数字化智能化标准体系及平台体系，建立全生命周期大数据系统和核电厂三维数值模型，实现全过程状态结合、技术要素关联和技术状态贯通；开展反应堆堆芯数值模拟和预测、三维数字化协同设计与智慧工地、机组运行状态智能监控与分析、在役去污、典型设备运行状态全面感知预测与智能诊断、预防性维修、全寿期健康管理以及老化和寿命评估等关键技术研究，支撑构建人机物全面智联、少人干预、少人值守的智能核电厂。

（13）煤矿数字化智能化技术

**［集中攻关］** 开发煤矿工程数字化三维协同设计平台，支撑煤矿智能化设计；重点突破精准地质探测、井下精确定位与数据高效连续传输、智能快速掘进、复杂条件智能综采、连续化辅助运输、露天开采无人化连续作业、重大危险源智能感知与预警、煤矿机器人等技术与装备，建立煤矿智能化技术规范与标准体系，实现煤矿开拓、采掘（剥）、运输、通风、洗选、安全保障、经营管理等过程的智能化运行。

**［示范试验］** 针对我国不同矿区煤层赋存条件，开展大型露天煤矿智能化高效开采、矿山物联网等工程示范应用，分类、分级推进一批智能化示范煤矿建设，促进煤炭产业转型升级。

（14）火电厂数字化智能化技术

**［示范试验］** 强化火电厂数字化三维协同设计、智能施工管控、数字化移交等技术

应用；突破火电厂数字孪生体的系统架构、建模和开发技术；综合应用先进控制策略、大数据、云计算、物联网、人工智能、5G通信等技术，从智能监测、控制优化、智能运维、智能安防、智能运营等多方面进行突破与示范，建设具备快速灵活、少人值守、无人巡检、按需检修、智能决策等特征的智能示范电厂，全面提升火电厂规划设计、制造建造、运行管理、检修维护、经营决策等全产业链智能化水平。

3. 智慧系统集成与综合能源服务技术

（15）区域综合智慧能源系统关键技术

［**示范试验**］研究区域综合智慧能源系统规划技术；开展复杂场景多能源转换耦合机理、多能源互补综合梯级利用集成与智能优化、智慧能源系统数字孪生、智慧城市高品质供电提升等技术研究，攻克智能化、网络化、模组化的多能转换关键设备；研究综合智慧能源系统能效诊断与碳流分析技术，支撑建立面向多种应用和服务场景的区域智慧能源服务平台，实现电、热、冷、水、气、储、氢等多能流优化运行及智慧运维，全面提升能源综合利用率；开展典型场景下综合智慧能源系统集成示范，推动形成各类主体深度参与、高效协同、共建共治共享的智慧能源服务生态。

（16）多元用户友好智能供需互动技术

［**示范试验**］开展多元用户行为辨识与可调节潜力分析、广泛接入与边缘智能控制、灵活资源深度耦合与实时调节、即插即用直流供用电、数字孪生支撑源网荷储协同互动等技术，研制基于5G和边缘计算的可调负荷互动响应终端，研发融合互联网技术的可调负荷互动系统，建立多元可调负荷与智能电网良性互动机制，开展电动汽车有序充放电控制、集群优化及安全防护技术研究，开展分布式光伏、可调可控负荷互动技术研究，开展省级大规模可调资源聚合调控、台区用能优化示范验证，促进清洁能源消纳和削峰填谷。

**专栏6　能源系统数字化智能化技术重点示范**

**01 基础共性技术示范**

①开展发电装备、油气田工艺设备、输送管道、柔性输变电等能源关键设备数字孪生技术示范应用；

②开展电力人工智能一站式服务系统、智能调度指挥平台等应用示范；

③开展区块链技术在可再生能源电力消纳、分布式发电市场化交易、电力批发市场、电力零售市场、安全生产等能源电力业务的示范应用；

④开展能源大数据中心安全开放平台开发与示范应用；

⑤开展电力云平台异构云组件兼容适配平台开发与示范应用；

⑥开展具备接入和管理各类物联设备及规约的物联网管理支撑平台示范。

**02 行业智能升级技术示范**

⑦开展智能油气田建设项目示范；

⑧依托已投运的高坝大库开展智能水电站大坝管理平台示范；

⑨开展智能光伏发电示范应用；

⑩开展基于主配网协同的新一代智能调度系统示范；

⑪开展基于输电线路的异构融合组网通信智能输电示范；

⑫基于数字孪生和全景感知的输变电工程智能运维综合示范；

⑬开展基于云-边-端一体化智能量测系统及增值服务示范；

⑭选择不同区域、不同地质条件的井工和露天煤矿，开展智能化开采、智能化选煤、矿山物联网等工程示范；

⑮开展设计、建造、运维、检修、决策等全生命周期智能电厂示范。

**03 智慧系统集成与综合能源服务技术示范**

⑯开展工业园区可再生能源冷热电联供以及电冷热气氢多能转换工程示范；

⑰开展省级大规模可调资源聚合调控示范。

## 四、保障措施

### （一）健全能源科技创新协同机制

落实“四个革命、一个合作”能源安全新战略，在国家能源委员会框架下，建立健全多部门参加、目标明确、分工合理的能源科技创新协同推进工作机制。国家能源、科技主管部门与各级地方能源、科技主管部门加强能源科技创新工作协同联动，指导各地方完善依托能源工程推进科技创新的相关配套政策。完善能源科技协同创新机制，发挥新型举国体制优势，对于目标明确的攻关任务，按照“揭榜挂帅”的原则确定牵头实施单位，支持牵头实施单位联合相关企业、科研机构、高校，以支撑能源发展需求和重大工程建设为目标，建立跨领域、跨学科的创新联合体，形成协同攻关合力。

### （二）完善能源科技创新平台体系

建立健全以全国重点实验室、国家工程研究中心、国家能源研发创新平台以及地方、企业相关创新平台为骨干、梯次衔接的能源科技创新平台体系。依托能源领域优势企业布局设立一批国家能源研发创新平台，发挥行业引领示范作用。进一步优化和规范国家能源研发创新平台运行管理和考核评价，探索建立科学合理的进入退出机制和管理机制，引导其围绕国家任务加大投入、加强支撑。鼓励国家能源研发创新平台实体化运行，用足用好投资、财税、薪酬等国家各类科技创新支持政策，以打通创新链和价值链为导向，发挥行业引领作用，构建开放合作、共创共享创新生态圈。

### （三）推动能源科技成果示范应用

根据规划重点任务设立示范工程、示范区，鼓励各类能源项目制定技术装备创新方案，确保规划各项任务“攻关有主体、落地有项目、进度可追踪”。完善能源技术装备首台（套）政策，进一步细化落实容错机制等支持措施。鼓励地方制定细化首台（套）重大技术装备支持政策，经国家认定的首台（套）重大技术装备示范项目，根据实际需要适当给予优惠和支持。鼓励用户企业建立健全首台（套）评价标准，在确保安全的前提下推进能源首台（套）技术装备示范应用。研究建立能源产业技术装备推广指导目录，向市场推广经过示范验证的先进能源技术装备。

### （四）突出企业技术创新主体地位

发挥能源领域中央企业技术装备短板攻关主力军、原创技术策源地和现代产业链“链长”作用，推动中央企业和地方企业联动、国有企业和民营企业协同，组织产业链优势企业强强联合和产学研深度协作，集中优势资源突破制约发展的关键核心技术。鼓励民营企业加强能源技术创新，加大研发投入，专注细分市场，掌握独门绝技，独立或与有关方面联合承担规划确定的重点任务。支持由企业牵头联合科研机构、高校、社会服务机构等，聚焦能源重点领域，共同发起建立产业技术创新战略联盟，推动能源基础研究、应用研究与技术创新对接融通。

**（五）优化能源行业技术标准体系**

积极实施标准化战略，大力推进技术专利化、专利标准化、标准产业化。持续深化标准化工作改革，完善能源标准化管理体制机制。进一步加强能源标准化顶层设计，加快能源领域新型标准体系建设。坚持能源标准化与技术创新、工程示范一体化推进，强化标准实施监督，以高标准支撑引领能源高质量发展。积极培育发展团体标准，突出行业标准公益属性，着力提升能源标准质量。建设能源标准化信息平台，推动能源行业标准公开。大力推进能源标准国际化，加快能源“走出去”亟须标准的翻译，进一步推动技术标准交流合作和中外标准互认，提升中国标准海外影响力。积极培养能源标准化人才队伍，支持能源企业及标准化机构参与国际标准化工作。

**（六）加大规划任务资金支持力度**

优化能源科技创新投入机制，多方争取资金支持规划任务技术攻关。在国家能源委员会和国家科技计划（专项、基金等）管理部际联席机制等框架下，积极将规划任务纳入中央预算内投资项目、科技创新2030—重大项目、能源相关重点研发计划重点专项项目，以及其他各类国家科技计划项目和地方科技计划项目，加强财政资金支持力度。发挥财政资金“四两拨千斤”作用，加强对企业创新基金的引导，推动各类所有制企业围绕规划目标和任务加大研发资金投入，吸引各类社会资本投资能源科技创新领域。鼓励国有资本、民营资本等各类社会资本参与能源行业各环节科技创新。

**（七）加强能源科技创新国际合作**

立足开放条件下自主创新，积极推进与“一带一路”国家能源科技合作，引导国内外能源相关企业、科研机构、高校在能源科技领域的实质性合作。落实“走出去”共建共享发展模式，研究完善能源技术装备国际合作服务工作机制，加强与共建“一带一路”沿线国家和地区在能源技术装备领域的务实合作。积极参与国际热核聚变实验堆计划，加强与清洁能源部长级会议、创新使命部长级会议及国际能源署等多边机制和国际组织的务实合作，促进清洁能源技术研发。

**（八）加速能源科技创新人才培养**

贯彻落实《国务院办公厅关于深化产教融合的若干意见》，根据能源技术革命发展需求，支持围绕能源前沿新兴交叉领域开展产教融合试点，满足跨学科专业人才供给。创新能源技术人才培养模式，遵循能源产业发展规律，依托重大能源工程、能源创新平台，加速技术研发、技术管理、成果转化等方面的中青年骨干人才培养，培育一批引领能源技术前沿、支撑能源工程建设的技术带头人和一批懂科技、精管理的复合型人才。在能源关键技术领域，支持能源企业引进储备高层次技术人才，促进优秀人才在研发机构和能源高新企业双向流动。落实国有企业成果转化奖励相关政策，鼓励能源领域国有企业突破工资总额基数等限制，对能源技术创新、成果转化重要贡献人员和团队进行奖励。

## 五、附录：技术路线图

### （一）先进可再生能源发电及综合利用技术

| 领域 | 技术方向 | 关键技术（2021—2025—2030） | 预期成果 |
|---|---|---|---|
| 先进可再生能源发电及综合利用技术 | 水能发电技术 | 藏东南水电开发发关键技术<br>水电基地可再生能源多能互补协同开发运行关键技术<br>水电工程健康诊断、升级改造和灾害防控技术 | 2023年，研发水电工程健康诊断、升级改造和灾害防控技术，并开展示范试验。<br>2023年，突破高地震烈度区超深厚覆盖层地基处理和筑坝技术以及超大型地下洞室群建设关键技术。<br>2025年，突破750~1000m大容量水斗式和600m级大容量混流式水轮发电机组技术。 |
| | 风力发电技术 | 深远海域海上风电开发及超大型海上风电机组研制技术<br>退役风电机组回收与再利用技术 | 2024年，开展深水区域漂浮式风电机组基础设计与施工示范试验。<br>2025年，完成风电机组退役关键技术示范，转入推广应用。<br>2025年，掌握15兆瓦级大功率海上风电机组研制技术。 |
| | 太阳能发电及利用技术 | 新型光伏系统及关键部件技术<br>高效钙钛矿电池制备与产业化生产技术<br>高效低成本光伏电池技术<br>晶硅光伏组件回收处理与再利用技术<br>太阳能热发电与综合利用技术 | 2022年，晶体硅电池产业化转换效率达到23.5%以上，钙钛矿电池初步具备量产能力。<br>2025年，晶体硅电池产业转换效率达到24.5%以上，单结钙钛矿电池量产效率达到20%。<br>2030年，钙钛矿电池实现产业化生产。 |
| | 其他可再生能源 | 生物质能转化与利用技术<br>地热能开发与利用技术<br>海洋能发电及综合利用技术 | 2025年，突破生物质特种燃料产品制备技术，完成万吨级油脂热化学法生产高品质生物柴油技术示范，实现和生物燃气低能耗提纯。<br>2025年，掌握中深层高温储热关键技术，2030年完成规模化示范。<br>2030年，建成多模式(单井采热+EGS等)复合取热及干热岩型地热资源综合梯级利用的规模化示范。<br>2025年，完成多台单机1MW波浪能装置阵列化并网供电示范。 |
| | 氢能及燃料电池技术 | 氢气制备关键技术<br>氢气储运关键技术<br>氢气加注关键技术<br>燃料电池装备及系统集成关键技术<br>氢安全防控及氢气品质保障技术 | 2023年，完成大功率质子交换膜制氢电解槽样机研制。<br>2025年，实现加氢站关键部件国产化。<br>2025年，建成产氢比例3%~20%，最大掺氢量200Nm$^3$/h的掺氢提燃气管道示范项目。<br>2025年，实现固定式燃料电池发电系统示范。<br>2025年，实现可再生能源-氢能综合系统示范工程应用。 |

2021　2025　2030　预期成果

图例：集中攻关　示范试验　推广应用

## （二）新型电力系统及其支撑技术

## （三）安全高效核能技术

| 安全高效核能技术 | 方向 | 技术 | 预期成果 |
|---|---|---|---|
| 安全高效核能技术 | 核电优化升级 | 三代核电技术型号优化及升级 | 2025年，建立华龙一号和国和一号型号及型号谱系。 |
| | | 核能综合利用技术 | |
| | 小型模块化反应堆 | 小型智能模块化压水堆技术 | 2023年，完成供热堆新型换热组件、控制棒驱动线等关键技术攻关。<br>2025年，形成小堆技术、安审、标准和配套体系的标准化。 |
| | | 小型供热堆技术 | |
| | | 浮动堆技术 | |
| | | 移动式反应堆技术 | |
| | 新一代核电 | (超)高温气冷堆技术 | 2023年，建立铅基堆技术体系。 |
| | | 钍基熔盐堆技术 | |
| | 全产业链上下游可持续支撑 | 放射性废物处置关键技术 | 2023年，典型机组获得运行许可证延续。<br>2030年，建成核电中低放废物处置工程。 |
| | | 核电机组长期运行及延寿技术 | |
| | | 核电科技创新重大基础研究设施 | |

2021　2025　2030　预期成果

集中攻关　示范试验　推广应用

## （四）绿色高效化石能源开发利用技术

| 领域 | 类别 | 技术 | 预期成果 |
|---|---|---|---|
| 油气安全保障供应技术 | 陆上常规油气 | 低渗透老油田大幅提高采收率技术<br>高含水油田精细化/智能化分层注采工程技术<br>深层油气勘探目标精准描述和评价技术 | 2025年，实现纳米驱油提高采收率5%~10%，$CO_2$驱油提高采收率10%以上。建成2~4个精细化/智能化分层注采示范工程 |
| | 非常规油气 | 深层页岩气开发技术<br>非海相非常规天然气开发技术<br>陆相中高成熟度页岩油勘探开发技术<br>中低成熟度页岩油和油页岩地下原位转化技术<br>地下原位煤气化技术<br>海域天然气水合物试采技术及装备 | 2025年，实现3500~4000米深页岩气成熟开发技术推广应用，支撑页岩气年产300亿方。<br>2030年，完成中低成熟度页岩油、油页岩地下原位转化技术和地下原位煤气化技术示范，推广海域天然气水合物试采技术应用。<br>2025年，完成国内首个中深层地下原位煤气化先导试验，建成中高成熟度页岩油、深层页岩气和非海相非常规气勘探开发示范工程。 |
| | 油气工程 | 地震探测智能可控震源与节点采集技术与装备<br>超高温高压测井与远探测测井技术与装备<br>抗高温抗盐环保型井筒工作液与智能化复杂地层窄安全密度窗口承压堵漏技术<br>高效压裂改造技术与大功率电动压裂装备<br>地下储气库建库工程技术 | 2025年，实现百万道级全数字地震探测和深海智能化节点稳定可靠采集，完成智能高精度可控震源技术推广应用。<br>2026年，完成230℃/170MPa高精度快速与成像和井旁/井地/井间远探测测井装备研制，定型CPLog地层成像测井完套装备。 |
| | 管输 | 新一代大输量天然气管道工程建设关键技术与装备 | 2025年，完成18兆瓦天然气管道集成式压缩机样机。 |
| | 炼化 | 特种专用橡胶<br>高端润滑油脂<br>分子炼油与分子转化平台技术 | 2026年，完成石油分子定向转化平台工业试验和分布式富甲烷气制氢样机。<br>2029年，实现高端润滑油脂和特种专用橡胶技术推广应用。 |

2021　2025　2030　预期成果

集中攻关　示范试验　推广应用

| 领域 | 方向 | 技术 | 预期成果 |
|---|---|---|---|
| 煤炭清洁碳高效开发利用及燃气发电技术 | 煤炭绿色智能开采技术 | 煤矿智能开采关键技术与装备<br>煤炭绿色开采和资源化利用技术<br>煤矿重大灾害及粉尘智能监控预警及防控技术<br>煤炭及共伴生资源综合开发技术 | 2023年，开发9米以上高效智能开采技术装备；建成“透明矿井”平台；<br>2024年，建成矿区大宗固废规模化多元利用示范工程；<br>2025年，开发出机械破岩装备，研制成功井下智能钻孔防灾机器人；建成煤与煤层气共采示范矿井；实现智能传感器国产化；<br>2030年，实现井下无线泛在感知网络监控，应用推广智能化综采装备。 |
| | 煤炭清洁高效转化技术 | 煤炭精准智能化洗选加工技术<br>新型柔性气化和煤与有机废弃物协同气化技术<br>煤制油工艺升级及产品高端化技术<br>低阶煤分质利用关键技术<br>煤转化过程中多种污染物协同控制技术 | 2022年，建成多套煤基协同气化成套技术示范装置；<br>2024年，高盐高浓度有机废水深度处理技术达到国际领先水平；<br>2025年，建成3000吨/天高效柔性气化炉；完成煤油共加氢制芳烃和特种燃料油技术研发，进行工业化前期筹备。 |
| | 先进燃煤发电技术 | 先进高参数超超临界燃煤发电技术<br>高效超低排放循环流化床锅炉技术<br>超临界$CO_2$发电技术<br>IGCC及IGFC系统集成优化技术<br>高效低成本$CO_2$捕集、利用与封存技术<br>老旧煤电机组延寿及灵活高效改造技术<br>燃煤电厂节能环保、灵活性提升及耦合生物质发电等改造技术 | 2025年，开展650℃等级超超临界燃煤发电技术示范。<br>2025年，建成低成本超低排放CFB锅炉示范工程，实现炉膛出口$NO_x$、$SO_2$基本达到超低排放浓度要求。<br>2025年，完成现役煤电机组延寿改造技术示范，并实现推广应用。<br>2030年，建成20~50MW等级超临界$CO_2$发电示范工程。 |
| | 燃气发电技术 | 燃气轮机非常规燃料燃烧技术<br>中小型燃气轮机关键技术<br>重型燃气轮机关键技术 | 2022年，实现F级/小F级燃机透平叶片毛坯首套国产化制造。<br>2023年，完成国产化重型燃气轮机试制及整机相关实验。<br>2025年，掌握燃机自主运维与服务技术；完成10~50MW等级燃气轮机整机国产化。 |

2021　2025　2030　预期成果

集中攻关　示范试验　推广应用

# 附录F 住房和城乡建设部关于印发《“十四五”建筑节能与绿色建筑发展规划》的通知（建标〔2022〕24号）

为进一步提高“十四五”时期建筑节能水平，推动绿色建筑高质量发展，依据《中华人民共和国国民经济和社会发展第十四个五年规划和2035年远景目标纲要》《中共中央 国务院关于完整准确全面贯彻新发展理念做好碳达峰碳中和工作的意见》《中共中央办公厅 国务院办公厅关于推动城乡建设绿色发展的意见》等文件，制定本规划。

## 一、发展环境

**（一）发展基础。**

“十三五”期间，我国建筑节能与绿色建筑发展取得重大进展。绿色建筑实现跨越式发展，法规标准不断完善，标识认定管理逐步规范，建设规模增长迅速。城镇新建建筑节能标准进一步提高，超低能耗建筑建设规模持续增长，近零能耗建筑实现零的突破。公共建筑能效提升持续推进，重点城市建设取得新进展，合同能源管理等市场化机制建设取得初步成效。既有居住建筑节能改造稳步实施，农房节能改造研究不断深入。可再生能源应用规模持续扩大，太阳能光伏装机容量不断提升，可再生能源替代率逐步提高。装配式建筑快速发展，政策不断完善，示范城市和产业基地带动作用明显。绿色建材评价认证和推广应用稳步推进，政府采购支持绿色建筑和绿色建材应用试点持续深化。

“十三五”期间，严寒寒冷地区城镇新建居住建筑节能达到75%，累计建设完成超低、近零能耗建筑面积近0.1亿平方米，完成既有居住建筑节能改造面积5.14亿平方米、公共建筑节能改造面积1.85亿平方米，城镇建筑可再生能源替代率达到6%。截至2020年底，全国城镇新建绿色建筑占当年新建建筑面积比例达到77%，累计建成绿色建筑面积超过66亿平方米，累计建成节能建筑面积超过238亿平方米，节能建筑占城镇民用建筑面积比例超过63%，全国新开工装配式建筑占城镇当年新建建筑面积比例为20.5%。国务院确定的各项工作任务和“十三五”建筑节能与绿色建筑发展规划目标圆满完成。

**（二）发展形势。**

“十四五”时期是开启全面建设社会主义现代化国家新征程的第一个五年，是落实2030年前碳达峰、2060年前碳中和目标的关键时期，建筑节能与绿色建筑发展面临更大挑战，同时也迎来重要发展机遇。

碳达峰碳中和目标愿景提出新要求。习近平总书记提出我国二氧化碳排放力争于2030年前达到峰值，努力争取2060年前实现碳中和。《中共中央 国务院关于完整准确全面贯彻新发展理念做好碳达峰碳中和工作的意见》和国务院《2030年前碳达峰行动方案》，明确了减少城乡建设领域降低碳排放的任务要求。建筑碳排放是城乡建设领域碳排放的重点，通过提高建筑节能标准，实施既有建筑节能改造，优化建筑用能结构，推动建筑碳排放尽早达峰，将为实现我国碳达峰碳中和做出积极贡献。

城乡建设绿色发展带来新机遇。《中共中央办公厅 国务院办公厅关于推动城乡建设绿色发展的意见》明确了城乡建设绿色发展蓝图。通过加快绿色建筑建设，转变建造方式，积极推广绿色建材，推动建筑运行管理高效低碳，实现建筑全寿命期的绿色低碳发展，将极大促进城乡建设绿色发展。

人民对美好生活的向往注入新动力。随着经济社会发展水平的提高，人民群众对美好居住环境的需求也越来越高。通过推进建筑节能与绿色建筑发展，以更少的能源资源消耗，为人民群众提供更加优良的公共服务、更加优美的工作生活空间、更加完善的建筑使用功能，将在减少碳排放的同时，不断增强人民群众的获得感、幸福感和安全感。

## 二、总体要求

**（一）指导思想**。

以习近平新时代中国特色社会主义思想为指导，深入贯彻党的十九大和十九届历次全会精神，立足新发展阶段，完整、准确、全面贯彻新发展理念，构建新发展格局，坚持以人民为中心，坚持高质量发展，围绕落实我国 2030 年前碳达峰与 2060 年前碳中和目标，立足城乡建设绿色发展，提高建筑绿色低碳发展质量，降低建筑能源资源消耗，转变城乡建设发展方式，为 2030 年实现城乡建设领域碳达峰奠定坚实基础。

**（二）基本原则**。

——绿色发展，和谐共生。坚持人与自然和谐共生的理念，建设高品质绿色建筑，提高建筑安全、健康、宜居、便利、节约性能，增进民生福祉。

——聚焦达峰，降低排放。聚焦 2030 年前城乡建设领域碳达峰目标，提高建筑能效水平，优化建筑用能结构，合理控制建筑领域能源消费总量和碳排放总量。

——因地制宜，统筹兼顾。根据区域发展战略和各地发展目标，确定建筑节能与绿色建筑发展总体要求和任务，以城市和乡村为单元，兼顾新建建筑和既有建筑，形成具有地区特色的发展格局。

——双轮驱动，两手发力。完善政府引导、市场参与机制，加大规划、标准、金融等政策引导，激励市场主体参与，规范市场主体行为，让市场成为推动建筑绿色低碳发展的重要力量，进一步提升建筑节能与绿色建筑发展质量和效益。

——科技引领，创新驱动。聚焦绿色低碳发展需求，构建市场为导向、企业为主体、产学研深度融合的技术创新体系，加强技术攻关，补齐技术短板，注重国际技术合作，促进我国建筑节能与绿色建筑创新发展。

**（三）发展目标**。

1. 总体目标。到 2025 年，城镇新建建筑全面建成绿色建筑，建筑能源利用效率稳步提升，建筑用能结构逐步优化，建筑能耗和碳排放增长趋势得到有效控制，基本形成绿色、低碳、循环的建设发展方式，为城乡建设领域 2030 年前碳达峰奠定坚实基础。

**专栏 1　“十四五”时期建筑节能和绿色建筑发展总体指标**

| 主要指标 | 2025 年 |
| --- | --- |
| 建筑运行一次二次能源消费总量（亿吨标准煤） | 11.5 |
| 城镇新建居住建筑能效水平提升 | 30% |
| 城镇新建公共建筑能效水平提升 | 20% |

（注：表中指标均为预期性指标）

2. 具体目标。到 2025 年，完成既有建筑节能改造面积 3.5 亿平方米以上，建设超低能耗、近零能耗建筑 0.5 亿平方米以上，装配式建筑占当年城镇新建建筑的比例达到 30%，全国新增建筑太阳能光伏装机容量 0.5 亿千瓦以上，地热能建筑应用面积 1 亿平方米以上，城镇建筑可再生能源替代率达到 8%，建筑能耗中电力消费比例超过 55%。

**专栏 2　“十四五”时期建筑节能和绿色建筑发展具体指标**

| 主要指标 | 2025 年 |
| --- | --- |
| 既有建筑节能改造面积（亿平方米） | 3.5 |
| 建设超低能耗、近零能耗建筑面积（亿平方米） | 0.5 |
| 城镇新建建筑中装配式建筑比例 | 30% |
| 新增建筑太阳能光伏装机容量（亿千瓦） | 0.5 |
| 新增地热能建筑应用面积（亿平方米） | 1.0 |
| 城镇建筑可再生能源替代率 | 8% |
| 建筑能耗中电力消费比例 | 55% |

（注：表中指标均为预期性指标）

## 三、重点任务

**（一）提升绿色建筑发展质量。**

1. 加强高品质绿色建筑建设。推进绿色建筑标准实施，加强规划、设计、施工和运行管理。倡导建筑绿色低碳设计理念，充分利用自然通风、天然采光等，降低住宅用能强度，提高住宅健康性能。推动有条件地区政府投资公益性建筑、大型公共建筑等新建建筑全部建成星级绿色建筑。引导地方制定支持政策，推动绿色建筑规模化发展，鼓励建设高星级绿色建筑。降低工程质量通病发生率，提高绿色建筑工程质量。开展绿色农房建设试点。

2. 完善绿色建筑运行管理制度。加强绿色建筑运行管理，提高绿色建筑设施、设备运行效率，将绿色建筑日常运行要求纳入物业管理内容。建立绿色建筑用户评价和反馈机制，定期开展绿色建筑运营评估和用户满意度调查，不断优化提升绿色建筑运营水平。鼓励建设绿色建筑智能化运行管理平台，充分利用现代信息技术，实现建筑能耗和资源消耗、室内空气品质等指标的实时监测与统计分析。

**专栏3　高品质绿色建筑发展重点工程**

绿色建筑创建行动。以城镇民用建筑作为创建对象，引导新建建筑、改扩建建筑、既有建筑按照绿色建筑标准设计、施工、运行及改造。到2025年，城镇新建建筑全面执行绿色建筑标准，建成一批高质量绿色建筑项目，人民群众体验感、获得感明显增强。

星级绿色建筑推广计划。采取“强制＋自愿”推广模式，适当提高政府投资公益性建筑、大型公共建筑以及重点功能区内新建建筑中星级绿色建筑建设比例。引导地方制定绿色金融、容积率奖励、优先评奖等政策，支持星级绿色建筑发展。

**（二）提高新建建筑节能水平**。

以《建筑节能与可再生能源利用通用规范》确定的节能指标要求为基线，启动实施我国新建民用建筑能效“小步快跑”提升计划，分阶段、分类型、分气候区提高城镇新建民用建筑节能强制性标准，重点提高建筑门窗等关键部品节能性能要求，推广地区适应性强、防火等级高、保温隔热性能好的建筑保温隔热系统。推动政府投资公益性建筑和大型公共建筑提高节能标准，严格管控高耗能公共建筑建设。引导京津冀、长三角等重点区域制定更高水平节能标准，开展超低能耗建筑规模化建设，推动零碳建筑、零碳社区建设试点。在其他地区开展超低能耗建筑、近零能耗建筑、零碳建筑建设示范。推动农房和农村公共建筑执行有关标准，推广适宜节能技术，建成一批超低能耗农房试点示范项目，提升农村建筑能源利用效率，改善室内热舒适环境。

**专栏4　新建建筑节能标准提升重点工程**

超低能耗建筑推广工程。在京津冀及周边地区、长三角等有条件地区全面推广超低能耗建筑，鼓励政府投资公益性建筑、大型公共建筑、重点功能区内新建建筑执行超低能耗建筑、近零能耗建筑标准。到2025年，建设超低能耗、近零能耗建筑示范项目0.5亿平方米以上。

高性能门窗推广工程。根据我国门窗技术现状、技术发展方向，提出不同气候地区门窗节能性能提升目标，推动高性能门窗应用。因地制宜增设遮阳设施，提升遮阳设施安全性、适用性、耐久性。

**（三）加强既有建筑节能绿色改造**。

1. 提高既有居住建筑节能水平。除违法建筑和经鉴定为危房且无修缮保留价值的建筑外，不大规模、成片集中拆除现状建筑。在严寒及寒冷地区，结合北方地区冬季清洁取暖工作，持续推进建筑用户侧能效提升改造、供热管网保温及智能调控改造。在夏热冬冷地区，适应居民采暖、空调、通风等需求，积极开展既有居住建筑节能改造，提高建筑用能效率和室内舒适度。在城镇老旧小区改造中，鼓励加强建筑节能改造，形成与小区公共环境整治、适老设施改造、基础设施和建筑使用功能提升改造统筹推进的节能、低碳、宜居综合改造模式。引导居民在更换门窗、空调、壁挂炉等部品及设备时，采购高能效产品。

2. 推动既有公共建筑节能绿色化改造。强化公共建筑运行监管体系建设，统筹分析应用能耗统计、能源审计、能耗监测等数据信息，开展能耗信息公示及披露试点，普遍提升公共建筑节能运行水平。引导各地分类制定公共建筑用能（用电）限额指标，开展建筑能耗比对和能效评价，逐步实施公共建筑用能管理。持续推进公共建筑能效提升重点城市建设，加强用能系统和围护结构改造。推广应用建筑设施设备优化控制策略，提高采暖空调系统和电气系统效率，加快 LED 照明灯具普及，采用电梯智能群控等技术提升电梯能效。建立公共建筑运行调适制度，推动公共建筑定期开展用能设备运行调适，提高能效水平。

**专栏 5 既有建筑节能改造重点工程**

| |
|---|
| 既有居住建筑节能改造。落实北方地区清洁采暖要求，适应夏热冬冷地区新增采暖需求，持续推动建筑能效提升改造，积极推动农房节能改造，推广适用、经济改造技术；结合老旧小区改造，开展建筑节能低碳改造，与小区公共环境整治、多层加装电梯、小区市政基础设施改造等统筹推进。力争到 2025 年，全国完成既有居住建筑节能改造面积超过 1 亿平方米。 |
| 公共建筑能效提升重点城市建设。做好第一批公共建筑能效提升重点城市建设绩效评价及经验总结，启动实施第二批公共建筑能效提升重点城市建设，建立节能低碳技术体系，探索多元化融资支持政策及融资模式，推广合同能源管理、用电需求侧管理等市场机制。“十四五”期间，累计完成既有公共建筑节能改造 2.5 亿平方米以上。 |

**（四）推动可再生能源应用**。

1. 推动太阳能建筑应用。根据太阳能资源条件、建筑利用条件和用能需求，统筹太阳能光伏和太阳能光热系统建筑应用，宜电则电，宜热则热。推进新建建筑太阳能光伏一体化设计、施工、安装，鼓励政府投资公益性建筑加强太阳能光伏应用。加装建筑光伏的，应保证建筑或设施结构安全、防火安全，并应事先评估建筑屋顶、墙体、附属设施及市政公用设施上安装太阳能光伏系统的潜力。建筑太阳能光伏系统应具备即时断电并进入无危险状态的能力，且应与建筑本体牢固连接，保证不漏水不渗水。不符合安全要求的光伏系统应立即停用，弃用的建筑太阳能光伏系统必须及时拆除。开展以智能光伏系统为核心，以储能、建筑电力需求响应等新技术为载体的区域级光伏分布式应用示范。在城市酒店、学校和医院等有稳定热水需求的公共建筑中积极推广太阳能光热技术。在农村地区积极推广被动式太阳能房等适宜技术。

2. 加强地热能等可再生能源利用。推广应用地热能、空气热能、生物质能等解决建筑采暖、生活热水、炊事等用能需求。鼓励各地根据地热能资源及建筑需求，因地制宜推广使用地源热泵技术。对地表水资源丰富的长江流域等地区，积极发展地表水源热泵，在确保 100％回灌的前提下稳妥推广地下水源热泵。在满足土壤冷热平衡及不影响地下空间开发利用的情况下，推广浅层土壤源热泵技术。在进行资源评估、环境影响评价基础上，采用梯级利用方式开展中深层地热能开发利用。在寒冷地区、夏热冬冷地区积极推广空气热能热泵技术应用，在严寒地区开展超低温空气源热泵技术及产品应用。合理发展生物质能供暖。

3. 加强可再生能源项目建设管理。鼓励各地开展可再生能源资源条件勘察和建筑利用条件调查，编制可再生能源建筑应用实施方案，确定本地区可再生能源应用目标、项目布局、适宜推广技术和实施计划。建立对可再生能源建筑应用项目的常态化监督检查机制和后评估制度，根据评估结果不断调整优化可再生能源建筑应用项目运行策略，实现可再生能源高效应用。对较大规模可再生能源应用项目持续进行环境影响监测，保障可再生能源的可持续开发和利用。

**专栏6　可再生能源应用重点工程**

建筑光伏行动。积极推广太阳能光伏在城乡建筑及市政公用设施中分布式、一体化应用，鼓励太阳能光伏系统与建筑同步设计、施工；鼓励光伏制造企业、投资运营企业、发电企业、建筑产权人加强合作，探索屋顶租赁、分布式发电市场化交易等光伏应用商业模式。“十四五”期间，累计新增建筑太阳能光伏装机容量0.5亿千瓦，逐步完善太阳能光伏建筑应用政策体系、标准体系、技术体系。

### （五）实施建筑电气化工程。

充分发挥电力在建筑终端消费清洁性、可获得性、便利性等优势，建立以电力消费为核心的建筑能源消费体系。夏热冬冷地区积极采用热泵等电采暖方式解决新增采暖需求。开展新建公共建筑全电气化设计试点示范。在城市大型商场、办公楼、酒店、机场航站楼等建筑中推广应用热泵、电蓄冷空调、蓄热电锅炉。引导生活热水、炊事用能向电气化发展，促进高效电气化技术与设备研发应用。鼓励建设以“光储直柔”为特征的新型建筑电力系统，发展柔性用电建筑。

**专栏7　建筑电气化重点工程**

建筑用能电力替代行动。以减少建筑温室气体直接排放为目标，扩大建筑终端用能清洁电力替代，积极推动以电代气、以电代油，推进炊事、生活热水与采暖等建筑用能电气化，推广高能效建筑用电设备、产品。到2025年，建筑用能中电力消费比例超过55%。

新型建筑电力系统建设。新型建筑电力系统以“光储直柔”为主要特征，“光”是在建筑场地内建设分布式、一体化太阳能光伏系统，“储”是在供配电系统中配置储电装置，“直”是低压直流配电系统，“柔”是建筑用电具有可调节、可中断特性。新型建筑电力系统可以实现用电需求灵活可调，适应光伏发电大比例接入，使建筑供配电系统简单化、高效化。“十四五”期间积极开展新型建筑电力系统建设试点，逐步完善相关政策、技术、标准，以及产业生态。

### （六）推广新型绿色建造方式。

大力发展钢结构建筑，鼓励医院、学校等公共建筑优先采用钢结构建筑，积极推进钢结构住宅和农房建设，完善钢结构建筑防火、防腐等性能与技术措施。在商品住宅和保障性住房中积极推广装配式混凝土建筑，完善适用于不同建筑类型的装配式混凝土建筑结构体系，加大高性能混凝土、高强钢筋和消能减震、预应力技术的集成应用。因地制宜发展木结构建筑。推广成熟可靠的新型绿色建造技术。完善装配式建筑标准化设计和生产体系，推行设计选型和一体化集成设计，推广少规格、多组合设计方法，推动构件和部品部件标准化，扩大标准化构件和部品部件使用规模，满足标准化设计选型要求。积极发展装配化装修，推广管线分离、一体化装修技术，提高装修品质。

**专栏8　标准化设计和生产体系重点工程**

“1+3”标准化设计和生产体系。实施《装配式住宅设计选型标准》和《钢结构住宅主要构件尺寸指南》《装配式混凝土结构住宅主要构件尺寸指南》《住宅装配化装修主要部品部件尺寸指南》，引领设计单位实施标准化正向设计，重点解决如何采用标准化部品部件进行集成设计，指导生产单位开展标准化批量生产，逐步降低生产成本，推进新型建筑工业化可持续发展。

**（七）促进绿色建材推广应用**。

加大绿色建材产品和关键技术研发投入，推广高强钢筋、高性能混凝土、高性能砌体材料、结构保温一体化墙板等，鼓励发展性能优良的预制构件和部品部件。在政府投资工程率先采用绿色建材，显著提高城镇新建建筑中绿色建材应用比例。优化选材提升建筑健康性能，开展面向提升建筑使用功能的绿色建材产品集成选材技术研究，推广新型功能环保建材产品与配套应用技术。

**（八）推进区域建筑能源协同**。

推动建筑用能与能源供应、输配响应互动，提升建筑用能链条整体效率。开展城市低品位余热综合利用试点示范，统筹调配热电联产余热、工业余热、核电余热、城市中垃圾焚烧与再生水余热及数据中心余热等资源，满足城市及周边地区建筑新增供热需求。在城市新区、功能区开发建设中，充分考虑区域周边能源供应条件、可再生能源资源情况、建筑能源需求，开展区域建筑能源系统规划、设计和建设，以需定供，提高能源综合利用效率和能源基础设施投资效益。开展建筑群整体参与的电力需求响应试点，积极参与调峰填谷，培育智慧用能新模式，实现建筑用能与电力供给的智慧响应。推进源-网-荷-储-用协同运行，增强系统调峰能力。加快电动汽车充换电基础设施建设。

**专栏9　区域建筑能源协同重点工程**

区域建筑虚拟电厂建设试点。以城市新区、功能园区、校园园区等各类园区及公共建筑群为对象，对其建筑用能数据进行精准统计、监测、分析，利用建筑用电设备智能群控等技术，在满足用户用电需求的前提下，打包可调、可控用电负荷，形成区域建筑虚拟电厂，整体参与电力需求响应及电力市场化交易，提高建筑用电效率，降低用电成本。

**（九）推动绿色城市建设**。

开展绿色低碳城市建设，树立建筑绿色低碳发展标杆。在对城市建筑能源资源消耗、碳排放现状充分摸底评估基础上，结合建筑节能与绿色建筑工作情况，制定绿色低碳城市建设实施方案和绿色建筑专项规划，明确绿色低碳城市发展目标和主要任务，确定新建民用建筑的绿色建筑等级及布局要求。推动开展绿色低碳城区建设，实现高星级绿色建筑规模化发展，推动超低能耗建筑、零碳建筑、既有建筑节能及绿色化改造、可再生能源建筑应用、装配式建筑、区域建筑能效提升等项目落地实施，全面提升建筑节能与绿色建筑发展水平。

## 四、保障措施

**（一）健全法规标准体系**。

以城乡建设绿色发展和碳达峰碳中和为目标，推动完善建筑节能与绿色建筑法律法规，落实各方主体责任，规范引导建筑节能与绿色建筑健康发展。引导地方结合本地实际制（修）订相关地方性法规、地方政府规章。完善建筑节能与绿色建筑标准体系，制（修）订零碳建筑标准、绿色建筑设计标准、绿色建筑工程施工质量验收规范、建筑碳排放核算等标准，将《绿色建筑评价标准》基本级要求纳入住房和城乡建设领域全文强制性工程建设规范，做好《建筑节能与可再生能源利用通用规范》等标准的贯彻实施。

鼓励各地制定更高水平的建筑节能与绿色建筑地方标准。

**（二）落实激励政策保障**。

各级住房和城乡建设部门要加强与发展改革、财政、税务等部门沟通，争取落实财政资金、价格、税收等方面支持政策，对高星级绿色建筑、超低能耗建筑、零碳建筑、既有建筑节能改造项目、建筑可再生能源应用项目、绿色农房等给予政策扶持。会同有关部门推动绿色金融与绿色建筑协同发展，创新信贷等绿色金融产品，强化绿色保险支持。完善绿色建筑和绿色建材政府采购需求标准，在政府采购领域推广绿色建筑和绿色建材应用。探索大型建筑碳排放交易路径。

**（三）加强制度建设**。

按照《绿色建筑标识管理办法》，由住房和城乡建设部授予三星绿色建筑标识，由省级住房和城乡建设部门确定二星、一星绿色建筑标识认定和授予方式。完善全国绿色建筑标识认定管理系统，提高绿色建筑标识认定和备案效率。开展建筑能效测评标识试点，逐步建立能效测评标识制度。定期修订民用建筑能源资源消耗统计报表制度，增强统计数据的准确性、适用性和可靠性。加强与供水、供电、供气、供热等相关行业数据共享，鼓励利用城市信息模型（CIM）基础平台，建立城市智慧能源管理服务系统。逐步建立完善合同能源管理市场机制，提供节能咨询、诊断、设计、融资、改造、托管等“一站式”综合服务。加快开展绿色建材产品认证，建立健全绿色建材采信机制，推动建材产品质量提升。

**（四）突出科技创新驱动**。

构建市场导向的建筑节能与绿色建筑技术创新体系，组织重点领域关键环节的科研攻关和项目研发，推动互联网、大数据、人工智能、先进制造与建筑节能和绿色建筑的深度融合。充分发挥住房和城乡建设部科技计划项目平台的作用，不断优化项目布局，引领绿色建筑创新发展方向。加速建筑节能与绿色建筑科技创新成果转化，推进产学研用相结合，打造协同创新平台，大幅提高技术创新对产业发展的贡献率。支持引导企业开发建筑节能与绿色建筑设备和产品，培育建筑节能、绿色建筑、装配式建筑产业链，推动可靠技术工艺及产品设备的集成应用。

**（五）创新工程质量监管模式**。

在规划、设计、施工、竣工验收阶段，加强新建建筑执行建筑节能与绿色建筑标准的监管，鼓励采用“互联网＋监管”方式，提高监管效能。推行可视化技术交底，通过在施工现场设立实体样板方式，统一工艺标准，规范施工行为。开展建筑节能及绿色建筑性能责任保险试点，运用保险手段防控外墙外保温、室内空气品质等重要节点质量风险。

## 五、组织实施

**（一）加强组织领导**。

地方各级住房和城乡建设部门要高度重视建筑节能与绿色建筑发展工作，在地方党委、政府领导下，健全工作协调机制，制定政策措施，加强与发展改革、财政、金融等部门沟通协调，形成合力，共同推进。各省（区、市）住房和城乡建设部门要编制本地区建筑节能与绿色建筑发展专项规划，制订重点项目计划，并于2022年9月底前将专项规划报住房和城乡建设部。

**（二）严格绩效考核**。

将各地建筑节能与绿色建筑目标任务落实情况，纳入住房和城乡建设部年度督查检查考核，将部分规划目标任务完成情况纳入城乡建设领域碳达峰碳中和、“能耗”双控、城乡建设绿色发展等考核评价。住房和城乡建设部适时组织规划实施情况评估。各省（区、市）住房和城乡建设部门应在每年11月底前上报本地区建筑节能与绿色建筑发展情况报告。

**（三）强化宣传培训**。

各地要动员社会各方力量，开展形式多样的建筑节能与绿色建筑宣传活动，面向社会公众广泛开展建筑节能与绿色建筑发展新闻宣传、政策解读和教育普及，逐步形成全社会的普遍共识。结合节能宣传周等活动，积极倡导简约适度、绿色低碳的生活方式。实施建筑节能与绿色建筑培训计划，将相关知识纳入专业技术人员继续教育重点内容，鼓励高等学校增设建筑节能与绿色建筑相关课程，培养专业化人才队伍。

# 参考文献


［1］ 比尔·盖茨．气候经济与人类未来［M］．陈召强，译．北京：中信出版集团，2021.

［2］ 2050中国能源和碳排放研究课题组．2050中国能源和碳排放报告［M］．北京：科学出版社，2009.

［3］ 罗伯特·温斯顿．DK科学历史百科全书［M］．关晓武，译．北京：中国大百科全书出版社，2018.

［4］ 马尔库斯·维特鲁威·波利奥．建筑十书［M］．陈平，译．北京：北京大学出版社，2017.

［5］ 国家气象中心气候资料中心．中华人民共和国气候图集［M］．北京：气象出版社，2002.

［6］ 中华人民共和国城乡建设环境保护部．建筑气象参数标准：JGJ 35—87（试行）［S］．北京：中国建筑工业出版社，1988.

［7］ 包云轩．气象学［M］．北京：中国农业出版社，2001.

［8］ 克里斯·斯卡尔．世界古代70大奇迹：伟大建筑及其建造过程［M］．吉生，姜镔，剑锋，译．桂林：漓江出版社，2001.

［9］ 威廉·H. 麦克尼尔．瘟疫与人［M］．余新忠，毕会成，译．北京：中国环境科学出版社，2010.

［10］ 刘常富，陈玮．园林生态学［M］．北京：科学出版社，2003.

［11］ 李建成，孟庆林，杨海英，等．泛亚热带地区建筑设计与技术［M］．广州：华南理工大学出版社，1998.

［12］ 瓦尔特·科尔布，塔西洛·施瓦茨．屋顶绿化［M］．袁新民，何宏敏，崔亚平，译．沈阳：辽宁科学技术出版社，2002.

［13］ 泷光夫．建筑与绿化［M］．刘云俊，译．北京：中国建筑工业出版社，2003.

［14］ 中国工程建设标准化协会建筑防水专业委员会．工程建设防水技术［M］．北京：中国建筑工业出版社，2009.

［15］ 国家建筑材料工业局标准化研究所．国内外绝热材料标准汇编：上下册［M］．北京：国家建筑材料工业局标准化研究所，1990.

［16］ 国家基本建设委员会．屋面和防水隔热工程施工及验收规范：GBJ 16—66（修订本）［S］．北京：中国建筑工业出版社，1974.

［17］ 山西省建筑工程局．屋面工程施工及验收规范：GBJ 207—83［S］．北京：中国建筑工业出版社，1983.

［18］ 中国建筑标准设计研究院，清华大学．自密实混凝土应用技术规程：CECS 203—2006［S］．北京：中国计划出版社，2006.

［19］ 德国屋顶、墙和密封行业专业委员会．德国屋顶建设密封专业准则［M］．2016.

［20］ 山田雅士．建筑绝热［M］．景桂琴，译．北京：中国建筑工业出版社，1987.

［21］ 王受之．世界现代建筑史［M］．北京：中国建筑工业出版社，1999.

［22］ 邹德侬．中国现代建筑史［M］．天津：天津科学技术出版社，2001.

［23］ 隈研吾．自然的建筑［M］．陈菁，译．济南：山东人民出版社，2010.

[24] 中国工程建设标准化协会．建筑碳排放计量标准：CECS 374：2014 [S]．北京：中国计划出版社，2014.

[25] 中华人民共和国住房和城乡建设部．建筑碳排放计算标准：GB/T 51366—2019 [S]．北京：中国建筑工业出版社，2019.

[26] 郭士伊，刘文强，赵卫东．调整产业结构降低碳排放强度的国际比较及经验启示 [J]．中国工程科学，2021，23 (6)：22-32.

[27] 中金公司研究部，中金研究院．碳中和经济学 [M]．北京：中信出版集团，2021.

[28] 国家能源局石油天然气司，等．中国天然气发展报告：2021 [M]．北京：石油工业出版社，2021.

[29] 于佳宁，何超．元宇宙 [M]．北京：中信出版集团，2021.

[30] 阿德里安·福蒂．混凝土：一部文化史 [M]．尚晋，译．北京：商务印书馆，2021.

[31] 张宇麒．2021 年世界前沿科技发展态势及 2022 年趋势展望：能源篇 [EB/OL]．[2022-02-05]．https：//baijiahao. baidu. com/s? id=1723881928417598706&wfr=spider&for=pc. html.

[32] 袁岚峰．量子信息简话——给所有人的新科技革命读本 [M]．北京：中国科学技术大学出版社，2021.